René Henrion · Günter Henrion

Multivariate Datenanalyse

Methodik und Anwendung in der Chemie und verwandten Gebieten

Mit 60 Abbildungen

Springer-Verlag Berlin Heidelberg GmbH

Dr. René Henrion
Institut für Angewandte Mathematik
Humboldt-Universität
Unter den Linden 6
10099 Berlin

Prof. Dr. Günter Henrion
Institut für Analytische Chemie
Humbold-Universität
Hessische Straße 1–2
10115 Berlin

ISBN 978-3-642-63357-7

Die Deutsche Bibliothek-CIP-Einheitsaufnahme
Henrion, René: Multivariate Datenanalyse : Methodik und Anwendung in der Chemie und verwandten Gebieten / René Henrion ; Günter Henrion. - Berlin ; Heidelberg ; New York ; London ; Paris ; Tokyo ; Hong Kong ; Barcelona ; Budapest : Springer, 1994
ISBN 978-3-642-63357-7 ISBN 978-3-642-57792-5 (eBook)
DOI 10.1007/978-3-642-57792-5
NE: **Henrion, Günter:**

Herstellung: PRODUserv Springer Produktions-Gesellschaft, Berlin
Einbandentwurf: MetaDesign plus, Berlin; Satzherstellung mit TEX: Lewis & Leins, Berlin
SPIN 10057897 52/3020-5 4 3 2 1 0 – Gedruckt auf säurefreiem Papier

Geleitwort

Große Datenmengen zu erzeugen ist eine Eigenart der modernen instrumentellen Analytik. Bei der Interpretation dieser Daten ist oft das Erkennen und Veranschaulichen von Zusammenhängen zwischen scheinbar weit auseinander liegenden Meßgrößen gefordert – mitunter bei sehr hohem Versuchsfehler. Für eine objektivierbare Auswertung greift der Chemiker in zunehmendem Maße auf chemometrische Methoden zurück – und dafür sucht er nach einem geeigneten Wegweiser.

Alle chemometrischen Auswertemodelle sind ihrer Natur nach abstrakt. Mit den steigenden Anforderungen sind sie zunehmend kompliziert und damit in ihren Grundlagen schwer verständlich geworden. So besteht großer Bedarf an einem Führer, der in der Denkweise und Sprache des Chemikers den Weg zur fachgerechten Anwendung vermittelt, der aber gleichzeitig mit Darstellung des theoretischen Hintergrundes einem nicht-fachgerechten Einsatz vorbeugt.

Ein solches Handwerkszeug in systematischer Form darzustellen, haben sich zwei Wissenschaftler – ein Chemiker und ein Mathematiker – zur Aufgabe gestellt. Vor nunmehr reichlich 10 Jahren begann der Chemiker Günter Henrion an der Berliner Humboldt-Universität zielstrebig, chemometrische Methoden in der Umweltanalytik, in der Prozeßkontrolle oder auch in der Klinischen Chemie einzusetzen. Seine Weiterbildungsveranstaltungen, seine Veröffentlichungen und besonders seine zur Tradition gewordenen jährlichen Fachtagungen haben rasch zur Verbreitung chemometrischer Methoden geführt. Dabei hat die Mitwirkung seines Sohnes, des Mathematikers René Henrion wesentlich zum Erfolg dieser eingeschlagenen Richtung beigetragen. Sein umfangreiches Spezialwissen zu den Grundlagen der chemometrischen Modelle wie auch seine neuen theoretischen Gedankengänge bedeuteten für alle Beteiligten einen echten Gewinn.

Aus ihrer beider Zusammenarbeit ist dieses Buch entstanden. Den praktisch arbeitenden Chemiker wird es durch seine vielen Beispiele zur eigenen Anwendung der beschriebenen Methoden anregen. Der mehr theoretisch interessierte Nutzer wird mit Gewinn die mathematisch formulierte Darstellung der Grundlagen lesen. So vereint dieses Buch die langjährige Arbeits- und Lehrerfahrung des Chemikers mit dem theoretischen Wissen des Mathematikers als eine geglückte Synthese.

Zum Gebiet der chemometrischen Methoden gibt es eine größere Anzahl sehr guter englischsprachiger Bücher. Im deutschen Schrifttum dagegen besteht an einer zusammenfassenden Darstellung noch ausgesprochener Mangel. So begrüße ich es im besonderen Maße, daß sich zwei so ideal ergänzende Wissenschaftler zusammengefunden haben, um das Gebiet der anspruchsvollen chemometrischen

Methoden nun auch für den deutschsprachigen Leser darzustellen. Ich bin mir sicher, daß dieses Buch einen wertvollen Beitrag zur Verbreitung chemometrischer Methoden leisten wird, und daß es deshalb vielfältiges Interesse findet.

Klaus Doerffel — Leipzig, im September 1994

Vorwort

Die Erfassung einer fixierten Meßgröße in einer Stichprobe und die daran anschließende Datenverdichtung zu statistischen Kennzahlen gehört zur Routine naturwissenschaftlicher Arbeitsweise. Mit den sich verbessernden Möglichkeiten moderner Meßtechnik entsteht der Trend zur genaueren Charakterisierung von Untersuchungsobjekten durch einen ganzen Komplex simultan bestimmter Eigenschaften. Die technische Basis hierfür liefern leistungsfähige Analyseninstrumente und Computer, während die methodische Grundlage mathematisch-statistische Verfahren der multivariaten Datenanalyse bilden. Diese sollen - unter dem spezifischen Blickwinkel chemisch-analytischer Anwendungen - Gegenstand des vorliegenden Buches sein.

Der Zweck des Buches besteht darin, sowohl dem Anfänger eine Idee von der Wirkungsweise multivariater Methoden zu vermitteln, als auch dem erprobten Anwender Einsicht in tiefere Zusammenhänge zu verschaffen. Aus diesem Grunde findet sich neben der deskriptiven, vor allem durch Praxisanwendungen und Zahlenbeispiele untersetzten, auch eine theoretische Ebene der Darstellung. Um bei Bedarf den Zugang zu letzterer zu erleichtern, ist ein Grundlagenkapitel eingefügt. Es liegt in der Natur der relativ ausführlichen Erläuterungen, daß nur einige der wichtigen und nicht alle relevanten Aspekte der multivariaten Datenanalyse berührt werden können. Andererseits erschien es den Autoren wichtig, das moderne Gebiet der Dreiwege-Hauptkomponentenanalyse vorzustellen, da die Analyse höherdimensionaler Datenfelder im Begriff ist, die Welt der komplexen Versuchsanordnungen, wie sie in der Umweltchemie oder vor allem beim Einsatz gekoppelter Meßinstrumente anzutreffen ist, zu erobern. Relativ breiter Raum wird der in der Chemometrie so wichtigen Problematik der Mehrkomponentenkalibrierung zugestanden. Wenngleich die diskutierten, konkreten Fragestellungen, bedingt durch das Tätigkeitsfeld der Autoren, aus der analytischen Chemie stammen, so wird es dem Leser aus einem anderen Zweig messender Wissenschaften doch nicht schwer fallen, die jeweiligen Analogien zu erkennen. Eine beigefügte Diskette soll schließlich Programmiervorschläge (Turbo Pascal) für einige ausgewählte Verfahren anbieten.

Die Autoren begannen vor etwa zehn Jahren aus der persönlichen Konstellation heraus eine Zusammenarbeit in der Auswertung chemisch-analytischer Meßergebnisse. Ausgangspunkt waren dabei Bücher und Publikationen von Doerffel, Ehrlich, Danzer, Eckschlager u.a. Die intensive Nutzung damals zugänglicher Kleincomputer führte zu einem ersten Buch über Beispiele zur Datenanalyse mit BASIC-Programmen. Die von den Autoren 1986 initiierte, und seitdem achtmal mit starker Resonanz realisierte Veranstaltungsreihe „Berliner Treffen zur Datenanalyse“ förderte den Gedankenaustausch mit Vertretern anderer Wissenschaftszweige wie Medizin, Biologie, Archäologie, Lebensmitteltechnologie usw.

und machte das große Potential der Anwendung mathematisch-statistischer Methoden deutlich, was letztlich die Begründung zur Verwirklichung des aktuellen Buchprojekts lieferte.

Auf dem zurückgelegten Weg gab und gibt es zahlreiche Helfer, denen Dank geschuldet wird, und die nicht alle an dieser Stelle genannt werden können. Genannt werden müssen aber Prof. K. Doerffel für vielfältige, kritische Beratung, Dr. P. Heininger und Doz. Dr. H.-J. Lunk für unermüdliche Zusammenarbeit und Verfügbarmachung von Datensätzen aus der Umweltanalytik von Gewässern und Sedimenten bzw. aus der Spurenanalytik von Materialien der Lampenindustrie sowie Dipl. Chem. I. Fabian für umfangreiche Literatursammlung bzw. -aufarbeitung und analytische Beiträge. Für viele Jahre der Mitarbeit danken wir Herrn Dr. A. Henrion, auf dessen Initiative unsere gemeinsame Beschäftigung mit dem multivariaten Aspekt der Datenanalyse zurückgeht. Ein besonderes Bedürfnis ist es uns, dem Springer-Verlag in Person von Herrn P. Enders zu danken, der uns unmittelbar nach der Zeit der Isolation das Angebot zu diesem Buch machte, und der uns konstruktiv und geduldig bis zu dessen Fertigstellung begleitete. Schließlich gilt dem Fonds der Chemischen Industrie Dank für die Beihilfe zur Verbesserung der rechentechnischen Ausstattung.

R. Henrion und G. Henrion Berlin im September 1994

Inhaltsverzeichnis

Die Diskette zum Buch

Programmbeschreibung

Das Programm Multidat bietet die Möglichkeit, einige der im Buch vorgestellten Verfahren an konkreten Beispielen zu erproben und Erfahrungen im Umgang mit Datentabellen zu sammeln.

Das Programm soll **keine** professionelle Statistik-Software ersetzen, sondern dem Leser helfen, das mit dem Buch erworbene Wissen zu erproben.

Speziell handelt es sich um die Hauptkomponentenanalyse, die hierarchische und nichthierarchische Clusteranalyse, die Methode der „nächsten Nachbarn" aus der überwachten Klassifizierung sowie die lineare Diskriminanzanalyse. Zur Erleichterung des Kennenlernens der Wirkungsweise der Programme liegen mehrere der im Buch behandelten Datenbeispiele auf der Diskette vor. Aus Gründen der Vollständigkeit sind neben den ausführbaren Programmen auch die Quelltexte (Turbo-Pascal) der Unterprogramme (Units) enthalten.

Hard- und Software Voraussetzungen zum Benützen der Diskette

Personalcomputer ab 80286-Prozessor, Numerik-Prozessor optional, MS-DOS ab V. 4.1, VGA-Monitor, Druckertreiber, der Hardcopy-Ausdrucke von Graphiken auf dem Bildschirm erlaubt; ist ein solcher Treiber nicht vorhanden, läuft das Programm problemlos, aber es lassen sich keine Ausdrucke der Graphiken erzeugen.

(Solche Treiber für Matrixdrucker sind in MS-DOS enthalten, für Tintenstrahl- oder Laserdrucker sind sie meist von den Geräteherstellern zu erhalten, falls sie nicht bereits mit dem Gerät ausgeliefert wurden. In Zweifelsfällen konsultieren Sie bitte Ihre Drucker- und DOS-Handbücher und Betriebsanleitungen.)

1 Einleitung

Die multivariate Datenanalyse beschäftigt sich, vereinfacht gesprochen, mit der Systematisierung von Merkmalsmustern. Die menschlichen Sinnesorgane besitzen eine erstaunliche Fähigkeit, ganze Komplexe von Merkmalen wie Formen, Geräusche, Gerüche, Tastempfindungen usw. zu klassifizieren. Besonders deutlich wird das unter anderem beim Vergleich von Gesichtern. Hier lassen sich markante Unterschiede häufig nicht auf einzelne Merkmale wie Nasenlänge oder Mundbreite reduzieren sondern beruhen auf gewissen, nicht direkt meßbaren, sogenannten latenten Charakteristika (Formen), die man als gewichtete Mischung der meßbaren Merkmale auffassen kann. Die erreichbare Leistungsfähigkeit auf diesem Gebiet ist erstaunlich. So soll Caesar mehrere tausend seiner Soldaten am Gesicht erkannt und beim Namen genannt haben. Auf der anderen Seite gibt es viele Gebiete, wo das menschliche Vermögen, Muster auszuwerten, gering ist, beispielsweise bei umfangreichen Dateien mit unüberschaubaren Zahlenkolonnen. Dort bringt der Computereinsatz unter Nutzung geeigneter mathematisch-statistischer Verfahren oft erheblichen Fortschritt.

Die zunehmende Komplexität moderner Meßanordnungen erlaubt es, an interessierenden Untersuchungsobjekten immer mehr Eigenschaften simultan zu bestimmen. Auf diese Weise wird ihnen gewissermaßen ein typischer „Fingerabdruck“ von Merkmalen zugeordnet. So können Wasser- oder Bodenproben durch ihre Konzentrationen an einer Reihe chemischer Komponenten charakterisiert werden. Solche oft problemlos zu gewinnenden Fingerabdrücke sollten eine erheblich bessere Beschreibung des Untersuchungsgegenstandes ermöglichen als die klassische Messung einer einzigen Eigenschaft, selbst wenn diese durch hohen Zeitaufwand mit großer Präzision ausgestattet ist.

Abbildung 1.1 zeigt beispielsweise Chromatogramme von Wasserproben, die gleichzeitig aus vier Berliner Seen entnommen wurden. Die erkennbaren, unterschiedlich ausgeprägten Peaks entsprechen fünfzehn Aminosäuren, darunter Serin, Glycin, Alanin usw. Die Peakflächen – oder hier in grober Näherung die Peakhöhen – sind konzentrationsproportional, so daß das Chromatogramm auch als Konzentrationsmuster der analysierten Aminosäuren interpretiert werden kann. Von einer solchen Aminosäure-Charakterisierung erhofft man sich gewissen Aufschluß über die Widerspiegelung von Umweltbelastungen im Stoffwechselkreislauf natürlicher Gewässer.

Durch bloße Betrachtung der Chromatogramme werden kaum Unterschiede zwischen den mit „F“, „L“, „M“ und „S“ abgekürzten Seen sichtbar. Daher sollte man zusätzlich die vom Analyseninstrument recht präzise ermittelten Peakflächen als Zahlenserien heranziehen. Sie sind – gerundet und in willkürlicher Einheit – in Tabelle 1.1 zusammengestellt. Hier liegt ein erstes, wenn auch nur sehr kleines Beispiel für einen multivariaten Datensatz vor. Andere Beispiele aus realen

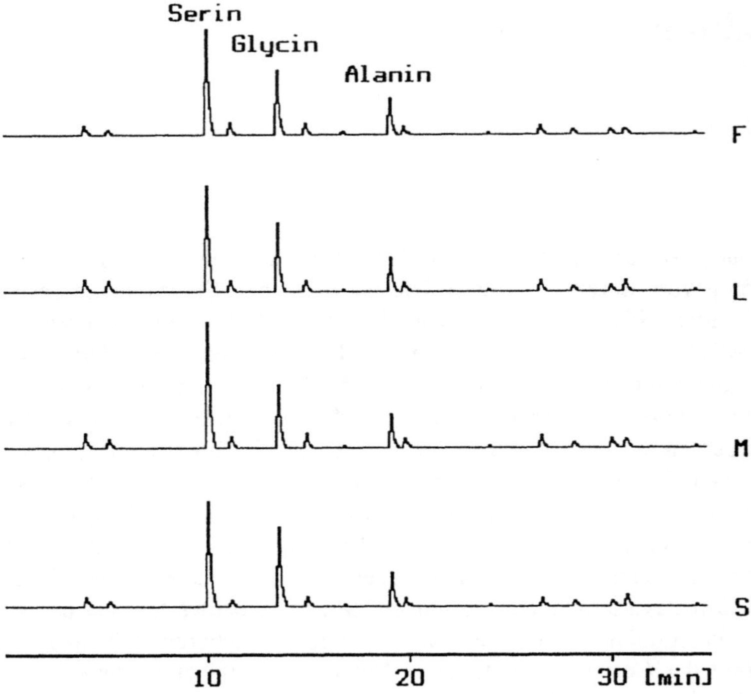

Abb. 1.1. Chromatogramme von Wasserproben aus vier verschiedenen Berliner Seen. Die über der Retentionszeit abgetragenen Peaks korrespondieren mit den Konzentrationen von fünfzehn Aminosäuren

Tabelle 1.1. Peakflächen von fünfzehn Aminsäuren in Wasserproben aus vier verschiedenen Seen.

	Peakfläche von Aminosäure Nr.														
See	1)	2)	3)	4)	5)	6)	7)	8)	9)	10)	11)	12)	13)	14)	15)
F	6	3	68	8	41	7	2	23	5	1	6	3	3	6	1
L	8	7	68	7	44	7	1	22	6	1	7	3	4	7	1
M	9	6	80	7	40	9	1	21	6	1	8	3	6	7	1
S	6	3	66	4	50	6	1	21	5	1	5	3	3	7	1

Problemstellungen sind in den Tabellen des Anhangs zusammengestellt. Durch den Datensatz wurden die Muster der Peakflächen in den Chromatogrammen in gleichwertige Zahlenmuster umgewandelt. Erst durch diese für die messenden Wissenschaften typische Transformation ist das gesammelte Untersuchungsmaterial einer objektiven Analyse zugänglich.

Ein Datensatz wird von zwei Größen aufgespannt, nämlich von den *Objekten*, also den Untersuchungsgegenständen, Proben usw. und von den *Variablen*, d.h. den Meßgrößen, Eigenschaften, Parametern usw. Dabei erinnert der Begriff „Variable" daran, daß die Meßgrößen fehlerbehaftet, also statistische Variablen

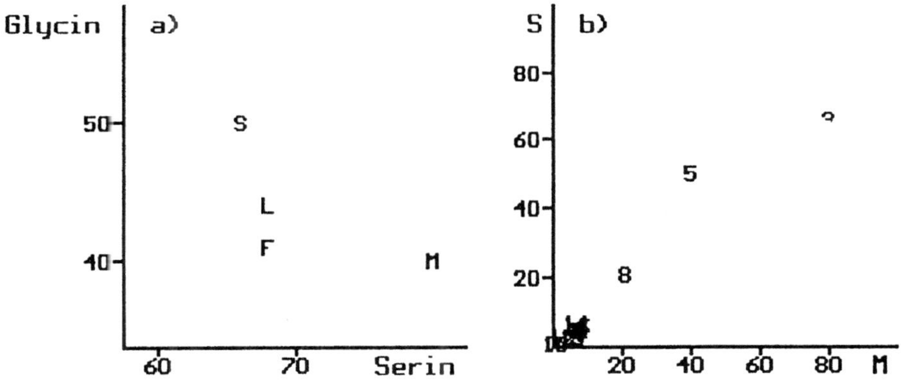

Abb. 1.2. Ausgewählte Elementardiagramme für einen Beispieldatensatz. **a** Objektdarstellung, **b** Variablendarstellung

sind. In Tabelle 1.1 stellen die Wasserproben der vier verschiedenen Seen die Objekte und die Peakflächen oder äquivalent die Konzentrationen der fünfzehn Aminosäuren die Variablen des Datensatzes dar. Es ist üblich, wenn auch nicht zwingend, die Objekte mit Zeilen und die Variablen mit Spalten der Tabelle 1.1 zu identifizieren. Ebensogut könnte man durch Vertauschung von Zeilen und Spalten zum sogenannten transponierten Datensatz übergehen. Beide Formen werden für die numerische Behandlung wichtig sein.

Sicherlich geht der Gewinn an Information durch Registrierung einer Vielzahl von Variablen an einer Vielzahl von Objekten mit zunehmendem Verlust der Anschaulichkeit bei der Systematisierung von Mustern mit bloßem Auge einher. Wer hiervon durch das lediglich Demonstrationszwecken dienende Beispiel aus Tabelle 1.1 nicht überzeugt ist, versuche statt dessen, die wesentliche Information der in Tabelle A.7 des Anhangs zusammengetragenen Daten zu erfassen. Um sich bei solchen Problemstellungen einen Überblick zu verschaffen, scheint es ganz natürlich, sich auf gewohnte Auswertevarianten wie die Anfertigung von elementaren Diagrammen zurückzuziehen. Steht in Tabelle 1.1 ein Vergleich der Seen im Mittelpunkt des Interesses, dann liegt eine Auftragung der Flächen der beiden intensivsten Peaks, nämlich von Serin (Nr. 3) und Glycin (Nr. 5), nahe.

Abbildung 1.2a zeigt die entsprechende Objekt-Darstellung. Solche zweidimensionalen geometrischen Konstellationen lassen sich selbst bei größeren Datensätzen bequem visuell interpretieren. Verwandtschaften oder Unähnlichkeiten zwischen Seen bezüglich ihres Serin/Glycin-Musters werden leicht erkennbar. Offenbar gilt: je geringer der Abstand zwischen zwei Objekten, um so ähnlicher ihr Muster und umgekehrt. In diesem Sinne sind L und F besonders ähnlich, M und S dagegen besonders unähnlich. Auch wäre bei größerer Objektzahl eine Klasseneinteilung in Gruppen homogener Muster möglich. Dazu dual können auch die Aminosäuren abgebildet werden. Denkbar ist zum Beispiel eine Auftragung ihrer Peakflächen in der Probe von See S gegen jene in der Probe von See M.

Die resultierende Darstellung der Variablen zeigt Abb. 1.2b. Dabei heben sich natürlich Serin, Glycin und Alanin (Nr. 3, 5 und 8) deutlich von den anderen ab.

Die gerade besprochenen Elementardiagramme besitzen einen entscheidenden Nachteil: sie erfassen nur einen geringfügigen Ausschnitt der im gesamten Datensatz verborgenen Struktur. So blieben in der Objektdarstellung von Abb. 1.2 die Daten der dreizehn verbleibenden Aminosäuren und in der Variablendarstellung die Werte der verbleibenden zwei Seen unberücksichtigt. Selbstverständlich läßt sich diese Versäumnis durch entsprechende zusätzliche Diagramme nachholen. Doch bedenke man, daß sich schon bei den im Beispiel vorliegenden fünfzehn Variablen insgesamt 105 mögliche Elementardiagramme ergeben. Und selbst wenn man sich der Mühe einer vollständigen Analyse aller Kombinationen unterziehen wollte, so dürfte es sehr schwierig sein, all diese Einzelbilder wieder zu einer interpretierbaren Aussage zusammenzusetzen. Die bequeme Interpretierbarkeit einer einzelnen Darstellung geht dabei verloren. Andererseits ist die Darstellung einer geometrischen Konfiguration mit mehr als drei Achsen ausgeschlossen.

Allerdings gibt es bei der Anwendung mathematischer Methoden keinen Grund, sich auf die zweidimensionale Bildebene oder maximal den dreidimensionalen Anschauungsraum zu beschränken. Man kann die Zeilen oder Spalten eines Datensatzes formal als Punkte eines entsprechend dimensionierten Raumes auffassen, deren Koordinaten gerade durch die zugehörigen Zahlenwerte definiert sind. Im Beispiel von Tabelle 1.1 wäre also das Objekt M ein Punkt im fünfzehndimensionalen Raum (kurz R^{15}) mit den Koordinaten

$$\mathrm{M} = (9, 6, 80, 7, 40, 9, 1, 21, 6, 1, 8, 3, 6, 7, 1)$$

Analog ist Variable 3 (Serin) als Punkt im vierdimensionalen Raum R^4 mit den Koordinaten

$$\mathrm{Serin} = (68, 68, 80, 66)$$

aufzufassen. Zwar ist es nicht möglich, sich die Lage dieser Punkte adäquat vorzustellen, doch ist dies ja auch nicht erforderlich, wenn man auf visuelle Analyse verzichtet und statt dessen geeignete Rechen-Methoden zur Systematisierung der Musterstruktur verwendet. So ist der Begriff des Abstands zweier Punkte, der, wie wir gesehen hatten, die Ähnlichkeiten der Muster charakterisiert, keineswegs auf den Anschauungsraum beschränkt. Ebenso wie im klassischen Fall bildet man bei beliebiger Dimension die Summe aller quadrierten Koordinatendifferenzen zwischen beiden Punkten und zieht aus dem Ergebnis noch die Wurzel. Dementsprechend erhalten in Tabelle 1.1 die Seen L und F den Abstand 6.0 und die Seen M und S den Abstand 18.7. Der Rückschluß auf Ähnlichkeiten unter den Seen ist vergleichbar zu Abb. 1.2a, doch sind die eben erhaltenen Abstandswerte aus dem *gesamten* Muster entstanden, und nicht nur aus dem Vergleich von Serin und Glycin.

Aus den mit rechentechnischen Hilfsmitteln schnell bestimmbaren Abstandswerten für sämtliche Objekt-Paare – ähnlich einer Kilometer-Tabelle für Städte – lassen sich die Ähnlichkeitsbeziehungen mit verschiedenen Methoden der multivariaten Datenanalyse veranschaulichen. Abbildung 1.3 zeigt nur eine denkbare

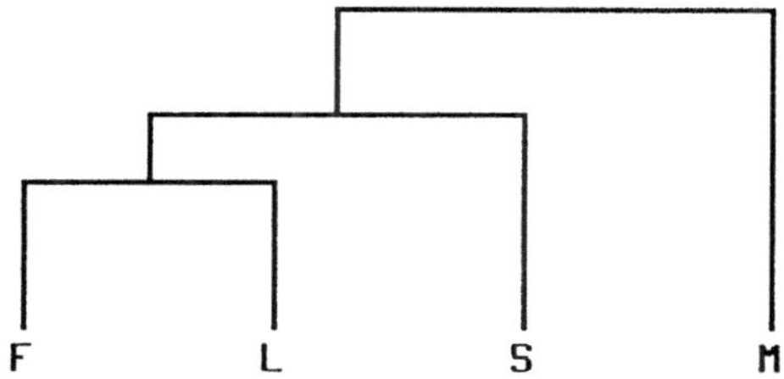

Abb. 1.3. Dendrogramm für die Objekte eines Beispieldatensatzes

Variante, nämlich die Repräsentation durch ein Dendrogramm, wie man es in der hierarchischen Clusteranalyse erhält (vgl. Abschn. 3.2).

In einem solchen Dendrogramm lassen sich die Ähnlichkeiten der Objekte, und zwar bezüglich des gesamten Musters, von unten nach oben hin wie in einem Verwandtschafts-Stammbaum ablesen.

Aber auch in der oben diskutierten Diagramm-Problematik können geeignete multivariate Verfahren von Nutzen sein. Die erwähnten Elementardiagramme, bei denen jeweils Paare von Variablen einander gegenübergestellt werden, sind eine Art zweidimensionales „Fenster“ in die höherdimensionale Datenstruktur. Durch Verwendung verschiedener Variablen-Paare gelangt man zu unterschiedlichen Fenstern mit unterschiedlichen Blickwinkeln. Allerdings werden auf diese Art nicht alle möglichen zwei-dimensionalen Fenster geöffnet, unter denen sich noch einige befinden können, die erheblich bessere „Sicht“ verschaffen. Der Grund ist, daß man sich bei Elementardiagrammen auf die ursprünglichen Variablen einschränkt.

Sogenannte Methoden latenter Variablen, wie die Hauptkomponentenanalyse oder die lineare Diskriminanzanalyse, gehen im Gegensatz dazu von optimalen Mischungen, oder besser Wichtungen, der ursprünglichen Variablen aus. So könnte z.B. anstelle eines Diagramms der Eisen- gegen die Mangankonzentrationen einer Reihe chemischer Proben ein neues Diagramm mit den Achsen „zweimal Eisenkonzentration plus dreimal Mangankonzentration“ und „zweimal Eisenkonzentration minus einmal Mangankonzentration“ treten, d.h. die Originalvariablen werden mit den Gewichten (2, 3) bzw. (2, -1) versehen. Natürlich fragt man sich an dieser Stelle, wozu solche künstlichen Achsen nützlich sind. Es erweist sich in der Tat, daß zahlreiche Problemstellungen bei der Arbeit mit multivariaten Datensätzen mit solchen latenten Variablen befriedigend lösbar sind, z.B. graphische Veranschaulichung der wesentlichen Datenstruktur oder Datenreduktion oder Vermeidung des Kollinearitätenproblems in der linearen Regression (s. Abschn. 5.5).

Dies sei nur kurz am Beispiel der Diagrammdarstellungen erläutert. Aus Gründen der Einfachheit betrachten wir einen kleinen Datensatz, der durch die Messung von zwei Variablen x_1, x_2 an sechs Objekten entstand, etwa so, wie es im Diagramm von Abb. 1.4 veranschaulicht ist. Die Bildebene repräsentiere den im allgemeinen nicht adäquat darstellbaren, höherdimensionalen Raum, und wir stellen uns für den Augenblick vor, daß wir nicht in der Lage sind, von oben auf

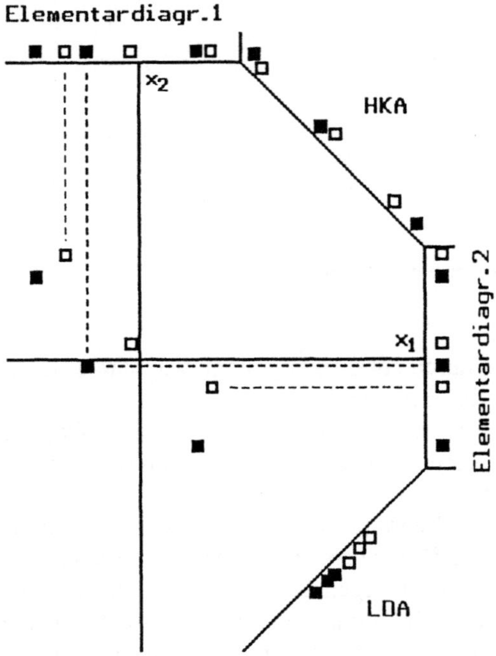

Abb. 1.4. Veranschaulichung von Elementardiagrammen, Hauptkomponentenanalyse (HKA) und linearer Diskriminanzanalyse (LDA) bei Reduktion eines Beispieldatensatzes mit zwei Variablen auf eindimensionale Abbilder

diese Darstellung zu blicken, sondern uns selbst in der Zeichenebene befinden und somit von der Punktkonstellation nur eindimensionale Abbilder erfassen können. Die Qualität dieser Abbilder hängt sicher vom gewählten Standpunkt der Betrachtung ab. Bei einem Blickwinkel, der sich etwa an der Spitze der x_2-Achse befindet, würde man lediglich die Variation der Punkte entlang der x_1-Achse wahrnehmen, d.h. die Situation ist so als hätte man von vornherein nur diese eine Variable gemessen. Übertragen auf den realen Fall entspricht das der Auswahl von zwei Originalvariablen aus einer ursprünglich größeren Menge in einem Elementardiagramm. Als Abbild von der tatsächlichen Datenstruktur entstehen die unter „Elementardiagramm 1" eingezeichneten Projektionen. In dem gegebenen Beispiel gibt es dann nur noch ein weiteres eindimensionales Elementar-Fenster zum Datensatz, nämlich den Standpunkt an der Spitze der x_1-Achse, wo nun umgekehrt lediglich die vertikale Streuung der Punkte wahrgenommen wird. Dies entspräche im realen Fall einem zweiten Elementardiagramm (natürlich kann im Beispiel von „Dia"gramm eigentlich keine Rede sein). Die gestrichenen Linien in der Abbildung zeigen, daß in beiden elementaren Projektionen ursprünglich recht weit voneinander entfernte Punkte als dicht benachbart wahrgenommen werden. Das Abbild der tatsächlichen Verhältnisse ist relativ schlecht.

Andererseits ist aber nicht einzusehen, warum man innerhalb der Zeichenebene nicht geeignetere Standpunkte einnehmen sollte. So liefert der Blickwinkel

HKA der Hauptkomponentenanalyse (vgl. Kap. 2) ein ebenfalls eindimensionales Abbild der Punktmenge, welches die wesentliche Datenstruktur (drei Paare benachbarter Punkte) viel besser reflektiert als die zuvor diskutierten. Der erhaltene Betrachtungspunkt kann als optimal gewichtete Mischung der elementaren Standpunkte verstanden werden. In relevanten Anwendungen werden natürlich nicht bloß zwei sondern vielleicht mehrere Dutzend Variablen gemessen, und es ist nicht erforderlich, sich auf eindimensionale Abbilder zurückzuziehen, weil ja zwei- (oder maximal drei-) dimensionale Darstellungen einer visuellen Analyse ohne weiteres zugänglich sind. Das Prinzip bleibt jedoch dasselbe: durch optimale Wichtungen der ursprünglichen Variablen können bestimmte Zielstellungen der multivariaten Datenanalyse erheblich besser realisiert werden als mit diesen Variablen selbst.

Die Zielstellungen indes können stark differieren und dementsprechend auch völlig unterschiedliche, jeweils optimale Wichtungen erforderlich machen. Kehren wir zur Illustration nochmals zu Abb. 1.4 zurück: Mit der Hauptkomponentenanalyse wurde der beste „unvoreingenommene" Blickwinkel auf den Datensatz gefunden. Diesen sucht man vor allem, wenn über die Objektmenge eines Datensatzes keine oder nur wenig gesicherte Zusatzinformationen existieren. Auf der anderen Seite könnte eine feste Gruppeneinteilung der Objekte (z.B. chemische Proben aus belasteter oder unbelasteter Umwelt, Werkstoffe mit guter oder schlechter Qualität usw.) vorgegeben sein, so daß im Mittelpunkt des Interesses weniger ein unvoreingenommener als ein Standpunkt steht, von dem aus die Gruppierungen optimal separiert werden. Ein solches Ziel läßt sich mit der linearen Diskriminanzanalyse realisieren, was der Position „LDA" in der Abbildung entspricht, wo die beiden Gruppen durch gefüllte und ungefüllte Quadrate gekennzeichnet sind. Von diesem Blickwinkel aus könnte man am besten – und insbesondere viel besser als auch mit der Hauptkomponentenanalyse – entscheiden, ob ein zusätzliches Objekt unbekannter Herkunft wohl eher der einen oder der anderen Gruppierung entstammt.

Um einen möglichst einfachen Zugang zu den multivariaten Verfahren zu erhalten, wurde bislang der explorative Aspekt der Datenanalyse in den Vordergrund gerückt. In der Tat ist die schnelle graphische Repräsentation der hauptsächlichen Datenstruktur ein wichtiges Hilfsmittel zur Ableitung von Hypothesen aus den Meßwerten. Dennoch bildet dieser Gesichtspunkt nur einen kleinen Ausschnitt aus der Menge aller multivariaten Zielstellungen und Verfahren. Man hat es insgesamt mit einer eher heterogenen Sammlung von Methoden zu tun, die sich nach den unterschiedlichsten Betrachtungsweisen systematisieren lassen. Denkbar ist z.B. eine Unterteilung nach der Analyse „homogener" oder „gruppierter" Datensätze. Erstere bilden den Gegenstand der Cluster- oder der Hauptkomponentenanalyse. Im Gegensatz dazu kann von vornherein eine Gruppierung sowohl objektweise (Klassen von Objekten unterschiedlicher, aber jeweils bekannter Herkunft) als auch variablenweise (unabhängig einstellbare bzw. davon abhängige, resultierende Variablen) gegeben sein. Dann kommen Methoden der überwachten Klassifikation bzw. der multivariaten Regression zur Anwendung.

Mehr vom methodischen Standpunkt aus stehen wiederum Verfahren, bei denen optimale Linearkombinationen von Variablen erzeugt werden (Hauptkomponentenanalyse, lineare Diskriminanzanalyse, Partial Least Squares), solchen gegenüber, die mit Abständen zwischen Objekten arbeiten (Clusteranalyse, Bayessche Klassifikation). Schließlich ist auch eine Differenzierung nach der Dimensionalität des Datensatzes relevant (dieser Begriff ist nicht mit der Dimensionalität des Raumes zu verwechseln, der durch die Objekte oder Variablen definiert wird, hat also nichts mit den Ausmaßen der Tabelle zu tun). Während die Datentabellen als zweidimensionale Datenfelder (von Objekten und Variablen aufgespannt) den Gegenstand der klassischen multivariaten Datenanalyse bilden, rücken – bedingt durch zunehmend komplexere Meßanordnungen – immer mehr höherdimensionale Datenfelder in den Mittelpunkt des Interesses. Im einfachsten Fall kann die fixierte Objekt- und Variablenmenge einer Tabelle mehrfach, z.B. unter verschiedenen Bedingungen oder zu verschiedenen Zeiten betrachtet worden sein. Dann ergibt die Gesamtheit der Messungen geschichtete Tabellen, also einen dreidimensionalen Datensatz (vgl. Kap. 6).

An dieser Stelle sind auch einige Bemerkungen zu unterschiedlichen Ausgangspunkten der Datengewinnung angebracht. Auch wenn formal dazu kein Anlaß besteht, scheint es zum Verständnis verschiedener Entwicklungen sinnvoll, Datensätze gedanklich nach *experimentellem* oder *instrumentellem* Ursprung zu ordnen, selbst wenn diese Terminologie nicht einwandfrei ist. Multivariate Verfahren wurden schon zu Beginn des zwanzigsten Jahrhunderts im Zusammenhang mit Problemstellungen der Biometrie oder der Psychometrie begründet. Die Zahlenwerte der dort analysierten Tabellen resultierten aus relativ aufwendigen Einzelmessungen, statistischen Erhebungen oder Befragungen (man bedenke, daß etwa in der Psychometrie die geeignete Kodierung registrierter Verhaltensweisen im allgemeinen eine mühsamere Transformation der Beobachtungen in Meßwerte nach sich zieht als in direkt messenden Wissenschaften). Folglich war der Umfang solcher experimentellen Datensätze vergleichsweise gering. Auf der anderen Seite waren die betrachteten Fragestellungen vom sachlichen Hintergrund häufig sehr spezifisch, so daß die Interpretation der multivariaten Analyse keine Routineangelegenheit sein konnte.

Mit der wachsenden Leistungsfähigkeit von Meßinstrumenten naturwissenschaftlicher Zweige wurde es bald möglich, mit vergleichsweise geringem Aufwand Datensätze riesigen Ausmaßes zu erzeugen. Man denke nur an die Spektroskopie, wo Objekte (chemische Analysenproben) mittlerweile durch mehrere Tausend Variablen (Signalintensitäten bei verschiedenen Wellenlängen) charakterisiert werden können oder an Verfahren der Bildanalyse. Zunehmend ist die Datengewinnung bei derartigen instrumentellen Datensätzen mit der automatischen multivariaten Analyse und Interpretation am gleichen Instrument gekoppelt. Die erhaltenen Lösungen der durchgeführten Rechnungen sind oft – nur informationsintensiver – von der gleichen Art wie die Eingangscharakterisierungen, also z.B. wieder Spektren oder Bilder. Hierdurch wird einer Anwendung im Routinebetrieb, etwa der Prozeßkontrolle, mehr Raum gegeben.

Da instrumentelle Datensätze erheblich „billiger" sind als beispielsweise Umfragen, haben sich Zweige wie die analytische Chemie zu wesentlichen praktischen Triebkräften bei der Weiterentwicklung geeigneter Algorithmen herausgebildet. Das wird insbesondere auf dem Gebiet der oben erwähnten höherdimensionalen Datensätze deutlich. Dennoch hat der experimentelle Aspekt bei der Datenerzeugung nicht an Bedeutung verloren, denn offenbar steht nicht zu jeder auch naturwissenschaftlichen Fragestellung ein passendes Hochleistungsinstrument zur Verfügung. Oft sind es die verschiedensten Parameter (technologischer, physikochemischer oder biologischer Herkunft), die in einer Untersuchung simultan zu Rate gezogen werden sollen. In diesen Fällen ist eine Routineauswertung meist ausgeschlossen, und der Erfolg aufgestellter Hypothesen hängt vom effektiven Zusammenspiel sachbezogener Kenntnis und Erfahrung beim Einsatz passender Methoden ab. Beide Typen von Datensätzen, experimentelle und instrumentelle, werden in den folgenden Kapiteln eine Rolle spielen.

Den Abschluß dieses Kapitels sollen einige Bemerkungen zur allgemeinen Literatur bilden. Während bereits seit Beginn dieses Jahrhunderts zahlreiche Einzelbeiträge zur Behandlung mehrdimensionaler Zufallsvariablen erschienen, wurde das klassische Lehrbuch zur multivariaten Statistik 1958 von Anderson [5] geschrieben. Es enthält viele theoretisch bedeutsame Ableitungen für eine mathematisch-statistische Begründung multivariater Verfahren. Seitdem ist ein sprunghafter Anstieg der Zahl der Publikationen sowohl in Journalen als auch in Monographien zu diesem Gebiet zu verzeichnen. Allein für den 15 Jahre umfassenden Zeitraum von 1957-1972 gibt es ein eigenständiges Buch, welches Kurzreferate zu *ausgewählten* Referenzen enthält [260]. Daher kann eine Liste von einführenden Lehrbüchern zu multivariaten Methoden lediglich exemplarischen Charakter tragen. Es seien an dieser Stelle folgende Referenzen aufgeführt, wobei (d) für deutschsprachig steht: [3], [13](d), [19], [28], [37], [58], [76](d), [83](d), [92], [105], [109], [121], [122](d), [126](d), [145], [146], [153], [164], [175], [193], [203], [238], [285]. In diesen Büchern variieren der Grad des Anteils statistischer Betrachtungen (Verteilungen, Tests, Schätzungen etc.), das mathematische Niveau der Darstellung, die Anschaulichkeit sowie die Orientierung auf Anwendungen. Als Einstieg für den Anfänger sind das ausgezeichnete Buch von Johnson und Wichern [146] und die sehr umfangreiche und anschauliche Darstellung von Hartung und Elpelt [122] (d) zu empfehlen. Für spezifisch chemometrisch orientierte Literatur, die als mehr oder weniger umfangreiche Teilkomplexe Anwendungen multivariater Methoden in der (vorwiegend analytischen) Chemie darstellt, sei beispielsweise auf [59](d), [200], [242] verwiesen. Der an eigenständiger Erprobung der Methoden anhand von Programm-Quelltexten interessierte Leser kann sich etwa an [35](d) (Pascal), [59](d) (BASIC), [126](d) (BASIC), [175] (FORTRAN), [182] (ALGOL) orientieren.

2 Hauptkomponentenanalyse

2.1 Einleitung

Die Hauptkomponentenanalyse ist eine der wichtigsten multivariaten Techniken, weil sie einerseits eine bequeme graphische Veranschaulichung der wesentlichen Struktur eines Datensatzes ermöglicht, und weil andererseits Hauptkomponenten neue statistische Variablen mit günstigen Eigenschaften bilden, die sich vorteilhaft auch in einer Reihe anderer Problemstellungen (Regression, Klassifikation, Clusteranalyse) verwenden lassen.

Hauptkomponenten sind optimale Linearkombinationen (vgl. Abschn. 7.1), d.h. eine gewichtete Summe der ursprünglichen p gemessenen Variablen. Linearkombinationen sind gewissermaßen neue, künstliche Variablen, die selbst nicht direkt meßbar sind sondern aus den gemessenen Variablen errechnet werden. Der Vorteil solcher künstlicher Größen besteht darin, daß sie mehr Information übertragen als jede einzelne Ausgangsvariable.

Bei der Einführung der Hauptkomponentenanalyse in der Literatur lassen sich mehrere, scheinbar völlig unabhängige Betrachtungsweisen erkennen. Hierin spiegelt sich wider, daß auch in der historischen Entwicklung verschiedene Ausgangspunkte zu ein und demselben abstrakten Kern geführt haben. Wie in den meisten Anwendungen multivariater Methoden geht man nicht von den Roh-Daten selbst aus sondern schaltet zunächst eine Zentrierung oder Standardisierung (s. Abschn. 7.3) vor. Hierauf wird noch in Abschn. 2.2 eingegangen. Es sei also $\mathbf{X}$ ein solcher Datensatz mit n Objekten (Zeilen) und $p \leq n$ Variablen. Dann lassen sich im einzelnen folgende Problemstellungen formulieren, die alle zueinander äquivalent sind, wie in Satz 1 von Abschn. 2.6 bewiesen wird (für die auftretenden mathematischen Begriffe konsultiere man gegebenenfalls Kap. 7 bzw. die nachfolgenden Erläuterungen):

- *geometrischer Standpunkt* (Pearson [213], 1901): Die Objekte (Zeilen) des Datensatzes $\mathbf{X}$ sind Punkte im p-dimensionalen euklidischen Raum. Gesucht wird ein r-dimensionaler linearer Unterraum, der sich dieser Punktmenge optimal anpaßt.
- *statistischer Standpunkt* (Hotelling [140], 1933): Es werden $r \leq p$ normierte, untereinander unkorrelierte Linearkombinationen (die Hauptkomponenten) der p Originalvariablen gesucht, die sukzessive maximale Varianz ausschöpfen.
- *algebraischer Standpunkt* (Eckart u. Young [68], 1936): Zum Datensatz $\mathbf{X}$ wird ein Datensatz $\mathbf{B}$ gleicher Ordnung (also ebenfalls mit n Zeilen und p Spalten) gesucht, der von geringerem Rang r als $\mathbf{X}$ ist, und der $\mathbf{X}$ am besten approximiert.

- *Standpunkt der mehrdimensionalen Skalierung* (Gower [113], 1966): Es wird eine Projektion der Objektpunkte auf einen r-dimensionalen Unterraum gesucht, so daß dabei alle paarweisen Objektabstände möglichst gut erhalten bleiben.
- Gesucht wird eine Anordnung der Variablen als Punkte in einem r-dimensionalen Unterraum, so daß die Skalarprodukte dieser Punkte, aufgefaßt als Vektoren, möglichst gut die Kovarianzen bzw. Korrelationen der entsprechenden Variablen bei zentrierten bzw. standardisierten Daten reproduzieren.

All diese verschiedenen Aufgaben führen auf ein und dasselbe numerische Problem, nämlich die Bestimmung der Eigenvektoren und Eigenwerte (Abschn. 7.8) der Kovarianz- bzw. Korrelationsmatrix des Datensatzes bei vorausgegangener Zentrierung bzw. Standardisierung. Allen Formulierungen ist die Reduktion der Dimension p des Variablenraums auf die im allgemeinen erheblich kleinere Dimension r (z.B. $r = 2$ für graphische Darstellungen) gemeinsam, ohne dabei allzuviel Information zu verlieren.

Zur Veranschaulichung der genannten Aspekte betrachte man Abb. 2.1 für ein Beispiel von dreißig Objekten, an denen $p = 2$ Variablen x_1, x_2 gemessen wurden. Als echt kleinere Zahl bleibt hier nur $r = 1$ übrig, also schränken wir uns auf eine einzige, die erste Hauptkomponente ein. In der Mitte der Abbildung befindet

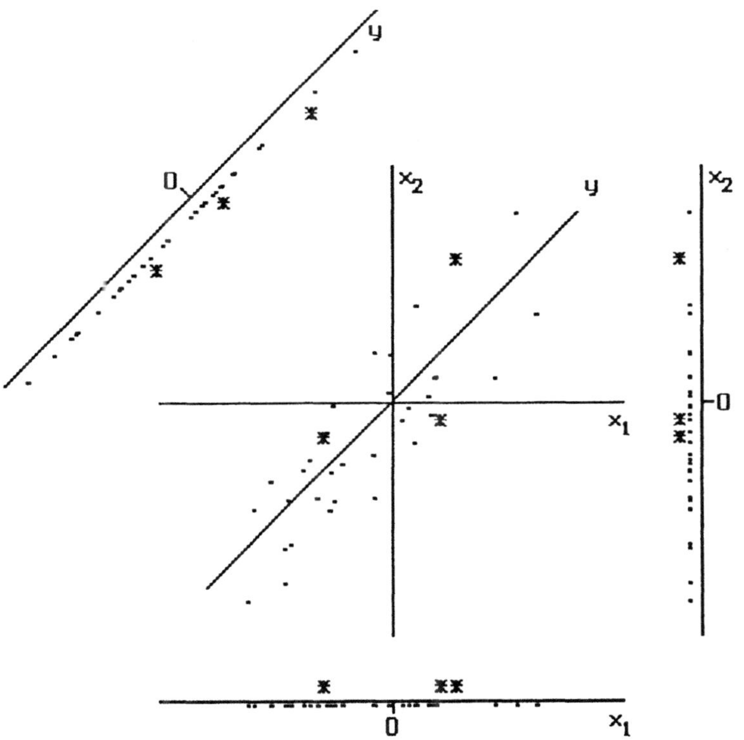

Abb. 2.1. Veranschaulichung der Hauptkomponentenanalyse

sich die Repräsentation der Objekte als Punkte in einem x_1/x_2-Diagramm. Zur Hervorhebung sind drei der Objekte als „*" gekennzeichnet. Die Achse y bezeichnet die erste Hauptkomponente. Sie paßt sich offenbar der Punktmenge der Objekte unter allen eindimensionalen Unterräumen (Geraden) am besten an, so daß der oben genannte geometrische Standpunkt offensichtlich ist. Dieser Anpassungsaspekt ist verwandt mit der Auffindung von Ausgleichsgeraden oder -ebenen in der linearen Regression (s. Kap. 5), beides darf aber auf keinen Fall verwechselt werden. In der Regression ist stets eine der Variablen, nämlich der vorherzusagende Regressand, ausgezeichnet, und die Anpassung wird ausschließlich mit Bezug auf diese eine Variable, also in vertikaler Richtung, vorgenommen, während in der Hauptkomponentenanalyse alle Variablen gleichberechtigt sind, und die Anpassung senkrecht zum Unterraum gemessen wird. Dies führt durchaus zu unterschiedlichen Resultaten.

Der statistische Standpunkt, der wohl am häufigsten bezogen wird (von der Bezeichnung *principal component* nach Hotelling leitet sich auch die übliche Abkürzung PC für Hauptkomponenten ab), geht vom Begriff der Varianz bzw. Streuung aus. In Abb. 2.1 repräsentieren die neben dem Diagramm befindlichen Achsen die jeweiligen Kopien der statistischen Variablen x_1, x_2 und y. Die Hauptkomponente y ergibt sich im Beispiel durch eine 1:1-Wichtung von x_1 und x_2. Da man durch gleichartige Vergrößerung der Gewichte (z.B. 100:100) beliebig große Streuung erzeugen könnte, ergibt das oben formulierte statistische Problem nur einen Sinn, wenn die Gewichte normiert sind. Darunter versteht man, daß die Summe der Quadrate der Gewichte gleich Eins ist, also im vorliegenden Fall

$$y = x_1/\sqrt{2} + x_2/\sqrt{2}$$

Auf diese Weise wird erreicht, daß unterschiedliche Wichtungen mit variierenden Richtungen der Achse(n) im Raum einhergehen. Auf den kopierten Achsen ist die Objektverteilung dargestellt, die sich ergäbe, wenn man jeweils nur diese eine statistische Variable betrachten würde. Geometrisch bedeutet das die Projektion der Punkte in der Ebene auf die entsprechende Achse im Diagramm. Grob folgt schon aus den Spannweiten der drei Verteilungen, daß die erste Hauptkomponente wesentlich größere Streuung erzeugt als die beiden Ausgangsvariablen. Allerdings kann selbst mit einer optimalen, eindimensionalen Reduktion nicht die Gesamtstreuung der Objekte erhalten werden. Deswegen kann man weitere Hauptkomponenten bilden, die sukzessive ein Maximum der Reststreuung erfassen. Die zugehörigen Achsen stehen immer senkrecht aufeinander, so daß in der beschränkten Situation der Abb. 2.1 automatisch die Richtung der zweiten Hauptkomponente (nicht eingezeichnet) klar ist. Während alle Ausgangsvariablen zumindest nach Standardisierung gleiche Streuung besitzen, polarisiert sich dieser Beitrag bei den Hauptkomponenten in fallender Weise von sehr großer Streuung (erste Hauptkomponente) bis zu sehr kleiner Streuung (letzte Hauptkomponente). In der Abbildung nimmt dementsprechend die Projektion der Punkte auf die zu y senkrechte Richtung nur eine eng begrenzte Verteilung an. Aus den genannten Fakten folgt, daß eine Reduktion der Ausgangsvariablen auf die ersten wenigen, große Varianz tragenden Hauptkomponenten sinnvoll ist. Diese Vorgehensweise läßt sich bei Meßdaten als Trennung von Signal und Rauschen deuten.

Der algebraische Standpunkt, der sich einer Illustration in der Abbildung entzieht, wird weiter unten noch am Zahlenbeispiel erläutert. Er besitzt z.B. in der Chemometrie Bedeutung, wenn der Datensatz **X** die diskretisierten Spektren von p Mischungsproben enthält. Sind diese Mischungen aus $r \leq p$ chemischen Komponenten entstanden, wobei die Zahl r im allgemeinen zunächst unbekannt ist, dann besäße die Matrix **X** in hypothetischer Abwesenheit eines Meßfehlers genau den Rang r. Durch den Meßfehler wird der tatsächliche Rang von **X** im allgemeinen gleich der Zahl p der Mischungen sein. Aus der Güte der oben beschriebenen Anpassung von **X** durch eine Matrix **B** mit gleicher Ordnung und variierendem Rang r lassen sich Rückschlüsse auf die Zahl der den Mischungen zugrundeliegenden Komponenten ziehen.

Die mehrdimensionale Skalierung verfolgt als Zweig der multivariaten Datenanalyse das Ziel, Objekte so in einem Unterraum zu plazieren, daß dabei die paarweisen Abstandsrelationen im ursprünglichen Raum optimal reproduziert werden. Mit der Bildebene als Unterraum kann eine relativ originalgetreue Anordnung der Objekte sichtbar gemacht werden. Zur Illustration stelle man sich eine Kilometertabelle (in unserem Kontext wird dies später die Abstandsmatrix sein) verschiedener Städte in Europa vor und versuche lediglich mit diesen Angaben (ohne Kenntnis der Geographie!), eine Anordnung der Städte auf einer Landkarte zu erzeugen. Dies wird aufgrund der Erdkrümmung nicht absolut exakt möglich sein, es wird also nur eine bestmögliche Approximation existieren. Genauso verhält es sich im datenanalytischen Zusammenhang. Aus Abb. 2.1 wird offensichtlich, daß – als einfacher Ausschnitt – die Abstandsverhältnisse der drei mit „*“ gekennzeichneten Objekte in der Ebene von allen drei Achsen am besten auf der Hauptkomponente y wiedergegeben werden. Es sei hier vermerkt, daß die Hauptkomponentenanalyse hinsichtlich der mehrdimensionalen Skalierung nur unter den linearen Methoden am besten ist, wohingegen zumindest formal das von Sammon [234] vorgeschlagene *Nonlinear Mapping* eine allgemein optimale Methode darstellt.

Die letzte von den oben formulierten Aufgabenstellungen ist gewissermaßen zu der vorangegangenen dual: Hier sind nicht die paarweisen Abstandsrelationen zwischen den Objekten sondern die paarweisen Korrelationen oder Kovarianzen zwischen den Variablen optimal durch eine Punktkonstellation zu erfassen. Dieser Aspekt wird uns noch später im Zusammenhang mit der Variablendarstellung (Abschn. 2.3) begegnen.

In der gerade geführten Diskussion war die Zahl der Hauptkomponenten aus methodischen Gründen auf Eins reduziert. Selbstverständlich stehen zum Zwecke der graphischen Darstellung eines Datensatzes zwei Achsen zur Verfügung, so daß der Fall $r = 2$ von besonderem Interesse ist. Ein erstes reales Datenbeispiel soll die typische Anwendung von Hauptkomponenten zur deskriptiven Datenanalyse veranschaulichen. Der in Tabelle A.1 des Anhangs aufgeführte Datensatz resultierte aus den Analysen von Wasserproben, die 1986 einem (Ost-)Berliner Abwasserpumpwerk entnommen wurden (vgl. [124]). Die Bestimmung der Konzentrationen von acht Schwermetallen bei stündlicher Probenahme im Verlaufe eines Tages (mit Unterbrechungen) sollte Aufschluß über die zeitliche Änderung

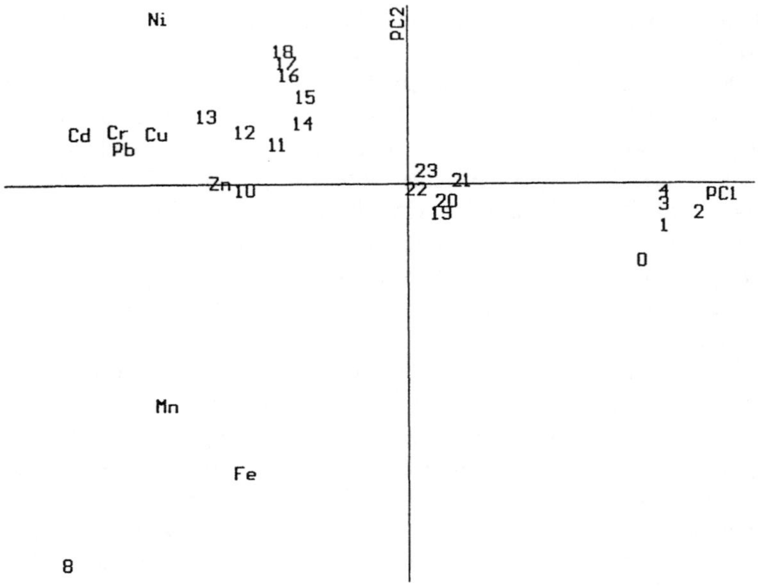

Abb. 2.2. Hauptkomponentendarstellung zum Abwasserdatensatz (Zahlen kennzeichnen die Uhrzeit der Probenahme)

des Elementmusters infolge der Einleitungen aus punktförmigen (Industriebetriebe) und diffusen (Haushalte) Quellen geben.

Abbildung 2.2 stellt die zwanzig Objekte des Datensatzes, also die zu den verschiedenen Uhrzeiten genommenen Proben, sowie die acht Variablen in einem gemeinsamen Hauptkomponentendiagramm dar. PC1 und PC2 stehen für die erste bzw. zweite Hauptkomponente. Denkbare Elementardiagramme derselben Objekte entstünden z.B. bei Auftragung der Nickel- gegen die Eisen- oder der Mangan- gegen die Bleikonzentrationen in den Proben. Mit nur zwei berücksichtigten Variablen von insgesamt acht würden lediglich 25% der gesamten Datenstruktur sichtbar gemacht werden. Im Gegensatz dazu sind in den Achsen PC1 und PC2 sämtliche acht Variablen mit geeigneter Wichtung vertreten, was dazu führt, daß der Anteil der durch die Hauptkomponenten übertragenen Datenstruktur (Varianz) im vorliegenden Beispiel etwa 80% beträgt.

Unter den Objekten (Proben) lassen sich ohne Mühe 4 Gruppen (Cluster) erkennen (8 Uhr, 10 bis 18 Uhr, 19 bis 23 Uhr und 0 bis 4 Uhr). Somit lautet die erste abzuleitende Aussage, daß das Schwermetallmuster des Abwassers im Laufe eines Tages nicht kontinuierlich sondern sprunghaft variiert, wobei die entstehenden Cluster wahrscheinlich mit den verschiedenen industriellen Tagesschichten korrespondieren (zwischen der Probenahmezeit und der Einleitungszeit ist eine etwaige Differenz von ein bis zwei Stunden zu berücksichtigen). Die deutliche Abseitslage der 8 Uhr-Probe könnte auf Einleitungen aus Haushalten früh morgens (etwa 6 Uhr) zurückgeführt werden.

Auch in der Menge der Variablen, die sich ebenfalls als Punkte im Diagramm darstellen lassen, kann man Gruppierungen erkennen. Während auf der einen Seite Cu, Cr, Pb, Cd untereinander besonders und abgeschwächt auch mit Ni und Zn ähnlich sind, wird durch Fe und Mn eine davon unabhängige Gruppe repräsentiert. Die gemeinsame Interpretation von Variablen und Objekten macht schließlich deutlich, daß die Fe/Mn-Gruppe mit der 8 Uhr-Probe zusammenhängt (wahrscheinlich auf eiserne Leitungssysteme in den Haushalten zurückzuführen), während die anderen Schwermetalle eine Abstufung der den industriellen Einleitungen zuzuordnenden Proben nach hohen (10 bis 18 Uhr), mittleren (19 bis 23 Uhr) und niedrigen (0 bis 4 Uhr) Konzentrationen in eben diesen Metallen bewirken. Eine detaillierte Beschreibung der Auswertemöglichkeiten einer Hauptkomponentendarstellung wird in Abschn. 2.3 erfolgen. Bereits hier ist zu erkennen, daß eine vollständige Interpretation von Resultaten nur im Zusammenspiel mit zusätzlichen Hintergrundinformationen möglich ist. Daher ist die Hauptkomponentenanalyse als ein Werkzeug zur Ableitung von Hypothesen zu verstehen, die anschließend mit fachspezifischer Begründung zu verifizieren sind.

2.2 Praktische Realisierung der Hauptkomponentenanalyse

Der erste Schritt bei der praktischen Realisierung der Hauptkomponentenanalyse ist eine geeignete Datenvorbehandlung. Im Regelfall ist es üblich, alle Spaltenvektoren des Datensatzes entsprechend den in Abschn. 7.3 angegebenen Schritten zu transformieren. Im Anschluß hat jede Spalte den gleichen Mittelwert Null (Zentrierung) und die gleiche Standardabweichung und auch Streuung Eins (Standardisierung). Die Auswirkungen der beiden Transformationsschritte in einem Beispiel mit zwei Variablen werden in den Diagrammen der Abb. 2.3 illustriert.

Bei der Zentrierung wird die Objektpunktmenge mit ihrem Mittelpunkt in den Koordinatenursprung verschoben, wodurch dann alle Koordinaten eines Objekts nicht mehr Absolutgrößen darstellen, sondern die Abweichung von einem

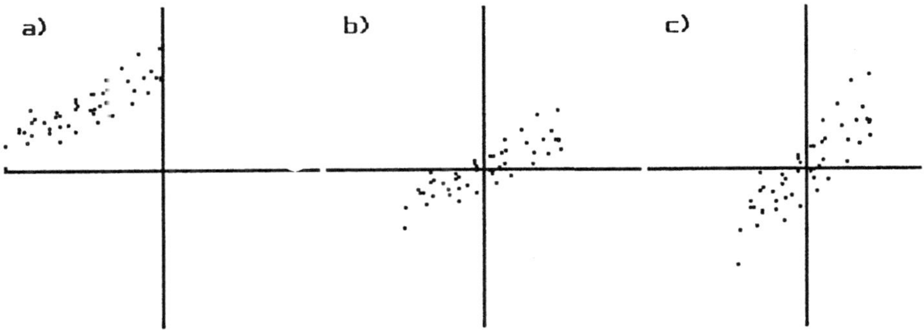

Abb. 2.3. Veranschaulichung der Datenvorbehandlung: **a** ursprünglicher, **b** zentrierter und **c** standardisierter Datensatz

Durchschnittsobjekt angeben. Durch diesen Schritt wird vermieden, daß schon die eventuell extreme Abseitslage des ursprünglichen Mittelpunkts die im allgemeinen mehr interessierende Streuung um den Mittelpunkt herum dominiert.

Die zusätzliche Standardisierung eliminiert den Einfluß willkürlich wählbarer Maßstäbe auf die Rechnung. Nehmen wir zur Erläuterung an, daß A, B, C drei chemische Proben seien, an denen die Konzentrationswerte zweier Elemente ermittelt wurden, wobei die erste Konzentrationsangabe in Prozent und die zweite in ppm (10^{-6}) erfolgt:

$$A = (1\%; 40000\,\text{ppm}); \quad B = (3\%; 30000\,\text{ppm}); \quad C = (4\%; 10000\,\text{ppm})$$

Berechnet man etwa die Abstände der als Punkte in der Ebene aufzufassenden drei Objekte zu den gegebenen Zahlenwerten, dann ist klar, daß diese Abstände praktisch ausschließlich durch die zweite Koordinate definiert sind. Insbesondere sind die Proben A und B einander am ähnlichsten. Tauscht man beide Maßeinheiten, so werden dieselben Proben durch

$$A = (10000\,\text{ppm}; 4\%); \quad B = (30000\,\text{ppm}; 3\%); \quad C = (40000\,\text{ppm}; 1\%)$$

beschrieben, und nun dominiert umgekehrt die erste Koordinate die Abstandsberechnung, so daß jetzt B und C das ähnlichste Probenpaar bilden, obwohl sich sachlich überhaupt nichts geändert hat. Standardisierung bedeutet anschaulich die Überführung aller Variablen in einen gleichen Maßstab, um die eben beschriebene Willkür zu beseitigen.

In spezifischen Situationen kann es sich jedoch auch empfehlen, auf eine Datenvorbehandlung ganz oder teilweise zu verzichten (vgl. [208]). Beispielsweise sollten Variablen, deren Streuung nicht wesentlich größer als die Streuung des Experimentalfehlers ist, nicht normiert werden. Mitunter ist sogar ein Verzicht auf Zentrierung denkbar, z.B. wenn alle Variablen des Datensatzes von vornherein Abweichungen vom Wert Null messen. Dies trifft insbesondere auf spektrale Datensätze zu, wo Signalintensitäten (als Abweichungen vom Null-Signal) registriert werden. Die Zentrierung würde dann die Bezugnahme auf einen sachlich interpretierbaren Nullpunkt verhindern (vgl. [189]). Allerdings scheint im allgemeinen ein unbegründeter Verzicht auf Datenstandardisierung gravierendere Auswirkungen auf die Interpretation zu haben als die Nichtwahrnehmung einer der geschilderten spezifischen Situationen.

Aus dem nach Vorbehandlung der Rohdaten gewonnenen Datensatz $\mathbf{X}$ mit n Spalten und p Zeilen wird durch die Operation $(n-1)^{-1}\mathbf{X}^T\mathbf{X}$ eine symmetrische Matrix mit p Zeilen und p Spalten gebildet. Im Falle zentrierter Daten handelt es sich um die Kovarianzmatrix, bei darüberhinaus standardisierten Daten um die Korrelationsmatrix (vgl. Abschn. 7.6). Der numerische Kern der Hauptkomponentenanalyse besteht in der Bestimmung der p Eigenwerte und normierten Eigenvektoren dieser Matrix (vgl. Abschn. 7.8). Die Komponenten der normierten Eigenvektoren enthalten die gesuchten optimalen Gewichte der Ausgangsvariablen bei der Bildung der jeweiligen Hauptkomponente, während die Eigenwerte die Varianz oder Streuung angeben, die durch diese Hauptkomponente repräsentiert wird. Mit Hilfe der Eigenvektoren lassen sich unmittelbar die

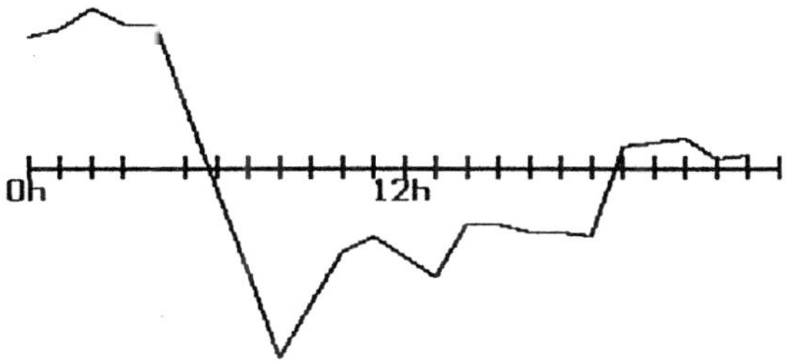

Abb. 2.4. Aus dem zugehörigen Hauptkomponentendiagramm extrahierte Darstellung der allgemeinen Schwermetallbelastung in Abwasserproben über der Tageszeit

Koordinaten der Objekte und Variablen in einem Hauptkomponentendiagramm berechnen, dessen Interpretation im Mittelpunkt der graphisch orientierten Analyse eines Datensatzes steht (vgl. Abschn. 2.3).

Wenn die gegebenen Objekte bzw. Variablen einer natürlichen Skale angehören (z.B. verschiedene Zeiten oder Wellenlängen), dann ergibt die Auftragung einer fixierten Koordinate über dieser Skale eine noch anschaulichere Auswertung als die Auftragung der Koordinaten gegeneinander. Das trifft speziell für die Objekte aus Abb. 2.2 zu, weil es sich um Probenahmezeiten handelt. Die Darstellung der ersten Koordinaten der Objekte, also der horizontalen Auslenkungen vom Nullpunkt, nun als Amplitude über der Probenahmezeit führt zu der in Abb. 2.4 gezeigten Kurve (nach Verbindung aller Punkte und linearer Interpolation der nicht gemessenen Zeiten). Hierdurch wird die zeitabhängige Variation der Schwermetallbelastung noch deutlicher als in der Diagrammdarstellung von Abb. 2.2. Es ist in diesem Fall zu berücksichtigen, daß in der zuletzt genannten Hauptkomponentendarstellung die den Schwermetallen entsprechenden Variablenpunkte alle auf der linken Seite liegen und somit eine negative erste Koordinate besitzen. Dadurch sind auch die Probenahmezeiten mit negativer erster Koordinate als solche zu verstehen, in denen die Schwermetallbelastung hoch ist, d.h. die Amplitude in Abb. 2.4 ist genau spiegelverkehrt zu lesen: die höchste Belastung tritt im Verlaufe der Tagesstunden auf, sie klingt dann zum Abend hin zu mittleren und nachts bzw. früh nochmals stark zu niedrigen Werten ab. Dabei sind natürlich „hoch“ und niedrig niemals absolute Wertungen sondern stets in Relation zum Durchschnitt des Datensatzes.

Neben der unmittelbaren Verwendung zu graphischen Zwecken bilden die Hauptkomponenten zugleich die Grundlage zahlreicher anderer Verfahren, so daß sich ihre Abspeicherung empfiehlt. Natürlich sind dabei nur die ersten, informationstragenden Hauptkomponenten zu berücksichtigen. Folglich ist zunächst deren Anzahl zu bestimmen, wozu es geeignete Kriterien gibt (vgl. Abschn. 2.4). Falls sich beispielsweise herausstellen sollte, daß auch die dritte Hauptkomponente noch wesentlichen Varianzanteil reflektiert, so ist es üblich, in einem zusätzlichen Diagramm auch die erste gegen die dritte Koordinate sämtlicher Objekte und Variablen aufzutragen bzw. unter Ausnutzung technischer Hilfsmittel alle

Tabelle 2.1. Fiktive Ergebnisse von 5 Laboratorien bei Konzentrationsbestimmungen c in zwei unabhängigien Proben (daneben zentrierter Datensatz)

Labor	c_1	c_2	x_1	x_2
A	36	54	-4	-6
B	38	54	-2	-6
C	40	62	0	2
D	42	66	2	6
E	44	64	4	4

drei Hauptkomponenten simultan in einer stereoskopischen Darstellung abzubilden (vgl. [108]).

Einige Zusammenhänge sollen nun am konkreten Zahlenbeispiel dargelegt werden. Der in Tabelle 2.1 dargestellte Datensatz könnte aus dem Vergleich der Arbeitsweisen verschiedener Laboratorien bei der Konzentrationsbestimmung eines Schwermetalls in wäßriger Lösung entstanden sein, wobei zwei unabhängige Proben analysiert wurden. Aus Gründen der Einfachheit soll hier lediglich eine Datenzentrierung als Vorbehandlung dienen. Der entsprechend transformierte Datensatz befindet sich auf der rechten Seite der Tabelle 2.1. Er entsteht aus dem Original-Datensatz durch Subtraktion der jeweiligen Spaltenmittelwerte (vgl. Abschn. 7.3). Die zentrierten Objekte (Labors) werden in Abb. 2.5 dargestellt. Ein solches Diagramm, in dem Laborergebnisse von zwei ähnlichen Proben gegeneinander aufgetragen sind, nennt man auch Youden-plot [297]. Es gestattet auf graphischem Wege, systematische Fehler in der Arbeitsweise einzelner oder mehrerer Laboratorien aufzudecken.

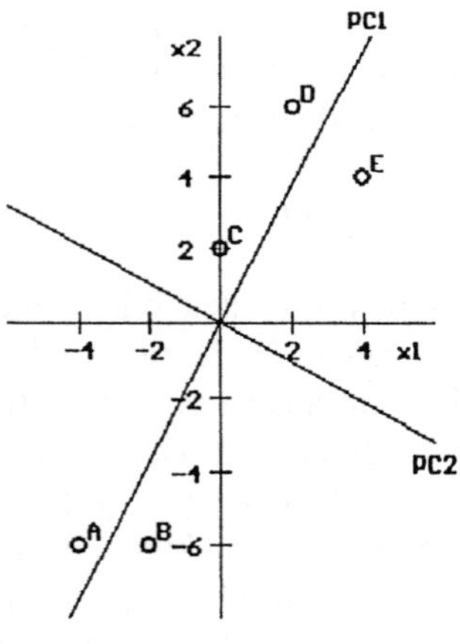

Abb. 2.5. Diagramm zu einem künstlichen Datensatz

Systematische Abweichungen treten immer in derselben Richtung auf (entweder stets zu hohe oder stets zu niedrige Bestimmungen). Sie werden folglich an einer Punktehäufung im ersten oder dritten Quadranten erkannt. Diese Situation liegt auch bei den Beispieldaten vor, wo die Punkte im wesentlichen entlang der Achse PC1 streuen. In der Tat handelt es sich dabei um die erste Hauptkomponente zum gegebenen Datensatz.

Zur rechnerischen Bestimmung der Hauptkomponenten geht man zunächst von der Kovarianzmatrix **K** (bei standardisierten Daten wäre es die Korrelationsmatrix **R**) aus, die als Elemente sämtliche Kovarianzen bzw. Varianzen der Spalten des Datensatzes enthält. Entsprechend der Definition der Kovarianzmatrix in Abschn. 7.6 folgt für die Beispieldaten aus Tabelle 2.1

$$\mathbf{K} = \begin{pmatrix} 10 & 16 \\ 16 & 32 \end{pmatrix}.$$

Nach Abschn. 7.8 sind die Eigenwerte λ von **K** gerade solche Zahlen, für die die Zeilen (oder gleichzeitig auch Spalten) der Matrix

$$\mathbf{K} - \lambda \mathbf{I}_2 = \begin{pmatrix} 10-\lambda & 16 \\ 16 & 32-\lambda \end{pmatrix}$$

linear abhängig werden, wo also hier die Wertepaare in beiden Zeilen ein gleiches Verhältnis bilden. Aufstellung der entsprechenden Verhältnisgleichung $10 - \lambda : 16 = 16 : 32 - \lambda$ ergibt als Lösung einer quadratischen Gleichung in λ die beiden Eigenwerte $\lambda_1 = 40.4$ und $\lambda_2 = 1.6$.

Ein Eigenvektor $\mathbf{v}_1$ zum ersten Eigenwert λ_1 (vgl. Abschn. 7.8) läßt sich aus der Lösung des linearen Gleichungssystems $\mathbf{K}\mathbf{v}_1 = \lambda_1 \mathbf{v}_1$ gewinnen. Mit den konkreten Zahlen ergibt sich in Matrixschreibweise:

$$\begin{pmatrix} 10 & 16 \\ 16 & 32 \end{pmatrix} \begin{pmatrix} v_{11} \\ v_{12} \end{pmatrix} = 40.4 \begin{pmatrix} v_{11} \\ v_{12} \end{pmatrix}$$

wobei v_{11}, v_{12} die beiden Komponenten von $\mathbf{v}_1$ sind. In klassischer Schreibweise liest sich dieses System als:

$$\begin{aligned} 10v_{11} + 16v_{12} &= 40.4v_{11} \\ 16v_{11} + 32v_{12} &= 40.4v_{12} \end{aligned}$$

Setzt man nun eine der beiden gesuchten Komponenten willkürlich, z.B. mit $v_{11} = 1$ an, dann liefert eine (egal welche) der beiden Gleichungen sofort $v_{12} = 1.9$. Da auch jedes Vielfache des ermittelten Eigenvektors $\mathbf{v}_1 = (1, 1.9)^T$ ein Eigenvektor zum gleichen Eigenwert ist, wird ein normierter Repräsentant als Lösung angegeben, d.h. ein Eigenvektor der Länge Eins. Dazu sind beide Komponenten von $\mathbf{v}_1$ durch die Länge von $\mathbf{v}_1$ zu dividieren, die sich im gegebenen Beispiel gemäß Abschn. 7.2 als $\sqrt{1^2 + 1.9^2} \approx 2.15$ errechnet. Somit ist der erste normierte Eigenvektor $\mathbf{v}_1 = (0.47, 0.88)^T$. Ganz analog gelangt man bei Betrachtung des zweiten Eigenwertes $\lambda_2 = 1.6$ zum zweiten normierten Eigenvektor $\mathbf{v}_2 = (0.88, -0.47)^T$.

Die Komponenten der normierten Eigenvektoren geben die Gewichte an, mit denen die Ausgangsvariablen x_i zur Bildung der jeweiligen Hauptachse linear kombiniert werden. Dementsprechend ist die erste Hauptkomponente als PC1 = $0.47 \cdot x_1 + 0.88 \cdot x_2$ definiert. Es wird x_2 stärker gewichtet als x_1, folglich ist die erste Hauptkomponente in Abb. 2.5 deutlich vertikal geneigt. Die Werte der ersten Hauptkomponente in allen Objekten ergeben sich dann als gewichtete Summe direkt aus den Werten der Originalvariablen. Beispielsweise erhält man für den Punkt A (erste Zeile des zentrierten Datensatzes in Tabelle 2.1):

$$\text{PC1}(A) = 0.47 \cdot (-4) + 0.88 \cdot (-6) = -7.16$$

Diese Realisierungen der Hauptkomponenten geben zugleich die Koordinaten der Objekte im neuen Koordinatensystem, also bezüglich der Hauptachsen an. So erhält Punkt A auf der ersten Hauptachse einen stark negativen Wert. Mit Hilfe des zweiten normierten Eigenvektors $\mathbf{v}_2$ lassen sich analog die Positionen der Objektpunkte auf der zweiten Hauptachse berechnen. Allgemein ergeben sich alle Koordinaten der 5 Objekte bezüglich der beiden Hauptachsen in den beiden Spalten der Matrix

$$\mathbf{X} \cdot \mathbf{V} = \begin{pmatrix} -7.16 & -0.70 \\ -6.22 & 1.06 \\ 1.76 & -0.94 \\ 6.22 & -1.06 \\ 5.40 & 1.64 \end{pmatrix}, \tag{2.1}$$

wo $\mathbf{X}$ den zentrierten Datensatz und $\mathbf{V}$ die Matrix bezeichnet, deren beide Spalten aus den beiden errechneten Eigenvektoren gebildet werden.

Auch aus den errechneten Eigenwerten lassen sich Informationen entnehmen, jeder Eigenwert gibt nämlich die Streuung der zugehörigen Hauptkomponente an (vgl. Satz 1, Problem 2 in Abschn. 2.6). Daher betragen die Varianzen der beiden Spalten von (2.1) in Übereinstimmung mit den gefundenen Eigenwerten 40.4 bzw. 1.6. Die Summe der Varianzen der beiden Hauptkomponenten stimmt stets mit der Summe der Varianzen der Ausgangsvariablen (Diagonalelemente der Kovarianzmatrix) überein, hier erhält man: $40.4 + 1.6 = 10 + 32$. In der letzten Gleichung offenbart sich die Polarisierung bei der Varianzzerlegung durch Hauptkomponenten. Als Relation angegeben, überträgt die erste Hauptkomponente bereits 96% der Gesamtstreuung. Mit einem Anteil von etwa 4% repräsentiert der vergleichsweise sehr kleine zweite Eigenwert nur die summarische Abweichung der Objekte von der Ausgleichsachse PC1 in Abb. 2.5 (vgl. Satz 1, Problem 1 in Abschn. 2.6).

Bei den in Abschn. 2.1 vorgestellten äquivalenten Sichtweisen der Hauptkomponentenanalyse blieb der algebraische Standpunkt zunächst ohne Veranschaulichung. Wir wollen nun kurz darauf zurückkommen. Zunächst hat der zentrierte Datensatz in Tabelle 2.1 den Rang Zwei, d.h. beide Spalten sind linear unabhängig, denn offenbar läßt sich keine von ihnen als proportionales Vielfaches der jeweils anderen darstellen. Die Frage ist nun, wie gut sich der Datensatz durch eine Matrix $\mathbf{B}$ gleicher Ordnung (ebenfalls fünf Zeilen und zwei Spalten), nun aber vom Rang $r = 1$ approximieren läßt. Rang Eins bedeutet, daß beide Spalten von $\mathbf{B}$ proportional sein müssen. Gemäß dem Beweis zu Problem 3 in Satz 1, Abschn. 2.6 ist in der gegebenen Situation $\mathbf{B} = \mathbf{X}\mathbf{v}_1\mathbf{v}_1^T$ zu wählen. Dabei enthält der Spaltenvektor $\mathbf{X}\mathbf{v}_1$ die Realisierungen der ersten Hauptkomponente (bzw. Koordinaten der Objekte bezüglich der ersten Hauptachse), deren Berechnung oben vorgeführt wurde. Insbesondere ist $\mathbf{X}\mathbf{v}_1$ die erste Spalte der in (2.1) angegebenen Matrix $\mathbf{XV}$. Es folgt als beste Approximation vom Rang Eins

$$\mathbf{B} = \mathbf{X}\mathbf{v}_1\mathbf{v}_1^T = \begin{pmatrix} -7.16 \\ -6.22 \\ 1.76 \\ 6.22 \\ 5.40 \end{pmatrix} (0.47, 0.88) = \begin{pmatrix} -3.37 & -6.30 \\ -2.92 & -5.47 \\ 0.83 & 1.55 \\ 2.92 & 5.47 \\ 2.54 & 4.75 \end{pmatrix}.$$

Ein Vergleich mit dem zentrierten Datensatz aus Tabelle 2.1 zeigt recht gute Übereinstimmung. Man beachte, daß $\mathbf{B}$ im Gegensatz zu $\mathbf{X}$ tatsächlich nur vom Rang Eins ist, weil die zweite Spalte ein Vielfaches der ersten mit dem Faktor 1.88 ist.

Würde man in der approximierenden Matrix $\mathbf{B}$ sämtliche Einträge quadrieren und aufsummieren, so erhielte man bis auf Abweichungen, die hier durch das Runden auf zwei Kommastellen entstehen, wiederum den ersten Eigenwert 40.4. Damit besitzen die Eigenwerte auch unmittelbare datenanalytische Bedeutung, denn sie geben an, wie stark die Zahlen in den durch die zugehörigen Hauptkomponenten reproduzierten Matrizen von Null abweichen. Eine Nullmatrix stellt, komplett aus Nullen bestehend, den Extremfall dar, wenn alle Objekte in einen Punkt, nach Zentrierung natürlich in den Nullpunkt, zusammenfallen und keine Datenvariabilität vorliegt. Wie man nun bereits erahnt, ist der zweite Eigenwert ein Maß für die Abweichung zwischen Ausgangs- und approximierender Matrix, genauer ist er die Summe der quadrierten Differenzen dieser Abweichungen in allen zehn Komponenten.

Auf eine Illustration der Reproduktion der Kovarianzmatrix mittels der ersten Hauptkomponente soll hier verzichtet werden, da im Beispiel aus Gründen der Einfachheit lediglich zwei Variablen betrachtet wurden. Dieser Gesichtspunkt wird noch in Abschn. 2.3 berührt.

2.3 Interpretationshilfen

In diesem Abschnitt werden einige wichtige Interpretationshilfen bei Anwendung der Hauptkomponentenanalyse als graphisch orientierter Methode zusammengestellt. Im wesentlichen lassen sich drei Auswertevarianten bei einer Hauptkomponentendarstellung unterscheiden: Separate Diskussion der Objekt- bzw. Variablenkonfiguration, sowie Überlagerung beider. Um einen anschaulichen Bezugspunkt für die Erläuterung dieser Methoden zu erhalten, sei zunächst die Einführung in eine Anwendung vorangestellt, die sich im Zusammenhang mit der kapillargaschromatographischen Charakterisierung von Kraftstoffen aus Tankstellen einer engeren Region ergab (vgl. [127]):

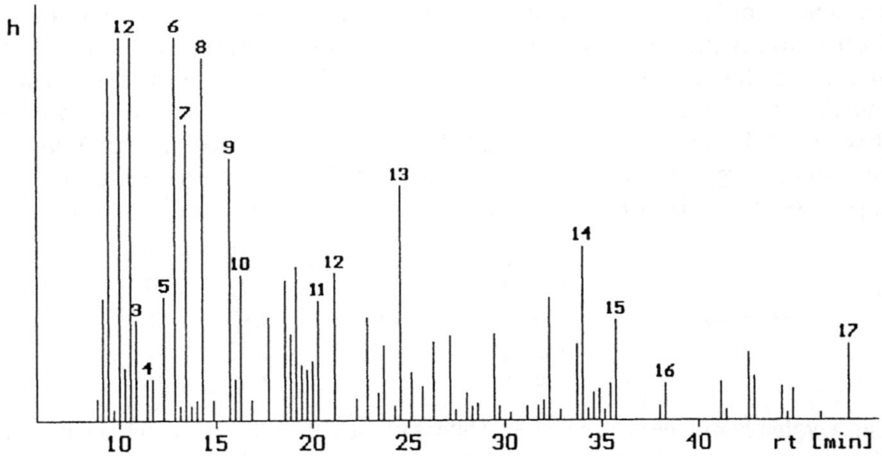

Abb. 2.6. Kapillar-Gaschromatogramm einer VK-Normal Probe: *1* Isopentan, *2* n-Pentan, *3* 2-Methylbutan, *4* 2,2-Dimethylbutan, *5* Cyclopentan, *6* 2-Methylpentan, *7* 3-Methylpentan, *8* n-Hexan, *9* Methylcyclopentan, *10* Benzen, *11* Isooctan, *12* n-Heptan, *13* Toluen, *14* m-Xylen, *15* o-Xylen, *16* n-Nonan, *17* 1,2,4-Trimethylbenzen

Untersuchungen zu Differenzierungsmöglichkeiten technischer Stoffgemische, wie Vergaser- und Dieselkraftstoffe, gewinnen beim Umweltschutz und bei der Verursacherermittlung zunehmende Bedeutung. Vergaserkraftstoffe werden in einem diskontinuierlichen Prozeß durch Mischen unterschiedlicher Benzinkomponenten hergestellt, deren Anzahl und chemische Zusammensetzung von Hersteller zu Hersteller und von Charge zu Charge variiert. Auf dem Weg zum Endverbraucher wird der Vergaserkraftstoff im Tanklager und anschließend in der Tankstelle zwischengelagert. Da die Vorratstanks nie leergefahren werden, erfolgt an beiden Orten Vermischung mit anderem Vergaserkraftstoff und damit Änderung in der chemischen Zusammensetzung. Aus diesem Grunde läßt sich erwarten, daß sich Benzine von Tankstelle zu Tankstelle unterscheiden, selbst wenn sie aus ein und demselben Lager beliefert werden.

Um diesen Sachverhalt zu prüfen, wurden an 10 ausgewählten Tankstellen (Umgebung von Dessau) je 5 Proben VK normal genommen und mit Hilfe der Kapillargaschromatographie untersucht. Die Auftrennung erfolgte an einer 50 m W.C.O.T. Squalan Glassäule. Abbildung 2.6 zeigt ein typisches resultierendes Chromatogramm, mit insgesamt 17 relevanten Komponenten.

Aus verschiedenen Gründen der Auswertbarkeit wurden hiervon ausschließlich die folgenden 12 Komponenten berücksichtigt:

1. Benzen	7. Nonan
2. Toluen	8. Isooctan
3. m-Xylen	9. Methylbuten
4. o-Xylen	10. 2,2-Dimethylbutan
5. 1,2,4-Trimethylbenzen	11. Methylcyclopentan
6. Heptan	12. Cyclopentan.

Tabelle 2.2 Korrelationsmatrix (linke untere Hälfte ohne Diagonale), reproduzierte Korrelationsmatrix (rechte obere Hälfte mit Diagonale) sowie Eigenwerte, prozentuale Varianzanteile und die ersten beiden Eigenvektoren zum Tankstellen-Datensatz

	1)	2)	3)	4)	5)	6)	7)	8)	9)	10)	11)	12)
1)	.65	-.45	-.50	-.50	.35	-.66	-.60	.64	.74	.67	-.62	.68
2)	-.55	.90	-.25	-.19	-.91	.83	.36	-.88	-.76	-.86	.89	-.08
3)	-.43	-.26	.95	.90	.40	.12	.49	-.04	-.31	-.11	.00	-.88
4)	-.43	-.23	.91	.85	.34	.16	.49	-.08	-.34	-.15	.05	-.85
5)	.37	-.90	.38	.31	.95	-.78	-.27	0.85	.68	.81	-.86	-.07
6)	-.50	.74	.14	.20	-.78	.90	.57	-.93	-.90	-.93	.91	-.43
7)	-.69	.48	.42	.32	-.24	.45	.55	-.55	-.66	-.58	.52	-.64
8)	.55	-.87	-.04	-.10	.83	-.96	-.56	.96	.91	.96	-.95	.37
9)	.69	-.71	-.32	-.38	.68	-.95	-.52	.91	.94	.93	-.89	.60
10)	.65	-.85	-.10	-.17	.79	-.94	-.54	.96	.95	.96	-.95	.44
11)	-.55	.82	.01	.10	-.87	.97	0.41	-.96	-.94	-.95	.95	-.33
12)	.61	-.07	-.87	-.80	-.09	-.46	-.68	.38	.60	.44	-.33	.94
λ_i	7.2	3.3	.80	.38	.11	.09	.07	.03	.02	.00	.00	.00
(%)	60.2	27.3	6.6	3.1	0.9	0.8	0.6	0.2	0.2	0.0	0.0	0.0
$\mathbf{v}_1^T$	.27	-.31	-.09	-.10	.28	-.35	-.24	.36	.36	.36	-.35	.20
$\mathbf{v}_2^T$	.19	.26	-.52	-.49	-.34	.06	-.20	-.11	.05	-.07	.13	.44

Die Erfassung des gaschromatographischen Musters der Proben erfolgte durch Normierung der 12 Peakflächen auf eine Summe von 100 % , damit Vergleichbarkeit gewährleistet ist. Der zugehörige Datensatz ist in Tabelle A.2 des Anhangs abgedruckt. Am Rande sei bemerkt, daß die hier benutzte, allgemein übliche „Summe-Eins“-Normierung chromatographischer Daten nicht unproblematisch ist (vgl. [167]).

Als Datenvorbehandlung wurden alle Variablen standardisiert, um ihnen gleichen Mittelwert und gleiche Streuung zu verleihen. Die entstehende Korrelationsmatrix der Peaks kann wegen ihrer Symmetrie in der linken unteren Hälfte von Tabelle 2.2 dargestellt werden. Auch die Diagonale ist nicht erforderlich, weil dort prinzipiell eine Eins stehen muß. Aus Platzgründen wird so die rechte obere Hälfte der Tabelle für andere Zwecke verwendet.

Bei der gegebenen Zahl von Freiheitsgraden sind Korrelationskoeffizienten mit 95% Sicherheit signifikant, sobald sie dem Betrag nach die kritische Größe von 0.28 übersteigen. Aus Tabelle 2.2 lassen sich also zahlreiche positive und negative Korrelationsbeziehungen erkennen, was für starke Redundanz in den Daten spricht. Daher sollten bereits wenige Hauptkomponenten genügen, um ein adäquates Bild vom Datensatz zu vermitteln. Die Rechnung ergab die in Tabelle 2.2 aufgeführten Eigenwerte der zuvor bestimmten Korrelationsmatrix. Es ist erkennbar, daß die ersten beiden Hauptkomponenten bereits etwa 87.5% der Gesamtvarianz erklären, während alle übrigen kaum ins Gewicht fallen und offenbar lediglich die Streuung des Meßfehlers widerspiegeln. Die zu diesen ersten beiden Eigenwerten gehörigen, in der Tabelle als Zeilen $\mathbf{v}_1^T$, $\mathbf{v}_2^T$ geschriebenen Eigenvektoren geben die Gewichte an, mit denen die 12 Ausgangsvariablen (Peaks) in die Bildung der jeweiligen Hauptkomponente eingehen. Im folgenden werden die einzelnen Varianten von Hauptkomponentendarstellungen erläutert (man vergleiche auch [93]).

1. Diskussion der Objektkonfiguration:

Die Koordinaten der Objekte im Hauptkomponentendiagramm errechnen sich durch Wichtung mit den Komponenten der Eigenvektoren, wie in Abschn. 2.2 an einem Zahlenbeispiel mit zentrierten Daten demonstriert wurde. Die vorliegenden Daten wurden im Gegensatz dazu standardisiert. Betrachten wir als exemplarisches Objekt die Zeile 21 der Tabelle des Tankstellen-Datensatzes im Anhang (erste Probe von Tankstelle E):

$$\mathbf{x}^T = (5.1, 25.4, 15.6, 8.3, 9.2, 9.6, 3.1, 3.4, 1.6, 0.8, 14.2, 3.7)$$

Nach Standardisierung, d.h. Subtraktion der Mittelwerte und Division durch die Standardabweichungen der Spalten des Datensatzes, transformiert sich die Zeile zu

$$\mathbf{x}^T = (-2.5, 2.0, 1.1, 0.6, -1.4, 1.4, 2.3, -1.8, -1.7, -1.9, 1.6, -1.5)$$

Wichtung mit den in Tabelle 2.2 angegebenen Komponenten des ersten normierten Eigenvektors $\mathbf{v}_1$ der Korrelationsmatrix ergibt die erste Koordinate des Objekts

$$t_1 = -2.5 \cdot 0.27 + 2.0 \cdot (-0.31) + \cdots + (-1.5) \cdot 0.20 = -5.69$$

Ganz analog gelangt man mit dem zweiten Eigenvektor $\mathbf{v}_2$ aus der Tabelle zur zweiten Koordinate $t_2 = -0.93$ des Objekts. Im Diagramm entspricht Probe 21 („E") also dem Punkt $(-5.69, -0.93)$. Insgesamt entsteht die Objektdarstellung der Abb. 2.7

Da aufgrund der vorgenommenen Standardisierung das Ablesen von Koordinaten als Absolutgrößen keinen Sinn ergibt, kann in derartigen Darstellungen auf eine Achseneinteilung verzichtet werden. Wichtig sind ausschließlich die relativen Positionen der Objekte zueinander, z.B. die Existenz von homogenen Gruppen. In Abb. 2.7 nehmen vor allem die E, F und G bezüglich ihres chromatographischen Musters deutlich separate Positionen ein. Die Abgrenzung der übrigen Tankstellen ist weniger klar, wenn auch noch zu einem gewissen Grad erkennbar. Somit ist die vermutete Unterscheidbarkeit von Tankstellen mit der gegebenen Methodik teilweise bestätigt.

2. Diskussion der Variablenkonfiguration:

Die optimale Erfassung der Variablenrelationen mittels Hauptkomponenten ist dual zu der eben für die Objekte beschriebenen Situation, wobei anstelle des Abstandes bzw. der Ähnlichkeit zwischen Objekten nun der Begriff der Korrelation zwischen Variablen tritt. Die Variablendarstellung ergibt sich durch Wichtung der Komponenten der Eigenvektoren mit den Wurzeln der Eigenwerte: die j-te Variable wird im Diagramm durch den Punkt $(v_{j1}\sqrt{\lambda_1}, v_{j2}\sqrt{\lambda_2})$ repräsentiert. Mit den

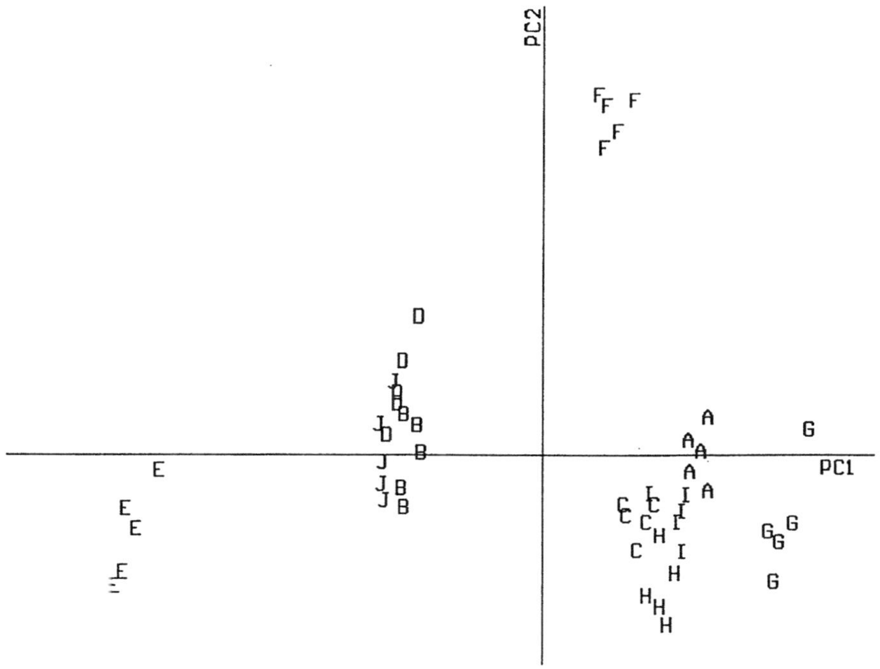

Abb. 2.7. Separate Darstellung der Objekte im Hauptkomponentendiagramm zum Tankstellen-Datensatz

Angaben aus Tabelle 2.2 liest man beispielsweise für Variable 12 (Cyclopentan) die Position

$$(v_{12,1}\sqrt{\lambda_1},\ v_{12,2}\sqrt{\lambda_2}) = (0.20\sqrt{7.2},\ 0.44\sqrt{3.3}) = (0.54, 0.80)$$

ab. Es läßt sich zeigen, daß alle auf diese Weise gewonnenen Variablenpunkte einen Abstand zum Koordinatenursprung besitzen, der höchstens gleich Eins ist (im gewählten Maßstab), z.B. 0.96 für den gerade berechneten Punkt. Insgesamt resultiert als separate Variablendarstellung das Diagramm in Abb. 2.8.

Bei der entstandenen Konfiguration reproduziert das Skalarprodukt (Abschn. 7.2) aus zwei Vektoren, die verschiedene Variablenpunkte definieren, optimal den Korrelationskoeffizienten dieser beiden Variablen (eine Begründung hierfür wird in den abschließenden Bemerkungen zum Beweis von Problem 5 in Satz 1 in Abschn. 2.6 gegeben). Die rechte obere Hälfte der Tabelle 2.2 (einschließlich der Diagonale) zeigt alle auf diese Weise reproduzierten Korrelationen. Es ergibt sich in den meisten Fällen eine recht gute Übereinstimmung mit den eigentlichen Koeffizienten in der linken unteren Hälfte, insbesondere wird auf der Diagonale bis auf wenige Ausnahmen der Wert 1 gut approximiert. Variablen, die nur wenig zur Reproduktion der Korrelationsbeziehungen beitragen, sind im Diagramm daran zu erkennen, daß sie einen geringeren Abstand zum Koordinatenursprung aufweisen als die übrigen. Diese Situation tritt im vorliegenden

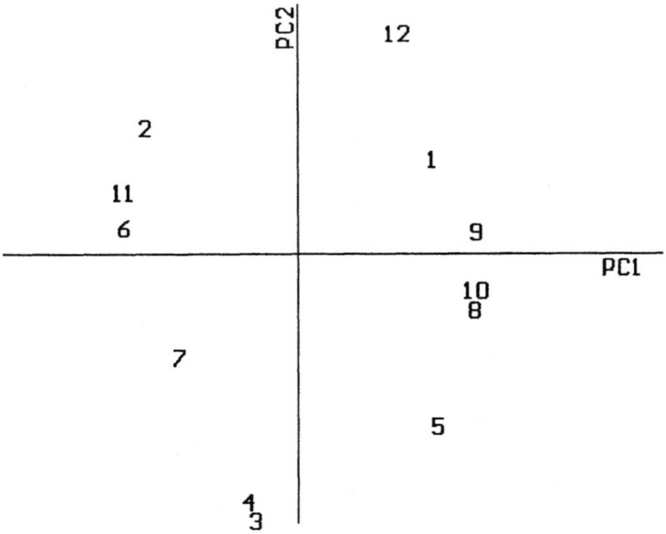

Abb. 2.8. Separate Darstellung der Variablen im Hauptkomponentendiagramm zum Tankstellen-Datensatz

Beispiel am ehesten bei den Peaks 1 und 7 auf, für die auch die Diagonalwerte der reproduzierten Korrelationsmatrix am stärksten von Eins abweichen.

Läßt man solche Variablen, die im allgemeinen eine Minderheit bilden, bei einer Interpretation außer acht, so besitzen alle übrigen Variablenpunkte (weit außen liegend) in etwa den maximal möglichen Abstand Eins zum Koordinatenursprung. Das Skalarprodukt zwischen zwei solchen Variablen-Vektoren – also ihr Korrelationskoeffizient – ist aber nach Abschn. 7.3 nichts anderes als der Kosinus des Winkels, der von beiden eingeschlossen wird (da die Längen beider Vektoren ja praktisch Eins sind). Hieraus lassen sich unmittelbar drei typische Situationen ableiten: Bilden zwei Variablen einen spitzen Winkel mit dem Koordinatenursprung, so beträgt der Kosinus und mithin der Korrelationskoeffizient etwa 1. In Abb. 2.8 erkennt man dann als Gruppierungen solcher stark positiv korrelierender Variablen die Peaks der Komponenten (3, 4), (8, 9, 10) und (2, 6, 11). Bei einem gestreckten Winkel hingegen resultiert der Kosinus und Korrelationskoeffizient -1. Beispielsweise gehen wachsende Werte der Peaks 8, 9, 10 mit fallenden Werten der Peaks 2, 6, 11 einher und umgekehrt. Schließlich liefert ein rechter Winkel den Kosinus und Korrelationskoeffizienten 0. Somit sind etwa die Peaks 3, 4 oder 12 wenig korreliert mit den Peaks 2, 6, 11 oder 8, 9, 10. Insbesondere bilden auch die beiden Hauptkomponenten einen rechten Winkel, worin sich deren bereits oben festgestellte Unkorreliertheit ausdrückt.

3. Überlagerung von Objekt- und Variablenkonfiguration:

Während zuvor Objekte und Variablen separat betrachtet wurden, liefert eine gemeinsame Diskussion häufig weitergehende Interpretationsmöglichkeiten. Aus dem Beweis zu Problem 3 in Satz 1 in Abschn. 2.6 ist zu entnehmen, daß ein konkreter Wert x_{ij}, der sich in Zeile i und Spalte j des standardisierten Datensatzes befindet, optimal unter den in Problem 3 angegebenen Bedingungen reproduziert wird, wenn man Gl. (2.11) benutzt. Für die Diagramm-Situation ($r = 2$) beinhaltet der erste Ausdruck in dieser Zerlegung genau die beiden Koordinaten t_{i1}, t_{i2} des i-ten Objekts (vgl. obige Bemerkungen zur separaten Objektdarstellung), während der zweite Ausdruck die j-ten Komponenten der ersten beiden Eigenvektoren enthält. Es gilt folglich

$$x_{ij} \approx (t_{i1}, t_{i2}) \begin{pmatrix} v_{j1} \\ v_{j2} \end{pmatrix} . \tag{2.2}$$

Das bedeutet, daß der Wert des Elements x_{ij} durch ein Skalarprodukt zweier Vektoren approximiert werden kann, von denen der erste die Position des Objekts i in der oben diskutierten Objektdarstellung angibt. Der zweite Vektor entspricht als Punkt (v_{j1}, v_{j2}) bis auf die fehlende Wichtung mit den Wurzeln der Eigenwerte dem oben definierten j-ten Punkt der Variablendarstellung. Es bietet sich also an, in einer überlagerten Darstellung, in der man aus Skalarprodukten – anschaulich aus Winkeln – zwischen Objekt- und Variablenpunkten Rückschlüsse über die reproduzierten Datenwerte ziehen will, die zuvor gegebene Objektdarstellung beizubehalten, und bei den Variablen die Wichtung mit den Eigenwerten einfach fallenzulassen. Beispielsweise liegt dann Peak 12 auf dem Punkt (0.20, 0.44), den man direkt aus den passenden Komponenten der Eigenvektoren abliest. Die gemeinsame Darstellung von Objekten und Variablen wird in Abb. 2.9 gezeigt. Die relative Position der Variablen zueinander hat sich im Vergleich zu Abb. 2.8 kaum verändert, es fand lediglich eine leichte Stauchung in horizontaler Richtung entsprechend dem Verhältnis der Wurzeln der beiden ersten Eigenwerte statt.

Nun kann Gl. (2.2) dahingehend interpretiert werden, daß der Wert x_{ij} durch das Skalarprodukt zwischen den Vektoren, die dem i-ten Objektpunkt und dem j-ten Variablenpunkt entsprechen, angenähert wird. Schließen beide mit dem Koordinatenursprung beispielsweise einen rechten Winkel ein, so ergibt sich der Wert $x_{ij} \approx 0$, was aufgrund der Datenstandardisierung bedeutet, daß das i-te Objekt in der j-ten Variable einen mittleren Wert annimmt. Dementsprechend weisen in Abb. 2.9 etwa die Proben der Tankstellen E und G mittlere Werte in den Peaks der Komponenten 3, 4 oder 12 auf (rechter Winkel zwischen Objekten und Variablen). Ähnliches gilt für F bezüglich 2, 11, 6 oder 8, 9, 10.

Bilden bestimmte Objekte und Variablen dagegen einen spitzen Winkel, so resultiert ein deutlich positives Skalarprodukt. Der dadurch reproduzierte, stark positive Datenwert x_{ij} des standardisierten Datensatzes steht für einen entsprechenden überdurchschnittlich hohen Wert im ursprünglichen Datensatz. So sind die Proben G durch hohe Konzentrationen der Komponenten 8, 9, 10, die Proben F durch jene der Komponente 12 und E durch die der Komponenten 6, 11, 7 charakterisiert. Der entgegengesetzte Sachverhalt ergibt sich dann für gestreckte Winkel (deutlich negatives Skalarprodukt). Daher weisen die Proben G Werte unter dem Durchschnitt in den Komponenten 2, 6, 11, F in den Komponenten 3,4 und E in 8, 9, 10 auf. In geringerer Ausprägung ließen sich analoge Aussagen auch für die übrigen Proben treffen.

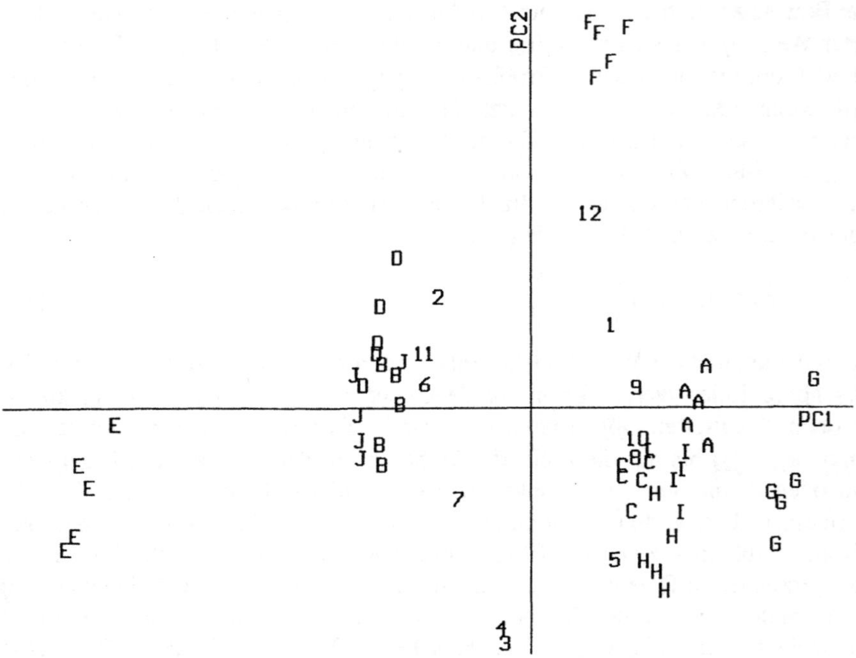

Abb. 2.9. Überlagerte Darstellung der Objekte und Variablen im Hauptkomponentendiagramm zum Tankstellen-Datensatz

Natürlich kann ein Hauptkomponentendiagramm als zweidimensionale Projektion der ursprünglichen Relationen nie die vollständige Datenstruktur exakt abbilden, so daß man bei den dargelegten Ableitungen nicht allzuweit ins Detail gehen sollte. Allgemein sind die Hypothesen um so sicherer je weiter die diskutierten Objekt- und Variablengruppen vom Koordinatenursprung entfernt sind bzw. je größer der Varianzanteil der ersten beiden Hauptkomponenten ist. Es empfiehlt sich eine nachträgliche Kontrolle an den Originaldaten. Insgesamt eignet sich die Hauptkomponentenanalyse prinzipiell zur schnellen Erkennung der wichtigsten Einflußfaktoren in den Daten.

Als Zusammenfassung der Interpretation des vorliegenden Beispiels kann man feststellen, daß sich die Datenvarianz hier im wesentlichen durch zwei Faktoren beschreiben läßt. Der erste Faktor entspricht der Streuung entlang der ersten Hauptachse und ermöglicht eine Separation der Tankstellen E, (B, D, J), (A, C, H, I) und G nach in dieser Reihenfolge wachsenden Werten der Komponenten (8, 9, 10) bzw. komplementär fallenden Werten der Komponenten (2, 6, 11). Unabhängig davon beschreibt ein zweiter Faktor die Streuung entlang der zweiten Hauptachse, demgemäß sich die Proben der Tankstelle F von allen übrigen durch hohe Werte in Komponente 12 bzw. komplementär niedrige Werte in den Komponenten (3, 4) abheben. Die nicht aufgezählten Komponenten (1, 2, 5, 7) nehmen unterschiedlich graduierte Zwischenstellungen zwischen beiden Faktoren ein.

2.4 Bestimmung der Zahl signifikanter Hauptkomponenten

Die Entscheidung darüber, wieviele Hauptkomponenten notwendig bzw. signifikant sind, um die Datenstruktur, abgesehen von Experimentalfehler oder Meßwertrauschen, adäquat zu reproduzieren, ist von großer Bedeutung bei der Interpretation von Resultaten. Insbesondere hängt damit, wie weiter unten erläutert wird, in der analytischen Chemie die Frage nach der Zahl (eventuell unbekannter) reiner chemischer Komponenten zusammen, die einer gewissen Menge von meßbaren Mischungsproben zugrundeliegen. Zur Bestimmung von r stehen zahlreiche Kriterien zur Verfügung, die teils heuristisch, teils statistisch begründet sind, extern gewonnene Kenntnis über die Größe des Zufallsfehlers erfordern oder auch ohne solche sich ausschließlich an dem Spektrum der berechneten Eigenwerte orientieren. Zu den am häufigsten verwendeten Schnellverfahren bei der Bestimmung von r zählen das *Eigenwert-Eins-Kriterium* nach Kaiser [149] und der *Scree-Test* nach Cattell [32].

Beim Eigenwert-Eins-Kriterium werden nur die Hauptkomponenten als signifikant angesehen, deren Streuung überdurchschnittlich ist, d.h. deren zugehörige Eigenwerte der Korrelationsmatrix über dem mittleren Eigenwert liegen. Für standardisierte Daten ist die Summe aller Eigenwerte gleich der Variablenzahl, also der durchschnittliche Eigenwert, stets Eins. In Tabelle 2.2 sind nur die ersten beiden Eigenwerte größer als Eins, so daß die oben durchgeführte graphische Auswertung – bei der ja die ersten zwei Hauptkomponenten Berücksichtigung fanden – in der Tat einen repräsentativen Eindruck vom Datensatz vermittelt.

Der Scree-Test geht davon aus, daß die Eigenwerte zu Korrelationsmatrizen von Datensätzen, die nur Zufallszahlen enthalten, typischerweise flach gegen Null abfallen. Bei realen Datensätzen macht sich dieses Verhalten im allgemeinen erst ab einem bestimmten Eigenwert, der den Beginn des unwesentlichen Teils der Datenstruktur kennzeichnet, bemerkbar. In Abb. 2.10 sind alle zwölf Eigenwerte (bei zwölf Variablen) zum Tankstellen-Datensatz dargestellt. Die erwähnte Asymptotik entwickelt sich erst vom dritten Eigenwert an. Die gedachte Verbindungskurve weist an dieser Stelle einen deutlichen Knick auf. Dieser Umstand indiziert, wie schon der Eigenwert-Eins-Test eine wahrscheinliche Zwei-Komponentenlösung.

Neben solchen heuristischen Kriterien gibt es auch statistisch begründete Vorgehensweisen. Der *Sphärentest* nach Bartlett beruht zum Beispiel auf der Anwendung eines geeigneten χ^2-Tests auf das gegebene Eigenwert-Spektrum (vgl. [196],[76]). Seine Anwendung ist allerdings oft problematisch.

In der Chemometrie hat sich statt dessen die sogenannte *cross validation* Methode durchgesetzt (vgl. Wold [288]). Hierunter versteht man ein allgemeines Prinzip zur Ermittlung der Glaubwürdigkeit bestimmter Parameter in statistischen Modellen. Es zeigt sich nämlich bei vielen Problemstellungen, daß Parameter, die auf der Grundlage einer konkreten Stichprobe bestimmt wurden, für diese Stichprobe ein gutes Modell definieren können, während sie für eine zweite, unabhängige Stichprobe derselben Grundgesamtheit völlig unbefriedigend sind. In solchen Situationen ist die getroffene Parameterwahl nicht optimal.

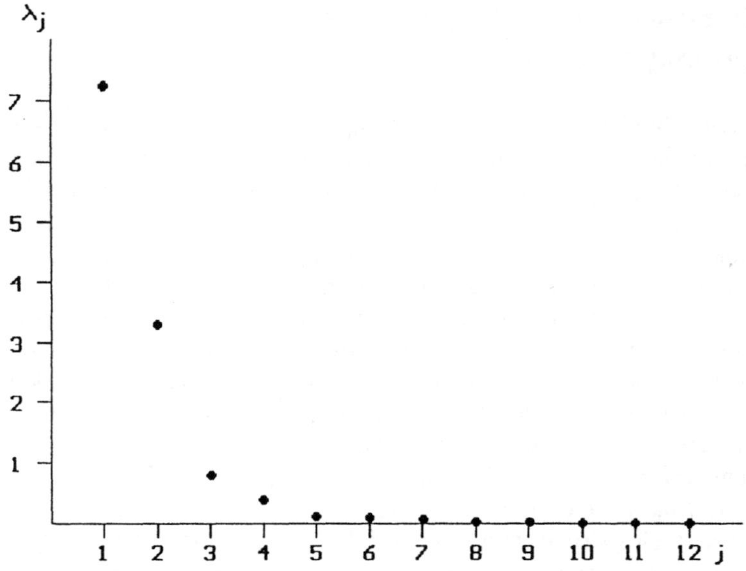

Abb. 2.10. Eigenwert-Diagramm für den Tankstellen-Datensatz

Bei der Hauptkomponentenanalyse ist der gesuchte Parameter zur Modellwahl gleich der Zahl r der signifikanten Komponenten. Ein geeignetes Hauptkomponentenmodell sollte die Objektpunktmenge möglichst gut anpassen. Diese Anpassung wird durch die Summe R_r der quadrierten Abweichungen aller Punkte von dem durch die ersten r Hauptkomponenten definierten Unterraum gemessen, je kleiner R_r, um so besser die Anpassung. Wie in Problem 1 von Satz 1 in Abschn. 2.6 gezeigt wird, stimmt R_r nach Datenstandardisierung mit der Summe der letzten p-r Eigenwerte der Korrelationsmatrix überein. Da alle diese Eigenwerte postiv sind, muß R_r mit wachsendem r immer kleiner werden, bis schließlich $R_p = 0$ gilt, d.h. bei Einbeziehung der maximal möglichen Zahl von Hauptkomponenten ist die Anpassung perfekt. Daher ist die Minimierung von R_r kein geeignetes Kriterium zur Bestimmung von r.

Indes zeigt sich, daß bei zu großer Wahl von r, wenn also gewisse Hauptkomponenten nur noch Zufallsfehler reflektieren, das gewählte Modell instabil gegenüber Änderungen der Stichprobe wird. Diesen Sachverhalt verdeutlicht Abb. 2.11.

Gegeben sind vier Objekte in der Ebene, für die in Teil a) die durchgezogene Linie den bestanpassenden eindimensionalen Unterraum beschreibt. Dies entspricht der Richtung der ersten Hauptkomponente. Der Abstand beispielsweise des links oben befindlichen Objekts zum gegebenen Hauptkomponentenmodell ist mit einer unterbrochenen Linie gekennzeichnet. Summiert man für alle vier Objekte die Quadrate der jeweiligen Abweichungsabstände, so gelangt man zum Wert R_1.

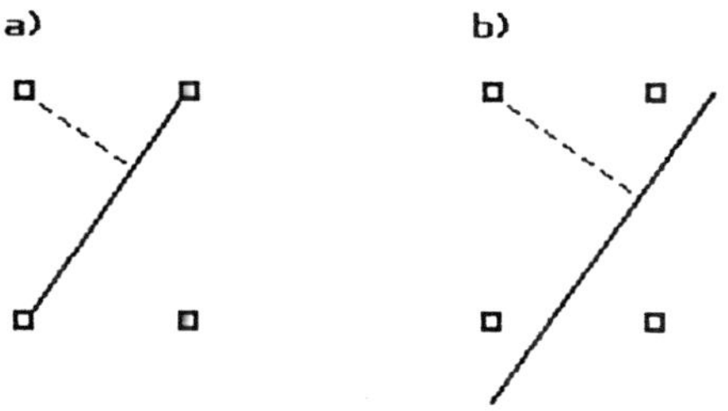

Abb. 2.11. Abweichung der Objekte vom Hauptkomponentenmodell (durchgezogene Linie) im ursprünglichen Ansatz (a) und bei der Cross-validation-Methode (b)

Um die Stabilität des Hauptkomponentenmodells zu testen, könnte man etwa das oben links befindliche Objekt vorübergehend aus dem Datensatz streichen und die Rechnung auf die verbleibenden drei Objekte beschränken. Für diese resultiert das in Abb. 2.11b dargestellte, leicht verschobene Hauptkomponentenmodell, zu dem das gestrichene Objekt naturgemäß einen etwas größeren Abstand aufweist als zuvor, denn es ist ja selbst nicht in die Modellbildung eingegangen. Wiederholt man diese Prozedur für alle Objekte, d.h. streicht man sukzessive genau ein Objekt und ermittelt dessen Abstand zum Hauptkomponentenmodell der jeweils verbliebenen drei Objekte, dann gelangt man zu einer kreuzvalidierten oder cross-validation Abstandsquadratesumme C_1, die offenbar größer als R_1 ist.

Dieselbe Prozedur würde man in realen Datensätzen mit zwei, drei usw. bis maximal p Hauptkomponenten (bei p Variablen) wiederholen. Dabei nimmt R_r mit wachsender Zahl einbezogener Hauptkomponenten, wie schon erwähnt wurde, monoton ab, wohingegen das Kriterium C_r typischerweise ein Minimum durchläuft. In diesem Verhalten spiegelt sich die zunächst wachsende Anpassungsgüte bei Benutzung signifikanter Hauptkomponenten und die spätere starke Zunahme der Empfindlichkeit des Modells gegenüber kleinen Störungen der Daten nach Einbeziehung nichtsignifikanter Hauptkomponenten wider. Man könnte die Position des Minimums zur Festlegung einer geeigneten Zahl r verwenden. Der Verlauf beider Größen für den Tankstellen-Datensatz ist in Tabelle 2.3 registriert.

Ein Minimum von C_r wird hier für $r = 3$ angezeigt, was in Abweichung von den zuvor genannten Entscheidungshilfen eine Lösung mit drei Komponenten nahelegt. Allerdings wird in [288] eine andere Regel empfohlen: Die Maximalzahl

Tabelle 2.3. Cross validation Resultate zur Bestimmung der Zahl signifikanter Hauptkomponenten im Tankstellen-Datensatz

r	1	2	3	4	5	6
R_r	234.0	73.5	34.3	16.0	10.4	6.0
C_r	285.5	151.0	135.3	162.8	185.1	240.6

r signifikanter Hauptkomponenten ist erreicht, sobald die Beziehung $R_r \leq C_{r+1}$ gilt, also beim Tankstellen-Datensatz wieder für $r = 2$.

Die beschriebene cross validation Variante mit sukzessiver Streichung jedes einzelnen Objekts ist eigentlich nur ein Spezialfall, den man auch als Leave-one-out-Methode bezeichnet (vgl. Abschn. 4.3). Diese Prozedur kann bei größeren Objektzahlen ziemlich rechenaufwendig werden, so daß man sich häufig damit begnügt, nicht einzelne Objekte, sondern größere Gruppen zu streichen, mit dem Rest das Modell aufstellt und anschließend wieder die Abweichungsquadratesumme für *alle* Objekte der gestrichenen Gruppe berechnet. So fährt man mit den anderen Gruppen fort. Üblich ist z.B. eine Unterteilung der Objektmenge in drei bis fünf zufällige Teilklassen. Darüber hinaus wird in [288] vorgeschlagen, nicht nur Objekte, sondern zusätzlich simultan auch Variablengruppen aus der Modellbildung auszuschließen. Diese, etwas kompliziertere Vorgehensweise, die auch den Werten von Tabelle 2.3 zugrunde liegt, soll an dieser Stelle nicht näher beschrieben werden.

In der Chemometrie besitzt die Ermittlung der Zahl signifikanter Hauptkomponenten vor allem bei der sogenannten Rangbestimmung spektraler Datensätze Bedeutung. Auch hier könnte eine der bislang vorgestellten Methoden verwendet werden. Da bei spektroskopischen Untersuchungen die Streuung des Meßfehlers relativ bequem bestimmt werden kann, erweist es sich jedoch im allgemeinen als effizienter, diese externe, in anderen Situationen nicht unbedingt erhältliche Information auszunutzen. Bei der spektralanalytischen Untersuchung von Mischungen bildet die Frage nach der Anzahl der zugrundeliegenden Komponenten einen ersten wichtigen Ausgangspunkt zu ihrer Identifikation. Die Hauptkomponentenanalyse erweist sich hierzu als geeignetes Werkzeug.

Liegen die Spektren von p Mischungen vor, so entsteht nach geeigneter Diskretisierung des Meßbereichs in n Wellenlängen ein Datensatz $\mathbf{X}$ mit n Zeilen und p Spalten, wobei das Element x_{ij} für die Signalintensität der j-ten Mischung bei der i-ten Wellenlänge steht. Im allgemeinen ist n erheblich größer als p. Abb. 2.12 zeigt ein simuliertes Beispiel von 6 Mischungen aus 3 Komponenten, wobei zur Diskretisierung $n = 500$ Wellenlängen benutzt wurden.

Würde lediglich eine reine Komponente in unterschiedlichen Konzentrationen zugrundeliegen, so müßten alle Spektren und folglich alle Spalten des Datensatzes Vielfache voneinander sein (vgl. Abb. 7.2). Dann ist der Rang des Datensatzes (vgl. Abschn. 7.5) gleich Eins. Diese Situation liegt in Abb. 2.12 offensichtlich nicht vor. Variieren in den Mischungen dagegen zwei Komponenten unabhängig, so muß es auch unter den Spalten des Datensatzes zwei linear unabhängige geben. Hieraus erkennt man, daß die gesuchte Anzahl r von unterliegenden Komponenten mit dem Rang von $\mathbf{X}$ übereinstimmt, was allerdings nur für hypothetisch absolut fehlerfreie Spektren gilt. In dieser idealisierten Situation würde es keinerlei Schwierigkeiten bereiten, den Rang mit Methoden der linearen Algebra, etwa dem Gaußschen Algorithmus zu bestimmen.

Praktisch führt der unvermeidbare Meßfehler dazu, daß der theoretische Rang des Datensatzes maximal, also gleich p ist. Allerdings wird derjenige Varianzanteil des Datensatzes, der auf die Streuung des Meßfehlers (Rauschen) zurückzuführen ist, erheblich geringer sein als die Variation des Signals, die sich aus den

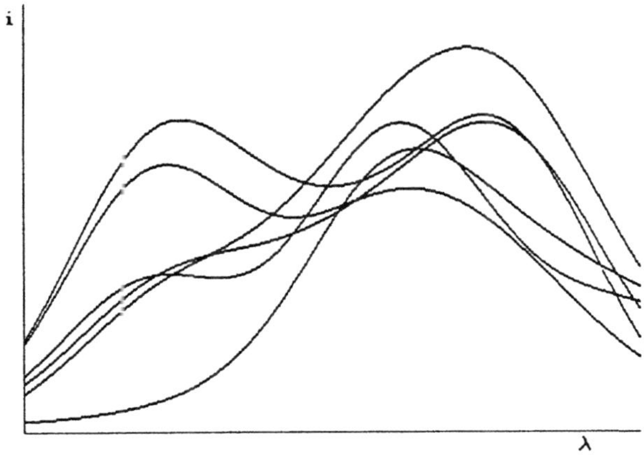

Abb. 2.12. Simuliertes Beispiel für Spektren von sechs Mischungen aus drei Komponenten (Intensität gegen Wellenlänge, Achseneinteilung fiktiv)

in unterschiedlichen Konzentrationen vorliegenden Komponenten ergibt. Diese Varianzpolarisierung zwischen Signal bzw. Rauschen sollte sich in großen bzw. kleinen Eigenwerten der Kovarianz- bzw. Korrelationsmatrix des Datensatzes niederschlagen. Unter Verwendung geeigneter Kriterien zur Differenzierung zwischen großen und kleinen Eigenwerten kann dann die Komponentenzahl angegeben werden.

Um auch den Meßfehler zu simulieren, wurde jedem Wert im Beispieldatensatz eine dem Betrage nach kleine, zufällig erzeugte Störung überlagert. Die Hauptkomponentenanalyse für den lediglich zentrierten Datensatz ergab die folgenden sechs fallenden Eigenwerte der Kovarianzmatrix: $\lambda_1 = 21.4$; $\lambda_2 = 4.19$; $\lambda_3 = 1.15$; $\lambda_4 = 8.7 \cdot 10^{-4}$; $\lambda_5 = 1 \cdot 10^{-4}$; $\lambda_6 = 0$. Als *Reststandardabweichung* RSD soll die Standardabweichung der Objekte bezüglich der letzten $p - r$ Hauptkomponenten bezeichnet werden. Da die Summe der Quadrate dieser Abweichungen durch die Summe der letzten $p-r$ Eigenwerte gegeben ist, erhält man unter Berücksichtigung einer geeigneten Zahl von Freiheitsgraden die Schätzung

$$\mathrm{RSD} = \sqrt{\sum_{j=r+1}^{p} \lambda_j/(p-r)} \tag{2.3}$$

Sofern die letzten $p - r$ Eigenwerte tatsächlich den Meßfehler reflektieren, müßte RSD in der Größenordnung der Standardabweichung des Meßfehlers liegen. Letztere betrug bei der künstlichen Simulation 0.118. Berechnet man nun RSD gemäß Gl. 2.3 für wachsende Zahlen r angenommener Komponenten, so ist die wahrscheinliche Zahl von Komponenten dadurch charakterisiert, daß RSD erstmalig die Standardabweichung des Meßfehlers unterschreitet. Für $r = 1$ etwa ist in (2.3) die Summe der letzten 5 Eigenwerte durch 5 zu dividieren und daraus die Wurzel zu bilden. Man erhält RSD($r = 1$) = 1.03. Da diese Standardabweichung noch weit oberhalb jener des Meßfehlers liegt, muß die Reststreuung durch Einbeziehung weiterer Komponenten verringert werden. Man erhält sukzessive: RSD(2) = 0.54; RSD(3) = 0.017; RSD(4) = 0.007; RSD(5) = 0. Der erste Wert, der unterhalb der Vergleichsgröße 0.118 liegt, ist RSD(3), womit die tatsächliche Zahl simulierter Komponenten korrekt wiedererkannt wird.

In realen Anwendungen, die zu spektralen Datensätzen führen, läßt sich die Standardabweichung des Meßfehlers als Vergleichsgröße durch Reproduktion aller Spektren und Bildung der Standardabweichung aller Differenzen (über alle Spektren und alle betrachteten Wellenlängen) ermitteln. Benutzt man im Gegensatz zu diesem Beispiel standardisierte Daten, dann muß darauf geachtet werden, daß auch der Meßfehler als Vergleichsgröße analog standardisiert wird.

2.5 Literaturhinweise

Für eine umfassende und allgemeine Einführung in die Methodologie der Hauptkomponentenanalyse sei der Leser auf die Monographien von Jackson [142] und Joliffe [147] verwiesen. Eine stärker chemometrisch orientierte Sicht wird in dem Übersichtsartikel von Wold[292] geboten. In der analytischen Chemie hat sich die Hauptkomponentenanalyse als wertvolles Mittel zur Datenreduktion und Mehrkomponentenkalibrierung erwiesen, so daß wegen der unübersehbaren Fülle entsprechender Anwendungen nur exemplarische Verweise gegeben werden können, z.B. auf spektroskopische (UV-VIS [215]; NIR [56]; ICP [219]; AES [218]; ESCA [79]; MS [273]; Lumineszenz-Spektroskopie [230]; akustische Emissionsanalyse [280]; NMR [75]) und chromatographische (GC [259]; HPLC [225]) Instrumentaldaten. Besonders drastisch tritt der Aspekt der Datenreduktion mittels Hauptkomponenten bei Kopplungsmethoden wie HPLC/UV [103] oder der Bildanalyse [98] hervor.

Unter den praktischen Anwendungen der Hauptkomponentenanalyse in Verbindung mit analytisch-chemischen Meßmethoden nehmen Fragestellungen der Lebensmittelchemie einen herausragenden Platz ein. Hier steht die Unterscheidbarkeit ähnlicher Sorten einer Klasse von Nahrungsmitteln oder bei Herstellung bzw. Lagerung unterschiedlichen Bedingungen unterworfener Sorten im Vordergrund, wobei als gemessene Variablen teils direkte instrumentelle Charakterisierungen (z.B. NIR-Spektren) und teils separat gewonnene Parameter (z.B. Spurenkonzentrationen) in Frage kommen. Exemplarisch sei an dieser Stelle auf Untersuchungen von Fisch [89], Kuh-Milch [77], Wein [236], Mandarinen [44], Oliven-Öl [87], Ölsamen-Raps [45], eßbare Fischöle [170] und tierische Fettprodukte [265] verwiesen.

Nicht weniger häufig finden sich Anwendungen der Hauptkomponentenanalyse als graphisch orientierter Auswertemethode auf multivariate Datensätze aus der Umweltchemie. Bei Wasseruntersuchungen interessiert besonders die Klassifikation von Schwermetallmustern in Abwässern [124], [231], natürlichen Gewässern [214] oder Regenwasser [276]. Ein verwandter Aspekt ist die indirekte Gewässercharakterisierung z.B. durch Analyse gewisser Belastungsparameter in Muscheln [78]. Anstelle der Schwermetallspuren benutzt man auch häufig physiko-chemische Parameter als Meßgrößen[191]. Eine ähnliche Situation ergibt sich bei Analysen der Luftbelastung, wo Muster relevanter chemischer Komponenten in Aerosol-Partikeln (z.B. PCBs in Flugasche [111]) zur Herkunftsermittlung von Emissionen[23], [243] aber z.B. auch zur Klassifikation von Oberflächen-Windregimen [16] herangezogen werden.

Darüberhinaus ergeben sich unzählige Anwendungen der Hauptkomponentenanalyse in Übergangsgebieten. So sind in der Archäometrie Herkunftsnachweise von Gläsern anhand von Metallspurenmustern, die z.B. mit Röntgenfluoreszenzanalyse ermittelt wurden, besonders attraktiv [220],[129],[299]. In der Biochemie bietet die Untersuchung von Aminosäuren interessante Perspektiven, sei es direkt wie bei der Aufdeckung von Beziehungen zwischen physiko-chemischen Eigenschaften von Aminosäuren und genetischem Code[244] oder auch indirekt bei der Charakterisierung biologischer Komponenten wie Hundeserum mittels ihres Aminosäuremusters[246]. In der Geochemie wurde die Hauptkomponentenanalyse unter anderem zur Klassifizierung von vulkanischen Gesteinen[152], Kerogenen[259] oder Petroleumfraktionen [166] eingesetzt.

Da die Hauptkomponentenanalyse neben ihrer eigenständigen Bedeutung zugleich die Grundlage mehrerer anderer Methoden bildet, finden sich zahlreiche weitere Anwendungen in Verbindung mit den Referenzen der folgenden Kapitel.

2.6 Mathematische Ergänzungen

In diesem Abschnitt soll die Äquivalenz der in Abschn. 2.1 angesprochenen unterschiedlichen Sichtweisen der Hauptkomponentenanalyse bewiesen werden. Dieser Beweis wird in Satz 1 gegeben, wozu jedoch zunächst noch zwei Hilfsaussagen benötigt werden. Die für die Herleitung benutzten Begriffe und Argumente stützen sich auf das Grundlagenkapitel 7.

Behauptung 1 *Zu einer fest vorgegebenen symmetrischen (p, p)-Matrix $\mathbf{Q}$ betrachte man die zu maximierende Zielfunktion*

$$tr\,(\mathbf{V}^T\mathbf{Q}\mathbf{V}) \tag{2.4}$$

(tr =„Spur“) mit frei wählbarer (p, r)-Matrix $\mathbf{V}$, $(r \leq p)$, die der Orthonormiertheitsbedingung $\mathbf{V}^T\mathbf{V} = \mathbf{I}_r$ genügt. Dann erreicht der Wert von (2.4) ein Maximum, wenn man die Spalten von $\mathbf{V}$ als normierte Eigenvektoren zu den r größten Eigenwerten von $\mathbf{Q}$ festlegt. Die Summe dieser Eigenwerte stimmt mit dem Maximalwert der Zielfunktion überein.

Beweis:
Bezeichnet man die Spaltenvektoren der in der angegebenen Art definierten Matrix $\mathbf{V}$ mit $\mathbf{v}_i$, so gilt

$$\mathbf{v}_i^T\mathbf{v}_i = 1; \quad \mathbf{v}_i^T\mathbf{v}_j = 0 \text{ (für } i \neq j); \quad \mathbf{Q}\mathbf{v}_i = \lambda_i\mathbf{v}_i \ (i, j = 1, \ldots, r).$$

Das erste Gleichungssystem entspricht der Normiertheit, das dritte besagt, daß $\mathbf{v}_i$ Eigenvektor von $\mathbf{Q}$ zum Eigenwert λ_i ist. Das zweite Gleichungssystem folgt aus der Orthogonalität von Eigenvektoren zu unterschiedlichen Eigenwerten einer symmetrischen Matrix. Die ersten beiden Gleichungssysteme ergeben in Matrixnotation die Orthonormiertheit $\mathbf{V}^T\mathbf{V} = \mathbf{I}_r$, d.h. das gewählte $\mathbf{V}$ ist bei der Bildung von (2.4) zur Konkurrenz zugelassen. Das dritte Gleichungssystem liefert schließlich $\mathbf{QV} = \mathbf{V\Lambda}$, wobei $\mathbf{\Lambda}$ eine (r, r)-Diagonalmatrix ist, die in ihrer Diagonale die r größten Eigenwerte λ_i von $\mathbf{Q}$ enthält. Linksmultiplikation mit $\mathbf{V}^T$ führt zu $\mathbf{V}^T\mathbf{QV} = \mathbf{V}^T\mathbf{V\Lambda} = \mathbf{I}_r\mathbf{\Lambda} = \mathbf{\Lambda}$, was nach Spur-Bildung die Beziehung $tr\,(\mathbf{V}^T\mathbf{QV}) = tr\,\mathbf{\Lambda}$ impliziert. Da die Spur gleich der Summe der Diagonalelemente ist, entspricht der mit der angegebenen Konstruktion von $\mathbf{V}$ erreichte Zielfunktionswert in (2.4) der Summe der größten r Eigenwerte von $\mathbf{Q}$. Also ist die Behauptung bewiesen, wenn man zeigen kann, daß keine andere orthonormierte (p, r)-Matrix $\mathbf{V}$ einen höheren Zielfunktionswert realisieren kann.

Es sei nun also $\mathbf{V}$ irgendeine zulässige Matrix, die den Maximalwert von (2.4) erreicht. Dann muß unter Berücksichtigung der Zielfunktion und der Orthonormiertheitsrestriktion die folgende Stationaritätsgleichung (vgl. Ende von Abschn. 7.9)

$$\frac{\partial tr\,(\mathbf{V}^T\mathbf{QV})}{\partial \mathbf{V}} - \frac{\partial tr\,(\mathbf{L}(\mathbf{V}^T\mathbf{V} - \mathbf{I}_r))}{\partial \mathbf{V}} = \mathbf{0}$$

gelten, wobei $\mathbf{L}$ eine symmetrische (r, r)-Matrix von Lagrange-Multiplikatoren ist. Wegen der Symmetrie von $\mathbf{L}$ existieren eine orthogonale Matrix $\mathbf{S}$ von Eigenvektoren und eine Diagonalmatrix $\mathbf{\Lambda}$ (beide von der Ordnung (r, r)), so daß $\mathbf{S}^T\mathbf{LS} = \mathbf{\Lambda}$ bzw. äquivalent $\mathbf{LS} = \mathbf{S\Lambda}$ gilt. Nach (7.50) ist dann $tr\,\mathbf{L} = tr\,\mathbf{\Lambda}$. Auf der anderen Seite führt die Bildung der obigen partiellen Ableitungen nach (7.52) und (7.53) zu $2\mathbf{QV} - 2\mathbf{VL} = \mathbf{0}$ bzw. $\mathbf{QV} = \mathbf{VL}$. Hieraus leitet man

$$tr\,(\mathbf{V}^T\mathbf{QV}) = tr\,(\mathbf{V}^T\mathbf{VL}) = tr\,\mathbf{L} = tr\,\mathbf{\Lambda} \tag{2.5}$$

$$\mathbf{QVS} = \mathbf{VLS} = \mathbf{VS\Lambda} \tag{2.6}$$

ab. Vergleich der linken und rechten Seite in (2.6) zeigt, daß $\mathbf{\Lambda}$ als Diagonalmatrix zugleich Eigenwertmatrix von $\mathbf{Q}$ (mit der Eigenvektormatrix $\mathbf{VS}$ ist). Daher enthält $\mathbf{\Lambda}$ in seiner Diagonale r von den insgesamt p Eigenwerten von $\mathbf{Q}$. Nach (2.5) ist der mit der als optimal vorausgesetzten Matrix $\mathbf{V}$ erreichte Zielfunktionswert von (2.4) gleich der Spur von $\mathbf{\Lambda}$, also gleich der Summe von r Eigenwerten von $\mathbf{Q}$ und somit höchstens so groß wie die Summe der r *größten* Eigenwerte von $\mathbf{Q}$. Also kann eine optimale Matrix $\mathbf{V}$ nicht den Zielfunktionswert der oben konkret konstruierten Matrix überbieten, womit die Optimalität der in der Behauptung angegebenen Matrix bewiesen ist. □

Behauptung 2 *Zu einer fest vorgegebenen (n, p)-Matrix $\mathbf{X}$ betrachte man die zu minimierende Zielfunktion*

$$tr\,((\mathbf{X} - \mathbf{TV}^T)(\mathbf{X} - \mathbf{TV}^T)^T) \tag{2.7}$$

mit frei wählbaren Matrizen $\mathbf{T}$ der Ordnung (n, r) und $\mathbf{V}$ der Ordnung (p, r) mit $r \leq p$, wobei $\mathbf{V}$ der Orthonormiertheitsbedingung $\mathbf{V}^T\mathbf{V} = \mathbf{I}_r$ genüge. Dann wird das Minimum von (2.7) erreicht, wenn man $\mathbf{V}$, so wie in Behauptung 1 angegeben, *als Eigenvektormatrix zur symmetrischen Matrix* $\mathbf{Q} = \mathbf{X}^T\mathbf{X}$ *und daraus* $\mathbf{T} = \mathbf{XV}$ *definiert. Der erhaltene Minimalwert von (2.7) stimmt mit der Summe der* $p - r$ *kleinsten Eigenwerte von* $\mathbf{X}^T\mathbf{X}$ *überein.*

Beweis:
Ausmultiplizieren von (2.7) unter Berücksichtigung von $\mathbf{V}^T\mathbf{V} = \mathbf{I}_r$ liefert als umgeschriebene Zielfunktion

$$tr\,(\mathbf{XX}^T) - 2tr\,(\mathbf{TV}^T\mathbf{X}^T) + tr\,(\mathbf{TT}^T).$$

Als Stationaritätsbedingung an optimales $\mathbf{T}$ ist die partielle Ableitung der Zielfunktion nach $\mathbf{T}$ gleich Null zu setzen. (für $\mathbf{T}$ liegen im Gegensatz zu $\mathbf{V}$ keine Restriktionen vor, also entfällt die Einbeziehung von Lagrange-Multiplikatoren). Mit Hilfe von (7.54) und (7.51) folgt die Gleichung $-2\mathbf{XV} + 2\mathbf{T} = \mathbf{0}$, also die in der Behauptung angegebene Beziehung $\mathbf{T} = \mathbf{XV}$.

Um analog eine optimale Matrix $\mathbf{V}$ herzuleiten, setzen wir den gefundenen optimalen Ausdruck für $\mathbf{T}$ in die Zielfunktion ein und erhalten

$$\begin{aligned} tr\,(\mathbf{XX}^T - 2\mathbf{XVV}^T\mathbf{X}^T + \mathbf{XV}(\mathbf{XV})^T) &= tr\,(\mathbf{XX}^T) - tr\,(\mathbf{XVV}^T\mathbf{X}^T) \\ &= tr\,(\mathbf{X}^T\mathbf{X}) - tr\,(\mathbf{V}^T\mathbf{X}^T\mathbf{XV}) \end{aligned}$$

Der zuletzt erhaltene Ausdruck der Zielfunktion ist nun ausschließlich noch durch Variation von $\mathbf{V}$ zu minimieren. Da $\mathbf{X}$ hierbei konstant ist, geht diese Minimierung mit der Maximierung (negatives Vorzeichen!) des zweiten Terms $tr\,(\mathbf{V}^T\mathbf{X}^T\mathbf{XV})$ einher. Mit der symmetrischen Matrix $\mathbf{Q} = \mathbf{X}^T\mathbf{X}$ ist dies aber exakt das Problem aus Behauptung 1, so daß die dort angegebene Wahl von $\mathbf{V}$ auch für das hier vorliegende Problem optimal ist.

Einerseits ist $tr\,(\mathbf{Q})$ generell gleich der Summe *aller* Eigenwerte von $\mathbf{Q}$. Andererseits ist $tr\,(\mathbf{V}^T\mathbf{X}^T\mathbf{XV})$ nach Behauptung 1 gleich der Summe der r größten Eigenwerte von $\mathbf{Q} = \mathbf{X}^T\mathbf{X}$. Folglich nimmt die Zielfunktion als Differenz aus beiden Ausdrücken als minimalen Wert genau die Summe der $p - r$ kleinsten Eigenwerte von $\mathbf{X}^T\mathbf{X}$ an. □

Satz 1 *Gegeben sei die* (n, p)*-Matrix* $\mathbf{X}$*, die einem zentrierten (oder darüber hinaus standardisierten) Datensatz entspricht. Dann sind die folgenden Problemstellungen äquivalent in dem Sinne, daß sie alle auf die in Behauptung 1 angegebene orthonormierte Eigenvektormatrix* $\mathbf{V}$ *von* $\mathbf{X}^T\mathbf{X}$ *führen. Da sich bei Multiplikation einer Matrix mit einem konstanten Faktor nur die Eigenwerte, nicht aber die Eigenvektoren ändern, ist* $\mathbf{V}$ *genausogut als Eigenvektormatrix von* $(n-1)^{-1}\mathbf{X}^T\mathbf{X}$ *definierbar, was im Falle zentrierter Daten mit der Kovarianzmatrix* $\mathbf{K}$ *und im Falle standardisierter Daten mit der Korrelationsmatrix* $\mathbf{R}$ *des Datensatzes übereinstimmt.*

Problem 1: *Die Objekte des Datensatzes werden als Punkte im p-dimensionalen Raum betrachtet. Von allen r-dimensionalen Unterräumen paßt sich derjenige den Objekten im Sinne einer minimalen Abstandsquadratesumme am besten an, der durch die Spaltenvektoren der oben angegebenen Eigenvektormatrix* $\mathbf{V}$ *erzeugt* *wird. Der Wert der minimalen Abstandsquadratesumme stimmt mit der Summe der kleinsten $p-r$ Eigenwerte von $\mathbf{X}^T\mathbf{X}$ überein.*

Problem 2: *Gesucht sind $r \leq p$ normierte Hauptkomponenten (Linearkombinationen) der Ausgangsvariablen (Spalten) $\mathbf{x}_1, \ldots \mathbf{x}_p$ des Datensatzes $\mathbf{X}$, die folgende induktiv definierte Eigenschaft besitzen: Die erste Linearkombination besitzt unter allen möglichen eine maximale Varianz. Die $(k+1)$-te $(1 \leq k \leq r-1)$ Linearkombination besitzt unter allen, die zu den ersten k Linearkombinationen unkorreliert sind, maximale Varianz. Dann erhält man eine Lösung des Problems, wenn man die in der k-ten Spalte der oben angegebenen Eigenvektormatrix $\mathbf{V}$ befindlichen Komponenten als Koeffizienten der k-ten Linearkombination (Hauptkomponente) wählt. Die Varianz der k-ten Hauptkomponente ist gleich dem k-ten Eigenwert der Kovarianz- bzw. Korrelationsmatrix des Datensatzes, je nachdem ob dieser zentriert oder standardisiert wurde.*

Problem 3: *Gesucht wird eine (n, p)-Matrix $\mathbf{B}$ vom Rang r $(r \leq p)$, die die (n, p)-Matrix $\mathbf{X}$ am besten annähert (im Sinne einer minimalen Summe der Quadrate aller $n \cdot p$ Komponentendifferenzen zwischen $\mathbf{X}$ und $\mathbf{B}$). Dann erweist sich die Wahl $\mathbf{B} = \mathbf{X}\mathbf{V}\mathbf{V}^T$ mit der oben angegebenen Eigenvektormatrix $\mathbf{V}$ als optimale Approximation von $\mathbf{X}$. Der minimale Approximationsfehler stimmt mit der Summe der $p-r$ kleinsten Eigenwerte von $\mathbf{X}^T\mathbf{X}$ überein.*

Problem 4: *Gesucht ist eine Projektion der Objekte auf einen r-dimensionalen Unterraum, so daß die quadrierten Abstände zwischen sämtlichen Projektionen möglichst gut jene zwischen den Objekten im ursprünglichen p-dimensionalen Raum reproduzieren. Der in diesem Sinne optimale Unterraum wird wie in Problem 1 durch die Spalten der oben angegebenen Eigenvektormatrix aufgespannt.*

Problem 5: *Gesucht wird eine (r, p)-Matrix $\mathbf{A}$, so daß $\mathbf{A}^T\mathbf{A}$ die Kovarianz- bzw. Korrelationsmatrix des zentrierten bzw. standardisierten Datensatzes möglichst gut approximiert (wie in Problem 3 im Sinne einer minimalen Summe quadrierter Komponentendifferenzen). Das Optimum wird erreicht, wenn man $\mathbf{A} = \mathbf{\Lambda}^{1/2}\mathbf{V}^T$ wählt, wobei $\mathbf{V}$ wieder die obige Eigenvektormatrix und $\mathbf{\Lambda}$ die zugehörige, aus den größten Eigenwerten der Kovarianz- bzw. Korrelationsmatrix bestehende Diagonalmatrix ist.*

Beweis für Problem 1:
Das i-te Objekt des Datensatzes $\mathbf{X}$ ist eine Zeile mit p Komponenten, die – in Spaltenform angeordnet – einen Vektor $\mathbf{x}_i$ ergibt. Jeder r-dimensionale Unterraum des p-dimensionalen Raums läßt sich durch eine orthonormierte Basis charakterisieren. Spaltenweise Zusammenfassung dieser Basisvektoren liefert eine orthonormierte Matrix $\mathbf{V}$, d.h. $\mathbf{V}^T\mathbf{V} = \mathbf{I}_r$. Die Projektion des (als Spalte geschriebenen) Objekts $\mathbf{x}_i$ auf den durch $\mathbf{V}$ definierten Unterraum ist nach (7.58) gleich $\mathbf{V}\mathbf{V}^T\mathbf{x}_i$. Somit errechnet sich der minimale quadrierte Abstand zwischen Objekt und Unterraum als quadrierte Länge des Differenzvektors zwischen dem Objekt und seiner Projektion

$$d_i^2 = (\mathbf{x}_i - \mathbf{V}\mathbf{V}^T\mathbf{x}_i)^T(\mathbf{x}_i - \mathbf{V}\mathbf{V}^T\mathbf{x}_i) = \mathbf{x}_i^T\mathbf{x}_i - \mathbf{x}_i^T\mathbf{V}\mathbf{V}^T\mathbf{x}_i.$$

Die beiden Terme auf der rechten Seite sind gerade die Diagonalelemente der Matrizen $\mathbf{XX}^T$ bzw. $\mathbf{XVV}^T\mathbf{X}^T$. Folglich berechnet sich die Summe der Abstandsquadrate aller Objekte zum Unterraum als

$$\sum_{i=1}^{n} d_i^2 = tr(\mathbf{XX}^T) - tr(\mathbf{XVV}^T\mathbf{X}^T).$$

Nach Problemstellung ist ebendiese Summe durch Wahl eines geeigneten Unterraums, also durch Variation von $\mathbf{V}$, zu minimieren. Wegen der Konstanz des ersten Terms auf der rechten Seite des letzten Ausdrucks ist es hierzu gleichwertig, den zweiten Term, der auch als $tr\,(\mathbf{V}^T\mathbf{X}^T\mathbf{XV})$ schreibbar ist, zu maximieren. Dies führt aber (mit $\mathbf{Q} = \mathbf{X}^T\mathbf{X}$) genau auf die in Behauptung 1 angegebene optimale Matrix $\mathbf{V}$. Die Übereinstimmung des minimalen Wertes der Abstandsquadratesumme mit der Summe der $p - r$ kleinsten Eigenwerte von $\mathbf{X}^T\mathbf{X}$ folgt aus der Darstellung als Differenz der beiden angegebenen Spuren auf dieselbe Art wie am Ende des Beweises von Behauptung 2 beschrieben. □

Beweis für Problem 2:
Als erstes sei vereinbart, daß die p Koeffizienten der i-ten Linearkombination der Ausgangsvariablen in dem Vektor $\mathbf{v}_i$ zusammengefaßt sind. Der Beweis wird induktiv gegeben. Zunächst wird die erste gesuchte Linearkombination betrachtet. Die Normiertheitsforderung bedeutet dann $\mathbf{v}_1^T\mathbf{v}_1 = 1$. Da bis hier nur eine einzige Linearkombination vorliegt, besteht an dieser Stelle natürlich noch keine Unkorreliertheitsforderung zu anderen Linearkombinationen. Die durch $\mathbf{v}_1$ definierte Linearkombination $\mathbf{Xv}_1$ besitzt wegen der Zentriertheit von $\mathbf{X}$ die Streuung $(n-1)^{-1}\mathbf{v}_1^T\mathbf{X}^T\mathbf{Xv}_1$ (vgl. (7.34)). Nach Behauptung 1 (mit $r = 1$ und $\mathbf{Q} = \mathbf{X}^T\mathbf{X}$) wird dieser Ausdruck unter der Normiertheitsrestriktion maximal, wenn $\mathbf{v}_1$ normierter Eigenvektor zum größten Eigenwert λ_1 von $\mathbf{X}^T\mathbf{X}$ ist (der konstante Faktor $(n-1)^{-1}$ spielt bei der Maximierung keine Rolle). Damit ist der Induktionsanfang bewiesen.

Als Induktionsvoraussetzung sei nun die Gültigkeit der Behauptung von Problem 2 im Fall von k ($k \leq r - 1$) gesuchten Hauptkomponenten angenommen. Dann ist im Induktionsschritt die Gültigkeit derselben Behauptung, nun aber mit $k + 1$ Hauptkomponenten nachzuweisen. Es bezeichne $\mathbf{V}^*$ die (p, k)-Matrix, die in ihren Spalten $\mathbf{v}_1, \ldots, \mathbf{v}_k$ die Koeffizienten der bisher erfaßten k Linearkombinationen enthält. Gesucht ist ein weiterer normierter Vektor $\mathbf{v}_{k+1}$, so daß die durch ihn definierte Linearkombination $\mathbf{Xv}_{k+1}$ der Spalten des Datensatzes unter der in Problem 2 angegebenen Unkorreliertheitsbedingung maximale Varianz erhält. Setzt man $\mathbf{V} = (\mathbf{V}^* \mid \mathbf{v}_{k+1})$, so folgt

$$\mathbf{V}^T\mathbf{X}^T\mathbf{XV} = \begin{pmatrix} \mathbf{V}^{*T}\mathbf{X}^T\mathbf{XV}^* & \mathbf{V}^{*T}\mathbf{X}^T\mathbf{Xv}_{k+1} \\ \mathbf{v}_{k+1}^T\mathbf{X}^T\mathbf{XV}^* & \mathbf{v}_{k+1}^T\mathbf{X}^T\mathbf{Xv}_{k+1} \end{pmatrix}$$

und daraus

$$tr\,(\mathbf{V}^T\mathbf{X}^T\mathbf{XV}) = tr\,(\mathbf{V}^{*T}\mathbf{X}^T\mathbf{XV}^*) + \mathbf{v}_{k+1}^T\mathbf{X}^T\mathbf{Xv}_{k+1} \tag{2.8}$$

Da die Streuung der Linearkombination $\mathbf{X}\mathbf{v}_{k+1}$ bis auf den konstanten Faktor $(n-1)^{-1}$ mit dem zweiten Term der rechten Seite übereinstimmt, und weil andererseits der erste Term der rechten Seite feststeht, ist die gewünschte Maximierung dieser Streuung äquivalent zur Maximierung des Spur-Ausdrucks auf der linken Seite. Würde zudem noch $\mathbf{V}^T\mathbf{V} = \mathbf{I}_{k+1}$ zutreffen, so führte das Maximumproblem nach Behauptung 1 wieder auf die orthonormierte Eigenvektormatrix (nun von der Ordnung $r = k + 1$) zu $\mathbf{Q} = \mathbf{X}^T\mathbf{X}$. Damit wäre für diesen Fall der Beweis erbracht.

Es bleibt noch zu verifizieren, daß sich am Wahrheitsgehalt der letzten Aussage nichts ändert, wenn die Orthonormiertheit von $\mathbf{V}$ verletzt ist. Hierzu bedenke man zunächst, daß sich aus der obigen Definition von $\mathbf{V}$ und der Normiertheit von $\mathbf{v}_{k+1}$ die Darstellung

$$\mathbf{V}^T\mathbf{V} = \begin{pmatrix} \mathbf{V}^{*T}\mathbf{V}^* & \mathbf{V}^{*T}\mathbf{v}_{k+1} \\ \mathbf{v}_{k+1}^T\mathbf{V}^* & \mathbf{v}_{k+1}^T\mathbf{v}_{k+1} \end{pmatrix} = \begin{pmatrix} \mathbf{I}_r & \mathbf{V}^{*T}\mathbf{v}_{k+1} \\ \mathbf{v}_{k+1}^T\mathbf{V}^* & 1 \end{pmatrix}$$

herleitet. Aus $\mathbf{V}^T\mathbf{V} \neq \mathbf{I}_{k+1}$ würde demnach $\mathbf{v}_{k+1}^T\mathbf{V}^* \neq \mathbf{0}$ resultieren. Folglich existiert ein Spaltenvektor $\mathbf{v}_l$ $(l \leq k)$ von $\mathbf{V}$ mit

$$\mathbf{v}_{k+1}^T\mathbf{v}_l \neq 0, \quad \mathbf{v}_{k+1}^T\mathbf{v}_j = 0 \quad (j \leq l-1) \tag{2.9}$$

Auf der anderen Seite wurde gefordert, daß $\mathbf{X}\mathbf{v}_{k+1}$ unkorreliert zu allen vorangegangenen Linearkombinationen, also insbesondere zu $\mathbf{X}\mathbf{v}_l$ ist. Somit ist speziell auch die Kovarianz zwischen beiden Linearkombinationen gleich Null

$$0 = cov\,(\mathbf{X}\mathbf{v}_{k+1}, \mathbf{X}\mathbf{v}_l) = (n-1)^{-1}\mathbf{v}_{k+1}^T\mathbf{X}^T\mathbf{X}\mathbf{v}_l = (n-1)^{-1}\lambda_l\mathbf{v}_{k+1}^T\mathbf{v}_l$$

Hierbei wurde benutzt, daß $\mathbf{v}_l$ nach Definition von $\mathbf{V}^*$ ein Eigenvektor von $\mathbf{X}^T\mathbf{X}$ zu einem gewissen Eigenwert λ_l ist. Wegen der Annahme $\mathbf{v}_{k+1}^T\mathbf{v}_l \neq 0$ in (2.9) resultiert aus der letzten Beziehung $\lambda_l = 0$. Dann ist aber zugleich die Streuung der l-ten Linearkombination gleich Null:

$$(n-1)^{-1}(\mathbf{v}_l^T\mathbf{X}^T\mathbf{X}\mathbf{v}_l) = (n-1)^{-1}\mathbf{v}_l^T(\lambda_l\mathbf{v}_l) = 0 \tag{2.10}$$

Hieraus folgt wiederum, daß auch die Streuung der $(k+1)$-ten Linearkombination gleich Null sein muß, denn andernfalls hätte man mit $\mathbf{X}\mathbf{v}_{k+1}$ eine Linearkombination, die größere Streuung als $\mathbf{X}\mathbf{v}_l$ besitzt, und die zu den vorangegangenen Linearkombinationen unkorreliert ist:

$$cov\,(\mathbf{X}\mathbf{v}_{k+1}, \mathbf{X}\mathbf{v}_j) = (n-1)^{-1}\mathbf{v}_{k+1}^T\mathbf{X}^T\mathbf{X}\mathbf{v}_j = (n-1)^{-1}\lambda_j\mathbf{v}_{k+1}^T\mathbf{v}_j = 0$$

(vgl. (2.9)). Dies würde jedoch der Induktionsvoraussetzung widersprechen. Also ist der zweite Term auf der rechten Seite von (2.8) für alle zulässigen (im Sinne der Normiertheits- und Unkorreliertheitsbedingungen) $\mathbf{v}_{k+1}$ stets gleich Null. Daher ist auch die durch $\mathbf{v}_{k+1}$ maximal erreichbare Streuung als Vielfaches dieses Terms gleich Null. Dann realisiert aber insbesondere die $(k+1)$-te Spalte der Eigenvektormatrix $\mathbf{V}$ dieses Streuungs-„Maximum". Folglich ist auch in diesem Fall die Eigenvektormatrix aus Behauptung 1 optimal. Damit ist der Induktionsbeweis vollständig abgeschlossen.

Bezüglich der letzten Aussage von Problem 2 erkennt man, daß sich die Streuung der k-ten Linearkombination wegen der Normiertheit von $\mathbf{v}_k$ als

$$(n-1)^{-1}(\mathbf{v}_k^T\mathbf{X}^T\mathbf{X}\mathbf{v}_k) = (n-1)^{-1}\lambda_k\mathbf{v}_k^T\mathbf{v}_k = (n-1)^{-1}\lambda_k$$

errechnet, wobei λ_k der k-te Eigenwert von $\mathbf{X}^T\mathbf{X}$ ist. Da dann $\lambda_k(n-1)^{-1}$ automatisch der k-te Eigenwert der mit dem entsprechenden Faktor versehenen Matrix $(n-1)^{-1}\mathbf{X}^T\mathbf{X}$ ist, die ihrerseits mit der Kovarianz- bzw. Korrelationsmatrix des Datensatzes übereinstimmt - je nachdem ob zentriert oder zusätzlich standardisiert wurde – ist auch diese letzte Aussage überprüft. □

Beweis für Problem 3:
Es sei $\mathbf{B}$ eine (n, p)-Matrix vom Rang r. Mit $\mathbf{s}_1, \ldots, \mathbf{s}_r$ werde eine Menge linear unabhängiger Spaltenvektoren von $\mathbf{B}$ bezeichnet. Da nach der Definition des Rangs einer Matrix keine weiteren Spaltenvektoren zu diesen noch linear unabhängig sein können, muß sich jede Spalte $\mathbf{b}_l$ von $\mathbf{B}$ als Linearkombination

$$\mathbf{b}_l = \sum_{k=1}^{r} a_{kl}\mathbf{s}_k \quad \text{oder in Komponenten:} \quad b_{il} = \sum_{k=1}^{r} s_{ik}a_{kl}$$

mit gewissen Koeffizienten a_{kl} darstellen lassen. Nach Zusammenfassung aller Größen zu entsprechenden Matrizen heißt das $\mathbf{B} = \mathbf{SA}$. Da $\mathbf{B}$ und nach Definition natürlich auch $\mathbf{S}$ beide den Rang r besitzen, muß dasselbe auch auf die (r, p)-Matrix $\mathbf{A}$ zutreffen. Nun ist die Matrix $\mathbf{AA}^T$ stets symmetrisch, also gibt es wieder eine orthogonale Eigenvektormatrix $\mathbf{P}$ und eine Eigenwert- Diagonalmatrix $\mathbf{L}$ (beide von der Ordnung (r, r)) mit der Eigenschaft $\mathbf{P}^T\mathbf{AA}^T\mathbf{P} = \mathbf{L}$. Mit $\mathbf{L}^{1/2}$ bzw. $\mathbf{L}^{-1/2}$ werde die Diagonalmatrix bezeichnet, die aus den Diagonalelementen von $\mathbf{L}$ durch Wurzelbildung bzw. noch anschließende Reziprokenbildung entsteht. Diese Operationen sind korrekt, da alle Diagonalelemente von $\mathbf{L}$ als Eigenwerte von $\mathbf{AA}^T$ echt positiv sind (man berücksichtige, daß die zuletzt genannte Matrix ebenso wie $\mathbf{A}$ selbst den Rang r besitzt). Setzt man $\mathbf{V} = \mathbf{A}^T\mathbf{PL}^{-1/2}$ und $\mathbf{T} = \mathbf{SPL}^{1/2}$, so folgt mit der Orthogonalität von $\mathbf{P}$:

$$\begin{aligned}
\mathbf{V}^T\mathbf{V} &= \mathbf{L}^{-1/2}\mathbf{P}^T\mathbf{AA}^T\mathbf{PL}^{-1/2} = \mathbf{L}^{-1/2}\mathbf{LL}^{-1/2} = \mathbf{I}_r \\
\mathbf{TV}^T &= \mathbf{SPL}^{1/2}\mathbf{L}^{-1/2}\mathbf{P}^T\mathbf{A} = \mathbf{SPP}^T\mathbf{A} = \mathbf{SA} = \mathbf{B}
\end{aligned}$$

Die Summe aller quadrierten Komponentenmatrizen zwischen $\mathbf{X}$ und $\mathbf{B}$ berechnet sich zu (vgl. 7.48)

$$\begin{aligned}
\sum_{i=1}^{n}\sum_{j=1}^{p}(x_{ij} - b_{ij})^2 &= tr\,((\mathbf{X} - \mathbf{B})(\mathbf{X} - \mathbf{B})^T) \\
&= tr\,((\mathbf{X} - \mathbf{TV}^T)(\mathbf{X} - \mathbf{TV}^T)^T)
\end{aligned}$$

Wegen $\mathbf{V}^T\mathbf{V} = \mathbf{I}_r$ wird dieser Wert nach Behauptung 2 minimal, wenn $\mathbf{V}$ als (p, r)-Eigenvektormatrix zu $\mathbf{X}^T\mathbf{X}$ und $\mathbf{T} = \mathbf{XV}$ gewählt werden, wenn also mit der genannten Eigenvektormatrix $\mathbf{B} = \mathbf{XVV}^T$ gesetzt wird. Der minimal erreichbare Abweichungswert stimmt ebenfalls nach Behauptung 2 mit der Summe der $p - r$ kleinsten Eigenwerte von $\mathbf{X}^T\mathbf{X}$ überein.

Insbesondere kann man einen konkreten Wert x_{ij} des Datensatzes als Skalarprodukt zweier Vektoren mit r Komponenten wie folgt annähern:

$$x_{ij} \approx b_{ij} = (\mathbf{X}\mathbf{V}\mathbf{V}^{\mathbf{T}})_{ij} = (\mathbf{x}_i^T\mathbf{v}_1 \mid \cdots \mid \mathbf{x}_i^T\mathbf{v}_r)\begin{pmatrix} v_{j1} \\ \vdots \\ v_{jr} \end{pmatrix} \tag{2.11}$$

wobei $\mathbf{x}_i^T$ wieder den i-ten Zeilenvektor von $\mathbf{X}$, $\mathbf{v}_1, \ldots, \mathbf{v}_r$ die Spalten von $\mathbf{V}$ und $v_{j1}, \ldots, v_{jr}$ deren j-te Komponenten bezeichnen. □

Beweis für Problem 4:
Es bezeichne $\mathbf{x}_i$ wie im Beweis von Problem 1 das als Spaltenvektor geschriebene i-te Objekt des Datensatzes. Zugehörig sei $\hat{\mathbf{x}}_i$ die Projektion dieses Objekts auf einen noch näher zu definierenden r-dimensionalen Unterraum. Darüberhinaus seien d_{ij}^2 bzw. δ_{ij}^2 die quadrierten Abstände zwischen den Objekten i und j im ursprünglichen Raum bzw. nach Projektion im Unterraum. Da die Länge eines Vektors nach Projektion stets kleiner wird bzw. bestenfalls gleich bleibt (vgl. Abschn. 7.9), trifft dasselbe auch auf den Abstand zwischen Vektoren zu, der ja nichts anderes als die Länge eines Differenzvektors ist. Daher erhält man prinzipiell $d_{ij}^2 \geq \delta_{ij}^2$, so daß ein vernünftiges, positives Maß für die summarische Abweichung der ursprünglichen von den projizierten Objektabständen

$$\sum_{i=1}^{n}\sum_{j=1}^{n}(d_{ij}^2 - \delta_{ij}^2)$$

ist. Um diese Abweichung wie gewünscht zu minimieren, genügt es, den Ausdruck $\sum_{i=1}^{n}\sum_{j=1}^{n}\delta_{ij}^2$ zu maximieren, da die Originalabstände ja fest vorgegeben sind und sich bei Variation des Unterraumes nicht verändern. Wie beim Beweis von Problem 1 sei der r- dimensionale Unterraum durch die Spaltenvektoren einer (p, r)-Matrix $\mathbf{V}$ mit der Eigenschaft $\mathbf{V}^T\mathbf{V} = \mathbf{I}_r$ aufgespannt. Dann ergibt sich die Projektion des i-ten Objektes zu $\hat{\mathbf{x}}_i = \mathbf{V}\mathbf{V}^T\mathbf{x}_i = \mathbf{V}\mathbf{t}_i$, wenn man abkürzend $\mathbf{t}_i := \mathbf{V}^T\mathbf{x}_i$ setzt. Der quadrierte Abstand zwischen projiziertem i-ten und j-ten Objekt errechnet sich dann gemäß

$$\begin{aligned}\delta_{ij}^2 &= (\hat{\mathbf{x}}_i - \hat{\mathbf{x}}_j)^T(\hat{\mathbf{x}}_i - \hat{\mathbf{x}}_j) = \hat{\mathbf{x}}_i^T\hat{\mathbf{x}}_i + \hat{\mathbf{x}}_j^T\hat{\mathbf{x}}_j - 2\hat{\mathbf{x}}_i^T\hat{\mathbf{x}}_j \\ &= \mathbf{t}_i^T\mathbf{t}_i + \mathbf{t}_j{}^T\mathbf{t}_j - 2\mathbf{t}_i^T\mathbf{t}_j\end{aligned}$$

(man beachte die Orthonormiertheit von $\mathbf{V}$). Demnach ist durch Variation von $\mathbf{V}$ die Größe

$$\sum_{i=1}^{n}\sum_{j=1}^{n}\delta_{ij}^2 = 2n\sum_{i=1}^{n}\mathbf{t}_i^T\mathbf{t}_i - 2\sum_{i=1}^{n}\sum_{j=1}^{n}\mathbf{t}_i^T\mathbf{t}_j$$

zu maximieren. Nun ist nach Definition der $\mathbf{t}_i$

$$\sum_{i=1}^{n}\sum_{j=1}^{n}\mathbf{t}_i^T\mathbf{t}_j = \sum_{i=1}^{n}\mathbf{t}_i^T\mathbf{V}^T\sum_{j=1}^{n}\mathbf{x}_j = \mathbf{0}$$

weil wegen der Zentriertheit des Datensatzes die Summe aller seiner Zeilenvektoren den (transponierten) Nullvektor ergibt, also $\sum \mathbf{x}_j^T = \mathbf{0}^T$, was nach Transposition zu $\sum \mathbf{x}_j = \mathbf{0}$ führt. Folglich ist die Matrix $\mathbf{V}$ unter der Orthonormiertheitsbedingung so zu variieren, daß der Ausdruck $\sum_{i=1}^n \mathbf{t}_i^T \mathbf{t}_i = tr(\mathbf{V}^\mathbf{T}\mathbf{X}^\mathbf{T}\mathbf{X}\mathbf{V})$ (vgl. Definition der $\mathbf{t}_i$) maximal wird, was erneut auf die in Behauptung 1 angegebene Lösung führt. □

Beweis für Problem 5:
Ein exakter Beweis würde hier völlig analog zum Aufstellen der Stationaritätsbedingungen in Behauptung 2 verlaufen. Wir begnügen uns statt dessen mit einer Plausibilitätsbetrachtung: Entsprechend dem Beweis zu Problem 3 erhält man die beste Approximation von $\mathbf{X}$ durch eine (n, p)-Matrix $\mathbf{B}$, vom Rang r, sofern $\mathbf{B} := \mathbf{X}\mathbf{V}\mathbf{V}^\mathbf{T}$ mit der (p, r)-Eigenvektormatrix $\mathbf{V}$ von $\mathbf{X}^T\mathbf{X}$ gesetzt wird. Dann ist $\mathbf{V}^T\mathbf{V} = \mathbf{I}_r$ und $\mathbf{X}^T\mathbf{X}\mathbf{V} = \mathbf{V}\mathbf{L}$ für eine (r, r)-Eigenwert-Diagonalmatrix $\mathbf{L}$. Letztere läßt sich durch Wurzelbildung der Diagonalelemente, so wie im Beweis zu Problem 3 beschrieben, in $\mathbf{L} = \mathbf{L}^{1/2}\mathbf{L}^{1/2}$ zerlegen. Aus $\mathbf{X} \approx \mathbf{B}$ folgt:

$$\begin{aligned}\mathbf{X}^T\mathbf{X} &\approx \mathbf{B}^T\mathbf{B} = \mathbf{V}\mathbf{V}^T\mathbf{X}^T\mathbf{X}\mathbf{V}\mathbf{V}^T = \mathbf{V}\mathbf{V}^T\mathbf{V}\mathbf{L}\mathbf{V}^T \\ &= \mathbf{V}\mathbf{L}\mathbf{V}^T = (\mathbf{L}^{1/2}\mathbf{V}^T)^T(\mathbf{L}^{1/2}\mathbf{V}^T)\end{aligned}$$

Daher liefert $\hat{\mathbf{A}}^T\hat{\mathbf{A}}$ mit der (r, p)-Matrix $\hat{\mathbf{A}} := \mathbf{L}^{1/2}\mathbf{V}^T$ die beste Approximation für $\mathbf{X}^T\mathbf{X}$. Dementsprechend ergibt $\mathbf{A} = (n-1)^{-1/2}\hat{\mathbf{A}}$ die beste Approximation für $(n-1)^{-}\ \mathbf{X}^T\mathbf{X}$, was je nach gewählter Standardisierungsart mit der Kovarianz- bzw. Korrelationsmatrix des Datensatzes übereinstimmt. Da $\mathbf{L}$ die r größten Eigenwerte von $\mathbf{X}^T\mathbf{X}$ auf der Diagonale enthält, stehen in $\mathbf{\Lambda} = (n-1)^{-1}\mathbf{L}$ die r größten Eigenwerte eben dieser Kovarianz- bzw. Korrelationsmatrix in der Diagonale (bei Multiplikation einer Matrix mit einem konstanten Faktor multiplizieren sich die Eigenwerte mit demselben Faktor). Nun ist aber

$$\mathbf{A} = (n-1)^{-1/2}\mathbf{L}^{1/2}\mathbf{V}^T = \mathbf{\Lambda}^{1/2}\mathbf{V}^T$$

und die Behauptung zu Problem 5 bewiesen.

Aus dem Ergebnis läßt sich noch folgende Tatsache ableiten: Bezeichnet man die Spalten von $\mathbf{A}$ mit $\mathbf{a}_i$, so approximieren im Falle standardisierter Daten die Skalarprodukte $\mathbf{a}_i^T\mathbf{a}_j$ optimal die Elemente r_{ij} der Korrelationsmatrix $\mathbf{R} = (n-1)^{-1}\mathbf{X}^T\mathbf{X}$, also die Korrelationskoeffizienten der entsprechenden Variablen des Datensatzes. Nach der oben angegebenen Definition von $\mathbf{A}$ ist

$$\mathbf{a}_i = \begin{pmatrix} \sqrt{\lambda_1}v_{i1} \\ \vdots \\ \sqrt{\lambda_r}v_{ir} \end{pmatrix}$$

wobei die $v_{i1}, \ldots, v_{ir}$ wieder entsprechende Elemente der Eigenvektormatrix $\mathbf{V}$ und die λ_i die größten r Eigenwerte der Korrelationsmatrix sind. □

3 Clusteranalyse

3.1 Einleitung

Die Clusteranalyse dient der Unterteilung der Objektmenge eines Datensatzes in homogene Klassen – sogenannte Cluster – innerhalb derer alle Objekte ähnliche Variablenmuster aufweisen, während sich die Muster von Objekten verschiedener Klassen deutlich unterscheiden. Da keine Vorinfomation über die Datenstruktur benutzt wird, spricht man auch von automatischer Klassifikation. Diese Verfahrensgruppe bietet sich an, wenn über eine Klasseneinteilung der Untersuchungsobjekte keine oder nur vage Vermutungen vorliegen, oder wenn analysiert werden soll, ob sich eine natürlich gegebene Klasseneinteilung im Muster der gemessenen Variablen widerspiegelt.

In [33] wurde beispielsweise mit Hilfe der Clusteranalyse eine Charakterisierung von Lösungsmitteln durch physiko-chemische Parameter – wie etwa Dipolmoment, Molrefraktion, Brechungsindex usw. – untersucht. Die Frage war, ob sich die a priori gegebene Einteilung der Lösungsmittel in Alkohole, Aromaten, Aliphaten usw. automatisch, d.h. durch einen Rechenalgorithmus, bloß aus den gemessenen Parametern wiederfinden ließ. Es ergab sich eine wahrscheinliche Unterteilung des Datenmaterials in 9 Cluster, die zum großen Teil, aber nicht absolut exakt, den bekannten Lösungsmittelklassen entsprachen. Mitunter vereinigten die rechnerisch erzeugten Cluster mehrere Strukturklassen in sich, oder umgekehrt wurde eine Klasse in mehrere Cluster aufgespalten (z.B. kurz-, mittel- und langkettige Alkohole). Dieser Effekt unvollständiger Korrespondenz ist in den meisten praktischen Anwendungen zu erwarten.

Im Gegensatz zur Hauptkomponentenanalyse, wo eine Gruppierung der Objekte bzw. Variablen subjektiv bei der Interpretation der Hauptkomponentendarstellungen (s. Abschn. 2.3) vorgenommen wird, erfolgt sie bei Clustermethoden objektiv nach unterschiedlichen, für die jeweilige Methode spezifischen Kriterien, die alle auf dem Abstandsbegriff basieren, mit dem die Verschiedenheit der Variablenmuster gemessen werden kann. Zwei Aufgaben sind durch die Clusteranalyse zu lösen: Die Ermittlung einer glaubwürdigen Clusterzahl und die Bestimmung der Clusterzusammensetzung. Teilweise ergibt sich die Antwort auf beide Fragen gleichzeitig als Ergebnis der Untersuchung, in anderen Fällen ist zunächst eine Clusterzahl vorzugeben, während die optimale Aufteilung der Objektmenge entsprechend dieser Zahl anschließend vorgenommen wird. Je nachdem, ob bei wachsender Clusterzahl die gefundenen Objektgruppierungen auf hierarchische Weise auseinander hervorgehen oder unabhängig voneinander sind, unterscheidet man hierarchische und nichthierarchische Verfahren.

3.2 Hierarchische Clusteranalyse

Die hierarchische Clusteranalyse ist aus der Taxonomie entlehnt, wo biologische Spezies anhand ihrer phänomenologischen Ähnlichkeiten klassifiziert und das Ergebnis in Form eines Stammbaumes abgebildet wird. Dieses Prinzip läßt sich auch auf ganz allgemeine Untersuchungsobjekte anwenden, die durch ihr Muster in einer bestimmten Zahl von meßbaren Eigenschaften definiert sind. Dabei wird die Anordnung im Stammbaum nicht nur zur qualitativen Illustration der erzeugten Objekthierarchie verwendet sondern auch zur quantitativen Bewertung dieser Hierarchie: Die Höhe des Zusammenfassungsniveaus zweier Gruppierungen im Stammbaum kann als Maß ihrer Unähnlichkeit interpretiert werden. Man nennt ein solches Zusammenfassungsniveau auch Index. Insgesamt ergibt sich eine indizierte (bewertete) Hierarchie, deren graphische Darstellung als Dendrogramm bezeichnet wird.

Abbildung 3.1 zeigt das Dendrogramm einer hierarchischen Clusterung, wo der Ausgangsdatensatz aus einer gaschromatographischen Analyse von vier Weinbrandsorten hervorging (vgl. Tabelle A.3 im Anhang). Für jede der Sorten A, B, C, D wurden in je 15 Wiederholungsbestimmungen (gleiche Buchstaben) die Peakflächen von vier geschmacksbestimmenden Komponenten (i-Butanol, n-Butanol, i-Amylalkohol, n-Hexanol) ermittelt, so daß insgesamt 60 Zeilen und 4 Spalten in der Datentabelle vorlagen. Die Berechnung aller paarweisen euklidischen Abstände nach Datenstandardisierung lieferte dann eine symmetrische Abstandsmatrix mit 60 Zeilen und 60 Spalten (vgl. Abschn. 7.2, 7.6), die den Ausgangspunkt des weiter unten aufgeführten allgemeinen hierarchischen Clusteralgorithmus bildete. Durch Schnitte im Dendrogramm bei variierenden In-

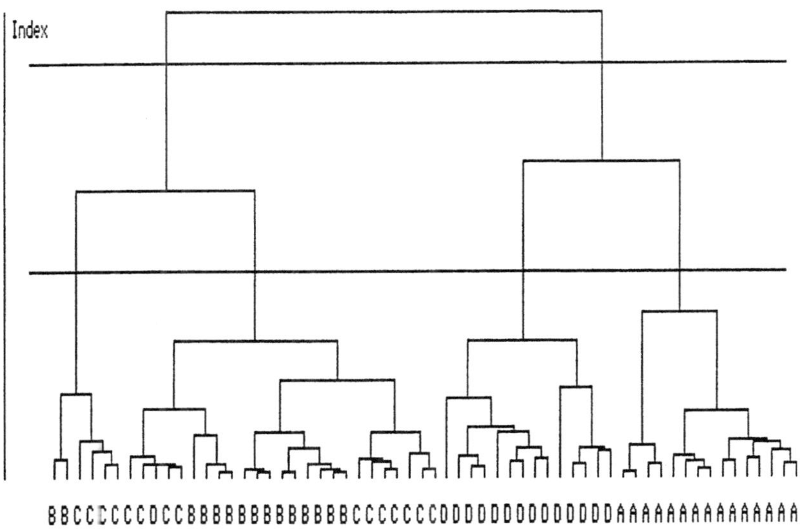

Abb. 3.1. Dendrogramm einer hierarchischen Clusterung von vier Weinbrandsorten (A, B, C, D) nach gaschromatographischer Charakterisierung (je 15 Wiederholungsbestimmungen)

dexwerten gelangt man zu unterschiedlich groben Partitionen der Objektmenge in unterschiedliche Clusterzahlen. In der Abbildung sind zwei solcher Schnitte eingezeichnet, die eine Aufteilung in vier bzw. zwei Klassen repräsentieren. Der hierarchische Charakter des Dendrogramms tritt dadurch zutage, daß Objektklassen, die zu zwei unterschiedlichen Partitionen gehören, stets entweder elementfremd sind, oder eine der beiden Klassen in der anderen enthalten ist. In diesem Sinne sind die bei der hierarchischen Clusteranalyse erzeugten Partitionen nicht unabhängig voneinander sondern bis zu einem bestimmten Grad vorausbestimmt.

Von einem Cluster im eigentlichen Sinn kann man sprechen, wenn sich eine Objektgruppierung unter einem „langen“ Zweig des Dendrogramms befindet, wenn sie also größeren Indexänderungen gegenüber stabil ist. Im Rahmen des Experimentalfehlers, d.h. bezogen auf die Streuung der Wiederholungsbestimmungen lassen sich zwei der Weinbrandsorten, nämlich A und D mit der Clusteranalyse einwandfrei aus ihren Geschmackskomponenten wiedererkennen (bis auf eine Ausnahme bei D). Dagegen kann bei den Sorten B und C von einer Unterscheidbarkeit nicht die Rede sein, obwohl sie sich von A und D klar abgrenzen. In der Tat handelt es sich hier um zwei Sorten ein und desselben Herstellers.

Prinzipiell lassen sich in der hierarchischen Clusterung zwei Vorgehensweisen unterscheiden: die divisive Clusterung, bei der das Dendrogramm von oben nach unten durch fortwährende geeignete Aufspaltung der Objektmenge konstruiert wird und die agglomerative Clusterung, die genau umgekehrt mit jedem Einzelobjekt beginnend durch Fusion passender Objektgruppen das Dendrogramm von unten nach oben erzeugt. Da die agglomerativen Verfahren weitaus häufiger verwendet werden, sollen sie hier näher erläutert werden. Der allgemeine agglomerative Clusteralgorithmus, der weiter unten am Zahlenbeispiel dargestellt wird, gestaltet sich folgendermaßen:

1. Berechne die Abstandsmatrix **D** zum (im allgemeinen standardisierten) Datensatz **X**.
2. Suche in **D**(außerhalb der Diagonale) das kleinste Element d_{ij}.
3. Fasse die Objekte i und j zusammen, um sie im folgenden wie ein einziges neues Objekt zu behandeln. Ordne diesem neuen Objekt den Fusionsindex d_{ij} zu.
4. Aktualisiere die Abstände zwischen allen nicht an der Fusion beteiligten Objekten einerseits und dem fusionierten Objekt andererseits.
5. Gehe nach 2., falls noch nicht $n-1$ Fusionsschritte absolviert wurden.

Die acht klassischen hierarchischen Verfahren *Single Linkage, Complete Linkage, Average Linkage (ungewichtet und gewichtet), Median, Centroid Linkage, Wards Methode* und *Flexible Strategie* unterscheiden sich lediglich in der Art der Abstandsaktualisierung aus Schritt 4. Da nach Fusionierung zweier Cluster A und B bestehend aus n_a bzw. n_b Einzelobjekten ein neuer Cluster $[AB]$ mit $n_a + n_b$ Einzelobjekten gebildet wurde, und dieser neue Cluster in der bisherigen Abstandsmatrix nicht vorkam, muß zur Fortsetzung des Verfahrens geklärt werden, wie sich der Abstand $d(C, [AB])$ eines nicht an der Fusionierung beteiligten Clusters C mit n_c Einzelobjekten zum neuen Cluster $[AB]$ aus den ursprünglich

Tabelle 3.1. Formeln zur Abstandsaktualisierung bei den acht klassischen Verfahren der hierarchischen Clusterung. Min bzw. max stehen für die kleinere bzw. größere von zwei Zahlen, α bedeutet einen freien Parameter

Methode	$d([AB], C) =$
Single Linkage	$\min[d(A, C), d(B, C)]$
Complete Linkage	$\max[d(A, C), d(B, C)]$
Average Linkage	$[d(A, C) + d(B, C)]/2$
Average Linkage (gewichtet)	$[n_a d(A, C) + n_b d(B, C)]/(n_a + n_b)$
Median	$[d(A, C) + d(B, C)]/2 - [d(A, B)]/4$
Centroid Linkage	$[(n_a d(A, C) + n_b d(B, C)]/(n_a + n_b)$
	$-[n_a n_b d(A, B)]/(n_a + n_b)^2$
Wards Methode	$[(n_c + n_a)d(A, C) + (n_c + n_b)d(B, C)$
	$-n_c d(A, B)]/(n_a + n_b + n_c)$
Flexible Strategie	$\alpha[d(A, C) + d(B, C)] + (1 - 2\alpha)d(A, B)$

bekannten Abständen $d(A, C)$, $d(B, C)$ und $d(A, B)$ herleitet. Die entsprechenden Formeln für die verschiedenen Verfahren sind in Tabelle 3.1 zusammengefaßt.

Als Besonderheit von Median, Centroid Linkage und Wards Methode ist zu beachten, daß diese im Gegensatz zu den übrigen nicht von den euklidischen Abständen selbst sondern von deren Quadraten ausgehen, d.h. in Schritt 1 des Algorithmus wird eine Matrix von Abstandsquadraten verwendet. Diese Vorgehensweise ergibt sich aus der sachlichen Begründung der Verfahren (beispielsweise liegt Wards Methode ein Varianzkriterium zugrunde, das auf natürliche Weise mit Abstandsquadraten zusammenhängt). Man könnte auch hier formal mit den Abständen selbst rechnen, doch führt dies zumindest bei Median und Centroid Linkage häufig zu schwer interpretierbaren Ergebnissen [255]. In der Flexiblen Strategie nach Lance und Williams [171] kann ein Parameter α frei gewählt werden, der für Werte nahe Null etwa die Eigenschaften des Single Linkage, für Werte größer als Eins zunehmend die Eigenschaften des Complete Linkage und für den Wert 1/2 exakt das Verhalten des Average Linkage bewirkt. Empfohlen wird $\alpha \approx 0.6 - 0.7$[255]. Bei der numerischen Realisierung der Verfahren ist zu beachten, daß aufgrund der Symmetrie der Abstandsmatrix natürlich nur eine Hälfte (in Vektorform) abgespeichert werden muß, was bei größeren Objektzahlen signifikante Einsparung bedeutet.

Zur Illustration des Rechengangs sei auf das Zahlenbeispiel aus Tabelle 2.1 (vgl. auch Abb. 2.5) zurückgegriffen, wo 5 Objekte durch ihr Muster in zwei Variablen charakterisiert wurden. Die Berechnung der euklidischen Abstände zwischen sämtlichen Objektpaaren des dort ausnahmsweise nur zentrierten Datensatzes führt zu der Abstandsmatrix, deren symmetrische Hälfte im linken unteren Teil von Tabelle 3.2 aufgeführt ist. Der rechte obere Teil der Tabelle zeigt die Abstandsmatrix, die bei alternativer Benutzung des Manhattan-Abstands (vgl.

Tabelle 3.2. Matrix der euklidischen (linke untere Hälfte) sowie der Manhattanabstände (rechte obere Hälfte) für ein Zahlenbeispiel mit 5 Objekten (kleinster Abstand untestrichen)

	A	B	C	D	E
A	-	2	12	18	18
B	2	-	10	16	16
C	8.9	8.2	-	6	6
D	13.4	12.6	4.5	-	4
E	12.8	11.7	4.5	2.8	-

Abschn. 7.10) anstelle des euklidischen Abstands zum gleichen Datensatz resultieren würde.

Obwohl in der Regel sicherlich der euklidische Abstand zur Anwendung kommt, kann der Übergang zu einem anderen Abstandsmaß bei sachlogischer Begründung vorteilhaft sein. Man denke zur Illustration an einen Produktionsprozeß, bei dem verschiedene Verfahrensregimes durch unterschiedliche technologische Parameter definiert werden. Es ist denkbar, daß man einen Übergang von Regime A zu Regime B nicht durch simultane, sondern nur durch sukzessive Änderung der einzelnen Parameter erreicht. Dann wird der Übergangsaufwand von A nach B besser mittels Manhattan-Abstand – nämlich die Summe aller Einzeländerungs-Beträge – erfaßt als durch den klassischen „Luftlinien"-Abstand, der eine gleichmäßige, simultane Regelbarkeit aller Parameter voraussetzt. Eine weitere, vor allem in der überwachten Klassifikation wichtige Alternative ist der sogenannte Mahalanobis-Abstand. Abbildung 7.5 in Abschn. 7.10 dient dem orientierenden Vergleich. Prinzipiell ist allen Abstandsmaßen gemeinsam, daß sie um so kleinere Werte produzieren, je geringer alle Koordinatendifferenzen werden, je ähnlicher also die Muster zweier Objekte sind. So befinden sich auch die beiden Hälften von Tabelle 3.2 in prinzipieller Übereinstimmung.

Um die Darlegungen nicht unnötig zu erschweren, wird im folgenden zur Beschreibung der Rechenprozedur allerdings nur die euklidische Abstandsmatrix herangezogen. Im ersten Schritt des Algorithmus ist deren kleinstes Element zu ermitteln. Im gegebenen Beispiel sind die Muster der Objekte A und B mit einem Abstand Zwei (unterstrichen in Tabelle 3.3) am ähnlichsten zueinander. Daher werden beide zu einem neuen Objekt, das man mit [AB] bezeichnen könnte, zusammengefaßt und im folgenden stets auch wie ein einzelnes Objekt behandelt. An dieser Stelle beginnt die Konstruktion des Dendrogramms, indem die Ausgangsobjekte A und B auf der Höhe Zwei ihres Abstands fusioniert werden (vgl. Abb. 3.2a). Der Index des ersten Zusammenfassungschrittes beträgt daher Zwei.

Da nach der Fusion im ersten Schritt ein neues Objekt entstanden ist, müssen nun im zweiten Schritt die Abstände zwischen dem neu gebildeten und allen anderen, nicht an der Fusion beteiligten Objekten aktualisiert werden. Die Abstände der unbeteiligten Objekte untereinander bleiben dagegen natürlich gleich, da sich hier nichts verändert hat. Wie bereits festgestellt wurde, unterscheiden sich die

Tabelle 3.3. Aktualisierte Abstandsmatrix für das Zahlenbeispiel nach der ersten Iteration

	[AB]	C	D	E
[AB]	–			
C	8.2	–		
D	12.6	4.5	–	
E	11.7	4.5	2.8	–

Tabelle 3.4. Abstandsmatrix für das Zahlenbeispiel nach der zweiten Iteration

	[AB]	C	[DE]
[AB]	–		
C	8.2	–	
[DE]	11.7	4.5	–

einzelnen Verfahren nach der Art dieser Abstandsaktualisierung. Beim Single Linkage etwa wird der Abstand zwischen einem unbeteiligten Objekt und dem neu gebildeten als kleinerer der beiden ursprünglichen Abstände zwischen dem unbeteiligten und den beiden fusionierten Objekten definiert. Beispielsweise ergibt sich der aktualisierte Abstand $d(\mathrm{C}, [\mathrm{AB}])$ als kleinerer der beiden Ausgangsabstände $d(\mathrm{C}, \mathrm{A}) = 8.9$ und $d(\mathrm{C}, \mathrm{B}) = 8.2$, also als $d(\mathrm{C}, [\mathrm{AB}]) = 8.2$. Ein anderes Verfahren, das sogenannte Complete Linkage, würde genau die entgegengesetzte Sichtweise zugrundelegen und den aktualisierten Abstand als größeren der beiden Ausgangsabstände (hier 8.9) festlegen. Eine mittlere Variante ist das Average Linkage, wo man zum Mittelwert der Ausgangsabstände (hier rund 8.5) übergeht.

Die Fortführung des Zahlenbeispiels soll mit der Single Linkage Methode geschehen. Verfährt man mit der Neuberechnung für die übrigen an der Fusion unbeteiligten Objekte D und E ebenso wie mit C, so resultiert die in Tabelle 3.3 angegebene, nun auf vier verbleibende Objekte reduzierte Abstandsmatrix.

In dieser zweiten Iteration werden D und E als ähnlichstes Objektpaar mit dem Abstand 2.8 zum neuen Objekt [DE] zusammengefaßt. Dementsprechend erfolgt die Fusion bei der Konstruktion des Dendrogramms in Abb. 3.2a) auf der Indexhöhe 2.8. Mit der Aktualisierung verfährt man genau so, wie zuvor beschrieben. Zum Beispiel ergibt sich der neue Abstand zwischen [DE] und [AB] bei Single Linkage als kleinere der beiden Zahlen $d([\mathrm{AB}], \mathrm{D}) = 12.6$ und $d([\mathrm{AB}], \mathrm{E}) = 11.7$, also als 11.7 usw. Insgesamt folgt nach der zweiten Iteration die in Tabelle 3.4 aufgeführte, weiter reduzierte Abstandsmatrix.

Anschließend werden C und [DE] auf dem Indexwert 4.5 zum Objekt [DEC] fusioniert, und der aktualisierte Abstand zwischen [AB] und [DEC] errechnet sich zu 8.2, so daß im letzten Iterationsschritt die Abstandsmatrix nur noch aus dieser einzigen Zahl besteht. Damit ist klar, daß zum Schluß auf dem Indexwert 8.2 alle Ausgangsobjekte zu dem einen Objekt [ABDEC] zusammengefaßt sind.

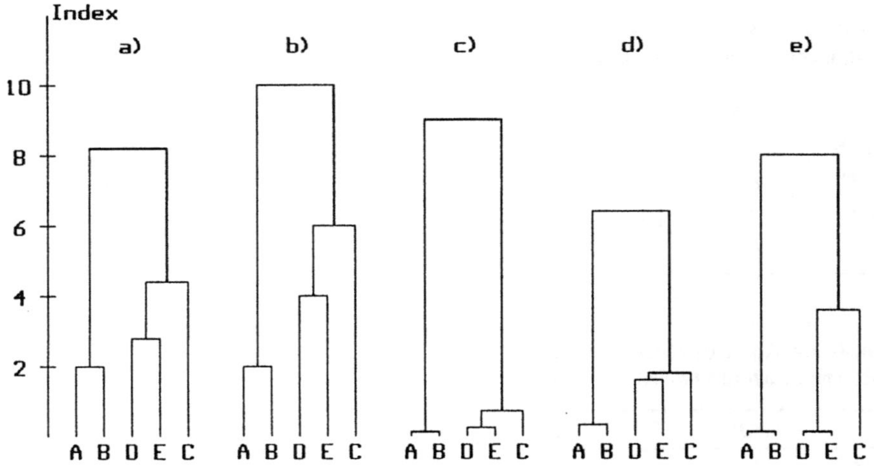

Abb. 3.2. Dendrogramme zur hierarchischen Clusterung eines Zahlenbeispiels. **a** Single Linkage (euklidischer Abstand), **b** Single Linkage (Manhattanabstand), **c** Wards Methode (euklidischer Abstand), **d** Single Linkage (Mahalanobisabstand), **e** Single Linkage (euklidischer Abstand lediglich mit der ersten Hauptkomponente)

Abbildung 3.2a zeigt das gesamte entstehende Dendrogramm. Die sichtbar gemachte indizierte Hierarchie der 5 Objekte steht in guter Übereinstimmung mit deren Anordnung in der Ebene (vgl. Abb. 2.5). Wendet man das Single Linkage alternativ auf die Manhattan-Abstände (rechte obere Hälfte von Tabelle 3.2) an, so ergibt sich ein sehr ähnliches Dendrogramm (Abb. 3.2b).

Das hier zur Vereinfachung benutzte Single Linkage neigt im allgemeinen zu sogenannten „Ketteneffekten", d.h. häufig werden bestehende Cluster nur mit Einzelobjekten fusioniert. Die entstehenden Dendrogramme weisen dann oft eine Treppenform auf, was die Erkennung glaubwürdiger Cluster erschwert. Dagegen führt beispielsweise Wards Methode, die zu den am meisten verwendeten zählt, im Normalfall zu sehr gut strukturierten Dendrogrammen, was man auch anhand von Abb. 3.2c nachvollziehen kann. Der Index ist in diesem Dendrogramm willkürlich normiert worden, da man bei Wards Methode von den Abstandsquadraten ausgeht, und somit die entstehenden Fusionsindizes ohnehin nicht mit jenen vergleichbar wären, die aus den Abständen selbst entstünden. Analog zu den Koordinaten im Hauptkomponentendiagramm interessieren in einem Dendrogramm auch nicht die Absolutwerte der Indizes sondern nur deren Verhältnis zueinander. Insofern ist die Skalierung der Zusammenfassungsniveaus willkürlich. Die beiden Cluster (A,B) und (D,E,C) sind bei Wards Methode jeweils deutlich homogener als zuvor.

Im Gegensatz zu den bisher betrachteten euklidischen und Manhattan-Abständen ist der sogenannte Mahalanobis-Abstand (vgl. Abschn. 7.10) in der Lage, Verzerrungen der Clusterung, die durch korrelierende Variablen entstehen, zu berücksichtigen. Das im betrachteten Beispiel mit Single Linkage ausgehend von den Mahalanobis-Abständen gewonnene Dendrogramm (Abb. 3.2d) führt ebenfalls zu einer etwas deutlicheren Erkennung der beiden Cluster. Allerdings ist die direkte Anwendung des Mahalanobis-Abstandes unter Verwendung der Kovarianzmatrix **K** des Datensatzes im allgemeinen problematisch und führt teilweise zu schwer interpretierbaren Dendrogrammen. Die korrekte Anwendung dieses Abstandsmaßes erfordert vielmehr ein iteratives Verfahren (vgl. [3]): Ausgehend von einer fixierten Clusterzahl und irgendeiner Start-Einteilung der Objekte wird die gemittelte Kovarianzmatrix innerhalb der Cluster (vgl. Matrix **W** in (3.4)) bestimmt und deren Inverse (anstelle der inversen Kovarianzmatrix des *Gesamt*-Datensatzes) zur Berechnung neuer, adaptierter Mahalanobis-Abstände benutzt. Mit diesen neuen Abständen erhält man im allgemeinen auch eine neue Clusterung und daraus wieder eine adaptierte gemittelte Kovarianzmatrix innerhalb der aktualisierten Cluster. Der beschriebene Prozeß wird bis zur Konvergenz geführt.

In Abb. 3.2e schließlich ist die Clusterung so wie ursprünglich mit Single Linkage und euklidischen Abständen, nun aber ausgehend von der auf einer Hauptkomponente basierenden Objektdarstellung vorgenommen (linke Spalte von (2.1)). Im Vergleich zu Abb. 3.2a vermindert sich das Zusammenfassungsniveau der Objekte A und B deutlich, die Clusterung wird markanter. Das Prinzip, bei der Aufstellung der Abstandsmatrix nicht vom Datensatz selbst sondern von einer geeigneten Zahl Hauptkomponenten auszugehen, ist speziell für den Fall kugelförmiger Cluster vorteilhaft. Dann bilden nämlich die Eigenwerte der Kovarianz- bzw. Korrelationsmatrix des Datensatzes eine fallende Folge bis zu dem Eigenwert, dessen Index mit der vorliegenden Clusterzahl übereinstimmt, während nachfolgend alle Eigenwerte konstant bleiben (vgl. Behauptung 5 in Abschn. 3.6). So verbirgt die Eigenwertsequenz auch in der Clusteranalyse interpretierbare Information.

Bezüglich der durch diese letzten konstanten Eigenwerte definierten Hauptkomponenten werden alle Clusterschwerpunkte auf ein und denselben Punkt projiziert (vgl. Beweis von Behauptung 5), d.h. sie erfassen gemäß der in Abschn. 3.3 eingeführten Huygensschen Formel zur Streuungszerlegung keinerlei Streuung der Schwerpunkte sondern ausschließlich Streuung innerhalb der Cluster, gewissermaßen also Rauschen. Die Streichung der zu den kleinen Eigenwerten gehörigen Hauptkomponenten sollte daher zu einer Schärfung der Clusterung führen.

3.3 Optimierende Clusterung

Eine wichtige Verfahrensklasse der (nichthierarchischen) Clusteralgorithmen bilden Methoden, die die Unterteilung der Objektmenge durch Optimierung einer geeigneten Zielfunktion vornehmen. Von einer solchen Zielfunktion sollte verlangt werden, daß ihre Werte die Güte von gegebenen Objektunterteilungen reflektieren. Zu den wichtigsten Zielfunktionen mit dieser Eigenschaft zählt das Varianzkriterium (neben anderen wie etwa dem Wilksschen Determinantenkriterium, vgl. [255]).

Zur Begründung des Varianzkriteriums wird zunächst eine auch für die überwachte Klassifikation (Kap. 4) wichtige Zerlegungsformel hergeleitet. Es sei angenommen, daß irgendeine Partition der n Objekte in g Gruppen gegeben ist, d.h. es liegen g Teilmengen S_l der Indexmenge $\{1, \dots, n\}$ vor, die paarweise elementfremd sind und deren Vereinigung die Gesamtobjektmenge ergibt. Beispielsweise lassen sich 5 Objekte $\{1,2,3,4,5\}$ mit der Partition $S_1 = \{1,4\}$, $S_2 = \{2,3\}$, $S_3 = \{5\}$ in $g = 3$ Guppen unterteilen. Eine andere Partition mit derselben Gruppenzahl wäre etwa $S_1 = \{1\}$, $S_2 = \{2,3,4\}$, $S_3 = \{5\}$, während $S_1 = \{1,2,3\}$, $S_2 = \{2,4,5\}$, $S_3 = \{1,3,5\}$ (nicht elementfremd) und auch $S_1 = \{2,3\}$, $S_2 = \{4\}$, $S_3 = \{5\}$ (nicht erschöpfend) keine Partitionen bilden.

Mit $\bar{\mathbf{x}}^l$ werde der Schwerpunkt oder auch Mittelwertsvektor der l-ten Gruppe S_l bezeichnet. Seine i-te Komponente errechnet sich als Mittelwert aus den i-ten Komponenten aller Objekte der l-ten Gruppe, d.h.

$$\bar{x}_i^l = \frac{1}{n_l} \sum_{k \in S_l} x_{ki}, \tag{3.1}$$

wobei n_l die Zahl der Objekte in der Gruppe S_l bedeutet (speziell ist $n = n_1 + n_2 + \cdots + n_g$). Neben den Gruppenschwerpunkten geht auch der Gesamtschwerpunkt (bzw. Gesamtmittelwertsvektor) $\bar{\bar{\mathbf{x}}}$ in die Betrachtungen ein. Seine i-te Komponente errechnet sich analog als Mittelwert der i-ten Komponenten aus *allen* Objekten des Datensatzes:

$$\bar{\bar{x}}_i = \frac{1}{n} \sum_{k=1}^{n} x_{ki}. \tag{3.2}$$

Wie man unmittelbar überprüft, setzt sich der Gesamtschwerpunkt als gewichtete Summe aus den Gruppenschwerpunkten zusammen, wobei als Gewichte die relativen Objektanzahlen in den Gruppen erscheinen:

$$\bar{\bar{x}}_i = \sum_{l=1}^{g} \frac{n_l}{n} \bar{x}_i^l. \tag{3.3}$$

Zur Veranschaulichung sei der folgende kleine Beispieldatensatz mit 6 Objekten und 2 Variablen eingeführt:

$$\mathbf{X} = \begin{pmatrix} 0 & 5 \\ 2 & 5 \\ 1 & 4 \\ 1 & 3 \\ 0 & 0 \\ 2 & 0 \end{pmatrix}.$$

Es werde zunächst eine willkürliche Partition mit den zwei Gruppen $S_1 = \{1,2\}$, $S_2 = \{3,4,5,6\}$ untersucht. Anhand obiger Definitionen berechnet man folgende Gruppenschwerpunkte und den Gesamtschwerpunkt:

$$\bar{\mathbf{x}}^1 = \begin{pmatrix} 1 \\ 5 \end{pmatrix}, \bar{\mathbf{x}}^2 = \begin{pmatrix} 1 \\ 1.75 \end{pmatrix}, \bar{\bar{\mathbf{x}}} = \begin{pmatrix} 1 \\ 2.83 \end{pmatrix}$$

In Abb. 3.3a sind die Positionen der Einzelobjekte und Gruppenschwerpunkte skizziert.

Als nächstes werden 3 quadratische Matrizen mit p Zeilen und Spalten definiert, die sowohl in der Cluster- als auch der linearen Diskriminanzanalyse (s. Abschn. 4.4) eine wesentliche Rolle spielen: Die Matrix **T** der Gesamtabweichungsquadrate („total“), die Matrix **W** der Abweichungsquadrate innerhalb der Gruppen („within“) und die Matrix **B** der Abweichungsquadrate zwischen den Gruppen („between“). Ihre allgemeinen Elemente sind wie folgt definiert:

$$\begin{aligned} t_{ij} &= \sum_{k=1}^{n}(x_{ki} - \bar{\bar{x}}_i)(x_{kj} - \bar{\bar{x}}_j) \\ w_{ij} &= \sum_{l=1}^{g}\sum_{k\in S_l}(x_{ki} - \bar{x}_i^l)(x_{kj} - \bar{x}_j^l) \\ b_{ij} &= \sum_{l=1}^{g} n_l(\bar{x}_i^l - \bar{\bar{x}}_i)(\bar{x}_j^l - \bar{\bar{x}}_j) \end{aligned} \tag{3.4}$$

Die Matrix **T** stimmt bis auf den Freiheitsgrade-Faktor $(n-1)^{-1}$ mit der Kovarianzmatrix **K** des Datensatzes überein. Die Matrix **W** hat (ebenfalls bis auf geeignete Freiheitsgrade) die Gestalt der Summe der Kovarianzmatrizen innerhalb der Gruppen (die Abweichungsquadrate der Einzelwerte werden hier nicht auf den Gesamtschwerpunkt sondern auf die jeweiligen Gruppenschwerpunkte bezogen). Man kann also sagen, daß **W** eine Art gemittelter Kovarianzmatrix innerhalb der Gruppen repräsentiert. Schließlich mißt **B** die Abweichungen der Gruppenschwerpunkte vom Gesamtschwerpunkt, es handelt sich also gewissermaßen um eine Kovarianzmatrix der Mittelpunkte. Nach Behauptung 3 aus Abschn. 3.6 gilt zwischen diesen drei Matrizen die wichtige, auch als Huygenssche Dekompositionsformel bezeichnete Beziehung

$$\mathbf{T} = \mathbf{B} + \mathbf{W} \tag{3.5}$$

Für den oben eingeführten Beispieldatensatz errechnet man aus der zweiten Gleichung in (3.4) z.B.

$$\begin{aligned} w_{22} &= (5-5)^2 + (5-5)^2 + (4-1.75)^2 + (3-1.75)^2 \\ &\quad +(0-1.75)^2 + (0-1.75)^2 = 12.75. \end{aligned}$$

Insgesamt resultieren die Matrizen

$$\mathbf{T} = \begin{pmatrix} 4 & 0 \\ 0 & 26.83 \end{pmatrix}; \quad \mathbf{W} = \begin{pmatrix} 4 & 0 \\ 0 & 12.75 \end{pmatrix}; \quad \mathbf{B} = \begin{pmatrix} 0 & 0 \\ 0 & 14.08 \end{pmatrix},$$

an denen sich die Huygenssche Dekompositionsformel komponentenweise verifizieren läßt.

Um von der Matrixgleichung (3.5) zu einer Zahlengleichung zu gelangen, kann man zu allen drei auftretenden Matrizen die Spur (vgl. Abschn. 7.8), also die Summe ihrer Diagonalelemente bilden und erhält die Gleichung

$$tr\,\mathbf{T} = tr\,\mathbf{W} + tr\,\mathbf{B} \tag{3.6}$$

Berücksichtigt man, daß die Diagonalelemente von Kovarianzmatrizen – und als solche konnten ja **T**, **W** und **B** bis auf geeignete Faktoren aufgefaßt werden – die Varianzen der entsprechenden Variablen repräsentieren, so kann man diese Gleichung verbal als folgende Varianzengleichung interpretieren: Die Gesamtstreuung eines partitionierten Datensatzes setzt sich additiv zusammen aus der Streuung innerhalb der Gruppen und der Streuung der Gruppenschwerpunkte (Streuung zwischen den Gruppen). Durch das Fehlen von Freiheitsgraden wäre es korrekter, von Abweichungsquadraten anstelle von Streuung zu sprechen. Damit ist (3.6) die unmittelbare Verallgemeinerung der aus der univariaten Varianzanalyse (ANOVA) bekannten Streuungszerlegung auf den Fall von p Variablen. Im Beispieldatensatz hat man

$$tr\,\mathbf{T} = 30.83 = tr\,\mathbf{W} + tr\,\mathbf{B} = 16.75 + 14.08$$

Bei gegebener Gruppenzahl besteht die entscheidende Aufgabe der Clusteranalyse in der Auffindung einer Partition des Datensatzes, die optimal den Variablenmustern der Objekte Rechnung trägt. Da unter Clustern homogene Gruppierungen zu verstehen sind, die von anderen Gruppierungen klar separiert sind, kommt es bei der Auswahl der Partition darauf an, möglichst kleine Streuung innerhalb der Gruppen (Homogenität) und andererseits möglichst große Streuung der Gruppenmittelpunkte (Separation) zu erhalten. Weil die Gesamtstreuung $tr\,\mathbf{T}$ des Datensatzes bei unterschiedlichen Partitionen unverändert bleibt, geht die Minimierung von $tr\,\mathbf{W}$ in (3.6) automatisch mit der Maximierung von $tr\,\mathbf{B}$ einher, d.h. beide Ziele sind einander äquivalent. Es ist somit üblich, als zu minimierende Zielfunktion das sogenannte Varianzkriterium (auch „Spur W-Kriterium") zu benutzen, das sich als Summe der Diagonalelemente von **W** gemäß (3.4) folgendermaßen ausschreibt:

$$tr\,\mathbf{W} = \sum_{i=1}^{p} w_{ii} = \sum_{l=1}^{g} \sum_{k \in S_l} \sum_{i=1}^{p} (x_{ki} - \bar{x}_i^l)^2 = \sum_{l=1}^{g} \sum_{k \in S_l} \|\mathbf{x}^k - \bar{\mathbf{x}}^l\|^2 \qquad (3.7)$$

Aus Gl. (3.7), in der $\mathbf{x}^k$ das als Spaltenvektor geschriebene k-te Objekt (Zeile) des Datensatzes und $\bar{\mathbf{x}}^l$ wie oben den Schwerpunkt der l-ten Gruppe bezeichnen, erkennt man, daß das Varianzkriterium nichts anderes ist als die Summe der quadrierten euklidischen Abstände (vgl. (7.3)) zwischen sämtlichen Objekten und dem Schwerpunkt der jeweiligen Gruppe, der sie angehören. In Abb. 3.3a sind all diese Abstände (deren Quadrate man zu summieren hat) für die betrachtete Partition des Beispieldatensatzes eingezeichnet. Wählt man anstelle dieser willkürlichen Partition die im vorliegenden einfachen Beispiel auch mit bloßem Auge erkennbare optimale Partition aus Abb. 3.3d, so resultieren insgesamt deutlich geringere Abstände innerhalb der gewählten Gruppen, also ein kleinerer Spur W-Wert. Konkret ergibt sich dort die Maßzahl $tr\,\mathbf{W} = 6.75$ gegenüber dem Wert 16.75 (s. oben) für die ursprüngliche Partition.

Bei einer rechnerischen Überprüfung sämtlicher 31 denkbarer Partitionen der 6 Objekte in zwei Gruppen würde sich in der Tat herausstellen, daß die in Abb. 3.3d gewählte Unterteilung den niedrigsten Wert des Varianzkriteriums realisiert. Eine

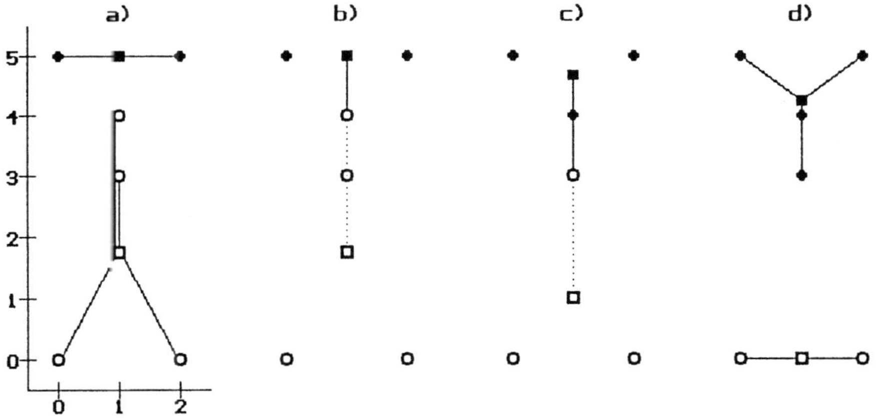

Abb. 3.3. Veranschaulichung verschiedener Partitionen eines Beispieldatensatzes mit je zwei Gruppen (gefüllte und ungefüllte Kreise). Quadrate geben die jeweiligen Gruppenschwerpunkte an. In (a) sind die beim Varianzkriterium zu berücksichtigenden Abstände für eine willkürliche Partition skizziert. Die Iterationen des Minimaldistanzverfahrens werden in (b) und (c) dargestellt. Für das jeweils einzige zu verschiebende Objekt sind die Abstände zu beiden Gruppenschwerpunkten eingezeichnet. Die resultierende optimale Partition ist in (d) mit Veranschaulichung des minimalen Varianzkriteriums analog zu (a) abgebildet

solche auch als totale Enumeration bezeichnete vollständige Bewertung aller Partitionen ist allerdings nur für kleinste Probleme praktikabel. Der sogenannten Stirlingschen Formel (vgl. [255], S. 17) entnimmt man, daß schon bei moderaten Problemen, z.B. mit 100 Objekten, die in 10 Gruppen unterteilt werden sollen, insgesamt etwa 10^{93} Partitionen zu bewerten wären, was selbst mit modernsten Computern aussichtslos ist. Folglich bedient man sich heuristischer Methoden, die ausgehend von irgendeiner willkürlichen Startpartition iterativ durch Punktaustausch neue Partitionen mit geringeren Werten des Varianzkriteriums erzeugen. Im günstigsten Falle gelangt man dabei zu lokalen Minima des Varianzkriteriums, also zu Partitionen, die sich durch einfachen Punktaustausch nicht mehr verbessern lassen. Allerdings gibt es selbst bei wiederholten Rechnungen mit unterschiedlichen Startpartitionen keine Garantie, das globale Minimum, d.h. die insgesamt beste Lösung zu erhalten. Vom praktischen Standpunkt haben sich solche optimierenden bzw. partitionierenden Clusteralgorithmen dennoch als recht nützlich erwiesen. Ihre wichtigsten Vertreter sind das Minimaldistanzverfahren nach Forgy [85], das k-means Verfahren nach Mac Queen [186] und das Austauschverfahren nach Rubin [228].

Im Minimaldistanzverfahren werden bei gegebener Partition alle Objekte dahingehend überprüft, ob ihnen unter allen Gruppenschwerpunkten der Schwerpunkt der eigenen Gruppe im Sinne des euklidischen Abstands am nächsten liegt. Objekte, für die dies nicht zutrifft, werden vorgemerkt für eine Verschiebung in eine solche Gruppe, deren Schwerpunkt den minimalen Abstand zum Objekt realisiert. Nach Musterung sämtlicher Objekte wird eine neue Partition durch Austausch aller vorgemerkten Objekte definiert, und es werden die Gruppen-

Tabelle 3.5. Iterative Veränderung der Partitionen beim Minimaldistanzverfahren ausgehend von einer willkürlichen Anfangspartition

Iteration	Var.krit.																				
0	140.2	1	2	3	4	1	2	3	4	1	2	3	4	1	2	3	4	1	2	3	4
1	49.4	1	1	2	1	1	2	2	2	2	2	3	4	4	3	3	4	4	4	4	4
2	36.9	1	1	2	1	1	2	2	2	2	2	3	3	3	3	3	4	4	4	4	4
Optimum	26.3	1	2	2	2	2	2	2	2	2	2	3	3	3	3	3	4	4	4	4	4

schwerpunkte bezüglich der neuen Partition aktualisiert. Damit ist eine Iteration abgeschlossen, und der Algorithmus wird fortgeführt, bis keine Verschiebungen mehr möglich sind, bis also jedes Objekt dem eigenen Gruppenschwerpunkt am nächsten liegt. Man kann zeigen (vgl. [255]), daß sich der Wert des Varianzkriteriums bei jeder Iteration verringert bzw. schlechtestenfalls gleich bleibt.

Abbildung 3.3b veranschaulicht nochmals die schon in Abb. 3.3a dargestellte Ausgangspartition des Beispieldatensatzes. Bis auf eine Ausnahme (der oberste ungefüllte Kreis) liegen alle Objekte dichter an ihrem eigenen Gruppenschwerpunkt als an dem der jeweils anderen Gruppe. Daher wird in der ersten Iteration auch nur dieses eine Objekt in die andere Gruppe verschoben. Es entsteht die in Abb. 3.3c dargestellte veränderte Partition mit entsprechend aktualisierten Gruppenschwerpunkten. Bei Wiederholung der Prozedur ergibt sich zufällig wiederum nur ein einziges zu verschiebendes Objekt (der oberste gefüllte Kreis), was im darauffolgenden Schritt zur optimalen Partition in Abb. 3.3d) führt.

Für den schon in Zusammenhang mit der Hauptkomponentenanalyse (Abschn. 2.1) eingeführten Abwasser-Datensatz (vgl. Tabelle A.1) ergäbe sich als reale Anwendung des Minimaldistanzverfahrens die in Tabelle 3.5 verzeichnete Iterationsfolge von Partitionen der insgesamt 20 Objekte (Probenahmezeiten). Es wurde zunächst eine 4-Cluster Lösung angenommen. In Unkenntnis sinnvoller Gruppeneinteilungen bedient man sich als Start häufig der sogenannten Standardanfangspartition, bei der alle Objekte wie in Tabelle 3.5 entsprechend der gegebenen Clusterzahl zyklisch sukzessive durchnumeriert werden. Bereits bei zwei Iterationen, in deren Verlauf zuerst elf und danach zwei Objekte verschoben wurden, ergab sich die Endpartition mit erheblich verringertem Varianzkriterium. Allerdings realisiert die bei der Hauptkomponentenanalyse in Abschn. 2.1 diskutierte Partition (in Tabelle 3.5 als „Optimum" bezeichnet), die die erste Probenahmezeit als isoliert erkennt, ein noch deutlich kleineres Varianzkriterium, so daß es sich dort wahrscheinlich um ein globales Optimum handelt.

Das k-means Verfahren unterscheidet sich vom Minimaldistanzverfahren nur dadurch, daß die Gruppenschwerpunkte nicht erst nach Verschiebung aller im obigen Sinne vorgemerkten Objekte neu berechnet sondern sofort bei Entdeckung eines zu verschiebenden Objekts angepaßt werden. In Abb. 3.3 würden dann die ursprünglich zwei Schritte beim Minimaldistanzverfahren durch eine einzige Iteration ersetzt werden, da nach Verschiebung des erwähnten Objekts in Abb. 3.3b die unmittelbar aktualisierten Gruppenschwerpunkte noch in derselben Iteration die Verschiebung des danach erst gemusterten (weil in der Numerierung später erscheinenden) Objekts unterhalb des vorigen erzwingen würde. Im allgemeinen unterscheiden sich natürlich die Folgen der mit beiden Verfahren erhaltenen iterierten Partitionen. Das k-means Verfahren ist geringfügig rechenaufwendiger, die unmittelbare Anpassung der Gruppenschwerpunkte scheint allerdings intuitiv geeigneter zu sein. Andererseits hängen beim k-means Verfahren die erhaltenen Partitionen von der Reihenfolge der Objekte ab, was aus theoretischer Sicht eine unschöne Willkür bedeutet.

Beim sogenannten Austauschverfahren wird die Objektverschiebung von vornherein an die bestmögliche Verbesserung des Varianzkriteriums gekoppelt. Eine Verschiebung erfolgt gegebenenfalls in diejenige Gruppe, für die sich das im Anschluß nach wiederum unmittelbarer Aktualisierung der Schwerpunkte berechnete Varianzkriterium am stärksten verringert. Auch hier ist das Resultat abhängig von der Objektreihenfolge.

Die besprochenen optimierenden Clusterverfahren beruhen sämtlich auf der Vorgabe einer fixierten Clusterzahl. Häufig ist ein vernünftiger Wert hierfür jedoch nicht von vornherein bekannt, so daß sich auch ein Vergleich von Partitionen mit unterschiedlicher Clusterzahl erforderlich macht. Bei Anwendung eines geeigneten Kriteriums ließe sich dann aus den für jede Clusterzahl optimalen Werten des Varianzkriteriums die insgesamt optimale Lösung (Clusterzahl + Partition) ableiten. Das Varianzkriterium selbst ist hierfür ungeeignet, da es mit wachsender Clusterzahl für optimale Partitionen immer geringer wird, bis schließlich grundsätzlich die feinste Partition, die jedes Einzelobjekt selbst als Cluster definiert, mit dem nicht zu unterschreitenden Varianzkriterium Null als optimal ermittelt wird. Abhilfe kann hier neben anderen das sogenannte F-Kriterium schaffen, in dessen Berechnung in Anlehnung an einen F-Test geeignete Freiheitsgrade eingehen. Je größer der erhaltene Wert, um so besser die entsprechende Partition, wobei auch unterschiedliche Clusterzahlen verglichen werden können. Bei n Objekten, die in g Gruppen eingeteilt wurden, definiert man ausgehend von (3.6)

$$F = \frac{tr\,\mathbf{B}}{tr\,\mathbf{W}} \cdot \frac{n-g}{g-1} \tag{3.8}$$

Für den Abwasser-Datensatz erhält man bei Verwendung der zu jeder Clusterzahl als optimal vermuteten Partition den in Abb. 3.4 eingezeichneten Kurvenzug des F-Kriteriums. Die Position des Maximums liegt auf der Sechs-Cluster-Lösung, so daß diese als relativ glaubwürdig angenommen werden kann. Mit Bezug auf die im Datensatz A.1 angegebene Identifizierung der Objekte als Probenahmezeiten ergibt sich als insgesamt beste Clusterung:

Cluster I = (8^{00});	Cluster IV = $(14^{00} - 18^{00})$;
Cluster II = $(10^{00}, 11^{00})$;	Cluster V = $(19^{00} - 23^{00})$;
Cluster III = $(12^{00}, 13^{00})$;	Cluster VI = $(0^{00} - 4^{00})$.

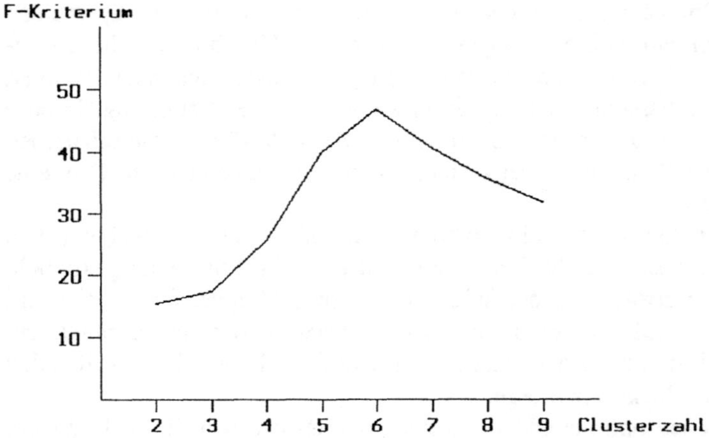

Abb. 3.4. F-Kriterium in Abhängigkeit von der Clusterzahl für den Abwasserdatensatz

3.4 Potential- und Fuzzy-Clusterung

Die Potentialclusterung beruht auf der Schätzung einer Dichtefunktion für die Objektverteilung mittels geeigneter „Kerne" und der anschließenden Identifizierung von lokalen Maxima dieser Dichtefunktion mit Clustern. Solche Kerne, für die man üblicherweise die Gaußfunktion benutzt (aber auch andere Typen sind möglich), werden über jedem Einzelobjekt konstruiert, wie es in Abb. 3.5 an einem einfachen Beispiel mit den Meßwerten einer einzigen Variable x an fünf

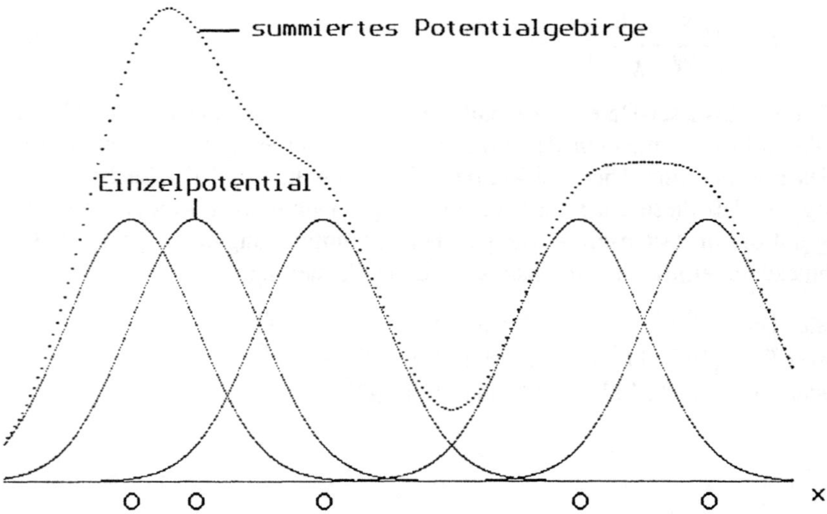

Abb. 3.5. Veranschaulichung der Potentialclusterung mit Normalverteilungskernen

Objekten illustriert ist. Konkret hat der über dem i-ten Objekt $\mathbf{x}_i$ ($\mathbf{x}_i^T = i$-te Zeile des Datensatzes) konstruierte Kern als Funktion des Vektors x die Gestalt

$$\phi^i(\mathbf{x}) = e^{-\alpha\|\mathbf{x}-\mathbf{x}_i\|^2} \tag{3.9}$$

Hierbei bedeutet α einen noch näher zu bestimmenden Glättungsparameter. Für den Fall einer einzigen Variablen x wie in Abb. 3.4 entspricht (3.9) im wesentlichen (bis auf geeigneten Skalierungsfaktor) der bekannten Normalverteilungsdichte mit Mittelwert x_i und Standardabweichung $1/\sqrt{2\alpha}$. Für eine bildliche Vorstellung bei zwei Variablen hätte man die Glockenkurve über der x_1/x_2-Ebene zu rotieren, um eine entsprechende Glockenfläche zu erhalten. Dann tritt wie auch in allgemeinen höherdimensionalen Fällen an die Stelle der quadrierten Differenz $(x - x_i)^2$ der quadrierte Abstand $\|\mathbf{x} - \mathbf{x}_i\|^2$ zwischen dem aktuellen Punkt $\mathbf{x}$ und dem Mittelpunkt $\mathbf{x}_i$. Ausgehend von den durch jedes Einzelobjekt erzeugten Potentialen (3.9) wird durch Summation über jedem variablen Punkt $\mathbf{x}$ ein sogenanntes Potentialgebirge

$$\psi(\mathbf{x}) = \sum_{i=1}^{n} \phi^i(\mathbf{x}) \tag{3.10}$$

konstruiert. In Regionen hoher bzw. niedriger Punktdichte nimmt ψ analog hohe bzw. niedrige Werte an, so daß man Cluster mit „Bergen" (exakt: lokalen Maxima) des Potentialgebirges identifizieren kann. So sind in der Abbildung deutlich zwei Cluster auszumachen. Natürlich ist es unmöglich, sich bei mehr als zwei Variablen mit einer graphischen Darstellung zur Identifizierung von Bergen zu behelfen. Als Rechenalgorithmus ist ein Gradientenverfahren zur Maximierung von ψ unumgänglich. Als Startpunkte werden nacheinander die einzelnen Objekte benutzt, die im Laufe des Verfahrens gegen ein lokales Maximum von ψ konvergieren, in dessen Einzugsbereich sie sich befinden. Objekte, die gegen dasselbe lokale Maximum konvergieren, werden als zu einem Cluster gehörig angesehen. Eine erheblich vereinfachte, heuristische Variante zur Identifizierung von Bergen wird in der aus der chemometrischen Literatur stammenden CLUPOT-Methode [38] angewandt.

Die adäquate Wahl des Glättungsparameters α in (3.9) ist von entscheidender Bedeutung für die Potentialclusterung: Große Parameterwerte liefern scharfe Einzelpeaks ϕ^i und damit über jedem Objekt einen isolierten Berg von ψ, d.h. jedes Objekt wird als einzelner Cluster anerkannt. Für $\alpha \approx 0$ werden die Potentiale dagegen extrem flach, was zu einem fast konstanten Potentialgebirge führt, d.h. die gesamte Objektmenge wird als ein einziger Cluster identifiziert. Die Durchsteuerung von α ähnelt daher stark der Variation des Fusionsindex in der hierarchischen Clusterung, nur daß die Partitionen bei der Potentialclusterung nicht notwendig auf hierarchische Weise auseinander hervorgehen.

Alle klassischen Clusteralgorithmen, speziell auch die bis hierher behandelten, zielen auf sogenannte „scharfe" Partitionen ab, d.h. jedes Objekt wird in genau einen Cluster eingeordnet. Dies erscheint vernünftig, solange alle Cluster wohl separiert sind, und somit keine Unsicherheiten bei den Partitionen vorliegen. In zahlreichen Anwendungsbeispielen ist eine solche Situation allerdings bei weitem nicht gegeben, wie man schon daran erkennt, daß für ein und denselben (größeren) Datensatz verschiedene hierarchische Verfahren im allgemeinen zu unterschiedlichen Partitionen bei fixierter Clusterzahl führen. Verantwortlich dafür sind offenbar solche Objekte, die sich mehr oder weniger zwischen Clustern befinden. Die Ursache kann einerseits in der Messung – z.B. durch Auftreten von Ausreißern – andererseits in der Sachlogik des Datensatzes liegen. So wurden in [267] Luftproben bezüglich ihres Musters in verschiedenen polynuklearen aromatischen Kohlenwasserstoffen analysiert. Die Verunreinigung solcher Luftproben setzt sich zumeist aus mehreren unabhängigen Emissionsquellen, z.B. Heizung von Haushalten oder PKW-Verkehr, zusammen, so daß neben „eindeutigen" Luftproben stets auch solche zu erwarten sind, die sich als Mischung unterschiedlicher Quellen darstellen, deren Einordnung beispielsweise in die erwähnten zwei Cluster (Quellen) nicht hundertprozentig klar ist. Aus diesem Grunde hat sich innerhalb der Clusteranalyse eine Methodengruppe entwickelt, bei der die Objekte nicht scharf sondern mit verschiedenen „Wahrscheinlichkeiten" in Cluster eingeordnet werden. Man spricht auch von unscharfer oder Fuzzy-Clusterung. Wird vom Anwender wie bei der optimierenden Clusterung eine Zahl g von vermuteten Clustern vorgegeben, so sind Koeffizienten u_{ij} gesucht, die angeben, mit welcher Wahrscheinlichkeit das Objekt i dem Cluster j angehört. Damit diese Koeffizienten tatsächlich als Wahrscheinlichkeiten interpretiert werden können, ist natürlich

$$u_{ij} \geq 0 \quad (1 \leq i \leq n; 1 \leq j \leq g); \sum_{j=1}^{g} u_{ij} = 1 \quad (1 \leq i \leq n) \tag{3.11}$$

vorauszusetzen. Die Auffindung geeigneter Zugehörigkeitskoeffizienten wird wie bei der optimierenden Clusterung über die Minimierung einer passenden Zielfunktion vorgenommen. Neben ersten Vorschlägen [229] hat sich als Zielfunktion besonders

$$J(\mathbf{U}, \mathbf{V}) = \sum_{i=1}^{n} \sum_{j=1}^{g} (u_{ik})^m \|\mathbf{x}_i - \mathbf{v}_j\|^2 \tag{3.12}$$

durchgesetzt (vgl. [20]). In diesem Ausdruck bedeuten $\mathbf{U}$ die (n, g)-Matrix der gesuchten Koeffizienten u_{ij} und $\mathbf{V}$ eine (g, p)- Matrix ($p =$ Zahl der Variablen des Datensatzes) von Cluster-Referenzpunkten (unscharfe Verallgemeinerung der Clusterschwerpunkte aus (3.1)). Auf der rechten Seite von (3.12) sind $\mathbf{x}_i$ wie in (3.9) das als Spaltenvektor geschriebene i-te Objekt des Datensatzes und $\mathbf{v}_j$ die j-te Spalte der Matrix $\mathbf{V}$, also der Referenzpunkt des j-ten Clusters. Schließlich steht m wiederum für einen wählbaren Parameter.

Im Falle einer scharfen Clusterung, wo die Koeffizienten u_{ij} lediglich die Werte (Zugehörigkeiten) 0 oder 1 annehmen können, folgt unmittelbar, daß als Clusterreferenzpunkte im Sinne der Minimierung von (3.12) die jeweiligen Clusterschwerpunkte zu wählen sind, also $\mathbf{v}_j = \bar{\mathbf{x}}^j$. Dann aber bedeutet das Kriterium (3.12) nichts anderes als die Summation aller Abweichungsquadrate innerhalb aller Cluster (für festgehaltenen Clusterindex i trägt der entsprechende Summand genau dann bei, wenn das k-te Objekt zum i-ten Cluster gehört, was mit (3.7) übereinstimmt). Folglich ist das Spur-W-Kriterium aus Abschn. 3.3 ein Spezialfall von (3.12) oder umgekehrt (3.12) die unscharfe Verallgemeinerung des Spur-W-Kriteriums.

Die Aufstellung der Stationaritätsbedingungen für lokale Minima von (3.12) (Nullsetzung der partiellen Ableitungen von J) führt nach [20] auf die beiden Gleichungen

$$\mathbf{v}_j = \sum_{i=1}^{n} (u_{ij})^m \mathbf{x}_i \Big/ \sum_{i=1}^{n} (u_{ij})^m \quad (1 \le j \le g) \tag{3.13}$$

$$u_{ij} = 1 \Big/ \sum_{k=1}^{g} \left(\frac{\|\mathbf{x}_i - \mathbf{v}_j\|}{\|\mathbf{x}_k - \mathbf{v}_j\|} \right)^{\frac{2}{m-1}} \quad (1 \le i \le n; 1 \le j \le g) \tag{3.14}$$

Dabei genügen die in (3.14) definierten Zugehörigkeitskoeffizienten der Bedingung (3.11). Für die Parameterwahl $m = 1$ befindet man sich, wie sich zeigen läßt, wieder in der Situation der klassischen scharfen Clusterung, so daß vor allem der Fall $m > 1$ von Interesse ist. Da sich in (3.13) die Matrix $\mathbf{V}$ (als Zusammenfassung der $\mathbf{v}_j$) aus der Matrix $\mathbf{U}$ (als Zusammenfassung der u_{ij}) und umgekehrt in (3.14) $\mathbf{U}$ aus $\mathbf{V}$ berechnen läßt, bietet es sich als Lösungsalgorithmus an, ausgehend von Startkoeffizienten u_{ij}, die (3.11) erfüllen, durch alternierende Anwendung von (3.13) und (3.14) iterierte Matrizen $\mathbf{V}$ und $\mathbf{U}$ zu bestimmen. In der Tat läßt sich die Konvergenz dieses sogenannten Fuzzy-c-Means-Algorithmus' zeigen [21].

Abschließend soll die unscharfe Clusterung an dem kleinen Beispieldatensatz aus Abschn. 3.3 illustriert werden. Gesucht sei – wie schon bei der scharfen Clusterung – eine Zwei-Cluster-Lösung ($g = 2$). Als Start sei von der in Abschn. 3.3 ermittelten optimalen scharfen Partition des Datensatzes ausgegangen. Dabei wurden die ersten vier Objekte zu einem und die verbleibenden zwei Objekte zu einem zweiten Cluster zusammengefaßt. Die Matrix der Zugehörigkeitskoeffizienten ist

$$\mathbf{U} = \begin{pmatrix} 1 & 0 \\ 1 & 0 \\ 1 & 0 \\ 1 & 0 \\ 0 & 1 \\ 0 & 1 \end{pmatrix}.$$

Wendet man nun den Fuzzy-c-Means-Algorithmus mit dem Parameter $m = 3$ hierauf an, so ergeben sich nach 4 Iterationen die sich dann nicht weiter verändernden Endmatrizen

$$\mathbf{V} = \begin{pmatrix} 1.00 & 1.00 \\ 4.30 & 0.15 \end{pmatrix} \quad \mathbf{U} = \begin{pmatrix} 0.80 & 0.20 \\ 0.80 & 0.20 \\ 0.93 & 0.07 \\ 0.69 & 0.31 \\ 0.19 & 0.81 \\ 0.19 & 0.81 \end{pmatrix}.$$

Die Spalten von **V** geben die Koordinaten der beiden „unscharfen" Clustermittelpunkte an (man vergleiche hierzu die „scharfen" Clustermittelpunkte aus Abb. 3.3d). Bezüglich **U** kann man erkennen, daß mit über 80% Wahrscheinlichkeit die ersten drei Objekte den ersten und die letzten zwei Objekte den zweiten Cluster bilden, was sich mit dem Ergebnis der scharfen Clusterung deckt. Bei Objekt 4, welches sich in einer relativen Zwischenposition befindet (vgl. Abb. 3.3d), ergibt sich dagegen eine stärkere Tendenz zur Unsicherheit. Dennoch wird das Objekt wieder in Übereinstimmung mit der scharfen Clusterung, die solche Unsicherheiten nicht sichtbar macht, eher in einem Cluster mit den ersten drei als mit den letzten beiden Objekten gesehen.

3.5 Literaturhinweise

Von den zahlreichen Büchern zum Gegenstand der Clusteranalyse seien hier stellvertretend Anderberg [4], Jambu und Lebeaux [143] sowie Späth [250] und Steinhausen und Langer [255] zitiert. Innerhalb der chemometrischen Literatur finden sich einführende Artikel beispielsweise bei Bratchell [26] und Auf der Heyde [12]. Als Element der deskriptiven Datenanalyse, das routinemäßig zur Gewinnung eines ersten Überblicks über wesentliche Strukturen eingesetzt wird, erscheint die Clusteranalyse häufig in Kombination mit verwandten Methoden wie der Hauptkomponentenanalyse [191] oder der linearen Diskriminanzanalyse.

Einen Schwerpunkt innerhalb der Anwendungsgebiete stellt wiederum die Umweltchemie dar. Können in einer Menge von Umweltproben Cluster mit ähnlichen Verunreinigungsmustern (organische und anorganische Komponenten) herausgefiltert werden, so spricht das in gewissem Maße für eine gemeinsame Kontaminationsquelle der Proben innerhalb eines Clusters. Untersuchungen in diesem Sinne wurden unter anderem an Luft- [247], Aerosol- [235], Boden- [69], Sediment- [217], [251], Staub- [141], Seewasser- [6], Regenwasser- [277] und Grundwasserproben [256] ausgeführt.

Das analoge Prinzip, Relationen zwischen Muster-Clustern und Herkunftsorten herzustellen, wurde von zahlreichen Autoren in archäometrischen Fragestellungen angewandt. So konnten in einer Auswertung atomspektrometrischer Daten von römischen Tonscherben drei verschiedene Ursprungsregionen nachgewiesen werden [202]. Andere Arbeiten betreffen die Klassifizierung von mittels Röntgenfluoreszenzanalyse oder NAA aufgenommenen Spurenelementdaten in Gläsern [220], [165] oder Obsidianen [129].

Innerhalb der Lebensmittelchemie finden sich ganz ähnliche Anwendungen, wie sie schon in den Literaturhinweisen zur Hauptkomponentenanalyse berichtet wurden, so etwa die Klassifizierung von Weinen [172], Olivenölen [9] usw. In [80] werden verschiedene Mineralisierungsmethoden für Tabakproben mit der Clusteranalyse gruppiert. Bemerkenswert erscheint die in [1] angestrebte Systematisierung von Duftklassen auf der Basis von 126 tabellierten subjektiven Charakterisierungen (z.B. fruchtig, moschusartig usw.) für mehr als 1500 organische Komponenten, wobei letztlich 19 verschiedene Cluster als bestimmend gefunden wurden.

Bei geochemischen Datensätzen wurde die Clusteranalyse vornehmlich zur Gruppierung von geologischen Komponenten wie Kohle [106], Granit [233] oder Torf [159] benutzt. In [216] ließen sich aus Infrarotdaten von Kohleproben zwei Grundtypen mit unterschiedlicher Tendenz zu Ablagerungsbildungen in Kraftwerkskesseln erkennen, so daß hier die Auswertung von chemischen Analysedaten mit Clusteralgorithmen einen unmittelbar wirtschaftlichen Aspekt besitzt. Eine Multielementkartierung mittels Clusteranalyse wird in [223] besprochen.

Auch auf dem Gebiet der Struktur-Wirkungs-Beziehungen, wo man davon ausgeht, daß ähnliche Moleküle mehr oder weniger ähnliche physiko-chemische Eigenschaften oder biologische Aktivität besitzen, wird die Clusteranalyse zur Systematisierung von Verbindungsklassen eingesetzt [144], [240]. Dabei liegt die Hauptschwierigkeit in der Transformation der graphentheoretischen Struktur eines Moleküls in ein brauchbares, datenanalytisch auswertbares Zahlenmuster.

In medizinischem Kontext treten chemometrische Datensätze häufig bei der Messung von Spurenelementkonzentrationen auf. In [63] wurden z.B. aus Daten von Hirnanalysen berechnete Cluster in Übereinstimmung mit morphologisch oder funktional ähnlichen Regionen gebracht. Eine Gruppierung von Linsen ausgehend von 8 Metallkonzentrationen in normale und solche, die durch altersbedingten grauen Star gekennzeichnet sind, konnte in [296] clusteranalytisch wiedergefunden werden.

Die unmittelbare Verwertung instrumenteller Daten als Ausgangspunkt der Clusterung ist in einer Reihe von Arbeiten beschrieben (z.B. zweidimensionale Chromatographie [123], Pyrolyse-Gaschromatographie [269], Protonen-NMR-Spektroskopie [95], ICP/OES [284]). In der Elektronenmikroskopie kann über Clusteranalyse die Zahl der vorhandenen Teilchenklassen abgeleitet werden [156]. Zur Probensauswahl bei der optimalen Versuchsplanung von multivariaten NIR-Kalibrierproblemen ist die Datenreduktion auf wenige Cluster-Repräsentanten von Nutzen [205].

3.6 Mathematische Ergänzungen

Behauptung 3 (Huygenssche Dekompositionsformel) *Für die in (3.4) definierten Matrizen* $\mathbf{T}, \mathbf{B}$ *und* $\mathbf{W}$ *gilt* $\mathbf{T} = \mathbf{B} + \mathbf{W}$.

Beweis:

Es seien t_{ij}, b_{ij} und w_{ij} $(i, j = 1, \ldots, p)$ die allgemeinen Elemente von $\mathbf{T}, \mathbf{B}$

und **W**. Dann ist $t_{ij} = b_{ij} + w_{ij}$ zu zeigen. Aus den entsprechenden Definitionen (vgl. (3.4)) folgt:

$$\begin{aligned} t_{ij} &= \sum_{k=1}^{n}(x_{ki} - \bar{\bar{x}}_i)(x_{kj} - \bar{\bar{x}}_j) = \sum_{l=1}^{g}\sum_{k\in S_l}(x_{ki} - \bar{\bar{x}}_i)(x_{kj} - \bar{\bar{x}}_j) \\ &= \sum_{l=1}^{g}\sum_{k\in S_l}[(x_{ki} - \bar{x}_i^l) + (\bar{x}_i^l - \bar{\bar{x}}_i)][(x_{kj} - \bar{x}_j^l) + (\bar{x}_j^l - \bar{\bar{x}}_j)] \\ &= \sum_{l=1}^{g}\sum_{k\in S_l}(x_{ki} - \bar{x}_i^l)(x_{kj} - \bar{x}_j^l) + \sum_{l=1}^{g}\sum_{k\in S_l}(\bar{x}_i^l - \bar{\bar{x}}_i)(\bar{x}_j^l - \bar{\bar{x}}_j) \\ &\quad + \sum_{l=1}^{g}[(\bar{x}_j^l - \bar{\bar{x}}_j)\sum_{k\in S_l}(x_{ki} - \bar{x}_i^l) + (\bar{x}_i^l - \bar{\bar{x}}_i)\sum_{k\in S_l}(x_{kj} - \bar{x}_j^l)] \end{aligned}$$

Der unterste Term fällt weg, da z.B.

$$\sum_{k\in S_l}(x_{ki} - \bar{x}_i^l) = \sum_{k\in S_l} x_{ki} - n_l\bar{x}_i^l = \sum_{k\in S_l} x_{ki} - n_l\frac{1}{n_l}\sum_{k\in S_l} x_{ki} = 0$$

(analog für den Index j). Daher resultiert mit den Definitionen von w_{ij} und b_{ij} nach weiterer Umformung:

$$t_{ij} = w_{ij} + \sum_{l=1}^{g} n_l(\bar{x}_i^l - \bar{\bar{x}}_i)(\bar{x}_j^l - \bar{\bar{x}}_j) = w_{ij} + b_{ij}$$

□

Behauptung 4 *Die Matrix* **B** *aus (3.4) besitzt höchstens den Rang* $g - 1$, *und alle ihre Eigenwerte sind größer oder gleich Null.*

Beweis:
Aus der für alle Komponenten geltenden Beziehung (3.3) folgt für Gruppenschwerpunkte und Gesamtschwerpunkt insgesamt die Gleichung

$$\bar{\bar{\mathbf{x}}} = \sum_{l=1}^{g}\frac{n_l}{n}\bar{\mathbf{x}}^l \tag{3.15}$$

Mit den Hilfsvektoren

$$\mathbf{y}^l = \sqrt{n_l}(\bar{\mathbf{x}}^l - \bar{\bar{\mathbf{x}}}) \quad (l = 1, \ldots, g)$$

läßt sich das allgemeine Element der Matrix **B** aus (3.4) als $b_{ij} = \sum_{l=1}^{g} y_i^l y_j^l$ darstellen. In Matrixschreibweise gelangt man zu

$$\mathbf{B} = \sum_{l=1}^{g}\mathbf{y}^l\mathbf{y}^{lT} = \mathbf{Y}\mathbf{Y}^T, \tag{3.16}$$

wobei $\mathbf{Y}$ die (p, g)-Matrix bezeichnet, deren l-te Spalte gleich $\mathbf{y}^l$ ist. Hieraus folgt mit (3.15) und wegen $\sum_{l=1}^{g} n_l = n$:

$$\sum_{l=1}^{g} \sqrt{n_l}\mathbf{y}^l = \sum_{l=1}^{g} n_l \bar{\mathbf{x}}^l - \sum_{l=1}^{g} n_l \bar{\bar{\mathbf{x}}} = n\bar{\bar{\mathbf{x}}} - n\bar{\bar{\mathbf{x}}} = 0$$

Daher sind die Vektoren $\mathbf{y}^l$ $(l = 1, \ldots, g)$ linear abhängig, denn es kann etwa der erste von ihnen als Linearkombination

$$\mathbf{y}^1 = \sum_{l=2}^{g} -\sqrt{n_l/n_1}\mathbf{y}^l$$

aus den übrigen gebildet werden. Folglich sind höchstens $g-1$ unter den Vektoren $\mathbf{y}_l$ linear unabhängig, und die Matrix $\mathbf{Y}$ aus (3.16) kann maximal den Rang $g-1$ besitzen. Also hat auch $\mathbf{B}$ maximal den Rang $g-1$.

Bezüglich des zweiten Teils der Behauptung folgt aus (3.16) für beliebige $\mathbf{v}$ die Ungleichung

$$\mathbf{v}^T\mathbf{B}\mathbf{v} = \mathbf{v}^T\mathbf{Y}\mathbf{Y}^T\mathbf{v} = (\mathbf{Y}^T\mathbf{v})^T(\mathbf{Y}^T\mathbf{v}) = \|\mathbf{Y}^T\mathbf{v}\|^2 \geq 0 \tag{3.17}$$

wegen der Nichtnegativität quadratischer Ausdrücke. Es sei nun λ ein beliebiger Eigenwert von $\mathbf{B}$ und $\mathbf{v}$ ein zugehöriger normierter Eigenvektor, d.h. es gilt $\mathbf{B}\mathbf{v} = \lambda\mathbf{v}$. Wegen $\mathbf{v}^T\mathbf{v} = 1$ liefert diese Beziehung dann zusammen mit (3.17):

$$\lambda = \lambda\mathbf{v}^T\mathbf{v} = \mathbf{v}^T(\lambda\mathbf{v}) = \mathbf{v}^T\mathbf{B}\mathbf{v} \geq 0$$

Also ist jeder Eigenwert von $\mathbf{B}$ größer oder gleich Null. □

Behauptung 5 *Falls der Datensatz aus g kugelförmigen Clustern besteht, deren Anzahl höchstens gleich der Zahl p der Variablen ist, so sind die kleinsten* $p-g+1$ *Eigenwerte der Kovarianzmatrix* $\mathbf{K}$ *des Datensatzes einander gleich, d.h.* $\lambda_g = \lambda_{g+1} = \ldots = \lambda_p$.

Beweis:
Streuen die Objekte einer bestimmten Gruppe kugelförmig, so können die Variablen bezüglich dieser Gruppierung nicht korrelieren (andernfalls müßte sich ein Streuungsellipsoid anstelle einer Kugel ergeben), d.h. alle Nichtdiagonalelemente der Kovarianzmatrix müssen Null sein. Darüber hinaus müssen alle Diagonalelemente, die ja die Streuung der einzelnen Variablen angeben, einander gleichen (Streuung in alle Richtungen gleich groß). Insgesamt muß die Kovarianzmatrix der l-ten Objektgruppe S_l daher ein gewisses positives Vielfaches der Einheitsmatrix sein, also die Gestalt $\mu_l\mathbf{I}_p$ besitzen. Da die Matrix $\mathbf{W}$ aus (3.4) eine gewichtete Summe der Kovarianzmatrizen innerhalb aller Objektgruppen S_l darstellt, muß auch sie ein geeignetes Vielfaches der Einheitsmatrix sein: $\mathbf{W} = \mu\mathbf{I}_p$.

Es seien nun λ und $\mathbf{v}$ ein Eigenwert bzw. -vektor der Matrix $\mathbf{T}$ aus (3.4), d.h.: $\mathbf{T}\mathbf{v} = \lambda\mathbf{v}$. Dann folgt mit der Huygensschen Dekompositionsformel (Behauptung 3)

$$\lambda\mathbf{v} = \mathbf{T}\mathbf{v} = (\mathbf{B} + \mathbf{W})\mathbf{v} = \mathbf{B}\mathbf{v} + \mu\mathbf{v} \Rightarrow \mathbf{B}\mathbf{v} = (\lambda - \mu)\mathbf{v} \tag{3.18}$$

Mit einem Eigenwert λ_j von **T** ist daher die Zahl $\lambda_j - \mu$ automatisch ein Eigenwert von **B** und umgekehrt. Nach Behauptung 4 hat **B** höchstens den Rang $g - 1$, und alle Eigenwerte von **B** sind größer oder gleich Null. Hieraus folgt sofort, daß alle Eigenwerte von **B** vom Index g an gleich Null sind: $\lambda_g - \mu = \lambda_{g+1} = \ldots = \lambda_p - \mu = 0$. Dies zieht $\lambda_g = \lambda_{g+1} = \ldots = \lambda_p = \mu$ nach sich. Weil die Eigenwerte von **T** zugleich die Eigenwerte der zu **T** proportionalen (mit dem Faktor $1/(n-1)$) Kovarianzmatrix **K** des Datensatzes sind, folgt daraus die Behauptung. Mit den letzten konstanten Eigenwerten λ_j, die alle gleich der Zahl μ sind, liest sich (3.18) als $\mathbf{Bv} = \mathbf{0}$, woraus $\mathbf{v}^T\mathbf{Bv} = 0$ folgt. Also ergeben die durch **v** definierten Hauptkomponenten solcher Eigenwerte bezüglich der Matrix **B** der Abweichungsquadrate der Clustermittelpunkte den Wert Null. Anders ausgedrückt: In diesen Hauptkomponenten werden alle Clusterschwerpunkte auf ein und denselben Punkt projiziert. □

4 Überwachte Klassifikation

4.1 Einleitung

Der Begriff Klassifikation wird in der Datenanalyse in unterschiedlichen Bedeutungen verwendet, je nachdem ob Klassen von Objekten erst das Resultat der Analyse bilden oder bereits den Ausgangspunkt. Der erste Fall wird von der in Kap. 3 vorgestellten automatischen Klassifikation bzw. Clusteranalyse behandelt. Sind dagegen Objektgruppen in einem Datensatz von vornherein fixiert (z.B. verschiedene Substanzklassen, Lebensmittelsorten oder Verunreinigungsquellen), dann wird das Ziel der Untersuchungen darin bestehen, neue Objekte unbekannter Herkunft – anhand ihres Musters in denselben Variablen wie im ursprünglichen Datensatz – einer der Gruppen mit möglichst großer Sicherheit zuzuordnen. Diese Vorgehensweise wird betonend als überwachte Klassifikation oder *supervised learning* bezeichnet. Abbildung 4.1 skizziert die typische Datenstruktur von Klassifikationsmethoden. Prinzipiell läßt sich jede Methode der überwachten Klassifikation in zwei Phasen unterteilen. Zunächst wird in der sogenannten Lernphase ausgehend von den Variablenmustern einer bestimmten Menge von gruppierten (Lern-) Objekten das Klassifikationsmodell aufgestellt. Hinter diesem verbergen sich – abhängig von der gewählten Methode – bestimmte Rechengrößen (Matrizen, Vektoren oder einfach Zahlen), deren Anwendung es später erlaubt, Testobjekte zu klassifizieren. Die Aufstellung des Modells ist im allgemeinen erheblich zeitaufwendiger als die eigentlich interessierende Zuordnung der Testobjekte.

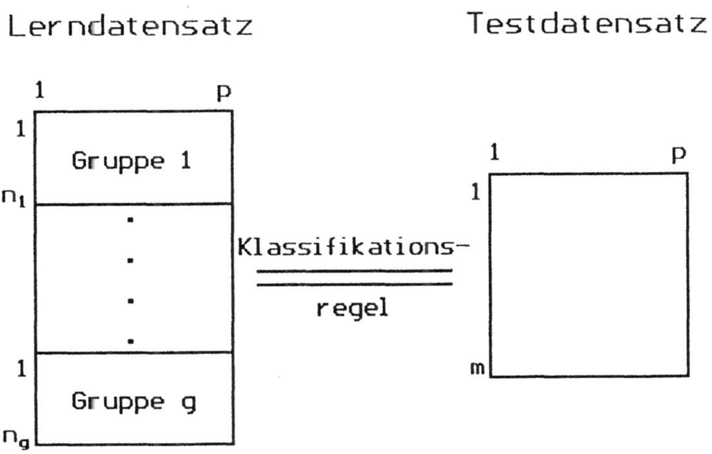

Abb. 4.1. Veranschaulichung der Datenstruktur bei der Anwendung von Klassifikationsmethoden

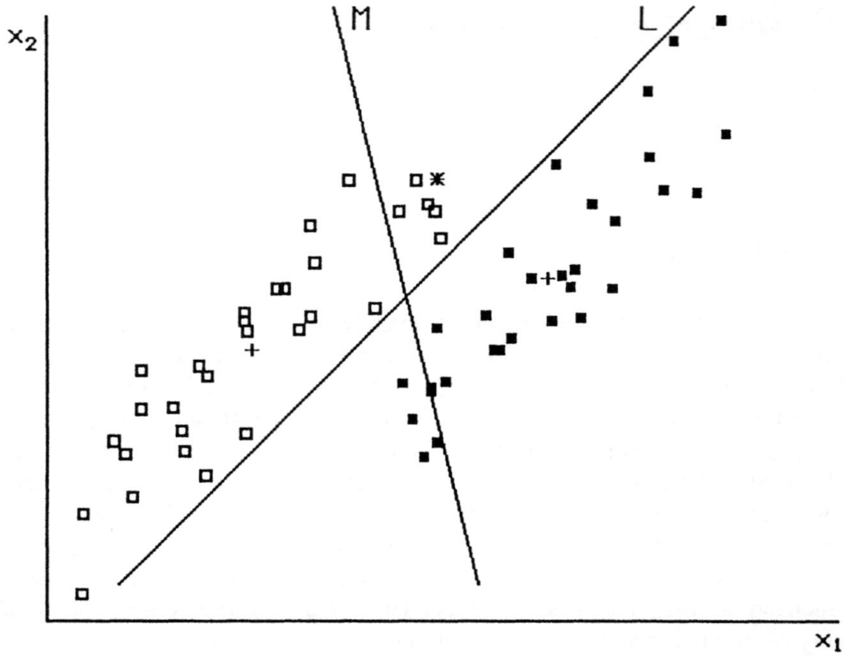

Abb. 4.2. Zuordnung eines Testobjekts „*" nach der Mittelpunktregel bei korrelierenden Variablen

Eine naive Klassifikationsregel bestünde darin, ein Testobjekt derjenigen Gruppe zuzuordnen, deren Mittelpunkt im Sinne des euklidischen Abstands am dichtesten gelegen ist. Abbildung 4.2 demonstriert für den Fall zweier Variablen $\mathbf{x}_1, \mathbf{x}_2$, wieso diese intuitiv einleuchtende Mittelpunktregel im allgemeinen versagen muß: Das mit „*" gekennzeichnete Testobjekt sollte von der Punktverteilung her eher der Gruppe entstammen, deren Mitelpunkt („+") weiter entfernt ist (nicht gefüllte Quadrate). Da die in Abb. 4.1 mit „M" bezeichnete Mittelsenkrechte alle Punkte umfaßt, die zu beiden Gruppenmittelpunkten denselben Abstand besitzen, kann diese Gerade als Entscheidungstrennlinie der Klassifikation gemäß Mittelpunktregel aufgefaßt werden: alle Objekte, deren Muster in den beiden Variablen einen Punkt links von „M" ergeben, würden der Gruppe der nichtgefüllten, alle übrigen dagegen der Gruppe der gefüllten Quadrate zugeordnet werden.

Von einer gut geeigneten Trennlinie sollte man erwarten, daß sie zumindest die Lernobjekte selbst hinreichend korrekt klassifiziert. In diesem Sinne ist „M" sicherlich nicht optimal, da mehrere Lernobjekte beider Gruppen in die falsche Entscheidungsregion gelangen. Erheblich günstiger scheint dagegen die mit „L" bezeichnete Gerade zu sein, die sich aus der in Abschn. 4.5 vorgestellten linearen Bayesschen Klassifikation ableitet. Die Ursache hierfür ist, daß bei der Bestimmung von „L" neben den Mittelpunkten der Gruppen auch deren Kovarianzmatrizen zur Charakterisierung der Verteilungsgestalt berücksichtigt werden. Ein Mittelpunkt allein verkörpert also zu wenig Information über die Punktdichte, als daß damit eine erfolgreiche Klassifikation zu erreichen wäre. Lediglich in dem unwahrscheinlichen Fall nicht korrelierender Variablen, wo die Verteilung kugelförmig (bzw. bei zwei Variablen kreisförmig) wird, ist die Mittelpunktregel passend.

4.2 Methode der *k* nächsten Nachbarn

Eine der sicherlich einfachsten Klassifikationsregeln liefert die Methode der k nächsten Nachbarn nach Fix und Hodges [82], die man auch kurz als KNN-Methode bezeichnet. Hierbei wird ein Testobjekt derjenigen Gruppe zugeordnet, deren Lernobjekte unter den k nächsten Nachbarn (im Sinne des euklidischen Abstands) des Testobjekts die Mehrheit bilden. Dabei ist k eine näher zu bestimmende, nicht allzugroße natürliche Zahl. Abbildung 4.3 veranschaulicht die Regel mit $k = 3$ für den Fall zweier Gruppen von Lernobjekten (gefüllte und nicht gefüllte Quadrate) und eines Testobjekts „*", an denen jeweils zwei Variablen x_1, x_2 gemessen wurden. Die eingezeichnete Kurve entspricht der Entscheidungs-Trennkurve: Objekte, deren Variablenmuster einen Punkt links oberhalb dieser Kurve liefert, werden der Klasse der nicht gefüllten Quadrate zugeordnet, die übrigen dagegen der anderen Klasse.

Der Hauptvorteil der KNN-Methode besteht darin, daß sie sehr leicht implementierbar ist und keine Verteilungsannahmen (z.B. multivariate Normalverteilung) macht. Dadurch ergeben sich insbesondere zwischen Gruppen mit relativ unregelmäßiger Punktverteilung sehr flexible Trennkurven (bei mehr als zwei

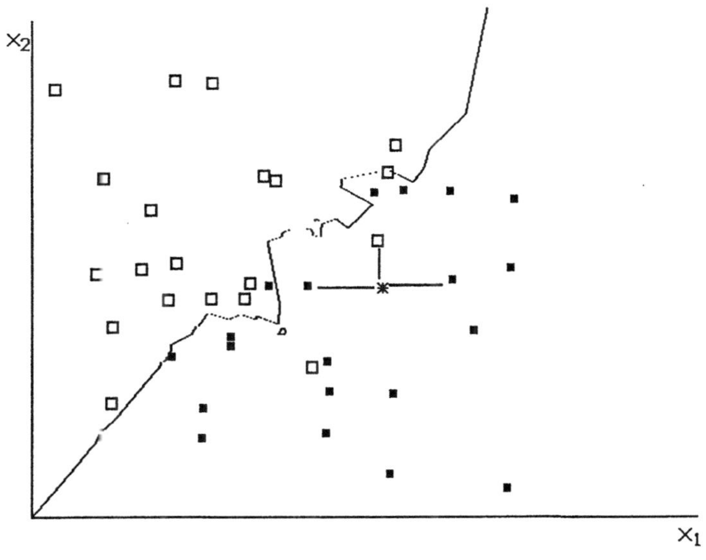

Abb. 4.3. Veranschaulichung der KNN-Methode ($k = 3$) am Beispiel zweier Gruppen von Objekten, an denen jeweils zwei Variablen gemessen wurden

Variablen: Trennflächen). Demgegenüber steht der große Nachteil, daß zur Klassifizierung eines Testobjekts der gesamte Lerndatensatz zur Verfügung stehen, d.h. gespeichert sein muß, um die k nächsten Nachbarn in der Menge der Lernobjekte aufzufinden. Dies führt bei umfangreicheren Lerndatensätzen, die ja im Hinblick auf glaubwürdige Klassifikation gerade wünschenswert sind, zu großem Speicher- und Rechenzeitaufwand.

Die Festlegung des Parameters k bildet den entscheidenden Schritt bei Anwendung der KNN-Methode: Ein zu kleiner Wert von k, etwa $k = 1$, würde zu wenig Information über die lokale Punktdichte („Mehrheitsverhältnisse") in der Umgebung eines Testobjekts erfassen, die Klassifikation wäre häufig vom Zufall, beispielsweise Ausreißern, diktiert. Umgekehrt bildet bei zu großen k-Werten (z.B. k gleich der Gesamtzahl n aller Lernobjekte) zunehmend automatisch die Gruppe mit dem größten Stichprobenumfang die Mehrheit unter den nun sehr zahlreichen Nachbarn. Dann ist das Klassifikationsergebnis zwar nicht mehr zufällig, dafür aber unabhängig vom Muster des Testobjekts von vornherein festgelegt und somit ebenfalls unsinnig. Die optimale Wahl von k sollte so vorgenommen werden, daß sich eine minimale zu erwartende Rate von Fehlklassifikationen ergibt. Letztere kann mit der in Abschn. 4.3 beschriebenen Leave-one-out-Methode geschätzt werden.

Als kleines Anwendungsbeispiel seien die in Tabelle 4.1 aufgeführten Spurenelementmuster zweier verschiedener Chargen Ammoniumparawolframats – eines wichtigen Rohstoffs der Lampenindustrie – betrachtet. Es ist bekannt, daß bereits geringste Konzentrationen gewisser Elemente eigenschaftsbestimmend auf das Endprodukt wirken können, so daß der Zuordnung von Rohstoffproben zu gegebenen Chargen Bedeutung innerhalb der Qualitätskontrolle zukommt. Aus

Tabelle 4.1. Beispieldatensatz mit Ergebnissen der KNN-Methode (Spurenelementkonzentrationen in ppm für zwei Chargen Ammoniumparawolframatpulver)

Charge	Na	Ca	Fe	Si	Al	Resubstitution	Leave-one-out
A	4	5	4	5	6	AAA	AAA
A	6	4	4	5	4	AAA	AAA
A	4	2	4	6	5	AAA	AAA
A	4	3	4	5	5	AAA	AAA
A	5	4	6	3	4	ABB	BBB
A	4	4	5	5	6	AAA	AAA
A	4	3	8	2	5	ABB	BBB
B	5	2	8	2	6	BBB	BBB
B	4	2	8	4	6	BBA	BAB
B	5	2	7	2	7	BBB	BBB
B	5	2	5	2	4	BBB	BBA
B	5	2	6	2	5	BBB	BBB
B	6	2	7	2	5	BBB	BBB
B	5	2	7	2	5	BBB	BBB
B	5	2	8	2	5	BBB	BBA
B	5	3	9	2	7	BBB	BBA
B	3	3	7	2	6	BAB	ABB
*	4	3	7	2	5		

den euklidischen Abständen zwischen der als „*“ gekennzeichneten Testprobe und sämtlichen 17 Lernproben berechnen sich als die drei nächsten Nachbarn der Testprobe die letzte Probe der Charge A (Abstand $d = 1.0$), sowie die siebente und zehnte Probe der Charge B (Abstand jeweils $d = 1.414$). Gemäß der Mehrheitsregel wäre daher die Testprobe in Charge B einzuordnen.

4.3 Schätzung der Klassifikationsfehlerrate

Die bloße Einordnung von Testobjekten in vorgegebene Klassen ist relativ wertlos, solange man nicht weiß mit welcher Sicherheit bzw. Irrtumswahrscheinlichkeit die getroffenen Entscheidungen behaftet sind. Die Angabe einer glaubwürdigen Klassifikationsfehlerrate als Gütemaß für die in der Lernphase aufgestellte Zuordnungsregel ist unverzichtbarer Bestandteil des Klassifikationsprozesses. Hierbei entsteht das Problem, daß zur Erprobung des Erfolgs der Zuordnungsregel nur Objekte bekannter Herkunft, also keine echten Testobjekte herangezogen werden können. Andererseits werden im allgemeinen alle Objekte bekannter Herkunft als Lernobjekte definiert, um das aufzustellende Klassifikationsmodell mit möglichst viel Eingangsinformation zu versorgen. Als Konsequenz sind letztlich zur Schätzung der Fehlerrate die Lernobjekte im Sinne von Pseudo-Testobjekten zu benutzen.

Die einfachste Prozedur sieht dann auch die Anwendung der Klassifikationsregel auf alle Lernobjekte selbst vor. Da es sich um bloßes Wiedereinsetzen handelt, spricht man auch von Resubstitution. Läßt sich die Klassifikation mittels Trennkurve so wie in Abb. 4.3 graphisch veranschaulichen, so kann man die Resubstitutionsfehlerrate unmittelbar auszählen. In dieser Abbildung genügen drei der Lernobjekte (ein gefülltes und zwei nicht gefüllte Quadrate) nicht der – unter ihrer eigenen Beteiligung aufgestellten – KNN-Zuordnungsregel ($k = 3$), da sie in der Entscheidungsregion der jeweils anderen Klasse liegen. Mit insgesamt vierzig Lernobjekten würde man hier eine Fehlerrate von $3/40 = 7.5\%$ oder umgekehrt eine Sicherheit von 92.5% errechnen. In Tabelle 4.1 sind zu allen 17 Lernobjekten des gegebenen Datensatzes in der Spalte „Resubstitution“ die 3 nächsten Nachbarn bezüglich der Herkunft aus Charge A oder B angegeben. Die Resubstitutionsmethode würde hier nach Mehrheitsbildung genau zwei Fehlzuordnungen, nämlich die fünfte und die siebente Probe der Charge A, anzeigen.

Allerdings leuchtet ein, daß unter den angegebenen 3 nächsten Nachbarn das jeweilige Lernobjekt selbst stets als zu sich nächster Nachbar mit dem euklidischen Abstand Null erscheinen muß. Daher ist die Mehrheitsbildung unabhängig von den konkreten Daten von vornherein zugunsten der korrekten Klasse verzerrt. Noch anschaulicher wird das Problem bei Anwendung der KNN-Methode mit $k = 1$: Da jedes Lernobjekt sein eigener nächster Nachbar ist, muß stets eine korrekte Zuordnung erfolgen. Gleich, um welche Problemstellung es sich handelt, würde eine Fehlerrate von 0% geschätzt werden, was den Erfolg bei der späteren Anwendung auf echte Testobjekte sicherlich stark überschätzt. Die Ursache der gerade beschriebenen Verzerrtheit der Fehlerschätzung durch Resubstitution

Tabelle 4.2. Zahl der Fehlklassifikationen mit KNN-Methode bei variierendem Parameter k für einen Beispieldatensatz

k	1	3	5	7	9	11	13	15	17
Resubstitution	0	2	2	2	2	2	4	7	7
Leave-one-out	3	2	2	2	2	6	7	7	7

liegt darin, daß dieselben Objekte zur Anwendung gelangen, die schon an der Modellbildung beteiligt waren.

Um dieses Defizit zu beseitigen, müssen solche Lernobjekte getestet werden – echte Testobjekte kamen ja, wie oben festgestellt, nicht in Frage –, die selbst nicht in das Modell eingehen. Dazu eignet sich die sogenannte Leave-one-out-Methode nach Lachenbruch [168]: Jedes der n Lernobjekte wird der Reihe nach genau einmal vom Datensatz isoliert. Die Klassifikationsregel, die dann auf das isolierte Objekt angewandt wird, ergibt sich aus den jeweils verbleibenden $n-1$ Lernobjekten. Da auch das isolierte Objekt zum ursprünglichen Lerndatensatz gehörte, ist seine Herkunft bekannt, und es können sukzessive die Fehlentscheidungen ausgezählt werden. In jedem der n Klassifikationsläufe, die stets sowohl aus einer Modellbildung und einer Zuordnung bestehen, ist das zuzuordnende Objekt nicht an der Aufstellung der Klassifikationsregel beteiligt, so daß eine realistischere, im allgemeinen höhere Fehlerrate zu erwarten ist als bei der Resubstitution.

Speziell für das KNN-Verfahren gestaltet sich die Leave-one-out-Methode sehr einfach: In jedem Lauf sind in bezug auf das isolierte Objekt die k nächsten Nachbarn unter den anderen Lernobjekten aufzufinden, wobei das isolierte Objekt selbst nun von der Konkurrenz ausgeschlossen ist. Die Resultate des Beispieldatensatzes aus Tabelle 4.1 sind in der Spalte „Leave-one-out" zusammengetragen. Nach Mehrheitsbildung gelangt man ebenso wie bei der Resubstitution zu zwei Fehlklassifikationen (gleiche Objekte), allerdings ergeben sich unsicherere Mehrheiten bei korrekter und sicherere Mehrheiten bei unkorrekter Zuordnung.

Noch klarer wird der Unterschied zwischen beiden Fehlerschätzungen bei Variation von k im gleichen Datensatz. Wie man in Tabelle 4.2 sieht, liegt die Fehlerrate der Leave-one-out-Methode in keinem Fall unter jener der Resubstitution, häufig ist sie sogar deutlich größer. Darüber hinaus liegt für die Resubstitution das Minimum automatisch – wie erwähnt – bei $k = 1$. Damit erweist sich die Resubstitution zur Bestimmung eines optimalen k-Wertes als unbrauchbar. Lediglich dem sprunghaften Anstieg der Fehlerrate ab $k = 13$ kann eine gewisse Information entnommen werden. Demgegenüber sinkt bei Leave-one-out die Fehlerzahl zunächst, um später ab $k = 11$ drastisch anzusteigen. Gute Ergebnisse sind daher im Bereich $k = 3,\ 5,\ 7,\ 9$ zu erwarten, wobei man sich letztlich schon aus zeitökonomischen Gesichtspunkten für den kleinsten k-Wert unter gleich guten entscheidet, d.h. hier für $k = 3$.

Die Leave-one-out-Methode besitzt den Vorteil, daß sie fast unverzerrte Schätzungen liefert [168], d.h. bei häufiger Wiederholung des analogen Experiments wird im Mittel die tatsächliche Fehlerrate recht genau erfaßt. Allerdings ist die rechentechnische Realisierung nicht bei allen (speziell den in den nachfolgenden Abschnitten beschriebenen) Klassifikationsverfahren so leicht wie für die KNN-Methode. Schlimmstenfalls muß die Modellbildung in jedem der n Läufe komplett wiederholt werden, so daß sich der n-fache Zeitaufwand gegenüber der Resubstitutionsmethode erforderlich macht. Dies kann bereits für moderate Objektzahlen, z.B. $n = 100$ unpraktikabel werden. Indes gibt es für die meisten Klassifikationsverfahren recht ausgeklügelte Aufdatierungsformeln, die den Übergang von einem Modell zum anderen bei Austausch eines Objektes weitaus effizienter realisieren als eine totale Neuberechnung, was den Anstieg des Rechenaufwands in Grenzen hält (vgl. [125]).

Für umfangreichere Lerndatensätze benutzt man als Kompromiß auch die sogenannte Hold-out-Methode, bei der der Datensatz einfach in zwei Teile untergliedert wird. Dann dient der eine Teil zur Modellbildung, während der andere Teil die zuzuordnenden Objekte umfaßt. Sicherlich ist diese Vorgehensweise erheblich weniger rechenzeitaufwendig als die Leave-one-out-Methode. Die Hold-out-Methode ist zwar einerseits stärker verzerrt andererseits aber präziser (mit geringerer Streuung behaftet) als die Leave-one-out-Methode. Beide weisen prinzipielle Ähnlichkeit mit der in Abschn. 2.4 vorgestellten cross validation Prozedur auf, wenngleich ganz unterschiedliche Ziele verfolgt werden.

4.4 Lineare Diskriminanzanalyse

Die lineare Diskriminanzanalyse, die 1936 von Fisher [81] begründet wurde, kann als eine Art Pendant der Hauptkomponentenanalyse für objekt-strukturierte Datensätze aufgefaßt werden. Als eine der klassischen Techniken der multivariaten Datenanalyse soll sie an dieser Stelle etwas ausführlicher vorgestellt werden. Das primäre Ziel der linearen Diskriminanzanalyse besteht nicht in der Zuordnung von Testobjekten sondern in der optimalen, linearen Separation der gegebenen Gruppen. Natürlich interessiert eine solche Separation letztlich vor allem im Hinblick auf spätere Klassifikation, sie kann aber auch losgelöst davon betrachtet werden. Weil sich für den Spezialfall zweier Gruppen erhebliche Vereinfachungen ergeben, wird dieser gesondert von der allgemeinen Situation diskutiert. Die in Formeln auftretenden Größen kamen im wesentlichen schon in Abschn. 3.3 vor. Insbesondere bedeuten: g = Zahl der Objektgruppen im Lerndatensatz; n = Gesamtzahl der Objekte; n_l = Zahl der Objekte in Gruppe l; p = Zahl der gemessenen Variablen sowohl für Lern- als auch Testobjekte (vgl. Abb. 4.1); $\mathbf{T}, \mathbf{B}, \mathbf{W}$ = Matrizen von Abweichungsquadraten (vgl. (3.4)).

Zwei-Klassen-Fall

Ganz analog zur Hauptkomponentenanalyse werden in der Diskriminanzanalyse optimale Linearkombinationen (Wichtungen) der gemessenen Variablen $x_1, \ldots, x_p$ gesucht. Allerdings ist das Ziel nun nicht die Maximierung der Varianz sondern die optimale Separation einer gegebenen Menge von g Objektgruppen.

Durch Bildung von Gewichten $u_1, \ldots, u_p$ entsteht eine neue künstliche Variable, das sogenannte Diskriminanzmerkmal

$$z = u_1x_1 + \cdots + u_px_p = \mathbf{u}^T\mathbf{x}, \tag{4.1}$$

wobei sich die angefügte Vektorschreibweise auf die Zusammenfassungen $\mathbf{u} = (u_1, \ldots u_p)^T$ bzw. $\mathbf{x} = (x_1, \ldots, x_p)^T$ bezieht. Die Gewichte sollen so optimiert werden, daß die gegebenen g Objektgruppen nach Transformation der Daten gemäß (4.1) maximal getrennt erscheinen. Dabei ist die Separation sicher um so besser, je homogener die Gruppen sind, je kleiner also die Streuung der Objekte innerhalb der Gruppen verglichen mit der Streuung der Gruppenmittelpunkte (Streuung „zwischen den Gruppen") ist. Eine ähnliche Fragestellung spielte schon in der optimierenden Clusterung eine Rolle (vgl. Abschn. 3.3), doch wurden dort optimale Gruppeneinteilungen erst gesucht, während die Struktur hier von vornherein fixiert ist.

Zur Veranschaulichung soll das in Abschn. 3.2 eingeführte Beispiel der Weinbrandanalysen (vgl. Tabelle A.3 des Anhangs) erneut betrachtet werden. Als gemessene Variablen zur Weinbrandcharakterisierung wurden die prozentualen Flächenanteile der Peaks der Geschmackskomponenten i-Butanol, n-Butanol, i-Amylalkohol und n-Hexanol im Gaschromatogramm herangezogen. Die automatische Klassifikation mittels hierarchischer Clusterung hatte eine gute Wiedererkennung der Sorten A und D ergeben, während die Sorten B und C vom Standpunkt dieses unvoreingenommenen Mustervergleichs nicht unterscheidbar waren. Um den Effekt der Diskriminanzanalyse besonders hervortreten zu lassen, wird im folgenden nur ein geeigneter Ausschnitt des Datensatzes, nämlich die je 15 Wiederholungsmessungen an den Sorten B und C mit den ersten drei Variablen (Peakflächenanteile von i-Butanol, n-Butanol und i-Amylalkohol), diskutiert. Im Gegensatz zur Clusteranalyse interessiert nicht die Wiedererkennung der beiden Sorten aus den gemessenen Variablenmustern sondern ihre bestmögliche Separation.

Abbildung 4.4 zeigt die Objektverteilung für jede der drei Ausgangsvariablen. Zum Zweck der Vergleichbarkeit wurde von allen der Mittelwert subtrahiert, so daß sich jeweils eine Punktverteilung um den Wert Null herum ergibt. Offensichtlich führt keine dieser gemessenen Variablen zu befriedigender Separation der Sorten B und C. Nun erweist sich als optimale Linearkombination in (4.1) das Diskriminanzmerkmal

$$z = 0.327x_1 + 0.124x_2 + 0.311x_3$$

Einsetzen der Variablenwerte x_1, x_2, x_3 aus Tabelle A.3 für jedes der 30 Objekte in die Berechnungsvorschrift für z ergibt die jeweiligen Werte des Diskriminanzmerkmals. Um vergleichbare Positionen zu den Ausgangsvariablen zu erhalten, wurde auch von den Werten des Diskriminanzmerkmals das arithmetische Mittel abgezogen. Darüber hinaus ist die Verteilung so gestreckt, daß man ein mit den Ausgangsvariablen vergleichbares Bild erhält. Eine solche Verschiebung sowie proportionale Streckung oder Stauchung der z-Werte ändert nichts an der Separation, da Streuung innerhalb und Streuung zwischen den Gruppen gleichermaßen

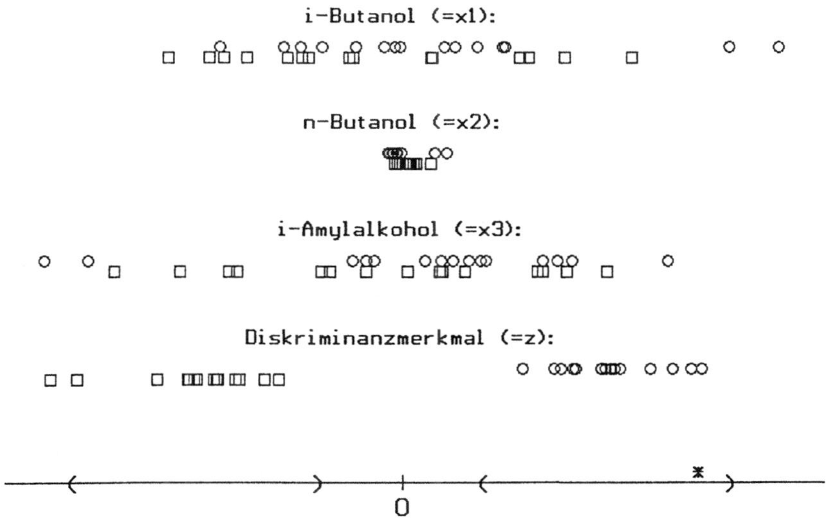

Abb. 4.4. Darstellung der drei Ausgangsvariablen x_1, x_2, x_3 für die Sorten B (Kreise) und C (Quadrate) des Weinbranddatensatzes sowie des daraus durch optimale Wichtung konstruierten Diskriminanzmerkmals z. Von allen Variablen wurde deren Mittelwert subtrahiert, um eine vergleichbare Verteilung um den Nullpunkt herum zu erhalten. Klammern auf der Linie geben Vertrauensintervalle beider Gruppen bezüglich z an, „*" bezeichnet ein fiktives Testobjekt

betroffen sind. Deswegen sind die Absolutwerte von z willkürlich, so daß auch auf eine Achseneinteilung in Abb. 4.4 verzichtet wurde.

Mit Hilfe des Diskriminanzmerkmals gelingt eine ausgezeichnete Separation, so daß der durch geeignete Wichtung geschaffene Gewinn gegenüber den Ausgangsvariablen beträchtlich ist. Gute Separation aber ist eine wesentliche Voraussetzung für spätere erfolgreiche Klassifikation von Testobjekten. Als Regel wäre denkbar, ein Testobjekt derjenigen Gruppe zuzuordnen, in deren 95%-Vertrauensintervall bezüglich der Streuung des Diskriminanzmerkmals es fällt. Im Beispiel der Abb. 4.4 ergäbe sich die Zuordnung des Testobjekts zu Sorte B. Auf die mögliche Situation, daß ein Testobjekt in keinem oder in mehreren Vertrauensintervallen gleichzeitig liegt, wird im Zusammenhang mit dem Mehr-Klassen-Fall noch eingegangen.

Berechnung des optimalen Gewichtsvektors

Der Aspekt der Klassifikation soll im Ramen der linearen Diskriminanzanalyse weiter unten noch diskutiert werden. Zunächst interessiert die Frage, wie der optimale Gewichtsvektor $\mathbf{u}$, der dann auch die Grundlage der eigentlichen Zuordnung von Testobjekten bildet, zu berechnen ist. Das Beispiel zeigt, daß der Begriff der Separation zwischen Objektgruppen vernünftigerweise als Verhältnis aus der Streuung zwischen den Gruppen (Streuung der Gruppenmittelpunkte) und der Streuung innerhalb der Gruppen zu definieren ist. An dieser Stelle muß man wissen, wie sich ein bestimmter Gewichtsvektor $\mathbf{u}$ auf die erwähnten Streuungen auswirkt. Nun ist einerseits bekannt (vgl. Abschn. 3.3), daß die Matrizen **B** und **W** in (3.4) bis auf geeignete Faktoren als Kovarianzmatrix der Gruppenmittelpunkte (**B**) bzw. als mittlere Kovarianzmatrix innerhalb der Gruppen (**W**) aufgefaßt werden können. Andererseits läßt sich die Varianz von Linearkombinationen von Ausgangsvariablen direkt aus der jeweiligen Kovarianzmatrix mit Formel (7.34) berechnen. Dementsprechend ist die Separation, die durch die Wichtung **u** erreicht wird, nichts anderes als der Quotient aus $\mathbf{u}^T\mathbf{B}\mathbf{u}$ (Streuung der Gruppenmittelpunkte nach Wichtung mit **u**) und $\mathbf{u}^T\mathbf{W}\mathbf{u}$ (mittlere Streuung innerhalb der Gruppen nach Wichtung mit **u**). Optimierung von **u** bedeutet also folgendes Maximumproblem bei gegebenen Matrizen **B**, **W**

$$\max_{\mathbf{u}} \frac{\mathbf{u}^T\mathbf{B}\mathbf{u}}{\mathbf{u}^T\mathbf{W}\mathbf{u}}. \tag{4.2}$$

Aus der Huygensschen Dekompositionsformel (3.5) leitet man mit der Matrix **T** der totalen Abweichungsquadrate unschwer die Äquivalenz von (4.2) mit dem Maximumproblem

$$\max_{\mathbf{u}} \frac{\mathbf{u}^T\mathbf{B}\mathbf{u}}{\mathbf{u}^T\mathbf{T}\mathbf{u}} \tag{4.3}$$

ab. Beide Aufgaben erzeugen denselben optimalen Gewichtsvektor **u**, wenn auch mit unterschiedlichen Werten der jeweiligen Separationsmaße. Im folgenden soll dem in (4.3) angegebenen Separationsquotienten der Vorzug gegeben werden, da er als Folgerung aus (3.5) stets zwischen Null und Eins liegt und sein Wert somit leicht als prozentualer Separationsgrad interpretierbar ist. Er besitzt darüber hinaus einige wichtige Invarianzeigenschaften: Zunächst bleibt er unverändert, wenn der Gewichtsvektor mit einem skalaren Faktor α multipliziert wird, denn es gilt

$$\frac{(\alpha\mathbf{u})^T\mathbf{B}(\alpha\mathbf{u})}{(\alpha\mathbf{u})^T\mathbf{T}(\alpha\mathbf{u})} = \frac{\alpha^2\mathbf{u}^T\mathbf{B}\mathbf{u}}{\alpha^2\mathbf{u}^T\mathbf{T}\mathbf{u}} = \frac{\mathbf{u}^T\mathbf{B}\mathbf{u}}{\mathbf{u}^T\mathbf{T}\mathbf{u}}.$$

Folglich kann, wie schon bei der Diskussion von Abb. 4.4 erwähnt, das Diskriminanzmerkmal mit einem beliebigen, von Null verschiedenen Faktor multipliziert werden, ohne daß sich die Separation verändert. Schließlich bleibt der Separationsquotient auch gegenüber regulären Datenskalierungen invariant, weil sich diese sowohl in **B** als auch in **T** bemerkbar machen, sich also gewissermaßen herauskürzen. Insbesondere liefert im Gegensatz zur Hauptkomponentenanalyse eine Datenstandardisierung in der Diskriminanzanalyse keine anderen Ergebnisse als die Benutzung der Rohdaten.

Ist der Gewichtsvektor in (4.1) so gewählt, daß u_i gleich Eins und alle anderen Koeffizienten gleich Null sind, dann wird $z = x_i$, d.h. das Diskriminanzmerkmal deckt sich genau mit der i-ten Ausgangsvariable. Deren Separationsmaß nimmt – wie aus (4.3) wegen der speziellen Gestalt von **u** resultiert – die Form des einfachen Quotienten b_{ii}/t_{ii} der entsprechenden Matrix-Diagonalelemente an. Für den betrachteten Ausschnitt des Weinbranddatensatzes berechnen sich gemäß (3.4) die Matrizen

$$\mathbf{B} = \begin{pmatrix} 3.802 & -0.472 & 2.026 \\ -0.472 & 0.059 & -0.251 \\ 2.026 & -0.251 & 1.079 \end{pmatrix}$$

$$\mathbf{T} = \begin{pmatrix} 73.997 & 4.024 & -73.303 \\ 4.024 & 0.643 & -5.275 \\ -73.303 & -5.275 & 82.688 \end{pmatrix},$$

und man erhält als Quotienten der Diagonalelemente die Separationswerte 0.051 (= 3.802 : 73.997) für x_1, 0.092 für x_2 und 0.013 für x_3. Prozentual ausgedrückt besitzt selbst die beste der drei Ausgangsvariablen mit 9.2% eine sehr niedrige Separationsfähigkeit, was in Übereinstimmung zu Abb. 4.4 steht.

Nach Behauptung 8 von Abschn. 4.9 kann in dem Spezialfall lediglich zweier Objektklassen die Berechnung des Gewichtsvektors $\mathbf{u}$ auf die Lösung des einfachen linearen Gleichungssystems $\mathbf{Tu} = \mathbf{y}$ reduziert werden, wobei der Vektor $\mathbf{y}$ aus den Gruppenmittelpunkten $\bar{\mathbf{x}}^1, \bar{\mathbf{x}}^2$ so wie in der Behauptung angegeben zu bestimmen ist. Im Beispiel der zwei Weinbrandsorten lautet $\mathbf{y}$ (als Zeilenvektor geschrieben)

$$\mathbf{y} = (1.950, -0.242, 1.039)^T.$$

Die Lösung des linearen Gleichungssystems $\mathbf{Tu} = \mathbf{y}$ wird am gegebenen Beispiel in Abschn. 7.7 vorgeführt. Da die Koeffizientenmatrix $\mathbf{T}$ symmetrisch ist und als Vielfache der Kovarianzmatrix nur nichtnegative (im allgemeinen sogar echt positive) Eigenwerte besitzt (vgl. Abschn. 7.8), kann die in Abschn. 7.7 beschriebene Cholesky-Zerlegung angewendet werden. Als Lösung resultierte der schon bei der Diskussion der Abb. 4.4 benutzte Vektor

$$\mathbf{u} = (0.327, 0.124, 0.311)^T.$$

Der mit den angegebenen Gewichten erreichte maximale Separationsquotient (4.3) ist als Skalarprodukt

$$\lambda = \mathbf{u}^T\mathbf{y} \tag{4.4}$$

zu berechnen (vgl. Ende des Beweises von Behauptung 5 in Abschn. 4.9). Für den Beispieldatensatz folgt mit den angegebenen Zahlenwerten

$$\lambda = 0.327 \cdot 1.950 - 0.124 \cdot 0.242 + 0.311 \cdot 1.039 = 0.93$$

und mit 93% ein sehr hoher Separationsquotient des Diskriminanzmerkmals im Vergleich zu den oben angegebenen Werten der Ausgangsvariablen. In den Zahlen spiegeln sich die Verhältnisse aus Abb. 4.4 quantitativ wider.

Vertrauensintervalle etwa zum Niveau 95%, deren Grenzen sich im Abstand r_l zum Mittelpunkt der Gruppe l ($l = 1, 2$) bezüglich des Diskriminanzmerkmals z befinden (vgl. Abb. 4.4), können aus

$$r_l = \sqrt{\frac{\lambda(1-\lambda)(n_l+1)}{n_l(n_1+n_2-2)}} \cdot t_{n_1+n_2-2;95\%} \quad (l = 1,2) \tag{4.5}$$

konstruiert werden, wobei t die entsprechende Prüfgröße der t-Verteilung bei zweiseitiger Fragestellung ist. Wird das Diskriminanzmerkmal aus irgendwelchen Gründen umskaliert – z.B. um wie in Abb. 4.4 einen vergleichbaren Wertebereich mit den Originalvariablen zu erreichen –, so ist das Vertrauensintervall analog zu stauchen bzw. zu strecken.

Die nachträgliche Positionierung eines Testobjekts ist mit Hilfe des Gewichtsvektors problemlos möglich. Es sei beispielsweise

$$\mathbf{x} = (29.0, 0.2, 69.0)^T$$

das gaschromatographische Muster der drei Geschmackskomponenten einer fiktiven Testprobe im Weinbrand-Beispiel. Benutzung der ermittelten Gewichte führt auf:

$$z = 0.327 \cdot 29.0 + 0.124 \cdot 0.2 + 0.311 \cdot 69.0 = 30.97.$$

Danach kann anhand der Vertrauensintervalle über die Zuordnung des Testobjekts entschieden werden (vgl. Abb. 4.4).

Mehr-Klassen-Fall

Bislang wurde nur ein einziges Diskriminanzmerkmal z betrachtet, das in der graphischen Veranschaulichung zu einer eindimensionalen Objektanordnung führte. Dabei erwies sich die Lösung eines linearen Gleichungssystems zur Bestimmung des optimalen Gewichtsvektors als hinreichend. Bei mehr als zwei Klassen wird die Situation etwas komplizierter: Wie aus Behauptung 6 in Abschn. 4.9 zu entnehmen, ergibt sich der optimale Gewichtsvektor $\mathbf{u}$ dann als Lösung des verallgemeinerten Eigenwertproblems

$$\mathbf{Bu} = \lambda \mathbf{Tu} \tag{4.6}$$

bzw. des dazu äquivalenten gewöhnlichen Eigenwertproblems (Linksmultiplikation von (4.6) mit $\mathbf{T}^{-1}$)

$$\mathbf{T}^{-1}\mathbf{Bu} = \lambda \mathbf{u} \tag{4.7}$$

zum *größten* Eigenwert λ. Mit λ selbst erhält man zugleich den erreichten maximalen Wert des Separationsquotienten (4.3). Sind einmal die optimalen Gewichte u_i aus (4.6) bzw. (4.7) berechnet, so können daraus die z-Werte der Objekte über die Beziehung (4.1) aus den ursprünglichen Variablenwerten abgeleitet werden.

Nun gibt es allerdings – analog zur Hauptkomponentenanalyse – noch weitere Lösungen $(\mathbf{u}, \lambda)$ dieses Eigenwertproblems. Da nach Behauptung 4 aus Abschn. 3.6 die Matrix $\mathbf{B}$ maximal den Rang $g-1$ besitzt, kann auch die Matrix $\mathbf{T}^{-1}\mathbf{B}$ höchstens den Rang $g-1$ haben, und somit gibt es insgesamt maximal $g-1$ unabhängige Lösungen des Eigenwertproblems. Für den zuvor diskutierten Fall von zwei Gruppen ($g = 2$) liefert daher die Verwendung eines einzigen

Diskriminanzmerkmals tatsächlich die gesamte Information über die (lineare) Trennbarkeit.

Bei mehr als zwei Gruppen sind dagegen weitere Diskriminanzmerkmale zu berücksichtigen. Für drei Gruppen beispielsweise sind zwei Diskriminanzmerkmale z_1, z_2 hinreichend, und die Abbildung der Objektkoordinaten in einem z_1/z_2-Diagramm würde wiederum die vollständige Information über die Separierbarkeit der Gruppen erfassen. Ein solches Diagramm – wie es auch in Abb. 4.5 enthalten ist – wird in Anlehnung an den Begriff „lineare Diskriminanzanalyse" als LDA-Display bezeichnet. Dabei sind z_1, z_2 wie in (4.1) zu berechnen, nun allerdings mit zwei verschiedenen Gewichtsvektoren $\mathbf{u}_1, \mathbf{u}_2$, die als die zu den beiden größten Eigenwerten λ_1, λ_2 des Problems (4.7) gehörigen Eigenvektoren zu wählen sind. Bei größerer Gruppenzahl werden sich analog weitere Diskriminanzmerkmale erforderlich machen, so daß ein LDA-Display im allgemeinen nicht die Gesamtinformation zur Gruppentrennbarkeit reproduziert. Da die Diskriminanzmerkmale analog zu den Hauptkomponenten nach fallender Bedeutung geordnet sind – die fallende Eigenwertsequenz gibt ja jeweils die zugehörigen Separationswerte an – begnügt man sich dennoch oft mit der graphischen Darstellung der ersten beiden Komponenten.

Die nähere Betrachtung des Eigenwertproblems (4.7) läßt erkennen, daß die dort auftretende Matrix $\mathbf{T}^{-1}\mathbf{B}$ nicht notwendig symmetrisch ist. Dies bringt scheinbar im Vergleich zur Hauptkomponentenanalyse, bei der das entsprechende Eigenwertproblem ja durch die symmetrische Kovarianzmatrix $\mathbf{K}$ definiert wurde, sowohl theoretische als auch praktische Schwierigkeiten mit sich: Einerseits müssen unsymmetrische Matrizen keine reellen Eigenwerte besitzen, andererseits kann deren Berechnung selbst im Fall ihrer Existenz zumindest für einige Algorithmen problematisch sein. Glücklicherweise ist es nach Behauptung 7 aus Abschn. 4.9 möglich, das Problem (4.7) in ein äquivalentes Eigenwertproblem (s. (4.24)) zu überführen, bei dem die zugrundeliegende Matrix nicht nur symmetrisch sondern zusätzlich nur noch von der Ordnung der Gruppenzahl ist, während $\mathbf{T}^{-1}\mathbf{B}$ ja die im allgemeinen deutlich höhere Ordnung der Variablenzahl besitzt. Daher bietet die in der Behauptung angegebene Transformation erhebliche numerische Vorteile gegenüber der Lösung des ursprünglichen Eigenwertproblems. Die als Spalten der Matrix $\mathbf{U}$ in Gl. (4.25) zu berechnenden Gewichtsvektoren sind so skaliert, daß die entstehenden Diskriminanzmerkmale eine über die Gruppen gemittelte Kovarianzmatrix erhalten, die proportional zur Einheitsmatrix, also eine Diagonalmatrix mit einander gleichenden Diagonalelementen ist.

Nun gehört zu den Grundvoraussetzungen der linearen Diskriminanzanalyse, daß die Kovarianzmatrizen der Gruppen im statistischen Sinne nur zufällig voneinander abweichen (s. [5] für einen Test). Da aber die gemittelte Kovarianzmatrix, wie gerade festgestellt, proportional zur Einheitsmatrix ist, muß dann dasselbe auch für die einzelnen Kovarianzmatrizen der Gruppen gelten. Mit anderen Worten ist die Verteilung innerhalb sämtlicher Gruppen sphärisch, d.h. die Objekte ordnen sich mit abnehmender Dichte in Streukugeln mit wachsendem Radius um den Gruppenmittelpunkt herum an. Zu vorgegebenem Wahrscheinlichkeitsniveau – üblich sind 95% – lassen sich die zugehörigen Radien der Streukugeln berechnen, die als mehrdimensionale Vertrauensbereiche in Verallgemeinerung der Vertrauensintervalle aufzufassen sind. Unter Annahme einer multivariaten Normalverteilung erhält man nach [2] für die Gruppe l den Radius

$$r_l = \sqrt{\frac{t(n-g)}{(n-g-t+1)} \frac{(n_l+1)}{n_l} F_{t,n-g-t+1;95\%}}. \tag{4.8}$$

l Gruppenindex;
t Zahl der verwendeten Diskriminanzmerkmale;
F Quantil der F-Verteilung mit entsprechenden Freiheitsgraden.

Bezüglich der Diskriminanzmerkmale müssen sich innerhalb einer Kugel mit dem Radius r_l um den Mittelpunkt der Gruppe l herum die Objekte dieser Gruppe mit 95% Wahrscheinlichkeit aufhalten. Als Illustration wird erneut das Beispiel der Weinbrandsorten, nun aber mit allen vier Sorten und allen vier Variablen untersucht. Von den ursprünglich 15 Wiederholungsmessungen je Sorte wurde in Anlehnung an die Hold-out-Methode aus Abschn. 4.3 jeweils die fünfte Messung in allen Sorten ausgewählt und isoliert, um sie später als Testobjekte zu benutzen. Für die verbleibenden $4 \cdot 12 = 48$ Lernobjekte zeigt Abb. 4.5 das LDA-Display, also die Darstellung der Objekte bezüglich der ersten beiden Diskriminanzmerkmale z_1, z_2. Man erkennt, daß z_1 vor allem die Sorten A, B, C

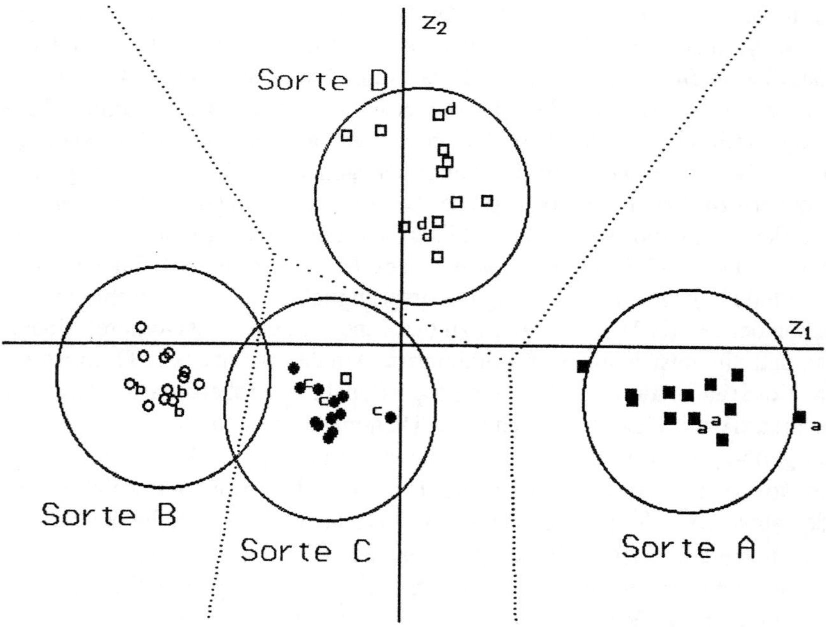

Abb. 4.5. LDA-Display für das Beispiel von vier Weinbrandsorten. Neben den jeweils zwölf Lernobjekten sind für jede Sorte die Positionen von je drei Testobjekten (Kleinbuchstaben) eingetragen. Die Kreise entsprechen den 95%-Streubereichen, die Geraden markieren die Entscheidungstrennlinien bei eindeutiger Zuordnung

unterscheidet, während durch z_2 Sorte D von den übrigen separiert wird (bis auf einen Ausreißer, der in den Bereich von C fällt).

Die vier Eigenwerte bei der Lösung des Problems (4.7) lauten: $\lambda_1 = 0.962$, $\lambda_2 = 0.834$, $\lambda_3 = 0.131$, $\lambda_4 = 0.00$. Wie zu erwarten war, sind bei vier Gruppen höchstens drei Eigenwerte (Gruppenzahl minus Eins) verschieden von Null, es existieren nur drei unabhängige Diskriminanzmerkmale. Als Gesamtseparationsmaß kann die Summe 1.927 angesehen werden, ein höherer Wert ist im gegebenen Datensatz mit Hilfe von Linearkombinationen der Ausgangsvariablen nicht erreichbar. Der Anteil der ersten beiden Diskriminanzmerkmale an dieser Summe ist etwa 93%, so daß die Nichtberücksichtigung von z_3 in Abb. 4.5 kaum ins Gewicht fällt.

Die Radien der 95%-Streukreise um die Gruppenmittelpunkte herum wurden mit $t = 2$ aus (4.8) ermittelt. Mit der gleichen Objektzahl $n_l = 12$ in allen Gruppen resultieren konstante Streuradien. Es ergibt sich eine gute Separation sämtlicher vier Sorten, wie man insbesondere an der Isoliertheit aller Streukreise mit Ausnahme der leichten Überschneidung bei B und C, deren Ähnlichkeit zueinander ja schon mit der Clusteranalyse festgestellt wurde, erkennt.

Dieselben zwei Gewichtsvektoren, die ausgehend von den 48 Lernobjekten die beiden Diskriminanzmerkmale z_1, z_2 definierten, können nun auch benutzt werden, um weitere Objekte anhand ihres Variablenmusters einzubeziehen. Sind für ein zusätzliches Objekt die gleichen vier Variablen $x_1, \ldots, x_4$ gemessen worden, so ergibt die Anwendung des ersten Gewichtsvektors gemäß (4.1) die z_1-Koordinate und analog des zweiten Gewichtsvektors die z_2-Koordinate im LDA-Display. Beispielsweise lassen sich nachträglich die von jeder Sorte isolierten drei Objekte in die Darstellung eintragen. In Abb. 4.5 wurden die den Sorten entsprechenden Kleinbuchstaben als Markierung gewählt.

Zur Anwendung der linearen Diskriminanzanalyse als Klassifikationsmethode bieten sich die Streubereiche als Basis einer Zuordnungsregel an: Ein Testobjekt wird derjenigen Gruppe zugeordnet, in deren 95%-Streubereich es fällt. Danach würden im Weinbrand-Beispiel elf der zwölf Testproben korrekt klassifiziert werden. Ein Objekt, das sich in keinem der Streubereiche wiederfindet, könnte möglicherweise keiner der gegebenen Gruppen angehören (z.B. einer fünften Sorte). Natürlich ist diese Entscheidungsregel nicht an eine graphische Veranschaulichung mittels LDA-Display gebunden: Wenn zur Klassifikation mehr als zwei Diskriminanzmerkmale benutzt werden sollen ($t > 2$), dann resultiert aus den Diskriminanz-Koordinaten $z_1, \ldots, z_t$ eines konkreten Testobjekts sein Abstand d_l zum Mittelpunkt der l-ten Gruppe mit den Diskriminanz-Koordinaten $\bar{z}_1^l, \ldots, \bar{z}_t^l$ nach

$$d_l = \sqrt{(z_1 - \bar{z}_1^l)^2 + \cdots, (z_t - \bar{z}_t^l)^2} \tag{4.9}$$

Ist dieser Abstand kleiner als der Radius aus (4.8), gilt also $d_l < r_l$, so ist das Testobjekt in der 95%-Streukugel der l-ten Gruppe enthalten und sollte als ihr zugehörig angesehen werden.

Bei der beschriebenen Verfahrensweise entstehen zwei Probleme. Einerseits ist vorstellbar, daß auch für „Ausreißer“ wie die eine abseitsliegende a-Probe in Abb. 4.5 eine Zuordnungsaussage gewünscht wird. Andererseits fallen Testobjekte bei weniger gut separierten Gruppen häufig in mehrere sich überschneidende Streubereiche gleichzeitig. Hier müßte man sich mit einer mehrdeutigen Zuordnungsaussage begnügen. Um beide Probleme zu umgehen, kann man auch in der linearen Diskriminanzanalyse auf eine eindeutige Zuordnungsregel, die sich geometrisch wieder durch Entscheidungstrennlinien (allgemein: -flächen) repräsentiert, zurückgreifen. Die Entscheidungsregel lautet: Ordne ein Testobjekt derjenigen Gruppe zu, für die der Ausdruck

$$\frac{n_l}{n_l + 1} d_l^2 \tag{4.10}$$

mit dem in (4.9) definierten Abstand minimal wird.

Im Falle gleicher Objektanzahl in sämtlichen Gruppen resultieren *lineare* Entscheidungstrennflächen. Speziell im LDA-Display ($t = 2$) stimmen dann die Trennlinien zwischen den Gruppen mit den Mittelsenkrechten zu den Verbindungslinien der Gruppenmittelpunkte überein. Diese verlaufen wie in Abb. 4.5 durch Schnittpunkte eventuell überlagernder Streukreise. Die Abweichung der Trennlinien (-flächen) von der Linearität ist durch die Abweichung der Ausdrücke $n_l/(n_l + 1)$ vom Wert Eins charakterisiert, d.h. man kann bei vernünftigen, nicht gar zu kleinen Objektzahlen ohne Risiko Linearität annehmen.

Die lineare Diskriminanzanalyse ist als Klassifikationsmethode streng genommen nur dann optimal, wenn die oben erwähnten Voraussetzungen der multivariaten Normalverteilung der Objekte sowie der statistischen Gleichheit der Gruppen-Kovarianzmatrizen erfüllt sind. Insofern liegt beispielsweise gegenüber der KNN-Methode eine gewisse Einschränkung vor. Geometrisch macht sich diese darin bemerkbar, daß den Daten lineare Entscheidungstrennlinien (-flächen) aufgezwungen werden, die erheblich unflexibler erscheinen als jene der KNN-Methode wie in Abb. 4.3. Andererseits ist die Flexibilität kein absolutes Gütemerkmal, da ja nicht gesagt ist, ob die KNN-Entscheidungstrennkurven bei Wiederholung der Lerndaten-Sammlung mit gleichen Stichprobenumfängen reproduzierbar bleiben, ob sie also stabiler sind als im linearen Fall. Die nie zu vermeidenden mehr oder weniger ausgeprägten Verletzungen der gemachten Voraussetzungen sollten einer Anwendung der linearen Diskriminanzanalyse bei angemessener Vorsicht in der Interpretation nicht im Wege stehen (vgl. [2]).

Der Vorteil gegenüber der KNN-Methode besteht darin, daß nach Abschluß der möglicherweise aufwendigen Lernphase, also letztlich nach Berechnung aller Gewichtsvektoren, zur eigentlichen Klassifikation von Testobjekten nicht mehr der unter Umständen sehr umfangreiche Lerndatensatz zur Verfügung stehen muß, sondern eben diese wenigen Gewichtsvektoren ausreichen. Dies bietet Speicher-, vor allem aber Rechenzeitvorteile, denn die Berechnung von wenigen Skalarprodukten der Art (4.1) zur Bestimmung der Diskriminanz-Koordinaten eines Testobjekts läuft erheblich schneller ab als die Auffindung etwa der fünf nächsten Nachbarn unter 100 Lernobjekten.

Es scheint zunächst auf der Hand zu liegen, stets die maximal mögliche Anzahl von Diskriminanzmerkmalen bei der Zuordnung von Testobjekten einzusetzen. Schätzt man aber die Fehlerrate z.B. mit der Leave-one-out-Methode für unterschiedliche Zahlen t von Diskriminanzmerkmalen, dann stellt sich häufig heraus, daß sie wie bei Variation des k-Parameters in der KNN-Methode ein Minimum durchläuft. Folglich ist die geeignete Reduktion der Zahl der Diskriminanzmerkmale sowohl im Hinblick auf minimale Fehlerrate als auch auf minimale Rechenzeit wichtig. Alternativ ist auch der in [2] beschriebene F-Test anwendbar. Ein analoges Phänomen taucht bei den Ausgangsvariablen selbst auf: Auch hier könnte man versucht sein, so viel wie möglich Variablen zu bestimmen und bei der Klassifikation einzusetzen. Nichtsignifikante Variablen werden allerdings die Fehlerrate negativ beeinflussen, so daß hier ebenfalls eine geeignete Reduktion angebracht ist. Darauf wird in Abschn. 4.6 eingegangen.

Die Anwendung der Leave-one-out Methode gestaltet sich im Fall der linearen Diskriminanzanalyse nicht ebenso unkompliziert wie im KNN-Fall. Dennoch existieren geeignete Abschätzungen (z.B. [2], S. 144), die eine n-fache Wiederholung der Modellbildung umgeht und den Zuwachs des Rechenaufwands in Grenzen hält.

4.5 Bayessche Klassifikation

Unter der Bedingung, daß die Objekte aller Lerngruppen einer multivariaten Normalverteilung genügen, erweist sich die folgende Klassifikationsregel als optimal.

Ordne ein Testobjekt $\mathbf{x}$ derjenigen Gruppe zu, die den Ausdruck

$$\ln det\, \mathbf{S}^i + (\mathbf{x} - \bar{\mathbf{x}}^i)^T (\mathbf{S}^i)^{-1} (\mathbf{x} - \bar{\mathbf{x}}^i) \tag{4.11}$$

minimiert.

Dabei sind $\bar{\mathbf{x}}^i$, $\mathbf{S}^i$ der Mittelpunkt bzw. die Kovarianzmatrix der i-ten Gruppe und $\ln det\, \mathbf{S}^i$ der natürliche Logarithmus der sogenannten Determinante von $\mathbf{S}^i$. Um diesen letzten Begriff nicht eigens definieren zu müssen, sei auf die äquivalente Eigenschaft verwiesen, daß sich die Determinante einer quadratischen Matrix als Produkt der Eigenwerte (Abschn. 7.8) dieser Matrix darstellt.

Der erste Summand in (4.11) erfaßt die Exzentrizität der Verteilung in Gruppe i und ist völlig unabhängig von dem einzuordnenden Testobjekt $\mathbf{x}$. Letzteres beeinflußt dagegen den zweiten Summanden, der nach Abschn. 7.10 nichts anderes als sein quadrierter Mahalanobis-Abstand zum Mittelpunkt der Gruppe i ist. Je ähnlicher das Muster des Testobjekts dem gemittelten Muster einer bestimmten Gruppe ist, um so kleiner wird dieser Mahalanobis-Abstand, und um so wahrscheinlicher ist die Einordnung in die entsprechende Gruppe.

Die Regel (4.11) leitet sich aus dem Bayesschen Satz unter Anwendung auf die Dichte der multivariaten Normalverteilung ab [146]. Korrekterweise müßten in diesen Ausdruck noch sogenannte Aprioriwahrscheinlichkeiten Eingang finden, die der Tatsache Rechnung tragen, daß die Zugehörigkeit zu bestimmten Gruppen von vornherein und unabhängig von den Meßwerten eines konkreten Testobjekts wahrscheinlicher sein kann als zu anderen. So wäre im Beispiel des Weinbranddatensatzes denkbar, daß eine Sorte sehr selten und die Zuordnung einer beliebigen Testprobe zu dieser Sorte ohnehin unwahrscheinlich ist. Da in vielen praktischen Anwendungen jedoch gesicherte Informationen diesbezüglich fehlen, wurde hier die Klassifikationsregel unter der vereinfachenden Annahme gleicher Aprioriwahrscheinlichkeiten für alle Gruppen aufgestellt.

Als Spezialfall enthält die quadratische Bayessche Klassifikation die einfache Mittelpunktregel aus Abschn. 4.1, wenn nämlich sämtliche Gruppen-Kovarianzmatrizen ein gleiches Vielfaches der Einheitsmatrix der Ordnung p sind, d.h. $\mathbf{S}^i = \alpha \mathbf{I}_p$. Dann stimmen auch die Determinanten überein, so daß bei der Bildung des Minimums in (4.11) lediglich der zweite Summand von Interesse ist. Er vereinfacht sich zu

$$\alpha^{-1} (\mathbf{x} - \bar{\mathbf{x}}^i)^T \mathbf{I}_p^{-1} (\mathbf{x} - \bar{\mathbf{x}}^i) = \alpha^{-1} \|\mathbf{x} - \bar{\mathbf{x}}^i\|^2$$

und entspricht bis auf den konstanten Faktor α^{-1} dem quadrierten euklidischen Abstand zwischen Testobjekt und Mittelpunkt der Gruppe i. Die Objektzuordnung wird also nach kleinstem „Luftlinienabstand" zu einem der Gruppenmittelpunkte vorgenommen. Allerdings ist die oben gemachte Annahme über die spezielle Gestalt der Kovarianzmatrizen sehr unwahrscheinlich. Im allgemeinen ist aufgrund der zu erwartenden Korrelationen unter den Variablen von einer deutlichen Abweichung der Kovarianzmatrix von Diagonalgestalt auszugehen, so daß anstelle des euklidischen Abstands der allgemeinere Mahalanobisabstand treten muß. Andernfalls verschlechtern sich die Zuordnungsergebnisse, wie schon im Zusammenhang mit Abb. 4.2 erörtert wurde.

Bei der Berechnung des Ausdrucks (4.11) kann man folgendermaßen verfahren: Zunächst wird $\mathbf{S}^i$ als Kovarianzmatrix des Teildatensatzes bestimmt, der der i-ten Gruppe entspricht, d.h. Bezugspunkt ist der Gruppenmittelpunkt $\bar{\mathbf{x}}^i$, und die Zahl der Objekte ist n_i. Nach Lösen des linearen Gleichungssystems

$$\mathbf{S}^i \mathbf{y} = (\mathbf{x} - \bar{\mathbf{x}}^i)$$

in dem Unbekannten-Vektor $\mathbf{y}$ mit der Cholesky-Methode (Abschn. 7.7) liefert das einfache Skalarprodukt

$$(\mathbf{x} - \bar{\mathbf{x}}^i)^T \mathbf{y} = (\mathbf{x} - \bar{\mathbf{x}}^i)^T (\mathbf{S}^i)^{-1} (\mathbf{x} - \bar{\mathbf{x}}^i)$$

den gewünschten Wert des zweiten Summanden in (4.11). Die Determinante könnte wie erwähnt als Produkt der Eigenwerte ermittelt werden, doch bietet sich zur praktischen Berechnung die Auswertung der ohnehin bei der Choleskyzerlegung $\mathbf{S}^i = \mathbf{L}\mathbf{L}^T$ anfallenden Zerlegungsmatrix an: die Determinante von $\mathbf{S}^i$ stimmt nämlich mit dem Quadrat des Produkts der Diagonalelemente von $\mathbf{L}$ überein.

Da der zweite Ausdruck in (4.11) quadratisch in $\mathbf{x}$ ist, ergeben sich gekrümmte Trennflächen zwischen den Klassen. Abbildung 4.6, die sich auf denselben konstruierten Datensatz mit zwei Variablen bezieht wie schon Abb. 4.3 bei der KNN-Methode, veranschaulicht das durch die mit „Q" bezeichnete Kurve (bei p Variablen handelt es sich wieder um Flächen der Dimension $p - 1$).

Die Erprobung der quadratischen Bayesschen Klassifikationsregel (4.11) soll an dem in Tabelle A.4 des Anhangs abgedruckten Datensatz aus der Rohmilchanalytik erfolgen [74]: Ein Problem in der Milchwirtschaft besteht darin, daß

Tabelle 4.3. Zuordnungswerte bei der quadratischen Bayesschen Klassifikation von sechs Testobjekten zu Rohmilch mit 0% (A) und 5% (B) Fremdwassergehalt

Testobjekt Nr.	Gruppe A	Gruppe B
1 (aus A)	1.12	2.90
2 (aus A)	-2.53	3.66
3 (aus A)	0.69	3.63
4 (aus B)	22.09	-2.79
5 (aus B)	20.26	-2.37
6 (aus B)	18.44	-1.38

bei Verwendung industrieller Produktionsanlagen – teils technisch unvermeidbar, teils durch fehlerhaftes Arbeiten bei Milchgewinnung, -lagerung und -transport – Fremdwasser in die Rohmilch gelangt, was zu Qualitätsverlusten führt. Daraus erklärt sich die Bedeutung einer chemisch-analytischen Charakterisierung des Fremdwassergehaltes. Da der klassische Weg über eine Gefrierpunktsbestimmung mit bestimmten Schwierigkeiten verbunden ist, stellt sich die Frage, ob ersatzweise eine geeignete Kombination anderer Parameter sinnvoll ist. Bezüglich der in der Datentabelle aufgeführten Variablen (Konzentrationen von Fett, Protein, Lactose, Trockensubstanz, Chlorid, Kalium und Natrium) bestand die Gewißheit bzw. Vermutung, daß sie für die Fremdwassercharakterisierung in Rohmilch relevant sind. Um ihre kombinierte Wirkung zu erfassen, wurde ihr Muster an jeweils achtzehn Rohmilchproben mit 0% bzw. 5% und darüber hinaus an sechs Proben mit 10% Fremdwassergehalt ermittelt.

Leider besitzt die dritte Gruppe somit weniger Zeilen (sechs Objekte) als Spalten (sieben Variablen), so daß nach den am Ende dieses Abschnitts folgenden Bemerkungen die Kovarianzmatrix $\mathbf{S}^3$ der dritten Gruppe nicht invertierbar und der Ausdruck (4.11) für $i = 3$ nicht berechenbar ist. Daher beschränken wir uns im Augenblick auf die ersten beiden Gruppen, die ja gemessen an der Variablenzahl über hinreichend viele Objekte verfügen.

Die Isolierung jedes sechsten Objekts beider Gruppen aus dem Datensatz liefert im Sinne der Hold-out-Methode zweimal drei Testproben. Die Gruppenkovarianzmatrizen $\mathbf{S}^i$ und Gruppenmittelpunkte $\bar{x}^i$ in (4.11) basieren dann auf den verbleibenden zweimal 15 Lernobjekten beider Gruppen. Einsetzen des Mustervektors $\mathbf{x}$ eines jeden Testobjekts für beide Gruppenindizes $i = 1, 2$ in (4.11) erzeugt die in Tabelle 4.3 verzeichneten Werte. Nach der oben aufgestellten Bayesschen Regel entscheidet jeweils die kleinere der beiden Zahlen über die Gruppenzugehörigkeit, wobei durch die Logarithmenbildung in (4.11) auch negative Größen entstehen können. Es werden alle sechs Testproben des Rohmilchdatensatzes in die Klasse mit dem korrekten Fremdwassergehalt eingeordnet. Eine weitergehende Analyse dieses Datenbeispiels wird im Zusammenhang mit der Variablenreduktion in Abschn. 4.6 vorgenommen.

Mitunter weichen alle Gruppen-Kovarianzmatrizen nur zufällig voneinander ab, was sich – wie in Abschn. 4.4 erwähnt – auch statistisch prüfen läßt. Dann weisen die Verteilungen innerhalb der Gruppen so wie in Abb. 4.2 sehr ähnliche Gestalt auf, und man kann davon ausgehen, daß allen Gruppen eine gleiche theoretische Kovarianzmatrix zugrundeliegt. Letztere ist aus den Gruppen-Kovarianzmatrizen als gewichtetes Mittel

$$\mathbf{S} = \frac{1}{n-g} \sum_{i=1}^{g} (n_i - 1)\mathbf{S}^i \tag{4.12}$$

zu schätzen. Bei Behandlung von $\mathbf{S}$ als allen Gruppen gemeinsame Kovarianzmatrix vereinfacht sich die Zuordnungsregel (4.11) laut Behauptung 9 in Abschnitt 4.9 wie folgt:

Ordne ein Testobjekt $\mathbf{x}$ derjenigen Gruppe zu, die den Ausdruck

$$(\bar{\mathbf{x}}^i - 2\mathbf{x})^T \mathbf{S}^{-1} \bar{\mathbf{x}}^i \tag{4.13}$$

minimiert. Hier liegt nicht mehr quadratische sondern nur noch lineare Abhängigkeit von $\mathbf{x}$ vor, so daß zwischen den Klassen *lineare* Trennflächen bzw. -linien erscheinen. In Abb. 4.6 ist eine solche mit „L" bezeichnet. Zur Unterscheidung der Zuordnungsregeln (4.11) und (4.13) spricht man auch von quadratischer und linearer Bayesscher Klassifikation. Auf der einen Seite erscheint die quadratische Zuordnungsregel flexibler, wie anhand der Trennlinien zu vermuten ist. Andererseits ist die lineare Regel stabiler, da sie auf einer gemittelten Kovarianzmatrix beruht.

Ein prinzipielles Problem bei der quadratischen Klassifikation tritt auf, wenn wie im Rohmilchdatensatz in einer Gruppe weniger Objekte als Variablen vorliegen. Dann kann die entsprechende Kovarianzmatrix nämlich nicht mehr vollen

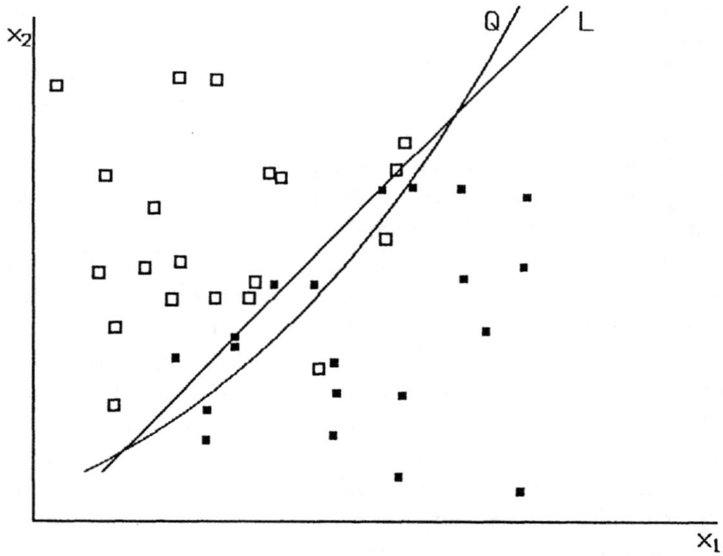

Abb. 4.6. Trennlinien der Bayesschen Klassifikation im quadratischen (Q) bzw. linearen (L) Fall für einen Beispieldatensatz

Rang besitzen (vgl. Abschn. 7.5), was dazu führt, daß sie nicht invertierbar und folglich der Ausdruck (4.11) für die in Frage stehende Gruppe nicht berechenbar ist. Und selbst bei geringfügiger Dominanz der Objekt- über die Variablenzahl resultieren in praktischen Anwendungen häufig hohe Fehlerraten der quadratischen Klassifikation, weil die Schätzungen der $\mathbf{S}^i$ noch zu instabil sind. Daher wird als Mindestforderung ein Verhältnis zwischen Objekt- und Variablenzahl von etwa 3:1 innerhalb *jeder* Gruppe empfohlen. Ist dies nicht realisierbar, so verspricht eine formale Anwendung der linearen Klassifikation über die Mittelung (4.12) unter Umständen immer noch mehr Erfolg, selbst wenn ein statistischer Test die Rechtfertigung der Annahme gleicher Gruppen-Kovarianzmatrizen versagen könnte. Da im linearen Fall nur eine Kovarianzmatrix benutzt wird, bezieht sich das Verhältnis von 3:1 dort immerhin nur auf die Objektzahl im *gesamten* Datensatz. In der Praxis hat man sorgfältig zu prüfen, welche der beiden Varianten zur Anwendung kommen sollte. Als Kriterium kann wieder die beispielsweise mit Leave-one-out-Methode geschätzte Fehlerrate dienen. Abschließend sei darauf hingewiesen, daß die Anwendung der linearen Bayesschen Klassifikation im wesentlichen mit der in (4.10) aufgestellten Klassifikationsregel bei Verwendung der maximalen Anzahl t nichtelementarer Diskriminanzmerkmale übereinstimmt.

4.6 Variablenreduktion

Die Notwendigkeit einer geeigneten Reduktion der Menge der gemessenen Variablen in Klassifikationsproblemen leuchtet nicht unmittelbar ein: Intuitiv scheint hinsichtlich der Objektcharakterisierung die Messung so vieler Eigenschaften wie nur irgend möglich mit dem Ziel der Informationsvergrößerung erstrebenswert. Allerdings werden dabei im allgemeinen zahlreiche Variablen in die Klassifikationsregel einbezogen, die eigentlich nichts zur Separation der Gruppen beitragen. Solche Variablen sind nicht nur – wie man zunächst vermuten könnte – einfach überflüssig sondern beeinflussen die zu erwartende Fehlerrate negativ, wie im weiter unten behandelten Beispiel noch zu sehen sein wird.

Folglich ist es wünschenswert, eine solche Variablenmenge herauszufiltern, die zu minimaler Fehlerrate führt. Prinzipiell ist das nicht allzu schwer, wenn man jeder Teilmenge von Variablen als Gütekriterium die etwa nach Leave-one-out-Methode erhaltene Fehlerratenschätzung zuordnet. Es ist aber zu bedenken, daß bei p Variablen insgesamt 2^p solcher Teilmengen zu bewerten wären, also bei lediglich zehn Variablen immerhin schon $2^{10} = 1024$ Kombinationen. Dies führt rasch zu einem unvertretbar hohen Aufwand. Es entsteht also ein ganz ähnliches Problem wie bei der Clusteranalyse (Abschn. 3.3), wo sich die Ermittlung einer optimalen Partition auf der Grundlage der vollständigen Enumeration sämtlicher Möglichkeiten als aussichtslos erwies. So bleibt auch hier nur der Rückgriff auf erfolgversprechende heuristische Prozeduren.

Folgende Variante ist an Ahrens und Läuter [2] angelehnt: Man startet mit der Gesamtmenge der gemessenen p Variablen und reduziert sie durch sukzessive Eliminierung solcher Variablen, deren Abwesenheit zu einem minimalen Verlust an Separationsfähigkeit führt. Als Separationsmaß einer Variablenmenge benutzen wir hier die Summe aller Eigenwerte des Problems (4.7) aus der linearen Diskriminanzanalyse. So lagen im Beispiel der vier Weinbrandsorten, das am Ende von Abschn. 4.4 diskutiert wurde, drei unabhängige Diskriminanzmerkmale mit den Eigenwerten $\lambda_1 = 0.962$, $\lambda_2 = 0.834$, $\lambda_3 = 0.131$ vor. Also beträgt die Separationsfähigkeit der dort gemessenen vier Variablen $\lambda_1 + \lambda_2 + \lambda_3 = 1.927$. Im Beispiel der Rohmilchdaten aus Abschn. 4.5 würde man dagegen aus (4.4) nur den einzigen Eigenwert $\lambda_1 = 0.782$ als Separationsfähigkeit der sieben Variablen errechnen, sofern man sich der Einfachheit halber wieder nur auf die ersten zwei Objektgruppen der Tabelle A.4 des Anhangs einschränkt (zur Erinnerung: die Zahl der Diskriminanzmerkmale ist stets höchstens gleich der Gruppenzahl minus Eins).

Es ist klar, daß die Separationsfähigkeit einer Variablenmenge nur abnehmen bzw. günstigstenfalls gleich bleiben kann, sofern aus dieser Menge eine Variable ausgesondert wird. In der Ausgangsmenge können nämlich die Diskriminanzmerkmale so gewählt werden, daß sie die ausgelassene Variable mit Null wichten. Dann wäre die Separationsfähigkeit eines auf der reduzierten Variablenmenge beruhenden Diskriminanzmerkmals in jedem Fall von einem auf der Ausgangsmenge basierenden Diskriminanzmerkmal reproduzierbar. Im Rohmilchdatensatz würde die Herausnahme der Variable 5 (Chlorid-Konzentration) zum Beispiel eine Reduktion der Separationsfähigkeit von 0.782 auf den Wert 0.687 nach sich ziehen. Die Streichung anderer Variablen aus dem Original-Ansatz fällt dagegen weniger drastisch aus. So ist Variable 7 (Natrium-Konzentration) am entbehrlichsten, da die Separationsfähigkeit der übrigen sechs Variablen unverändert 0.782 bleibt.

Aus diesen Beobachtungen leitet sich sofort eine Idee zur Variablenselektion ab: Man entferne sukzessive diejenige Variable aus dem aktuellen Ansatz, deren Fehlen einen geringstmöglichen Verlust an Separationsfähigkeit bewirkt, also im Beispiel zunächst die Variable 7. Der Gesamtprozeß der Variablenauswahl bei den Rohmilchdaten ist in Tabelle 4.4 aufgezeichnet, wobei die Werte der Separationsfähigkeit aus Platzgründen mit Tausend multipliziert sind. Es werden nacheinander die Variablen 7, 2, 1, 4, 6 und 5 aus dem Totalansatz gestrichen,

Tabelle 4.4. Hierarchische Variablenselektion für den Rohmilchdatensatz unter Einschränkung auf zwei Objektgruppen. Alle Werte sind aus Platzgründen mit Tausend multipliziert und die entbehrlichste Variable jeweils unterstrichen. L = Schätzung der Fehlerzahl mit Leave-one-out-, R = Schätzung mit Resubstitutionsmethode.

aktuelle Variablenmenge	Separationsfähigkeit mal Tausend bei Herausnahme von							L	R
	1	2	3	4	5	6	7		
$\{1,2,3,4,5,6,7\}$	769	781	766	775	687	691	<u>782</u>	4	1
$\{1,2,3,4,5,6\}$	769	<u>781</u>	764	775	686	690	-	4	1
$\{1,3,4,5,6\}$	<u>741</u>	-	740	739	675	687	-	3	1
$\{3,4,5,6\}$	-	-	599	<u>738</u>	544	651	-	2	1
$\{3,5,6\}$	-	-	534	-	453	<u>643</u>	-	1	1
$\{3,5\}$	-	-	159	-	<u>353</u>	-	-	3	3
$\{3\}$	-	-	0	-	-	-	-	8	8

bis zum Schluß nur noch Variable 3 (Lactose-Gehalt) übrig bleibt. Natürlich wird das Ziel einer Variablenauswahl im allgemeinen nicht darin bestehen, am Ende nur noch eine einzige Variable beizubehalten. Vielmehr ist zu erwarten, daß in diesem Prozeß der Verlust an Separationsfähigkeit und der Signifikanzgewinn durch Auslese als gegenläufige Einflußfaktoren an irgendeiner Stelle zwischen Total- und Ein-Variablen-Ansatz eine minimale Fehlerrate erzeugen. Die Analyse des Verlaufs der Separationsfähigkeit im Ablauf von Tabelle 4.4 (unterstrichene Werte) zeigt den ersten kleineren Abfall beim Übergang zu vier Variablen (0.741), dann einen stärkeren Sprung nach Reduktion auf zwei Variablen (0.643) und schließlich den drastisch verringerten Endwert bei Variable 3 allein (0.353). Wollte man sich ausschließlich an diesem Verlauf orientieren, so kämen vielleicht die drei genannten Variablenmengen als optimale Kandidaten in Frage. Es läßt sich auch eine statistische Entscheidung darüber treffen, an welcher Position der Verlust der Separationsfähigkeit erstmalig signifikant ist [2].

Besser geeignet scheint jedoch die direkte Eichung an der zu erwartenden Fehlerrate. Die Leave-one-out-Methode indiziert in der Tabelle ein klares Minimum bei Benutzung der drei Variablen 3, 5 und 6 (Lactose, Chlorid, Kalium). Einschränkung auf die beste Einzelvariable Lactose allein wird mit erheblichem Anstieg der Fehlerrate bestraft, aber auch der Total-Ansatz liegt erheblich schlechter als das Optimum. Zum Vergleich zeigt Tabelle 4.4 die analogen Fehlerzahlen ausgehend von der Resubstitutionsmethode. Es überrascht nicht, daß in keinem Fall die Werte der Leave-one-out-Methode überschritten, an vielen Positionen dagegen deutlich unterboten werden. Neben dem Fakt, daß die erhaltenen Fehlerzahlen unbrauchbar, weil zu optimistisch sind, ist die Resubstitution auch als Indikator einer optimalen Variablenmenge ungeeignet. Die allgemeine Tendenz ist ein relativ monotoner Anstieg der Fehlerzahl mit geringer werdender Variablenmenge. Dadurch liegt das Minimum automatisch zumeist beim Total-Ansatz, was sicherlich nicht allzu informativ ist.

Der hier beschriebene Weg der Variablen-Selektion beruht auf einem heuristischen Abbau der Ausgangsmenge. Dadurch wird der Zeitaufwand im Gegensatz zu einer vollständigen Bewertung aller denkbaren Kombinationen erträglich. Auf der anderen Seite ist natürlich nicht ausgeschlossen, daß durch die verwendete hierarchische Auslese Variablenmengen „übersehen“ werden, die besser als die ermittelte optimale sind. Eine allzu große Diskrepanz zwischen den erreichbaren Fehlerraten wird jedoch die Ausnahme bleiben.

4.7 ALLOC und SIMCA

Die ALLOC-Methode nach Hermans und Habbema [136] kann als Gegenstück der Potentialclusterung aus Abschnitt 3.4 für objektstrukturierte Datensätze verstanden werden: Wiederum werden über jedem Objekt sogenannte Potentiale des Typs (3.9) erzeugt. Im Unterschied zur Clusteranalyse summiert man aber nicht alle diese Potentiale zu einem einzigen Potentialgebirge sondern bildet für jede der Objektgruppen separate Summen.

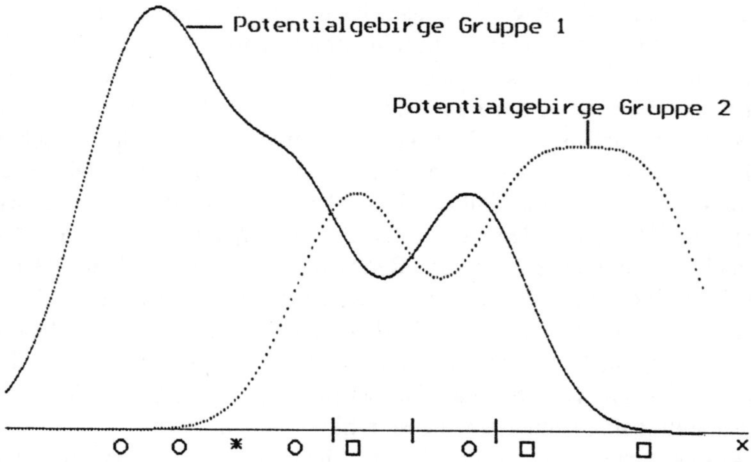

Abb. 4.7. Veranschaulichung der ALLOC-Klassifikationsregel für zwei Objektgruppen bezüglich einer Variable. Der ersten Gruppe entsprechen Kreise und die ausgezogene Potantialkurve, die zweite Gruppe wird durch Quadrate und die gepunktete Potentialkurve repräsentiert. Senkrechte Linien auf der Achse markieren „Entscheidungspunkte" und „*" ein Testobjekt

In Abb. 4.7 sind zwei Gruppen mit vier bzw. drei Objekten der Einfachkeit halber eindimensional dargestellt. Um Übersichtlichkeit zu bewahren, sind die Einzelpotentiale zu den Objekten ausgelassen, man vergleiche hierzu Abb. 3.5. Über jedem etwaigen Testobjekt ist der Potentialeinfluß der verschiedenen Gruppen errechenbar. Die Zuordnung erfolgt zu der Gruppe mit dem höchsten Einfluß. Dementsprechend wird das Testobjekt in Abb. 4.7 in Gruppe 1 klassifiziert. Die Zugehörigkeit wechselt genau an den Punkten, wo gleichgroße Gruppenpotentiale vorliegen. In Abb. 4.7 trifft das auf die drei auf der Achse markierten Positionen zu. Man erkennt, daß die Entscheidungsgebiete nicht – wie etwa in der linearen Diskriminanzanalyse oder der linearen Bayesschen Klassifikation – zusammenhängend sein müssen. Durch diese Flexibilität wird im Beispiel der Abb. 4.7 jedes Lernobjekt korrekt der eigenen Klasse zugeordnet, obwohl beide Gruppen überlappen, hier also nicht linear trennbar sind.

Wie in der Potentialclusterung ist auch bei der ALLOC-Methode die Wahl einer geeigneten Glättung der Potentiale entscheidend. Ganz ähnlich zur KNN-Methode würden zu flache Potentiale die Gruppe mit der größten Objektanzahl a priori in Vorteil setzen, während zu spitze Potentiale nur sehr kleine Umgebungen eines Testobjekts zu Entscheidungsträgern machen (wie k=1 in der KNN-Methode). Dabei hat man aber nicht nur einen einzigen Glättungsparameter α wie in (3.9) sondern einen ganzen Satz $\alpha_1, \ldots, \alpha_g$ (für jede Gruppe einen) zu berücksichtigen. Die Optimierung erfolgt mit der Leave-one-out-Methode. Ihre Anwendung ist genauso einfach wie im KNN-Fall, da bei Isolation eines Objekts aus dem Lerndatensatz vom ursprünglichen Potentialgebirge lediglich das Einzelpotential des isolierten Objekts zu subtrahieren ist.

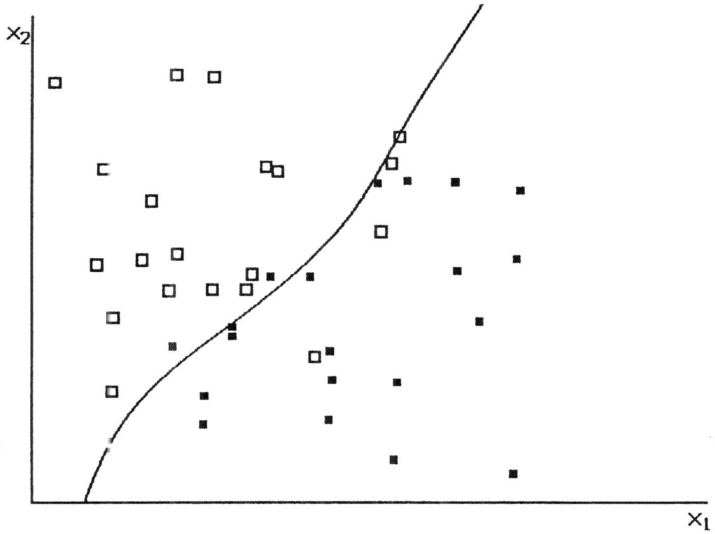

Abb. 4.8. Entscheidungstrennlinie der ALLOC-Methode für zwei Klassen eines Beispieldatensatzes

Bei zwei gemessenen Variablen werden die Potentialkurven zu Potentialflächen und die „Entscheidungspunkte" zu den gewohnten Entscheidungstrennkurven. Abbildung 4.8 zeigt zum Vergleich die ALLOC-Trennkurve für denselben Beispieldatensatz wie in Abb. 4.3 und 4.6. Es wird erkennbar, daß die ALLOC-Trennkurve einerseits flexibler als jene der linearen oder quadratischen Bayesschen Klassifikation ist, andererseits aber im Gegensatz zur KNN-Methode immer noch glatt (differenzierbar) bleibt. Es liegt qualitativ eine Zwischenstellung vor.

Um der Korrelationsstruktur im Datensatz besser Rechnung zu tragen und somit bessere Klassifikationsergebnisse zu erreichen (vgl. [38]), benutzt man bei der Definition der Einzelpotentiale im Exponenten nicht wie in (3.9) den quadrierten euklidischen Abstand zwischen Testobjekt und i-tem Objekt einer Gruppe sondern statt dessen den quadrierten Mahalanobisabstand. Dann berechnet sich das Einzelpotential eines Lernobjekts $\mathbf{x}_i$ über dem Testobjekt $\mathbf{x}$ als

$$\phi^i(\mathbf{x}) = e^{-\alpha(\mathbf{x}-\mathbf{x}_i)^T \mathbf{S}_i^{-1}(\mathbf{x}-\mathbf{x}_i)}$$

Summation führt wieder zu den Gruppenpotentialen und der sich daraus ableitenden Klassifikationsregel.

Speziell in der chemometrischen Literatur hat sich die von Wold ([286], [287], [64]) eingeführte SIMCA-Methode (kurz für „Soft Independent Modeling of Class Analogy") durchgesetzt. Die Kernidee besteht, vereinfachend gesprochen darin, jede Objektgruppe durch ein geeignetes Hauptkomponentenmodell zu beschreiben, und ein Testobjekt in diejenige Gruppe einzuordnen, zu deren Modell es am dichtesten liegt. Das Prinzip ist in Abb. 4.9 verdeutlicht, wo drei Objektgruppen mit zwei Variablen vorliegen. In zwei Fällen verläuft die Verteilung

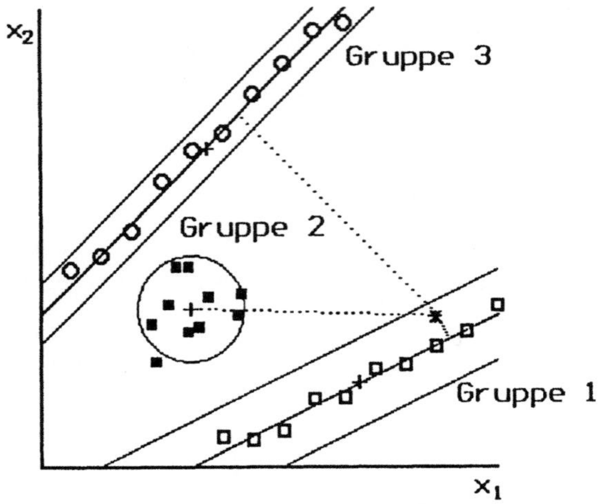

Abb. 4.9. Veranschaulichung der SIMCA-Methode. Mit „+" werden die Gruppenmittelpunkte und mit „*" ein Testobjekt bezeichnet. Die Begrenzungen der Hauptkomponentenmodelle sind durch eine Kreislinie bzw. ein Paar paralleler Geraden gegeben

entlang von Geraden, im dritten liegt offenbar Zufallsstreuung um den Gruppenmittelpunkt herum vor. Unter dem Hauptkomponentenmodell einer Lerngruppe versteht man die Approximation ihrer Objektverteilung durch ihren Mittelpunkt plus einen geeigneten linearen Unterraum (vgl. Abschn. 7.4). In Abb. 4.9 besitzen die verwendeten Unterräume die Dimensionen 1 bzw. 0, so daß man von 1-Komponenten- bzw. 0-Komponentenmodellen spricht. Bei mehr als zwei Variablen kann sich die Verwendung höherdimensionaler Unterräume, z.B. Ebenen, zur Anpassung an die Objekte einer Gruppe erforderlich machen. Der in Abschn. 2.1 formulierte geometrische Standpunkt der Hauptkomponentenanalyse besagt, daß die gesuchten best-approximierenden linearen Unterräume durch die Hauptkomponenten (nun der jeweiligen Lerngruppe und nicht des gesamten Datensatzes) definiert werden.

Ein Testobjekt „*" erhält als geometrischen Abstand zur Lerngruppe l die Länge d_l der Projektionsdifferenz zum jeweiligen Hauptkomponentenmodell (z.B. Lote auf Geraden). Die größte Ähnlichkeit des Testobjekts liegt dann zu der Gruppe mit dem kleinsten d_l-Wert vor (Gruppe 1 in Abb. 4.9). Allerdings modifiziert man diese Zuordnungsregel in der SIMCA-Methode geringfügig, um eine statistisch begründete separate Modellierung der Objektklassen zu erhalten: Der Abstand des Testobjekts zum Hauptkomponentenmodell einer Gruppe wird ins Verhältnis gesetzt zum mittleren Abstand aller Lernobjekte derselben Gruppe zu ihrem eigenen Modell. Die zuletzt genannte Größe mißt die Zufallsstreuung in den Gruppen um das Hauptkomponentenmodell herum. Mittels F-Test ist zu entscheiden, ob sich die Abweichung des Testobjekts gegenüber dieser Zufallsstreuung signifikant hervorhebt. Falls nicht, kann es als der entsprechenden Gruppe zugehörig angesehen werden. In Formeln ausgedrückt ordnet man das Testobjekt einer Gruppe l zu, die aus n_l Lernobjekten besteht und mit m_l Hauptkomponenten modelliert wurde, falls

$$\frac{d_l^2(n_l - m_l - 1)}{M_l F^*} \leq 1 \tag{4.14}$$

gilt. Dabei ist d_l der oben erwähnte geometrische Abstand des Testobjekts zum Haupkomponentenmodell der l-tenGruppe, M_l die Summe der quadrierten geometrischen Abstände aller Lernobjekte der Gruppe l zu ihrem eigenen Hauptkomponentenmodell und F^* der tabellierte Wert der F-Verteilung mit den beiden Freiheitsgraden $p - m_l$ und $(p - m_l)(n_l - m_l - 1)$ (p = Variablenzahl) zum Signifikanzniveau 95%.

Die linke Seite von (4.14) ist als eine Art statistischer Abstand zwischen Testobjekt und Lerngruppe l zu deuten, der bei Zugehörigkeit nicht den Wert Eins überschreiten darf. Auf diese Weise werden ähnlich zur linearen Diskriminanzanalyse Vertrauensbereiche um die Lernklassen herum definiert, die auch die Möglichkeit der mehrdeutigen Zuordnung zulassen.

Es gibt jedoch wesentliche Unterschiede zur linearen Diskriminanzanalyse: Erstens ist die Gestalt der Vertrauensbereiche vollkommen anders. Bei einem 1-Komponentenmodell zum Beispiel müssen alle als ähnlich einzustufenden Testobjekte eine hinreichend kleine „Lotlänge" realisieren, also innerhalb eines Streifens paralleler Geraden liegen, dessen Breite durch die kritische Prüfgröße F^* definiert wird (vgl. Abb. 4.9). Mit drei gemessenen Variablen wird aus diesem Streifen ein Zylinder um die Modellgerade herum. Analoge geometrische Interpretationen können für Modelle mit mehr als einer Komponente gegeben werden. Lediglich im 0-Komponentenfall stimmt der SIMCA-Vertrauensbereich mit der schon bekannten Streukugel (Streukreis in Abb. 4.9) überein. Der zweite und vielleicht wesentlichste Unterschied ist die unabhängige Behandlung der verschiedenen Lerngruppen. Dadurch kann man die gesamte Rechnung sukzessive Gruppe für Gruppe aufbauen und auch leicht zusätzliche Gruppen einbeziehen, während das Ergebnis in der linearen Diskriminanzanalyse stets von der Gesamtheit der Lerngruppen abhängt. Schließlich gibt es bei der SIMCA-Methode praktisch keine Restriktion bezüglich der Dimensionierung des Datensatzes. Selbst wenn die Variablenzahl größer als die Zahl sämtlicher Lernobjekte ist, tritt zumindest kein numerischer Abbruch auf.

Zur Ermittlung des statistischen Abstands zwischen einem Testobjekt $\mathbf{y}$ und der l-ten Lerngruppe, die durch einen entsprechenden Ausschnitt $\mathbf{X}_l$ des gesamten Datensatzes mit n_l Zeilen und p Spalten repräsentiert wird, ist die Kenntnis der Größen d_l^2 und M_l in (4.14) entscheidend. Sie lassen sich folgendermaßen berechnen:

1. Standardisiere die Lerngruppe $\mathbf{X}_l$ wie in Abschn. 7.3 beschrieben zu $\mathbf{X}_l^s$.
2. Bestimme wie in der Hauptkomponentenanalyse die Eigenwerte und -vektoren der zugehörigen Korrelationsmatrix $\mathbf{R}_l = \mathbf{X}_l^{sT}\mathbf{X}_l$ und fasse die zu den „signifikanten" ersten m_l Eigenwerten gehörigen normierten Eigenvektoren als Spalten einer Matrix $\mathbf{V}_l$ zusammen.
3. Standardisiere das Testobjekt $\mathbf{y}$ zu $\mathbf{y}^s$ (s. Bemerkungen unten).

4. Berechne den quadrierten geometrischen Abstand d_l^2 zwischen $\mathbf{y}^s$ und dem Hauptkomponentenmodell der Lerngruppe l nach der in Behauptung 10 von Abschn. 4.9 hergeleiteten Formel

$$d_l^2 = \|\mathbf{y}^s\|^2 - \|\mathbf{V}_l^T \mathbf{y}^s\|^2$$

5. Berechne analog alle quadrierten geometrischen Abstände der n_l standardisierten Lernobjekte zum eigenen Hauptkomponentenmodell. Dazu ist in der gerade angegebenen Formel $\mathbf{y}^s$ jeweils durch die als Spaltenvektor $\mathbf{x}^s$ geschriebene entsprechende Zeile von $\mathbf{X}_l^s$ zu ersetzen. Die Summe der erhaltenen Werte ergibt M_l.

Hierzu sind einige Bemerkungen zu machen. Zunächst sei darauf hingewiesen, daß bei Vorliegen mehrerer Testobjekte natürlich nur die das Testobjekt betreffenden Rechenschritte neu ausgeführt werden müssen, während die Eigenvektormatrix $\mathbf{V}_l$ und die Zahl M_l konstant sind. Die angegebene Prozedur gestattet eine vollkommen separate Modellierung der Beziehung zwischen Testobjekt und den verschiedenen Lerngruppen. Insbesondere wird die Standardisierung des Lerndatensatzes nicht total sondern den Gruppenabschnitten entsprechend vorgenommen, was auch für die Klassifikation vorteilhaft ist [52]. Um das Testobjekt mit der standardisierten Lerngruppe vergleichbar zu machen, muß es mit denselben Kenngrößen transformiert werden, d.h. von jeder Komponente wird der Mittelwert der entsprechenden Spalte von $\mathbf{X}_l$ subtrahiert und das Ergebnis noch durch die zu derselben Spalte gehörigen Standardabweichung dividiert. Der entscheidende zu adjustierende Klassifikationsparameter in der SIMCA-Methode ist die Zahl m_l einzubeziehender Eigenvektoren, die wiederum mit der Hold-out-Methode festgelegt werden kann.

Als konkretes Zahlenbeispiel sei erneut der Rohmilchdatensatz aus Tabelle A.4 des Anhangs aufgegriffen. Da keine Einschränkung des Verhältnisses zwischen Objekt- und Variablenzahl besteht, kann bei SIMCA auch die dritte Objektgruppe mit 10% Fremdwassergehalt in eine Klassifikationsrechnung einbezogen werden, was mit der quadratischen Klassifikation zuvor noch ausgeschlossen war (6 Objekte, 7 Variablen). Wie in Abschn. 4.5 sei jede sechste Zeile des Datensatzes als Testprobe deklariert. So gelangt man in den ersten beiden Gruppen zu je 15 Lern- und drei Testproben und in der dritten Gruppe zu 5 Lern- und 1 Testprobe. Die Bestimmung des statistischen Abstands (4.14) soll am ersten Testobjekt

$$\mathbf{y} = (3.90,\ 3.16,\ 4.73,\ 12.41,\ 992,\ 1594,\ 368)^T$$

(sechste Zeile des Datensatzes) bezogen auf die erste Lerngruppe (Zeilen 1-5, 7-11, 13-17 des Datensatzes) dargelegt werden.

Die Korrelationsmatrix der Lerngruppe weist zwei dominante Eigenwerte auf, so daß hier vereinfachend ohne Anwendung der Hold-out-Methode von einer adäquaten Beschreibung der Gruppe mit einem 2-Komponentenmodell ausgegangen werden soll. Die zugehörige Eigenvektormatrix, die aus Platzgründen in transponierter Form, also mit den beiden normierten Eigenvektoren als Zeilen geschrieben wird, lautet

$$\mathbf{V}_1^T = \begin{pmatrix} 0.43 & 0.53 & -0.32 & 0.46 & 0.36 & -0.17 & 0.25 \\ 0.38 & -0.12 & 0.47 & 0.40 & -0.45 & 0.37 & 0.36 \end{pmatrix}^T .$$

Die oben angegebene Transformation des Testobjekts entsprechend den Kenngrößen (Mittelwerte, Standardabweichungen) der Variablen in der Lerngruppe liefert

$$\mathbf{y}^s = (-1.33, -0.92, -0.35, -1.43, -0.64, 0.54, -1.44)^T .$$

Die quadrierte Länge von $\mathbf{y}^s$ errechnet sich als Summe der quadrierten Komponenten zu $\|\mathbf{y}^s\|^2 = 7.56$. Auf der anderen Seite ist $\mathbf{V}_1^T\mathbf{y}^s = (-2.29, -1.16)^T$ mit der quadrierten Länge $\|\mathbf{V}_1^T\mathbf{y}^s\|^2 = 6.59$, also entsteht als geometrischer Abstand nach obiger Formel $d_1^2 = 7.56 - 6.59 = 0.97$.

Dieselbe Prozedur wendet man nun anstelle von $\mathbf{y}^s$ auf die 15 Objekte der standardisierten ersten Lerngruppe selbst an und gelangt ganz analog zu deren quadrierten geometrischen Abständen zum eigenen Hauptkomponentenmodell. Die Summe aller Werte beträgt hier $M_l = 28.4$, also beläuft sich nach Einsetzen der kritischen F-Prüfgröße mit 7-2 = 5 und (7-2)(15-2-1) = 60 Freiheitsgraden zum Niveau 95% ($F^* = 2.37$) in (4.14) der statistische Abstand des ersten Testobjekts zur ersten Lerngruppe auf 0.17. Der kritische Wert Eins wird deutlich unterschritten, eine Zugehörigkeit zur ersten Gruppe liegt mit hoher Sicherheit vor. Ähnlich bestimmt man die statistischen Abstände 0.51 und 3.04 zu den beiden anderen Lerngruppen. Demzufolge wird Zugehörigkeit auch zur zweiten und Nichtzugehörigkeit zur dritten Gruppe angezeigt. Durch Orientierung am kleinsten Abstand läßt sich die hier auftretende Mehrdeutigkeit im Sinne der Entscheidung zugunsten von Lerngruppe 1 auflösen, was mit damit korrespondiert, daß das „Testobjekt“ ja tatsächlich ursprünglich aus der ersten Gruppe isoliert wurde.

In Tabelle 4.5 sind die statistischen Abstände aller sieben Testobjekte zu den drei Lerngruppen zusammengestellt. Bei Zugrundelegung eindeutiger Entscheidungen werden die ersten sechs Testobjekte korrekt zugeordnet, nämlich die ersten drei in die erste und die nächsten drei in die zweite Lerngruppe. Lediglich beim letzten Testobjekt, das aus der dritten Gruppe stammte, erfolgt eine Fehlzuordnung. Bezüglich der eigentlichen SIMCA-Klassifikation anhand von (4.14)

Tabelle 4.5. Statistische Abstände von sieben Testobjekten zu drei Lerngruppen im Rohmilchdatensatz. Bei Zugehörigkeit sind die Werte fett gedruckt, der kleinste Wert zur eindeutigen Klassifizierung ist zudem unterstrichen

	Testobjekt Nr.						
	1	2	3	4	5	6	7
Gruppe 1	<u>**0.17**</u>	<u>**0.03**</u>	<u>**0.21**</u>	**0.86**	**0.75**	**0.83**	2.40
Gruppe 2	**0.51**	**0.59**	**0.58**	<u>**0.08**</u>	<u>**0.10**</u>	<u>**0.15**</u>	<u>**0.61**</u>
Gruppe 3	3.04	2.60	3.06	2.23	1.56	2.80	3.10

ergeben sich bei den ersten beiden Gruppen stets Mehrdeutigkeiten, woraus geschlossen werden darf, daß sie gemessen am 95%-Signifikanzniveau des F-Tests noch nicht hinreichend gut separiert sind.

4.8 Literaturhinweise

Für allgemeine Einführungen in die überwachte Klassifikation kann exemplarisch auf die Monographien von Fukunaga [92], Lachenbruch [169], oder Coomans und Broeckaert [43] verwiesen werden. Als schnelle, illustrative Übersicht eignet sich der Artikel von Derde und Massart [53].

Unter den Methoden dominiert in der chemometrischen Literatur die Anwendung von SIMCA (z.B. [291]) und Linearer Diskriminanzanalyse (z.B. [158]), doch finden sich darüber hinaus auch zahlreiche Ergebnisse bei Benutzung der KNN-Methode [84], der Bayesschen Klassifikation [227] (speziell auch der quadratischen [10]), der ALLOC-Methode [41], linearer Lernmaschinen [176], stückweise linearer Diskriminanzfunktionen [150] und neuronaler Netze [300]. Die meisten Autoren beschränken sich bei der Bearbeitung einer Fragestellung nicht auf eine einzige Methode, sondern wenden ein ganzes Spektrum von Verfahren an, um die Resultate zu stützen und eventuelle Vor- oder Nachteile der einen oder anderen Prozedur zu erkennen [172], [89], [290], [127], [178], [180], [86], [296].

Bei den praktischen Problemen aus der Chemometrie, die mit der überwachten Klassifikation bearbeitet werden, überwiegen solche aus Umwelt- und Lebensmittelanalytik. Ein reiches Untersuchungsfeld bietet vor allem die auf gaschromatographischen Daten basierende Klassifikation von PCBs [65] in den verschiedensten Umgebungen, wie Luft [111], Wasser [211] oder biologischen Trägern (z.B. Vogeleier [254], Fisch [253]). Eine Gruppierung von PCBs nach ihrer toxischen Wirkung findet sich in [157]. Ausgehend von Massenspektren läßt sich eine ganze Reihe toxischer organischer Verbindungen in Luftproben gruppieren [67]. In [274] wird eine Unterscheidung der Muster von PAHs anhand von Luft- und Bodenproben aus der Umgebung einer Aluminiumhütte und aus anderen Regionen vorgenommen. Mit Diesel oder Benzin verunreinigte Böden können von sauberen durch Kohlenwasserstoff-Analyse der Bodengase diskriminiert werden [232].

Als Beispiele für Anwendungen der in diesem Abschnitt beschriebenen Methoden auf Fragen der Lebensmittelchemie seien die auf gaschromatographischen Daten oder Spurenelementkonzentrationen basierenden Klassifikationen von Weinen [10], [24], Weinbränden [60], [127], Paprika [25], Käse [88] oder Olivenöl [9] nach Sorten oder Herkunftsregionen genannt. Besonders interessant erscheint auch die Unterscheidung zwischen stark und schwach afrikanisierten Honigbienen anhand der chromatographischen Analyse von Kohlenwasserstoffextrakten aus Oberhaut und Wachsdrüsen [173].

In der Medizin stellt die überwachte Klassifikation vornehmlich bei der Zuordnung von Patienten in bestimmte Krankheitsklassen – z.B. verschiedene Grade von Leberschädigungen [8] oder von Tumorbefall in Hirngeweben [264] – anhand von biochemischen Testergebnissen oder Multielementanalysen ein wirksames Instrument dar. Der Nachweis von Handelsbeziehungen auf der Grundlage der Zuordnung gefundener Proben zu bekannten Herkunftsregionen bildet den Mittelpunkt vieler archäometrischer Problemstellungen, z.B. bei der spektrographischen Charakterisierung von Glasperlen [46] oder der Neutronenaktivierungsanalyse von Tonscherben [139]. Weitere Anwendungsgebiete der multivariaten Klassifikation sind Geochemie [71], [55], Biochemie [62], die Analyse von Struktur-Wirkungsbeziehungen (QSAR) [272], [64], multivariate Homogenitätsanalyse von Festkörpern [47] und viele andere.

Auch für rein instrumentelle Fragestellungen bieten sich Verfahren der überwachten Klassifiaktion an. So wird ein erfolgreicher Einsatz von SIMCA, KNN-Methode und linearer Diskriminanzanalyse für NIR-Spektren [197], [241], NMR-Shift-Spektren [112], Massenspektren [120], Chromatogramme [222] oder Fourier-Transform-Infrarot Interferogramme [245] beschrieben.

Neben praktischen Anwendungen nimmt die Methodenanalyse zunehmenden Raum ein. Dazu gehören beispielsweise Simulationsstudien für SIMCA [61], Variablenauswahl bei ALLOC [39], Wahl unterschiedlicher Metriken bei der KNN-Methode [268] oder die Aufstellung alternativer KNN-Entscheidungsregeln [42]. Mitunter werden Kombinationen wie ALLOC-lineare Diskriminanzanalyse [40] und ALLOC-SIMCA [125] der bekannten Verfahren diskutiert. Schließlich gibt es eine Reihe neu entwickelter Klassifikationsverfahren in der Chemometrie wie UNEQ [54], PRIMA [148] oder DASCO [91], die allerdings teilweise stark heuristisch sind oder nicht wesentlich über existierende Verfahren hinausgehen.

4.9 Mathematische Ergänzungen

Behauptung 6 *Es seien* $\mathbf{B}$ *und* $\mathbf{T}$ *beliebige quadratische Matrizen, von denen* $\mathbf{T}$ *als invertierbar vorausgesetzt wird. Dann wird* $(\mathbf{u}^T\mathbf{B}\mathbf{u})/(\mathbf{u}^T\mathbf{T}\mathbf{u})$ *maximal, wenn* $\mathbf{u}$ *Eigenvektor zum größten Eigenwert* λ *der Matrix* $\mathbf{T}^{-1}\mathbf{B}$ *ist, und* λ *gibt den Wert des erreichten Maximums an.*

Beweis:
Das aufgestellte Maximumproblem lautet

$$\max\{(\mathbf{u}^T\mathbf{B}\mathbf{u}/\mathbf{u}^T\mathbf{T}\mathbf{u}) \mid u \in \mathbf{R}^p\} \tag{4.15}$$

Zunächst wird gezeigt, daß (4.15) äquivalent zum Maximumproblem

$$\max\{\mathbf{u}^T\mathbf{B}\mathbf{u} \mid u \in \mathbf{R}^p, \mathbf{u}^T\mathbf{T}\mathbf{u} = 1\} \tag{4.16}$$

ist, wo der Quotient zugunsten einer Gleichungsrestriktion aufgelöst ist. Es sei nämlich $\mathbf{u}^0$ eine Lösung von (4.16), d.h. es gilt

$$\begin{aligned} &\mathbf{u}^{0T}\mathbf{T}\mathbf{u}^0 = 1 \quad \text{und} \quad \mathbf{u}^{0T}\mathbf{B}\mathbf{u}^0 \geq \mathbf{u}^T\mathbf{B}\mathbf{u} \\ &\text{für alle} \quad \mathbf{u} \in \mathbf{R}^p \quad \text{mit} \quad \mathbf{u}^T\mathbf{T}\mathbf{u} = 1 \end{aligned} \tag{4.17}$$

Ferner sei $\mathbf{w} \in \mathbf{R}^p$ beliebig gegeben. Setzt man $\mathbf{w}^* = \mathbf{w}/\alpha$ mit $\alpha = \sqrt{\mathbf{w}^T\mathbf{T}\mathbf{w}}$, so folgt

$$\mathbf{w}^{*T}\mathbf{T}\mathbf{w}^* = \left(\frac{\mathbf{w}}{\alpha}\right)^T \mathbf{T} \left(\frac{\mathbf{w}}{\alpha}\right) = \frac{\mathbf{w}^T\mathbf{T}\mathbf{w}}{\alpha^2} = 1$$

Daher erfüllt $\mathbf{w}^*$ die Gleichungsrestriktion und ist in (4.17) zur Konkurrenz zugelassen. Es folgt:

$$\frac{\mathbf{u}^{0T}\mathbf{B}\mathbf{u}^0}{\mathbf{u}^{0T}\mathbf{T}\mathbf{u}^0} = \mathbf{u}^{0T}\mathbf{B}\mathbf{u}^0 \geq \mathbf{w}^{*T}\mathbf{B}\mathbf{w}^* = \left(\frac{\mathbf{w}}{\alpha}\right)^T \mathbf{B} \left(\frac{\mathbf{w}}{\alpha}\right)$$
$$= \frac{\mathbf{w}^T\mathbf{B}\mathbf{w}}{\alpha^2} = \frac{\mathbf{w}^T\mathbf{B}\mathbf{w}}{\mathbf{w}^T\mathbf{T}\mathbf{w}} \tag{4.18}$$

Da $\mathbf{w} \in \mathbf{R}^p$ beliebig war, realisiert $\mathbf{u}^0$ mit dem Ausdruck auf der linken Seite von (4.18) tatsächlich das Maximum von (4.15). Ganz analog erkennt man, daß umgekehrt jeder Lösung $\mathbf{u}^0$ von Problem (4.15) eine Lösung $\mathbf{u}^0/\sqrt{\mathbf{u}^{0T}\mathbf{T}\mathbf{u}^0}$ von Problem (4.16) entspricht, die die Gleichungsrestriktion erfüllt und denselben Maximalwert erreicht.

Es genügt also, das leichter handhabbare Problem (4.16) zu lösen. Da es sich um ein restringiertes Maximumproblem handelt (vgl. Ende von Abschn. 7.9), ist die Ableitung der zugehörigen Lagrangefunktion $\mathbf{u}^T\mathbf{B}\mathbf{u} - \lambda\mathbf{u}^T\mathbf{T}\mathbf{u}$ nach dem Vektor $\mathbf{u}$ Null zu setzen:

$$\frac{\partial \mathbf{u}^T\mathbf{B}\mathbf{u}}{\partial \mathbf{u}} - \lambda\frac{\partial \mathbf{u}^T\mathbf{T}\mathbf{u}}{\partial \mathbf{u}} = 2\mathbf{B}\mathbf{u} - 2\lambda\mathbf{T}\mathbf{u} = \mathbf{0}$$

Die stationären Lösungen ergeben sich somit als Lösungen des verallgemeinerten Eigenwertproblems

$$\mathbf{B}\mathbf{u} = \lambda\mathbf{T}\mathbf{u} \tag{4.19}$$

bzw. nach Linksmultiplikation mit der Inversen $\mathbf{T}^{-1}$ als Lösungen des gewöhnlichen Eigenwertproblems

$$\mathbf{T}^{-1}\mathbf{B}\mathbf{u} = \lambda\mathbf{u} \tag{4.20}$$

Multipliziert man (4.19) von links mit $\mathbf{u}^T$, so folgt mit der Gleichungsrestriktion in (4.16)

$$\mathbf{u}^T\mathbf{B}\mathbf{u} = \lambda\mathbf{u}^T\mathbf{T}\mathbf{u} = \lambda \tag{4.21}$$

Also stimmt ein Eigenwert λ der Matrix $\mathbf{T}^{-1}\mathbf{B}$ in (4.20) mit dem durch einen zugehörigen Eigenvektor $\mathbf{u}$ erreichten Wert des Ausdrucks $\mathbf{u}^T\mathbf{B}\mathbf{u}$ überein, d.h. das globale Maximum von (4.16), welches ja in den durch (4.20) beschriebenen stationären Lösungen enthalten sein muß, wird durch einen Eigenvektor $\mathbf{u}$ realisiert, der zum *größten* Eigenwert (Maximum!) λ von $\mathbf{T}^{-1}\mathbf{B}$ gehört. □

Behauptung 7 *Das Eigenwertproblem (4.7) mit der nicht notwendig symmetrischen (p, p)-Matrix $\mathbf{T}^{-1}\mathbf{B}$ läßt sich auf ein Eigenwertproblem mit symmetrischer*

(g, g)-Matrix (g = Zahl der Gruppen) reduzieren. Die Eigenvektoren können dabei so gewählt werden, daß die über alle Gruppen gemittelte Kovarianzmatrix der aus diesen Eigenvektoren resultierenden Diskriminanzmerkmale proportional zur identischen Matrix ist.

Beweis:
Nach Gl. (3.16) gibt es eine (p, g)-Matrix $\mathbf{Y}$, so daß sich $\mathbf{B}$ in

$$\mathbf{B} = \mathbf{Y}\mathbf{Y}^T \tag{4.22}$$

zerlegen läßt. Es werde folgendes Eigenwertproblem

$$\mathbf{Y}^T\mathbf{T}^{-1}\mathbf{Y}\mathbf{v} = \lambda\mathbf{v} \tag{4.23}$$

betrachtet, von dem sich herausstellen wird, daß es äquivalent zu (4.7) ist. Die auf der linken Seite von (4.23) auftretende Matrix ist, wie behauptet, von der Ordnung (g, g) und symmetrisch. Letzteres folgt aus der Symmetrie von $\mathbf{T}$, so daß man wegen $(\mathbf{T}^{-1})^T = (\mathbf{T}^T)^{-1} = \mathbf{T}^{-1}$ die Identität

$$(\mathbf{Y}^T\mathbf{T}^{-1}\mathbf{Y})^T = \mathbf{Y}^T\mathbf{T}^{-1}\mathbf{Y}$$

erhält. Ist der Rang dieser Matrix etwa r, so folgt aus der gerade festgestellten Symmetrie die Existenz von r Eigenpaaren $(\mathbf{v}_i, \lambda_i)$, die (4.23) erfüllen. Nach Zusammenfassung aller Eigenwerte λ_i zur Diagonalmatrix $\mathbf{\Lambda}$ sowie der zugehörigen Eigenvektoren als Spalten einer Matrix $\mathbf{V}$ kann dann die vollständige Lösung von (4.23) in der Form

$$\mathbf{Y}^T\mathbf{T}^{-1}\mathbf{Y}\mathbf{V} = \mathbf{V}\mathbf{\Lambda} \quad \text{mit} \quad \mathbf{V}^T\mathbf{V} = \mathbf{I}_r \tag{4.24}$$

angegeben werden. Im folgenden soll unter $d[\alpha_i]$ stets eine Diagonalmatrix mit den Diagonalelementen α_i verstanden werden, also z.B. $\mathbf{\Lambda} = d[\lambda_i]$. Setzt man nun

$$\mathbf{U} = \sqrt{n-g}\,\mathbf{T}^{-1}\mathbf{Y}\mathbf{V}d[(\lambda_i - \lambda_i^2)^{-1/2}], \tag{4.25}$$

(d.h. die i-te Spalte der Matrix $\mathbf{T}^{-1}\mathbf{Y}\mathbf{V}$ ist aus weiter unten einleuchtenden Skalierungsgründen jeweils mit dem Faktor $\sqrt{(n-g)/(\lambda_i - \lambda_i^2)}$ zu multiplizieren) so resultiert aus (4.22) und (4.24) wegen der Vertauschbarkeit von Diagonalmatrizen:

$$\begin{aligned} \mathbf{T}^{-1}\mathbf{B}\mathbf{U} &= \sqrt{n-g}\,\mathbf{T}^{-1}\mathbf{Y}\mathbf{Y}^T\mathbf{T}^{-1}\mathbf{Y}\mathbf{V}d[(\lambda_i - \lambda_i^2)^{-1/2}] \\ &= \sqrt{n-g}\,\mathbf{T}^{-1}\mathbf{Y}\mathbf{V}\mathbf{\Lambda}d[(\lambda_i - \lambda_i^2)^{-1/2}] = \mathbf{U}\mathbf{\Lambda} \end{aligned}$$

Also ist die Eigenwertmatrix $\mathbf{\Lambda}$ des Problems (4.24) zugleich Eigenwertmatrix des Problems (4.7), und die aus der Eigenvektormatrix $\mathbf{V}$ des Problems (4.24) gewonnene Matrix $\mathbf{U}$ ist ihrerseits Eigenvektormatrix des Problems (4.7). In diesem Sinne sind alle Lösungen von (4.24) in den Lösungen von (4.7) enthalten.

Um die tatsächliche Äquivalenz beider Eigenwertprobleme nachzuweisen, bleibt lediglich die umgekehrte Inklusion zu zeigen. Dazu geht man von der vollständigen Lösung von (4.7) aus, d.h. $\mathbf{T}^{-1}\mathbf{BU} = \mathbf{U\Lambda}$. Nach Linksmultiplikation dieser Gleichung mit $\mathbf{Y}^T$ und unter Berücksichtigung von (4.22) folgt dann:

$$\mathbf{Y}^T\mathbf{T}^{-1}\mathbf{YY}^T\mathbf{U} = \mathbf{Y}^T\mathbf{U\Lambda}$$

Setzt man hierin $\mathbf{V} = \mathbf{Y}^T\mathbf{U}$, so gelangt man wieder zu (4.24), womit die Äquivalenz vollständig bewiesen ist.

Bezeichnet man mit $\mathbf{S}$ die mittlere Kovarianzmatrix innerhalb der Gruppen bezüglich der Ausgangsvariablen x_i, so ist diese proportional zu der Matrix $\mathbf{W}$ aus (3.4). Konkret gilt (vgl. [2]): $\mathbf{W} = (n-g)\mathbf{S}$. Da die Diskriminanzmerkmale z_j aus den x_i durch Wichtung mit den in den Spalten von $\mathbf{U}$ zusammengefaßten Eigenvektoren entstehen (vgl. (4.1)), ist die mittlere Kovarianzmatrix innerhalb der Gruppen (nun aber bezüglich der Diskriminanzmerkmale z_j) gleich $\mathbf{U}^T\mathbf{SU}$ (dies folgt aus der Tatsache, daß sich die Kovarianz von Linearkombinationen in der in Abschn. 7.6 beschriebenen Weise aus der Kovarianzmatrix der Ausgangsvariablen ergibt). Für den zuletzt genannten Ausdruck läßt sich folgende Gleichungskette aufstellen:

$$\begin{aligned}
\mathbf{U}^T\mathbf{SU} &= \frac{1}{n-g}\mathbf{U}^T\mathbf{WU} = \frac{1}{n-g}\mathbf{U}^T\mathbf{TU} - \frac{1}{n-g}\mathbf{U}^T\mathbf{BU} \\
&\quad \text{(nach(3.5))} \\
&= d[(\lambda_i - \lambda_i^2)^{-1/2}]\mathbf{V}^T\mathbf{Y}^T\mathbf{T}^{-1}\mathbf{TT}^{-1}\mathbf{YV}d[(\lambda_i - \lambda_i^2)^{-1/2}] - \\
&\quad d[(\lambda_i - \lambda_i^2)^{-1/2}]\mathbf{V}^T\mathbf{Y}^T\mathbf{T}^{-1}\mathbf{YY}^T\mathbf{T}^{-1}\mathbf{YV}d[(\lambda_i - \lambda_i^2)^{-1/2}] \\
&\quad \text{(nach (4.22) und (4.25))} \\
&= d[(\lambda_i - \lambda_i^2)^{-1/2}]\mathbf{V}^T\mathbf{V\Lambda}d[(\lambda_i - \lambda_i^2)^{-1/2}] - \\
&\quad d[(\lambda_i - \lambda_i^2)^{-1/2}]\mathbf{V}^T\mathbf{Y}^T\mathbf{T}^{-1}\mathbf{YV\Lambda}d[(\lambda_i - \lambda_i^2)^{-1/2}] \\
&\quad \text{(nach (4.24))} \\
&= d[(\lambda_i - \lambda_i^2)^{-1}]\mathbf{\Lambda} - \\
&\quad d[(\lambda_i - \lambda_i^2)^{-1/2}]\mathbf{V}^T\mathbf{V\Lambda}^2 d[(\lambda_i - \lambda_i^2)^{-1/2}] \\
&\quad \text{(wegen der Orthonormiertheit von } \mathbf{V}\text{, s. (4.24))} \\
&= d[(\lambda_i - \lambda_i^2)^{-1}]d[\lambda_i] - d[(\lambda_i - \lambda_i^2)^{-1}]d[\lambda_i^2] \\
&= d[(\lambda_i - \lambda_i^2)^{-1}(\lambda_i - \lambda_i^2)] = d[1] = \mathbf{I}_r
\end{aligned}$$

Folglich ist die mittlere Kovarianzmatrix innerhalb der Gruppen bezüglich der Diskriminanzmerkmale proportional zur Einheitsmatrix. □

Behauptung 8 *Im Spezialfall zweier Gruppen* ($g = 2$) *mit* n_1 *bzw.* n_2 *Objekten* ($n_1 + n_2 = n$) *reduziert sich das Eigenwertproblem (4.7) auf die Lösung des linearen Gleichungssystems* $\mathbf{Tu} = \mathbf{y}$, *wobei der Vektor* $\mathbf{y}$ *aus den Komponenten* $y_i = (\bar{x}_i^1 - \bar{x}_i^2)\sqrt{n_1 n_2}/\sqrt{n}$ *gebildet wird* ($\bar{x}_i^1$, $\bar{x}_i^2$ *sind die Komponenten der beiden Gruppenmittelpunkte, vgl. (3.1)).*

Beweis:
Für den Spezialfall $g = 2$ erhalten die Elemente von $\mathbf{B}$ (nach Definition in der letzten Gleichung von (3.4)) sowie die Komponenten des Gesamtmittelvektors $\bar{\bar{x}}$ die einfache Gestalt

$$b_{ij} = n_1(\bar{x}_i^1 - \bar{\bar{x}}_i)(\bar{x}_j^1 - \bar{\bar{x}}_j) + n_2(\bar{x}_i^2 - \bar{\bar{x}}_i)(\bar{x}_j^2 - \bar{\bar{x}}_j) \tag{4.26}$$

$$\bar{\bar{x}}_i = \frac{n_1}{n}\bar{x}_i^1 + \frac{n_2}{n}\bar{x}_i^2 \quad \text{(analog für den Index } j) \tag{4.27}$$

Einsetzen von (4.27) in (4.26) liefert mit der Relation $n_1 + n_2 = n$:

$$\begin{aligned} b_{ij} &= n_1\frac{n_2}{n}(\bar{x}_i^1 - \bar{x}_i^2)\frac{n_2}{n}(\bar{x}_j^1 - \bar{x}_j^2) + n_2\frac{n_1}{n}(\bar{x}_i^2 - \bar{x}_i^1)\frac{n_1}{n}(\bar{x}_j^2 - \bar{x}_j^1) \\ &= \left(\frac{n_1 n_2^2}{n^2} + \frac{n_2 n_1^2}{n^2}\right)(\bar{x}_i^1 - \bar{x}_i^2)(\bar{x}_j^1 - \bar{x}_j^2) \\ &= \frac{n_1 n_2}{n}(\bar{x}_i^1 - \bar{x}_i^2)(\bar{x}_j^1 - \bar{x}_j^2) \end{aligned} \tag{4.28}$$

Mit dem oben in der Behauptung eingeführten Vektor $\mathbf{y}$ folgt aus (4.28):

$$b_{ij} = y_i y_j \quad \text{bzw. in Matrixform} \quad \mathbf{B} = \mathbf{y}\mathbf{y}^T$$

Dann schreibt sich (4.7) als $\mathbf{T}^{-1}\mathbf{y}\mathbf{y}^T\mathbf{u} = \lambda\mathbf{u}$ bzw. – da $\mathbf{y}^T\mathbf{u}$ eine Zahl ergibt, die bei der Multiplikation vorgezogen werden kann – als

$$(\mathbf{y}^T\mathbf{u})\mathbf{T}^{-1}\mathbf{y} = \lambda\mathbf{u} \tag{4.29}$$

Die Gl. (4.29) wird offenbar erfüllt, wenn man $\lambda = \mathbf{y}^T\mathbf{u}$ und $\mathbf{u} = \mathbf{T}^{-1}\mathbf{y}$, also $\mathbf{u}$ als Lösung des linearen Gleichungssystems $\mathbf{T}\mathbf{u} = \mathbf{y}$ setzt. Dann ist λ der einzige von Null verschiedene Eigenwert in (4.7), der nach Behauptung 6 den maximalen Separationsquotienten angibt, und $\mathbf{u}$ stellt den zugehörigen Eigenvektor (Gewichte des Diskriminanzmerkmals) dar. □

Behauptung 9 *Unter Annahme einer gemeinsamen, nach (4.12) berechneten Gruppenkovarianzmatrix* $\mathbf{S}$ *vereinfacht sich die Zuordnungsregel (4.11) zu (4.13).*

Beweis:
Einsetzen der allen Gruppen gemeinsamen Kovarianzmatrix $\mathbf{S}$ in (4.11) liefert den Ausdruck

$$\begin{aligned} \ln det\,\mathbf{S} + (\mathbf{x} - \bar{\mathbf{x}}^i)^T\mathbf{S}^{-1}(\mathbf{x} - \bar{\mathbf{x}}^i) &= \sum_{j=1}^{p} \ln\lambda_j + \mathbf{x}^T\mathbf{S}^{-1}\mathbf{x} + \bar{\mathbf{x}}^{iT}\mathbf{S}^{-1}\bar{\mathbf{x}}^i \\ &\quad - \mathbf{x}^T\mathbf{S}^{-1}\bar{\mathbf{x}}^i - \bar{\mathbf{x}}^{iT}\mathbf{S}^{-1}\mathbf{x} \end{aligned}$$

mit λ_j als Eigenwerten von $\mathbf{S}$, deren Produkt stets mit der Determinante übereinstimmt. Da die ersten beiden Summanden des letzten Terms gar nicht vom Gruppenindex i abhängen, also in allen Gruppen gleichermaßen vorkommen, spielen sie für die Zuordnungsregel keine Rolle. Des weiteren gilt

$$\mathbf{x}^T\mathbf{S}^{-1}\bar{\mathbf{x}}^i = \bar{\mathbf{x}}^{iT}\mathbf{S}^{-1}\mathbf{x},$$

da beide Ausdrücke durch Transponieren auseinander hervorgehen. Andererseits handelt es sich um Zahlen ($(1, p)$-Vektor mal (p, p)-Matrix mal $(p, 1)$-Vektor ergibt eine $(1, 1)$-„Matrix"!), und Zahlen stimmen trivialerweise stets mit ihrer Transposition überein.

Berücksichtigt man diese Tatsachen, so ist das Gruppenminimum nur noch über

$$\bar{\mathbf{x}}^{iT}\mathbf{S}^{-1}\bar{\mathbf{x}}^i - 2\mathbf{x}^T\mathbf{S}^{-1}\bar{\mathbf{x}}^i$$

zu bilden, was exakt der Regel (4.13) entspricht. □

Behauptung 10 *Verifikation der in Abschn. 4.7 angegebenen Formel zur Berechnung des geometrischen Abstands eines (standardisierten) Testobjekts zum Hauptkomponentenmodell einer (standardisierten) Lerngruppe.*

Jedes Element $\hat{\mathbf{y}}$ des Hauptkomponentenmodells der Lerngruppe l muß sich nach Definition als Summe des Gruppenmittelpunktes und einer Linearkombination der ersten m_l Eigenvektoren der Gruppenkorrelationsmatrix darstellen lassen. Da der Gruppenmittelpunkt nach Standardisierung der Lerngruppe in den Koordinatenursprung übergeht, existiert also eine Darstellung der Form

$$\hat{\mathbf{y}} = \mathbf{V}_l\mathbf{c} \tag{4.30}$$

mit der Eigenvektormatrix $\mathbf{V}_l$ und einem Vektor $\mathbf{c}$. Projektion des Testvektors $\mathbf{y}^s$ auf das Hauptkomponentenmodell bedeutet, dasjenige Element des Modells mit dem geringsten Abstand zu $\mathbf{y}^s$ aufzufinden (Aufpunkte der Lote in Abb. 4.9). Anders ausgedrückt, ist der Vektor $\mathbf{c}$, der ja die Position von $\hat{\mathbf{y}}$ definiert, so zu variieren, daß die Projektionsdifferenz $\mathbf{y}^s - \mathbf{V}_l\mathbf{c}$ minimale Länge erreicht. Die Lösung des Problems ist nach Abschn. 7.9 Gl. (7.56)

$$\mathbf{c} = (\mathbf{V}_l^T\mathbf{V}_l)^{-1}\mathbf{V}_l^T\mathbf{y}^s = \mathbf{V}_l^T\mathbf{y}^s,$$

wobei in der zweiten Gleichung von der Orthonormiertheit der Eigenvektoren ($\mathbf{V}_l^T\mathbf{V}_l = \mathbf{I}$ = identische Matrix der Ordnung m_l) Gebrauch gemacht wurde. Also ist $\hat{\mathbf{y}} = \mathbf{V}_l\mathbf{V}_l^T\mathbf{y}^s$. Schließlich folgt der gesuchte quadrierte geometrische Abstand als quadrierte Länge des Differenzenvektors der Projektion (man berücksichtige die Orthonormiertheit von $\mathbf{V}_l$):

$$\begin{aligned} d_l^2 &= \|\mathbf{y}^s - \hat{\mathbf{y}}\|^2 = \|(\mathbf{I} - \mathbf{V}_l\mathbf{V}_l^T)\mathbf{y}^s\|^2 \\ &= \mathbf{y}^{sT}(\mathbf{I} - \mathbf{V}_l\mathbf{V}_l^T)^T(\mathbf{I} - \mathbf{V}_l\mathbf{V}_l^T)\mathbf{y}^s = \mathbf{y}^{sT}(\mathbf{I} - \mathbf{V}_l\mathbf{V}_l^T)\mathbf{y}^s \\ &= \mathbf{y}^{sT}\mathbf{y}^s - \mathbf{y}^{sT}\mathbf{V}_l\mathbf{V}_l^T\mathbf{y}^s = \|\mathbf{y}^s\|^2 - \|\mathbf{V}_l\mathbf{y}^s\|^2 \end{aligned}$$

□

5 Methoden der multivariaten linearen Regression

5.1 Einführung

Während die Klassifikationsmethoden bei Datensätzen zur Anwendung kommen, die bezüglich der Objektmenge strukturiert sind, geht man bei der multivariaten Regression von zwei Gruppen innerhalb der Variablenmenge aus. Die erste Gruppe besteht aus p Variablen $x_1, \ldots, x_p$, den sogenannten Regressoren, mit deren Hilfe eine zweite Gruppe von m Variablen $y_1, \ldots, y_m$ – die sogenannten Regressanden vorhergesagt werden sollen. Häufig werden die Regressoren durch wählbare Einstellgrößen, wie Geräteparameter eines Meßinstruments gebildet, und die Regressanden sind meßbare Größen wie die Intensität eines Analysensignals, deren Werte sich als Funktion der eingestellten Regressoren darstellen. Es sind aber auch andere Konstellationen denkbar. So kann das Ziel der Regression eine Vorhersage schwer meßbarer oder „teurer" Eigenschaften aus leicht meßbaren oder „billigen" Ersatzvariablen sein. Beispielsweise ist im Zusammenhang mit einem Produktionsprozeß die Qualität des Endprodukts (z.B. Lebensdauer einer Glühlampe) eine Eigenschaft, die am Ausgangsprodukt (z.B. Wolframerz als Rohstoff) noch nicht direkt meßbar ist. Da eine Qualitätsvorhersage von enormer wirtschaftlicher Bedeutung ist, könnte man versuchen, die nicht unmittelbar am Ausgangsprodukt meßbare Eigenschaft durch zugängliche Größen (z.B. Spurenkonzentrationen technologisch relevanter Elemente) zu beschreiben. Mit der Regressionsrechnung ist es möglich, festzustellen, ob ein solcher gewünschter Zusammenhang tatsächlich existiert oder ob die Regressoren zur Beschreibung des Regressanden ungeeignet sind.

Die prinzipielle Datenstruktur multivariater Regressionsmethoden ist in Abb. 5.1 skizziert: Ausgehend von einem Lern-Datensatz mit p Regressor- und m Regressandenwerten für n Objekte wird die funktionale Abhängigkeit $y = f(x)$ modelliert. Liegen für spätere Testobjekte die Werte $\hat{x}$ derselben Regressoren vor, dann lassen sich mit dem aufgestellten Modell f die Regressandenwerte $\hat{y} = f(\hat{x})$ der Testobjekte vorhersagen. Mitunter werden wie in der klassischen Kalibrierung der analytischen Chemie (vgl. Abschn. 5.4) umgekehrt an den Testproben Regressandenwerte gemessen, und das Umkehrmodell dient der Vorhersage der entsprechenden Regressorwerte: $\hat{x} = f^{-1}(\hat{y})$.

Die Betrachtungen dieses Kapitels sollen auf lineare Abhängigkeiten zwischen Regressanden und Regressoren eingeschränkt werden. Eine Behandlung des allgemeineren Gebiets der nichtlinearen Regression, zu dem unter anderem die in der physikalischen Chemie wichtigen mehr-exponentiellen Zusammenhänge gehören, kann in [15] gefunden werden.

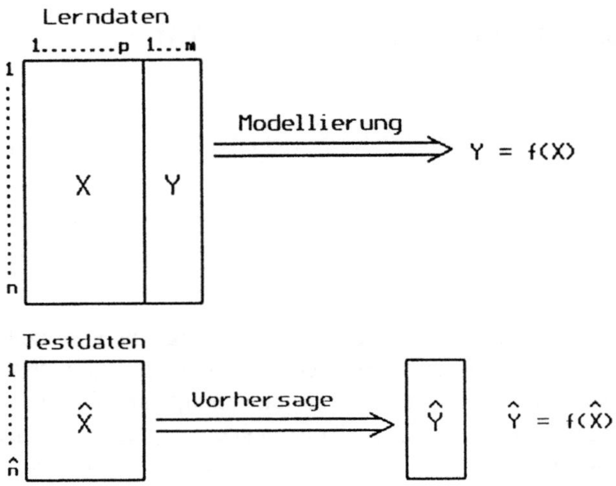

Abb. 5.1. Datenstruktur bei der linearen Regression

Tabelle 5.1. Kalibrierdaten zur Analyse von Nickel in Wolframoxid mittels optischer Emissionsspektrometrie (y = optisches Signal, c = Konzentration in ppm).

Probe	1	2	3	4	5	6	7
y	-1.31	-0.66	-0.33	-0.04	0.84	1.15	2.26
c	1.0	3.5	6.0	11	51	101	501
$x = \ln c$	0.00	1.25	1.79	2.40	3.93	4.62	6.22

Das Hauptanwendungsgebiet der Regression in der analytischen Chemie bildet die Kalibrierproblematik. Darunter versteht man die Beschreibung des Zusammenhangs zwischen der Konzentration einer interessierenden chemischen Komponente und deren Analysensignal bei geeignetem Meßverfahren. Die in Tabelle 5.1 zusammengestellten Daten stammen von der Nickelanalyse in Wolframoxid mittels optischer Emissionsspektroskopie (OES). Aus Schwärzungsmessungen an einer Photoplatte läßt sich nach passender Transformation ein Meßwert y erhalten, der von der Nickel-Konzentration c in der Form

$$y = a \cdot \ln c + b$$

abhängt. Zwar tritt durch den Logarithmus eine nichtlineare Funktion des Regressors in Erscheinung, doch bleibt der Zusammenhang zwischen y und dieser Funktion linear. Daher kann man sich im Beispiel $\ln c$ einfach als neuen Regressor x vorstellen, dessen Werte in eineindeutiger Weise aus jenen der Ausgangsgröße c entstehen (vgl. Tabelle 5.1). Die Auftragung der Meßpunkte in einem $y/\ln c$-Diagramm (vgl. Abb. 5.2) muß folglich in etwa eine Gerade mit dem Anstieg a und dem Ordinatenabschnitt b ergeben. Modellierung des Zusammenhangs $y = f(x) = f(\ln c)$ bedeutet konkret die Ermittlung der Geradenparameter

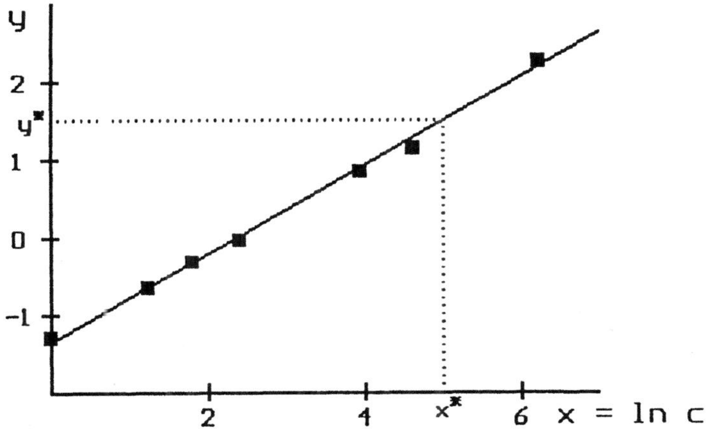

Abb. 5.2. Kalibriergerade zur Bestimmung der Nickelkonzentration in Wolframoxid mittels OES.

a und b, und man erhält hier: $a = 0.57$, $b = -1.36$. Mit diesen Koeffizienten ist es möglich, die Konzentrationen von Testproben aus deren Signalmeßwerten vorherzusagen, denn die Umstellung der obigen Beziehung nach der Konzentration liefert $c = e^{(y-b)/a}$, so daß z.B. dem Signal $y^* = 1.5$ einer Testprobe die Nickelkonzentration $c^* = 151$ppm zugeordnet wird (in Abb. 5.2 erhält man zunächst den eigentlichen Regressorwert $x^* = \ln c^* = 5.02$, der dann leicht in die Konzentration umzurechnen ist).

In zahlreichen Systemen treten sogenannte Interferenzen auf, d.h. das Analysensignal hängt nicht nur von der zu bestimmenden Komponente ab, sondern wird noch von anderen ebenfalls vorhandenen Komponenten gestört. Um auch hier zu einwandfreier Kalibrierung zu gelangen, müssen die störenden Komponenten als zusätzliche Regressoren in den Ansatz einbezogen werden. Man spricht dann von einer Mehrkomponentenkalibrierung. Falls sogar die Konzentrationen mehrerer Komponenten gleichzeitig – z.B. auch die der störenden – interessieren, besteht schließlich auch die Menge der Regressanden aus mehr als nur einer Variable.

Als klassisches und bekanntestes Verfahren ist die multiple lineare Regression anzusehen. Bei dieser Methode entstehen allerdings Komplikationen, wenn unter den Regressoren stärker ausgeprägte Korrelationsbeziehungen vorherrschen, wie im Falle chemischer Komponenten, deren Peaks im Spektrum, Chromatogramm oder Polarogramm stark überlagern. Es handelt sich um das Multikollinearitätenproblem, das mit Alternativmethoden wie der Hauptkomponentenregression oder der Partial Least Squares Regression (PLS) behandelt werden kann.

5.2 Multiple lineare Regression

Den Ausgangspunkt der multiplen linearen Regression bilden p Einstellgrößen (Regressoren) $x_1, x_2, \ldots x_p$, sowie (zunächst nur) eine Zielgröße (Regressand) y, die sich in Abhängigkeit von den Einstellgrößen messen läßt. Es wird angenommen, daß sich der Wert des Regressanden aus einem Absolutglied, einem linearen Beitrag der Regressoren sowie einem unvermeidbaren Fehler ε bei der Messung von y zusammensetzt. Dann gilt das Modell

$$y = \beta_0 + \beta_1 x_1 + \beta_2 x_2 + \cdots + \beta_p x_p + \varepsilon \tag{5.1}$$

Konkret kann man sich die Regressoren z.B. als die Konzentrationen von p chemischen Komponenten in einem Gemisch vorstellen, die ein Analysensignal der Intensität y erzeugen. Dann ist β_0 der Blindwert des Signals bei Abwesenheit aller betrachteten Komponenten ($x_i = 0$) und β_i seine Empfindlichkeit gegenüber der Konzentration von Komponente i. Allgemein werden die β_i auch als Regressionskoeffizienten bezeichnet. Für $p = 1$ reduziert sich der Ansatz (5.1) auf den bekannten einfachen Geradenausgleich.

Das Hauptinteresse liegt in der Schätzung der unbekannten Regressionskoeffizienten β_i ausgehend von Datensammlungen für Regressoren und Regressand. Eine Stichprobe von n Messungen nach Einstellung von n verschiedenen Regressorkombinationen liefert als Datenmaterial den Regressanden-Vektor $\mathbf{y}$ sowie die (erweiterte) Regressormatrix $\mathbf{X}$:

$$\mathbf{y} = \begin{pmatrix} y_1 \\ y_2 \\ \vdots \\ y_n \end{pmatrix}; \mathbf{X} = \begin{pmatrix} 1 & x_{11} & x_{12} & \cdots & x_{1p} \\ 1 & x_{21} & x_{22} & \cdots & x_{2p} \\ \vdots & \vdots & \vdots & \ddots & \vdots \\ 1 & x_{n1} & x_{n2} & \cdots & x_{np} \end{pmatrix} \tag{5.2}$$

Hier ist x_{ij} der Wert des j-ten Regressors in der i-ten Messung und y_i der beobachtete Wert des Regressanden in der i-ten Messung. Die zusätzliche, mit Einsen gefüllte Spalte in $\mathbf{X}$ wird ledigich aus schreibtechnischen Gründen zur bequemeren Einbeziehung des Absolutgliedes angefügt und hat mit der eigentlichen Datensammlung nichts zu tun. Später werden, z.B. nach Datenzentrierung alternativ auch Regressionsprobleme ohne Absolutglied betrachtet. Dann gelten die Darlegungen dieses Abschnitts völlig analog für die einfache (nicht erweiterte) Regressormatrix ohne Einsen-Spalte. Die konkrete Gestalt von $\mathbf{X}$ ergibt sich aus dem jeweiligen Kontext.

Als Veranschaulichung stelle man sich vor, daß zwei chemische Komponenten A und B in drei Mischungen mit variierenden Konzentrationen vorliegen und jeweils ein Meßsignal mit bestimmter Intensität bewirken. Ein simples Zahlenbeispiel ist

		$[A]$	$[B]$		Signal
Mischung 1)	1	1	0		8
Mischung 2)	1	0	1	$= \mathbf{X}$; $\mathbf{y} =$	5
Mischung 3)	1	1	1		10

wobei wie im folgenden stets eckige Klammern die Konzentration der eingeschlossenen Komponente mit fixierter Maßeinheit (z.B. ppm) bedeuten soll. Aus formalen Gründen ist wieder die mit Einsen gefüllte Spalte vorangestellt, obwohl sie nicht zu den eigentlichen Daten gehört.

Nun muß für jede einzelne Messung y_i aus (5.2) der Zusammenhang (5.1) gelten

$$y_i = \beta_0 + \beta_1 x_{i1} + \beta_2 x_{i2} + \cdot + \beta_p x_{ip} + \varepsilon_i \quad (i = 1, \ldots, n).$$

Nach Zusammenfassung der β_i zu einem Koeffizientenvektor und der ε_i zu einem Fehlervektor

$$\beta = \begin{pmatrix} \beta_0 \\ \beta_1 \\ \beta_2 \\ \vdots \\ \beta_p \end{pmatrix} \qquad \varepsilon = \begin{pmatrix} \varepsilon_1 \\ \varepsilon_2 \\ \vdots \\ \varepsilon_n \end{pmatrix}$$

lassen sich diese n Gleichungen in Matrixschreibweise kurz als

$$\mathbf{y} = \mathbf{X}\beta + \varepsilon \tag{5.3}$$

darstellen. Setzt man anstelle des unbekannten Koeffizientenvektors β irgendeinen beliebigen Vektor $\mathbf{b}$ mit den Komponenten $b_0, b_1, \ldots, b_p$ als Schätzung ein, so entsteht zwischen dem tatsächlich gemessenen Regressandenvektor $\mathbf{y}$ und dem aus $\mathbf{b}$ und $\mathbf{X}$ vorhergesagten Regressandenvektor

$$\hat{\mathbf{y}} = \mathbf{X}\mathbf{b} \tag{5.4}$$

eine Diskrepanz $\mathbf{y} - \hat{\mathbf{y}}$, die um so kleiner ist, je besser die Schätzung $\mathbf{b}$ mit β übereinstimmt.

Nach zunächst willkürlicher Wahl von Koeffizienten $b_0 = 3; b_1 = 2; b_2 = 1$ ergibt sich bezüglich der ersten Zeile im Zahlenbeispiel die Näherung $\hat{y}_1 = 3 \cdot 1 + 2 \cdot 1 + 1 \cdot 0 = 5$ des zugehörigen ersten Regressandenwertes und analog mit den weiteren Zeilen $\hat{y}_2 = 4; \hat{y}_3 = 6$. Ein Vergleich dieser Approximationen mit dem tatsächlich gemessenen Signal-Vektor $\mathbf{y}$ liefert den Fehlervektor

$$\mathbf{y} - \hat{\mathbf{y}} = \begin{pmatrix} 8 \\ 5 \\ 10 \end{pmatrix} - \begin{pmatrix} 5 \\ 4 \\ 6 \end{pmatrix} = \begin{pmatrix} 3 \\ 1 \\ 4 \end{pmatrix}$$

mit teilweise noch deutlichen Abweichungen in den Komponenten, was die Vermutung nahelegt, daß die benutzten b_i nicht optimal sind. Im Idealfall würde die Differenz $\mathbf{y} - \hat{\mathbf{y}}$ gleich dem Nullvektor sein. Eine geeignete Maßzahl für den aktuellen Fehler ist sicherlich die Länge des Fehlervektors bzw. – was dazu äquivalent und bequemer handhabbar ist – das Quadrat dieser Länge. Die erhaltene Größe, die sich dann einfach als Summe sämtlicher quadrierter Fehlerkomponenten errechnet, wird auch als *Fehlerquadratsumme* (FQS) zur Schätzung $\mathbf{b}$ bezeichnet:

$$\text{FQS} = \|\mathbf{y} - \hat{\mathbf{y}}\|^2 = \sum_{i=1}^{n} (y_i - \hat{y}_i)^2 \tag{5.5}$$

Im Zahlenbeispiel ist FQS $= 3^2 + 1^2 + 4^2 = 26$. Für eine bessere Wahl, z.B. $b_0 = 2, b_1 = 4, b_2 = 2$, erhält man auch eine niedrigere Fehlerquadratsumme, hier nämlich FQS $= 9$.

Aus dem Gesagten wird klar, daß die Berechnung einer optimalen Schätzung von $\mathbf{b}$ auf die Minimierung der entstehenden Fehlerquadratsumme hinausläuft, d.h. nach (5.4) und (5.5) auf das Minimierungsproblem

$$\min \|\mathbf{y} - \hat{\mathbf{y}}\|^2 = \min_{\mathbf{b}} \|\mathbf{y} - \mathbf{X}\mathbf{b}\|^2 \tag{5.6}$$

bei gegebenen $\mathbf{X}, \mathbf{y}$. Geometrisch steht hinter diesem Problem die Projektion des Vektors $\mathbf{y}$ auf den durch die Spaltenvektoren von $\mathbf{X}$ aufgespannten linearen Unterraum. Analytisch wird die Lösung von (5.6) in Abschn. 7.9 hergeleitet. Man gelangt nach (7.57) zu

$$\mathbf{b}^{opt} = (\mathbf{X}^T\mathbf{X})^{-1}\mathbf{X}^T\mathbf{y} \quad \text{bzw.} \quad \mathbf{X}^T\mathbf{X}\mathbf{b}^{opt} = \mathbf{X}^T\mathbf{y}. \tag{5.7}$$

In der ersten Gleichung ist der optimale Lösungsvektor explizit dargestellt. Bei der praktischen Bestimmung kann man sich allerdings die dabei erforderliche Matrixinversion sparen, indem man $\mathbf{b}$ äquivalent als Lösung des rechts angegebenen linearen Gleichungssystems auffaßt, welches nach Linksmultiplikation mit $\mathbf{X}^T\mathbf{X}$ entsteht.

Der Rechengang soll nun am vorliegenden Zahlenbeispiel skizziert werden: Nach Ausführung der entsprechenden Matrixmultiplikationen, wie sie in Abschn. 7.5 vorgestellt wurden, resultiert ausgehend vom oben angegebenen $\mathbf{X}$

$$\mathbf{X}^T\mathbf{X} = \begin{pmatrix} 1 & 1 & 1 \\ 1 & 0 & 1 \\ 0 & 1 & 1 \end{pmatrix} \begin{pmatrix} 1 & 1 & 0 \\ 1 & 0 & 1 \\ 1 & 1 & 1 \end{pmatrix} = \begin{pmatrix} 3 & 2 & 2 \\ 2 & 2 & 1 \\ 2 & 1 & 2 \end{pmatrix}$$

$$\mathbf{X}^T\mathbf{y} = \begin{pmatrix} 1 & 1 & 1 \\ 1 & 0 & 1 \\ 0 & 1 & 1 \end{pmatrix} \begin{pmatrix} 8 \\ 5 \\ 10 \end{pmatrix} = \begin{pmatrix} 23 \\ 18 \\ 15 \end{pmatrix}.$$

Als lineares Gleichungssystem folgt:

$$\begin{pmatrix} 3 & 2 & 2 \\ 2 & 2 & 1 \\ 2 & 1 & 2 \end{pmatrix} \begin{pmatrix} b_0 \\ b_1 \\ b_2 \end{pmatrix} = \begin{pmatrix} 23 \\ 18 \\ 15 \end{pmatrix} \quad \text{d.h.} \quad \begin{aligned} 3b_0 + 2b_1 + 2b_2 &= 23 \\ 2b_0 + 2b_1 + 1b_2 &= 18 \\ 2b_0 + 1b_1 + 2b_2 &= 15 \end{aligned}$$

Die Auflösung nach den Unbekannten ist hier noch sehr leicht durch sukzessives Ersetzen erreichbar, und die Lösung lautet: $b_0 = 3, b_1 = 5, b_2 = 2$. Durch Nachrechnen verifiziert man, daß dieser Koeffizientenvektor die nicht zu unterbietende Fehlerquadratsumme Null realisiert, d.h. der Regressandenvektor läßt sich mit den gegebenen Koeffizienten exakt aus den Regressoren reproduzieren. Dieser Effekt ist lediglich der niedrigen Dimensionalität des Zahlenbeispiels geschuldet und in realen Datensätzen nicht zu erwarten. In praxisrelevanten Anwendungen mit größerer Regressorzahl ist das lineare Gleichungssystem in (5.7) analog zu denen, die auch bei den Klassifikationsmethoden auftraten, über die Cholesky-Methode (Abschn. 7.7) zu lösen.

Es ist wichtig, darauf hinzuweisen, daß der aus dem gegebenem Datenmaterial berechnete Koeffzientenvektor $\mathbf{b}^{opt}$ nicht mit dem unbekannten und gesuchten Vektor β des Zusammenhangs (5.3) übereinstimmt. Es handelt sich lediglich um eine optimale Schätzung von β. Wiederholung der Datensammlung in der gleichen Problemstellung mit gleichem Stichprobenumfang führt nämlich im allgemeinen zu einer anderen Schätzung $\mathbf{b}^{opt}$, die ihrerseits für den wiederholten Datensatz optimal ist. Die berechneten optimalen Regressionskoeffizienten sind also wie die Daten selbst Zufallsgrößen.

Immerhin lassen sich folgende zwei Aussagen treffen [204]: Erstens ist die Schätzung der $\mathbf{b}^{opt}$ erwartungstreu (auch: unverzerrt), d.h. bei häufiger Wiederholung der Datensammlung im gleichen Problem mit gleichem Stichprobenumfang wird im Mittel der theoretische Koeffizientenvektor β getroffen. Zweitens sind die als Lösung des kleinsten Fehlerquadrat-Problems (5.6) erhaltenen Schätzungen b_i unter allen denkbaren unverzerrten Schätzungen der unbekannten β_i die bestmöglichen im Sinne minimaler Streuung. Das ist der Gegenstand des bekannten Gauß-Markov-Theorems [239].

Bislang wurde nur der Fall eines einzigen Regressanden y betrachtet. Dies scheint gegenüber der in der Einführung beschriebenen Datenstruktur mit m Regressanden eine Einschränkung zu sein. In Wirklichkeit werden aber in der multiplen linearen Regression – im Gegensatz zu einigen anderen Verfahren – verschiedene Regressanden zur gleichen Regressormenge völlig unabhängig voneinander behandelt. Es sei also jetzt anstelle eines Spaltenvektors $\mathbf{y}$ eine ganze Regressandenmatrix $\mathbf{Y}$ mit n Zeilen und m Spalten gegeben. Dann erweitert sich der Ansatz (5.3) zu

$$\mathbf{Y} = \mathbf{X}\underline{\beta} + \underline{\varepsilon} \tag{5.8}$$

mit $\underline{\beta}$ als Regressionskoeffizienten*matrix* der Ordnung (p, m) und mit $\underline{\varepsilon}$ als Fehler*matrix* der Ordnung (n, m), die die Diskrepanz zwischen der aus den Regressoren vorhergesagten Matrix $\hat{\mathbf{Y}} = \mathbf{X}\beta$ und der tatsächlich gemessenen Regressandenmatrix $\mathbf{Y}$ erfaßt. Als geeignete Maßzahl kann wiederum die Fehlerquadratsumme, jetzt aber über alle $n \cdot m$ Komponenten der Differenz $\mathbf{Y} - \hat{\mathbf{Y}}$ genommen werden. Die Minimierung dieser Fehlerquadratsumme führt ähnlich zum Fall eines einzigen Regressanden zu der optimalen Matrix geschätzter Regressionskoeffizienten

$$\mathbf{B}^{opt} = (\mathbf{X}^T\mathbf{X})^{-1})\mathbf{X}^T\mathbf{Y} \quad \text{bzw.} \quad \mathbf{X}^T\mathbf{X}\mathbf{B}^{opt} = \mathbf{X}^T\mathbf{Y}. \tag{5.9}$$

Die Lösungsmatrix $\mathbf{B}^{opt}$ enthält in ihren m Spalten genau diejenigen Koeffizientenvektoren $\mathbf{b}^{opt}$ die man bei sukzessiver Betrachtung der m einzelnen Regressandenvektoren (Spalten von $\mathbf{Y}$) aus (5.7) errechnen würde.

Als theoretische Bedingung an den erweiterten Regressordatensatz $\mathbf{X}$ hat man in der multiplen linearen Regression zu fordern, daß die Zahl der Spalten mindestens ebenso groß ist wie die Zahl der Zeilen, da sonst die Matrixinversion in (5.7) bzw. (5.9) nicht ausführbar bzw. das entsprechende Gleichungssystem nicht eindeutig lösbar ist. Es handelt sich um denselben Sachverhalt, der schon im Zusammenhang mit der quadratischen Bayesschen Klassifikation diskutiert wurde.

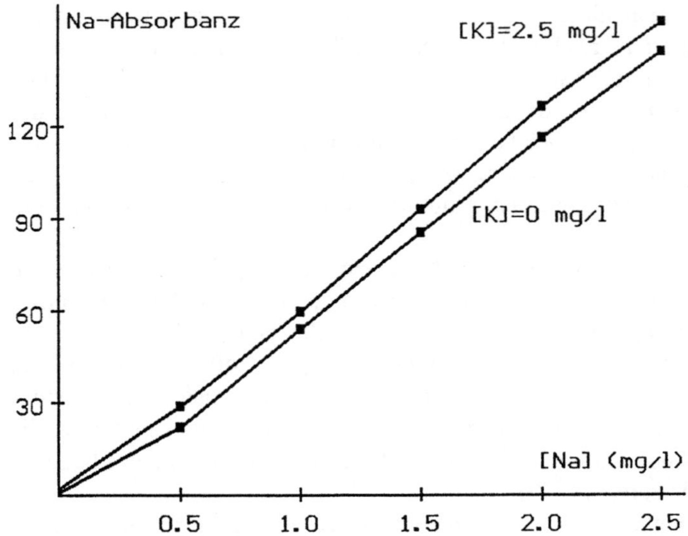

Abb. 5.3. Kalibrierkurven zur Natrium-Analyse mittels FAES bei unterschiedlichen Zusätzen von Kalium

Folglich muß die Zahl der Messungen die Zahl der Regressoren mindestens um Eins übertreffen. Im Hinblick auf stabile Lösungen ist sogar wie in der quadratischen Bayesschen Klassifikation ein Objekt/Variablenverhältnis von mindestens 3:1 wünschenswert.

Ein Beispiel zur Zwei-Komponenten-Kalibrierung soll die Anwendung der multiplen linearen Regression illustrieren. Es handelt sich um Daten zur quantitativen Bestimmung von Natrium mittels Flammenatomemissionsspektrometrie (FAES) [11]. In Abb. 5.3 ist die Absorbanz von Natrium als Funktion der Natrium-Konzentration von sechs Kalibrierproben dargestellt. Der durch Verbindung der Meßpunkte erhaltene Streckenzug (untere Kurve) weist bei geringeren Konzentrationen eine gewisse Abweichung von der Linearität auf, die durch Ionisationsstörungen bedingt ist. Setzt man den Kalibrierproben neben Natrium auch Kalium zu, so werden die erwähnten Ionisationsstörungen immer mehr kompensiert, und es treten gegenüber der Abwesenheit von Kalium erhöhte Werte der Natrium-Absorbanz auf. Damit liegen im Vergleich zu der einfachen Kalibration von Abb. 5.2 zwei wesentliche Unterschiede vor: Erstens weicht die Signal-Konzentrations-Funktion von der Linearität ab, und zweitens, was gravierender ist, kann von keiner eindeutigen Kalibrierung gesprochen werden, da die Natrium-Kennkurve durch Kalium gestört wird. Diese Kalium-Interferenz führt dazu, daß bei der Analyse des Natriumgehalts in Testproben unter Nutzung der ungestörten Kalibrierkurve verfälschte Werte erhalten werden, und zwar um so mehr, je höher die Kalium-Konzentration in diesen Testproben ist. Eine duale Situation liegt bei der Kalium-Analyse vor, wo es zu Interferenzen durch Natrium kommt.

Tabelle 5.2. Absorbanzen von Kalium und Natrium (K*, Na*) für 36 Kalibrierproben mit variierenden Konzentrationen beider Elemente ([K], [Na], Angaben in mg/l)

Nr.	K*	Na*	[K]	[Na]	Nr.	K*	Na*	[K]	[Na]
1)	0.0	0.8	0.0	0.0	2)	0.0	22.0	0.0	0.5
3)	0.0	54.0	0.0	1.0	4)	0.0	85.1	0.0	1.5
5)	0.0	116.2	0.0	2.0	6)	0.0	144.1	0.0	2.5
7)	11.2	1.1	0.5	0.0	8)	14.4	26.0	0.5	0.5
9)	14.9	55.1	0.5	1.0	10)	15.5	89.6	0.5	1.5
11)	15.6	120.0	0.5	2.0	12)	15.7	147.6	0.5	2.5
13)	30.4	2.5	1.0	0.0	14)	32.4	27.1	1.0	0.5
15)	32.0	59.4	1.0	1.0	16)	35.6	89.1	1.0	1.5
17)	37.1	123.5	1.0	2.0	18)	38.0	150.8	1.0	2.5
19)	53.0	2.0	1.5	0.0	20)	56.9	27.1	1.5	0.5
21)	53.8	60.2	1.5	1.0	22)	53.1	89.0	1.5	1.5
23)	55.8	121.1	1.5	2.0	24)	54.0	150.6	1.5	2.5
25)	74.0	1.5	2.0	0.0	26)	72.1	29.8	2.0	0.5
27)	75.4	64.9	2.0	1.0	28)	74.5	95.2	2.0	1.5
29)	74.6	127.6	2.0	2.0	30)	77.2	157.4	2.0	2.5
31)	93.8	2.0	2.5	0.0	32)	92.4	28.8	2.5	0.5
33)	90.5	59.6	2.5	1.0	34)	91.5	92.9	2.5	1.5
35)	94.6	125.8	2.5	2.0	36)	95.0	153.8	2.5	2.5

Um den verändernden Einfluß des Kaliums zu erfassen, muß das Natrium-Signal als Funktion nicht nur der Natrium- sondern auch der Kalium-Konzentration dargestellt werden. Analog wäre bei der Kalium-Analyse das Kalium-Signal als Funktion der Kalium- und Natrium-Konzentration zu modellieren. Anstelle der eindimensionalen Anordnung der Kalibrierproben wie in Abb. 5.3 tritt ein zweidimensionales Kalibrierraster über einen interessierenden Konzentrationsbereich beider Elemente. Im vorliegenden Beispiel wurden 6 mal 6 = 36 Kalibrierproben angesetzt, bei denen die Natrium- und Kalium-Konzentrationen unabhängig voneinander den Bereich zwischen 0 und 2.5 mg/l in Schritten zu 0.5 mg/l durchlaufen.

In Tabelle 5.2 sind die Konzentrationspaare aller 36 Kalibrierproben mit den zugehörigen Absorbanzen beider Elemente zusammengestellt. Mit diesen Daten wurde eine sogenannte inverse Kalibrierung vorgenommen. Darunter versteht man einen Ansatz, bei dem gegenüber der klassischen Kalibrierung in Abb. 5.2 nicht die Konzentrationen als Regressoren und die Signale als Regressand sondern umgekehrt die Signale als Regressoren und die Konzentrationen als Regressanden fungieren. Dadurch wird eine unmittelbare Vorhersage der Konzentrationen aus den Signalen modelliert, ohne daß wie in dem Datenbeispiel zu Abb. 5.2 die Umkehrfunktion gebildet werden muß. Auf beide Varianten der Kalibrierung wird in Abschn. 5.4 noch detaillierter eingegangen.

Wegen der Übersichtlichkeit wollen wir die Vorhersage der Kalium-Konzentrationen außer acht lassen und uns auf Natrium beschränken. Aus dem oben Gesagten ist klar, daß ein klassischer univariater Ansatz der Form $[\mathrm{Na}] = b_0 + b_1 \cdot \mathrm{Na}^*$ (Bezeichnungen s. Tabelle 5.2) nicht die Kalium-Interferenz berücksichtigt und somit zumindest auf den bivariaten Ansatz $[\mathrm{Na}] = b_0 + b_1 \cdot$

$K^* + b_2 \cdot Na^*$ zu erweitern ist. Andererseits ist hiermit noch nicht der in Abb. 5.3 erkennbaren Nichtlinearität des funktionalen Zusammenhangs Rechnung getragen. Als einfachstes vernünftiges Modell bietet sich ein Polynom zweiten Grades in zwei Variablen zur Konzentrationsvorhersage an:

$$[\mathrm{Na}] = b_0 + b_1 \mathrm{K}^* + b_2 \mathrm{Na}^* + b_3 \mathrm{K}^* \mathrm{Na}^* + b_4 K^{*2} + b_5 \mathrm{Na}^{*2} \tag{5.10}$$

Dann hat die erweiterte Regressormatrix **X** aus (5.2) im gegebenen Beispiel 36 Zeilen und 6 Spalten, die wie folgt angeordnet sind: Die erste (künstliche Spalte) besteht wieder komplett aus Einsen. Die zweite bzw. dritte Spalte umfaßt alle 36 untereinander zu schreibenden K*- bzw. Na*-Werte aus Tabelle 5.2. Die vierte Spalte ergibt sich durch Bildung der 36 jeweiligen Produkte aus den Werten der zweiten und dritten Spalte. Analog entstehen die fünfte bzw. sechste Spalte durch Quadrierung der jeweiligen Werte der zweiten bzw. dritten Spalte. Auf diese Weise werden aus zwei eigentlichen Datenspalten durch Verknüpfung insgesamt $p = 5$ Regressorspalten erzeugt. Der Regressandenvektor **y** stimmt mit den 36 Natrium-Konzentrationen der Tabelle 5.2 überein.

Die Koeffizientenberechnung über (5.7) liefert für das Modell (5.10) die konkrete Gestalt:

$$\begin{aligned} [\mathrm{Na}] &= 4.09 \cdot 10^{-2} - 1.95 \cdot 10^{-3} \mathrm{K}^* + 1.77 \cdot 10^{-2} \mathrm{Na}^* \\ &\quad -9.45 \cdot 10^{-6} \mathrm{K}^* \mathrm{Na}^* + 1.50 \cdot 10^{-5} \mathrm{K}^{*2} - 5.12 \cdot 10^{-6} \mathrm{Na}^{*2} \end{aligned} \tag{5.11}$$

Die stark unterschiedlichen Größenordnungen der Regressionskoeffizienten lassen keinerlei Rückschlüsse über die Bedeutung des jeweiligen Regressors zu sondern sind ausschließlich durch die verschiedenen Skalen der Regressoren bedingt (Produktterme nehmen hier deutlich höhere Werte als Einzelterme an, so daß ihre Koeffizienten zum Ausgleich tendenziell erheblich niedriger sind). Das erhaltene Kalibrationsmodell kann nun zur Vorhersage der Natriumkonzentration in Testproben, ausgehend von den gemessenen Absorbanzen für Natrium und Kalium, benutzt werden: Angenommen, bei der FAES-Analyse einer Testprobe seien die Signalintensitäten 95 für Kalium und 40 für Natrium bestimmt worden. Dann gewinnt man aus (5.11) (ohne Konzentrationseinheit):

$$\begin{aligned} [\mathrm{Na}] &= 4.09 \cdot 10^{-2} - 1.95 \cdot 10^{-3} \cdot 95 + 1.77 \cdot 10^{-2} \cdot 40 \\ &\quad -9.45 \cdot 10^{-6} \cdot 3800 + 1.50 \cdot 10^{-5} \cdot 9025 - 5.12 \cdot 10^{-6} \cdot 1600 \\ &= 0.65 \end{aligned}$$

5.3 Variablenreduktion

Genauso wie bei den Klassifikationsmethoden (vgl. Abschn. 4.6) macht sich auch bei der multiplen linearen Regression eine Variablenreduktion erforderlich. Zum einen sollte die Interpretation von Regressionskoeffizienten vor nichtsignifikanten Regressoren vermieden werden, da dies zu Fehlschlüssen führen kann, zum anderen wird auch bei der Regression der Erfolg einer Vorhersage für Testproben durch redundante Variablen beeinträchtigt. Zunächst stellt sich die Aufgabe, solche nichtsignifikanten Variablen zu erkennen. Dazu wird für jeden Regressionskoeffizienten b_i $(i = 0, \ldots p)$ die Prüfgröße

$$t_i^* = | b_i | \sqrt{\frac{n-p-1}{\mathrm{FQS} \cdot \gamma_{i+1}}} \quad (i = 0, \ldots, p) \tag{5.12}$$

gebildet. Hierbei bedeutet FQS die nach (5.5) berechnete minimale Fehlerquadratsumme unter Nutzung des optimalen Koeffizientenvektors b^{opt}, und γ_i ist das i-te Diagonalelement der Matrix $(\mathbf{X}^T\mathbf{X})^{-1}$ aus (5.7). Die Verschiebung des Index i um Eins ergibt sich aus der Einbeziehung des Absolutgliedes.

An dieser Stelle – und nur hier – ist die explizite Kenntnis der zu $\mathbf{X}^T\mathbf{X}$ inversen Matrix (vgl. (5.7)) unumgänglich. Dazu verfährt man so, wie es in Abschn. 7.7 am kleinen Beispiel der Inversion einer (2, 2)-Matrix demonstriert wurde. Die Cholesky-Zerlegung von $\mathbf{X}^T\mathbf{X}$, die hierbei erforderlich ist, stimmt natürlich mit jener überein, die zuvor schon zur Lösung des linearen Gleichungssystems $\mathbf{X}^T\mathbf{X}\mathbf{b} = \mathbf{X}^T\mathbf{y}$ bei der Ermittlung der Regressionskoeffizienten benutzt wurde. Insofern ergibt sich kein wesentlicher Mehraufwand bei der Matrixinversion.

Für den Fall, daß die Prüfgröße t_i^* den tabellierten Wert $t_{n-p-1;95\%}$ der t-Verteilung für *zweiseitige* Fragestellung überschreitet, ist der betrachtete Koeffizient im gegebenen Ansatz mit 95% Sicherheit von Null verschieden. In dem Beispiel der Zweikomponenten-Kalibrierung aus Abschn. 5.2 würde man für den Regressionskoeffizienten $b_1 = b_{K^*} = -1.95 \cdot 10^{-3}$ die Kenngrößen $\mathrm{FQS} = 0.0471$ und $\gamma_2 = 3.91 \cdot 10^{-4}$, also insgesamt $t_1^* = 2.48$ berechnen. Da mit $n = 36$, $p = 5$ der Tabellenwert $t_{30;95\%} = 2.04$ durch t_1^* überschritten wird, ist der Einfluß des Regressors K* in (5.11) mit 95% signifikant. Alle übrigen Prüfgrößen des Beispiels sind der Tabelle 5.3 zu entnehmen. Hiernach wären K*, Na*, K*Na* signifikant und $\mathrm{K}^{*2}, \mathrm{Na}^{*2}$ sowie das Absolutglied nichtsignifikant.

Ein heuristisches Abbauverfahren zur Variablenfilterung, das vom Prinzip her der in Abschn. 4.6 vorgestellten Abbaumethode bei der Diskriminanzanalyse ähnelt, sieht – ausgehend vom Totalansatz – die sukzessive Streichung desjenigen nichtsignifikanten Terms vor, der die kleinste Prüfgröße realisiert (also die Eliminierung des „nichtsignifikantesten" Terms). Im Beispiel betrifft das zunächst den Regressor Na^{*2}, d.h. eine quadratische Abhängigkeit der Natrium-Konzentration von der Natrium-Absorbanz ist in der vorliegenden Konstellation unwahrscheinlich. Daher wird Na^{*2} aus dem Ansatz herausgenommen und die Matrix $\mathbf{X}$ um die entsprechende Spalte reduziert. Die Wiederholung der Regressionsrechnung erzeugt geringfügig veränderte Koeffizienten für die verbleibenden Regressoren. Auch die Prüfgrößen werden aktualisiert. Dabei beziehen sich alle Ausdrücke in (5.12) auf den gegenwärtigen Ansatz, insbesondere ist der Freiheitsgrad $n-p-1$ sowohl in der Gleichung als auch bei der t-Tabellengröße um Eins, also auf 31 zu erhöhen. Angesichts der hinreichend hohen Zahl von Freiheitsgraden bleibt der Tabellenwert allerdings praktisch konstant: $t_{31;95\%} = 2.04$. Bei reduzierten Ansätzen ist darauf zu achten, daß p nicht mehr unbedingt mit der Zahl der verbliebenen eigentlichen Regressoren übereinstimmen muß, da auch das Ab-

Tabelle 5.3. Signifikanzprüfgrößen (kleinste jeweils unterstrichen) und kritische Tabellengrößen der t-Verteilung im Verlaufe des heuristischen Abbauverfahrens für einen Beispieldatensatz

	b_0	b_K	b_{Na}	$b_{K \cdot Na}$	b_{K^2}	b_{Na^2}	$t_{n-p-1;95\%}$
$t^* =$	1.86	2.48	36.1	2.42	1.93	**1.70**	2.04
$t^* =$	2.56	2.31	74.4	2.58	**1.82**	-	2.04
$t^* =$	1.97	**1.46**	71.9	2.36	-	-	2.04
$t^* =$	**1.31**	-	93.2	6.05	-	-	2.03
$t^* =$	-	-	122	6.06	-	-	2.03

solutglied eliminiert werden kann. Vielmehr bedeutet dann p die um Eins verringerte Zahl aller im Ansatz verbliebenen Koeffizienten (inklusive eventuelles Absolutglied).

Aus Tabelle 5.3 ist zu erkennen, daß die Aussonderung des Na^{*2}-Beitrags zu einer markanten Signifikanzerhöhung des linearen Terms Na geführt hat. Des weiteren können ursprünglich nichtsignifikante Koeffizienten wie das Absolutglied signifikant werden. Nach dem beschriebenen Prinzip würde als nächstes die Streichung von K^{*2} folgen usw. Der Prozeß wird fortgeführt, bis sämtliche beibehaltenen Koeffizienten den erforderlichen Schwellenwert überschreiten. Im Beispiel bleiben letztlich K^* und K^*Na^* als signifikante Regressoren mit gegenüber dem Totalansatz geringfügig veränderten Koeffizienten übrig:

$$[Na] = 1.73 \cdot 10^{-2} Na^* - 1.48 \cdot 10^{-5} K^* Na^* \tag{5.13}$$

Einsetzen der schon benutzten fiktiven Absorbanzen $K^* = 95, Na^* = 40$ ergibt die Konzentrationsvorhersage 0.64 in fast exakter Übereinstimmung mit dem Totalansatz.

Die Vergleichsgrößen zum Test auf signifikanten Unterschied eines Regressionskoeffizienten von Null können auch zur expliziten Angabe eines 95%-Vertrauensintervalls herangezogen werden:

$$\Delta_{i;95\%} = \mid b_i \mid \frac{t_{n-p-1;95\%}}{t_i^*} \quad (i = 0, \ldots, p) \tag{5.14}$$

Offenbar ist ein Koeffizient b_i genau dann signifikant ($t^* > t$), wenn $\Delta_{i;95\%} < \mid b_i \mid$ gilt, d.h. wenn sein Vertrauensintervall nicht den Wert Null überdeckt. Im reduzierten Ansatz folgen mit den Kenngrößen der letzten Zeile von Tabelle 5.3 sowie aus (5.13) die ±-Vertrauensintervalle

$$b_{Na^*} = 1.73 \cdot 10^{-2} \pm 2.88 \cdot 10^{-4}; \quad b_{K^*Na^*} = -1.48 \cdot 10^{-5} \pm 4.96 \cdot 10^{-6},$$

womit beide Regressionskoeffizienten recht scharf eingegrenzt sind. In den angegebenen Schranken befinden sich mit 95% Sicherheit die unbekannten theoretischen Koeffizienten $\beta_{Na^*}, \beta_{K^*Na^*}$.

Komplementär zum beschriebenen Abbauverfahren gibt es ein Aufbauverfahren, bei dem vom „leeren" Ansatz gestartet wird: In jedem Schritt kommt derjenige Koeffizient in den Ansatz hinzu, der unter den noch nicht im Ansatz befindlichen nach seiner Einbeziehung den größten t^*-Wert realisiert. Der Aufbau wird solange fortgeführt, wie die t^*-Werte aller im Ansatz befindlichen Koeffizienten noch signifikant sind (es ist möglich, daß nach Erweiterung des Ansatzes gemäß obiger Vorschrift ein ursprünglich signifikanter Koeffizient nichtsignifikant wird). Im Beispieldatensatz würde als erster Koeffizient b_{Na^*} als derjenige mit der höchsten Prüfgröße in den Ansatz aufgenommen werden. Im nächsten Schritt folgt $b_{\mathrm{K}^*\mathrm{Na}^*}$, und eine Erweiterung ist nicht mehr möglich, ohne daß ein im Ansatz befindlicher Koeffizient in Nichtsignifikanz überginge. Folglich gelangt man im Aufbauverfahren zum gleichen reduzierten Ansatz wie mit dem Abbauverfahren. Im allgemeinen können sich beide Resultate durchaus unterscheiden.

Sowohl Auf- als auch Abbauverfahren sind hierarchische Prozeduren, die nur einen kleinen Teil aller denkbaren Regressorkombinationen erfassen und vergleichen. Einerseits ist dies bei größerer Variablenzahl aus Gründen der Rechenzeit durchaus angebracht, andererseits bieten sie natürlich keine Garantie, daß der gefundene Ansatz tatsächlich der beste unter allen ist. Daher wäre es zumindest für kleinere Regressorzahlen (z.B. $p \leq 10$) wünschenswert, ein Kriterium zu benutzen, das einen Vergleich sämtlicher Kombinationen ermöglicht. Ein solches ist der C_p-Wert nach Mallows [190]. Um reduzierten und Totalansatz schreibtechnisch korrekt auseinanderzuhalten, sollen p^* bzw. p die um Eins verringerte Zahl der Koeffizienten im Total- bzw. im reduzierten Ansatz bezeichnen. Mit den Fehlerquadratsummen $\mathrm{FQS}(p^*)$, $\mathrm{FQS}(p)$ beider Ansätze wird

$$C_p = \frac{\mathrm{FQS}(p)}{\mathrm{FQS}(p^*)}(n - p^* - 1) - n + 2(p + 1) \tag{5.15}$$

definiert. Im bisher diskutierten Beispieldatensatz beträgt die Fehlerquadratsumme des Totalansatzes $\mathrm{FQS}(5) = 4.71 \cdot 10^{-2}$ und die des reduzierten Ansatzes in (5.13) $\mathrm{FQS}(1) = 6.41 \cdot 10^{-2}$. Der C_p-Wert des reduzierten Ansatzes beläuft sich auf 8.83. Der Totalansatz selbst ($p^* = p$) realisiert nach (5.15) immer den Wert $C_{p^*} = p^* + 1$. Echte Teilansätze ($p < p^*$) werden als gut eingestuft, falls auch sie in etwa den jeweiligen Idealwert $C_p \approx p+1$ treffen. In der Situation des Beispiels weicht der errechnete Wert 8.83 recht deutlich vom Idealwert $p+1 = 2$ des reduzierten Ansatzes ab.

Am anschaulichsten wird die Benutzung des C_p-Kriteriums in einem Diagramm, bei dem für alle Koeffizientenkombinationen die C_p-Werte über der Zahl p abgebildet sind. Für den Beispieldatensatz zeigt Abb. 5.4 ein solches C_p-Diagramm. Insgesamt sind bei fünf Regressoren plus Absolutglied $2^6 - 1 = 63$ Kombinationen zu bewerten, von denen allerdings die meisten mit extrem hohen C_p-Werten weit außerhalb des gegebenen Ausschnitts liegen. Natürlich befindet sich der Totalansatz auf der eingezeichneten Ideallinie $C_p = p + 1$. Interessant sind jedoch vielmehr reduzierte Ansätze, für die das ebenso zutrifft. In der vorliegenden Situation scheint keine der Teilkombinationen zu befriedigen, so daß hier im Gegensatz zu den hierarchischen Verfahren eine Variablenreduktion nicht unbedingt empfohlen wird. Soll dennoch eine sinnvolle Teilmenge herausgefiltert werden, so kann dies auf keinen Fall ein Einzelterm sein (alle außerhalb des Diagramms), und auch der beste Zweier-Ansatz, der mit (5.13) übereinstimmt („23“

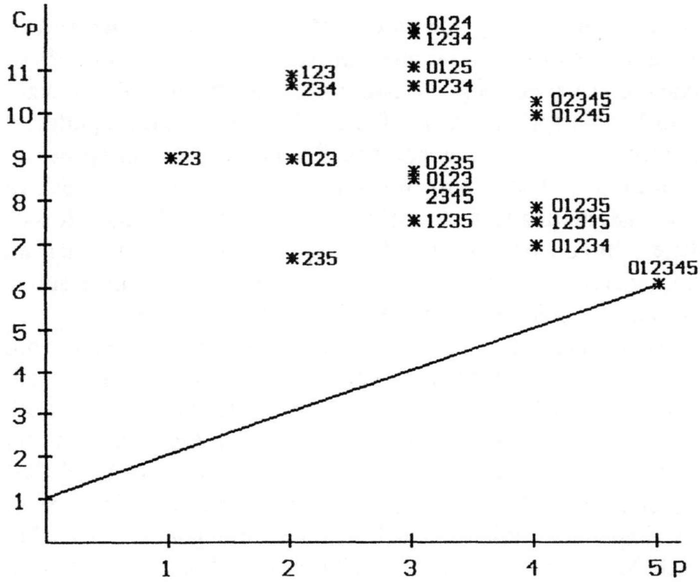

Abb. 5.4. C_p-Diagramm für den Beispieldatensatz. Ziffern entsprechen der Numerierung der Regressionskoeffizienten einschließlich Absolutglied

im Diagramm), wird vergleichsweise schlecht bewertet. Mindestens ist noch der fünfte Regressor (Na^{*2}) hinzuzunehmen.

Die Ergebnisse der drei vorgestellten Varianten der Variablenselektion können sich in konkreten Anwendungen in gewissem Maße voneinander unterscheiden. Jedenfalls erlauben sie eine begründete Beschränkung der häufig sehr großen Menge von Koeffizientenkombinationen. Die im allgemeinen wenigen verbleibenden sinnvollen Ansätze können schließlich über die Schätzung der Fehlerrate für die Regressandenvorhersage in Testproben nochmals verglichen werden.

5.4 Mehrkomponentenkalibrierung

In Abschn. 5.3 wurde bereits ein erstes Beispiel zur Mehrkomponentenkalibrierung erörtert. Hier sollen nun einige Gesichtspunkte dieses innerhalb der Chemometrie sehr wichtigen Gebietes angedeutet werden. Eine detaillierte Darstellung enthält [193]. Für einen einfacheren Zugang in die Thematik sei am Anfang nochmals von der herkömmlichen univariaten Kalibrierung ausgegangen, um dann schrittweise das allgemeine Modell der Mehrkomponentenkalibrierung darzustellen. Da verschiedene Varianten der Regression besprochen werden, treten an die Stelle der allgemeinen Symbole x und y die Bezeichnungen s für Signal und c für Konzentration, wobei die Rolle des Regressors bzw. Regressanden vertauschbar ist. Am Ende dieses Abschnitts illustrieren zwei Beispiele alle vorgestellten Arten der Mehrkomponentenkalibrierung.

Im einfachsten Fall ist das Signal s, (z.B. Intensität des Lichts einer bestimmten Wellenlänge) welches eine chemische Komponente an einem Sensor hervorruft, direkt proportional mit dem Faktor k zu ihrer Konzentration: $s = kc$. Der Faktor k wird als Empfindlichkeit des Analysensignals bezeichnet. Er kann auch bei Definition einer konkreten Konzentrationsmaßeinheit als Signal gedeutet werden, das bei Einheitskonzentration $c = 1$ der Komponente registriert wird. Liegt die Komponente in q verschiedenen Konzentrationen $c_1, \ldots, c_q$ vor, und werden die zugehörigen Meßsignale $s_1, \ldots, s_q$ gemessen, dann muß für alle Meßpunkte die Relation $s_i = kc_i + \varepsilon_i$ mit Meßfehler ε gelten. Nach Zusammenfassung der entsprechenden q Komponenten zu Vektoren $\mathbf{s}$, $\mathbf{c}$, ε gelangt man zu der Beziehung

$$\mathbf{s} = k\mathbf{c} + \varepsilon \tag{5.16}$$

Dieser Regressionsansatz wird auch als *klassische Kalibrierung* bezeichnet, weil sich in ihr die kausale Struktur wiederfindet, daß die Konzentration das Signal bewirkt: Die Signalintensität bildet den Regressand (Ordinate im Kalibrierdiagramm), der in Abhängigkeit von der Konzentration als einstellbarem Regressor (Abszisse im Kalibrierdiagramm) aufgetragen wird (vgl. Abb. 5.2).

Wenn die Empfindlichkeit k z.B. aus vorangegangenen Untersuchungen bekannt ist und man ihre zeitliche Stabilität gegenüber äußeren Störeinflüssen annehmen darf, dann kann die Konzentration der interessierenden Komponente in einer Testprobe unmittelbar aus dem Signal der Probe vorhergesagt werden:

$$c^{test} = s^{test}/k \tag{5.17}$$

In diesem Falle spricht man von *direkter Kalibrierung* innerhalb der klassischen Kalibrierung.

Im allgemeinen ist die Empfindlichkeit jedoch keine Konstante, so daß sie bei der Analyse von Testproben aktuell aus dem Regressionsansatz (5.16) als Anstieg der Kalibriergerade mit der geläufigen Formel

$$k = \sum_{i=1}^{q} c_i s_i / \sum_{i=1}^{q} c_i^2 \tag{5.18}$$

geschätzt werden muß. Es wird eine *indirekte Kalibrierung* vorgenommen. Mit der erhaltenen Schätzung der Empfindlichkeit läßt sich danach wie in der direkten Kalibrierung (5.17) fortfahren.

Neben der bis hierher diskutierten klassischen Kalibrierung, die das kausale Verhältnis zwischen Signal und Konzentration berücksichtigt, hat sich die sogenannte *inverse Kalibrierung* als Alternative entwickelt, bei der die Rolle von Regressor und Regressand einfach vertauscht wird. Statt $s = kc$ geht man von der formal äquivalenten Beziehung $c = s/k = k's$ mit $k' = 1/k$ aus. Das Regressionsmodell zu den gegebenen Meßpunkten ist nun in Umkehrung von (5.16)

$$\mathbf{c} = k'\mathbf{s} + \varepsilon' \tag{5.19}$$

Der Vorteil dieses Modells besteht darin, daß es dem eigentlichen Ziel der Kalibrierung, nämlich der Vorhersage von Konzentrationen aus Signalen schon vom

Ansatz her angepaßt ist. Vom statistischen Standpunkt ist die Aufstellung des Modells (5.19) nicht unproblematisch, da in der herkömmlichen linearen Regression ausschließlich der Regressand als fehlerbehaftete Größe angenommen wird, während von dem Regressor Fehlerfreiheit (praktisch: vergleichsweise geringer Fehler) vorauszusetzen ist. Insofern ist zumindest im Rahmen der statistischen Begründung der linearen Regression die Rolle von x und y nicht beliebig vertauschbar.

Die formale Regressionsrechnung in (5.19) erzeugt analog zu (5.18) einen Geradenanstieg

$$k' = \sum_{i=1}^{q} c_i s_i / \sum_{i=1}^{q} s_i^2 \tag{5.20}$$

Für die umgekehrte Abhängigkeit erhält man daher als Schätzung der Empfindlichkeit

$$k = 1/k' = \sum_{i=1}^{q} s_i^2 / \sum_{i=1}^{q} c_i s_i. \tag{5.21}$$

Würde man in dem OES-Kalibrierbeispiel der Abb. 5.2 (vgl. auch Tabelle 5.1) die y-gegen die x-Achse tauschen, also eine inverse Kalibrierung von Konzentration gegen Signal durchführen, so berechnete sich als Geradenanstieg des gespiegelten Diagramms der Wert $k' = 1,76$, was im ursprünglichen Diagramm einer Gerade mit dem Anstieg $k = 1/k' = 0.57$ entspricht. Damit stimmt in dem Beispiel die mit inverser Kalibrierung ermittelte Empfindlichkeit auf zwei Kommastellen mit jenem in Abschn. 5.1, ausgehend von klassischer Kalibrierung verzeichneten, Wert überein (Unterschiede werden erst auf der dritten Kommastelle sichtbar). Allgemein läßt sich aus den Gleichungen (5.18) und (5.21) leicht herleiten, daß erstens die Empfindlichkeit aus klassischer Kalibrierung immer unterhalb jener aus inverser Kalibrierung liegt, und daß zweitens die Differenz zwischen beiden um so geringer ist, je kleiner der Meßfehler im Kalibrierdiagramm ausfällt, je dichter die Meßpunkte also um eine Gerade streuen. Dies erklärt auch die gute Übereinstimmung beider Methoden im erwähnten OES-Beispiel mit fast idealer Kalibriergerade. Eine vergleichende Diskussion der beiden Schätzungen vom statistischen Standpunkt wird in [193] gegeben.

Nach diesen univariaten Vorbetrachtungen wollen wir uns nun der eigentlichen Mehrkomponentenkalibrierung zuwenden. Es wird angenommen, daß m chemische Komponenten mit variierenden Konzentrationen in q Proben vorliegen, und daß zu diesen q Proben die Analysensignale an n verschiedenen Sensoren (Wellenlängen, Retentionszeiten, Potentialstufen etc.) registriert wurden. Als Datensammlung entsteht einerseits eine Konzentrationsmatrix $\mathbf{C}$ der Ordnung (q, m), deren allgemeines Element c_{ij} in der i-ten Zeile und j-ten Spalte die Konzentration von Komponente j in Probe i enthält, sowie andererseits eine Signalmatrix $\mathbf{S}$ der Ordnung (q, n), deren allgemeines Element s_{ij} die Signalintensität von Probe i am Sensor j kennzeichnet. In Abb. 5.5a hat man es beispielsweise mit $q = 3$ Proben zu tun, in denen $m = 2$ Komponenten (A,B) analysiert werden, und für die jeweils ein Spektrum mit Signalen bei $n = 20$ verschiedenen Wellenlängen λ (Sensoren) aufgenommen wurde.

In der univariaten Kalibrierung wird nur eine Komponente an einem Sensor analysiert ($n = m = 1$). Im FAES-Beispiel aus Tabelle 5.2 lagen $q = 36$ Proben von $m = 2$ Komponenten (K,Na) mit Signalen an $n = 2$ Sensoren (charakteristische Wellenlängen für K und Na) vor. In formal-datenanalytischer Hinsicht betrug die Zahl der Sensoren sogar $m = 5$, da aus den ursprünglich gemessenen zwei Signalen durch Verknüpfung noch drei weitere Vorhersagegrößen (K^*Na^*, K^{*2}, Na^{*2}) gewonnen wurden, allerdings kann man hierbei natürlich nicht von unabhängigen messenden Sensoren im eigentlichen Sinne sprechen. Für moderne Analysenmethoden ist eine große Zahl von Sensoren typisch, die die Zahl von Komponenten und Proben bei weitem übersteigt, also $n \gg m, q$. In der Infrarotspektroskopie ist die Gewinnung von Signalen bei etwa 10000 Wellenlängen möglich.

Die gerade definierten Matrizen $\mathbf{C}, \mathbf{S}$ der Konzentrationen und Signale erfüllen das in Abschn. 7.5 hergeleitete multivariate Lambert-Beersche Gesetz. Überführung der Gl. (7.18) durch Transposition in die hier erforderliche Form liefert die Relation

$$\mathbf{S} = \mathbf{CK} + \varepsilon, \tag{5.22}$$

mit ε als Meßfehlermatrix. $\mathbf{K}$ ist von der Ordnung (m, n) und kann folgendermaßen als Empfindlichkeitsmatrix interpretiert werden:

Für einen Augenblick sei angenommen, daß die gegebenen Proben ausschl. aus den gegebenen reinen chemischen Komponenten jeweils in Einheitskonzentration ($c = 1$) bezüglich der gewählten Konzentrationseinheit (z.B. ppm) vorliegen. Dann ist $q = m$, ($\mathbf{C}$ quadratisch), und die i-te Zeile von $\mathbf{C}$ hat die Gestalt $(0, \ldots, 0, 1, 0 \ldots, 0)^T$, mit der Eins in der i-ten Komponente, denn in Probe i liegt nur die Komponente i mit Konzentration Eins vor, während alle anderen Komponenten abwesend sind. Mit anderen Worten ist $\mathbf{C}$ die Einheitsmatrix der Ordnung m (vgl. Abschn. 7.6), und (5.22) vereinfacht sich unter Fortlassung des Meßfehlers zu $\mathbf{S} = \mathbf{I}_m\mathbf{K} = \mathbf{K}$. Demzufolge stimmt $\mathbf{K}$ mit der Matrix $\mathbf{S}$ der Signale der reinen Komponenten in Einheitskonzentration überein. Im univariaten Fall übernahm diese Rolle des Signals bei Einheitskonzentration der einen Komponente gerade die Zahl k, die dort auch als Empfindlichkeit bezeichnet wurde. Folglich ist die Matrix $\mathbf{K}$ als eine multivariate Verallgemeinerung dieser Empfindlichkeit aufzufassen. In Übereinstimmung damit entartet (5.22) im univariaten Fall ($n = m = 1$) zu

$$\mathbf{s} = \mathbf{c}k + \varepsilon = k\mathbf{c} + \varepsilon$$

(Zahlen können vorgezogen werden), und man erhält wieder (5.16).

Die klassische Kalibrierung besteht aus zwei Schritten: Zunächst ist die Empfindlichkeitsmatrix aus Kalibrierproben mit bekannten Konzentrationen und Signalen zu schätzen, um sie anschließend bei der Vorhersage der unbekannten Komponenten-Konzentrationen in Testproben aus deren Signalen zu verwenden. Bei bekannter Empfindlichkeitsmatrix und der Rechtfertigung der Annahme ihrer

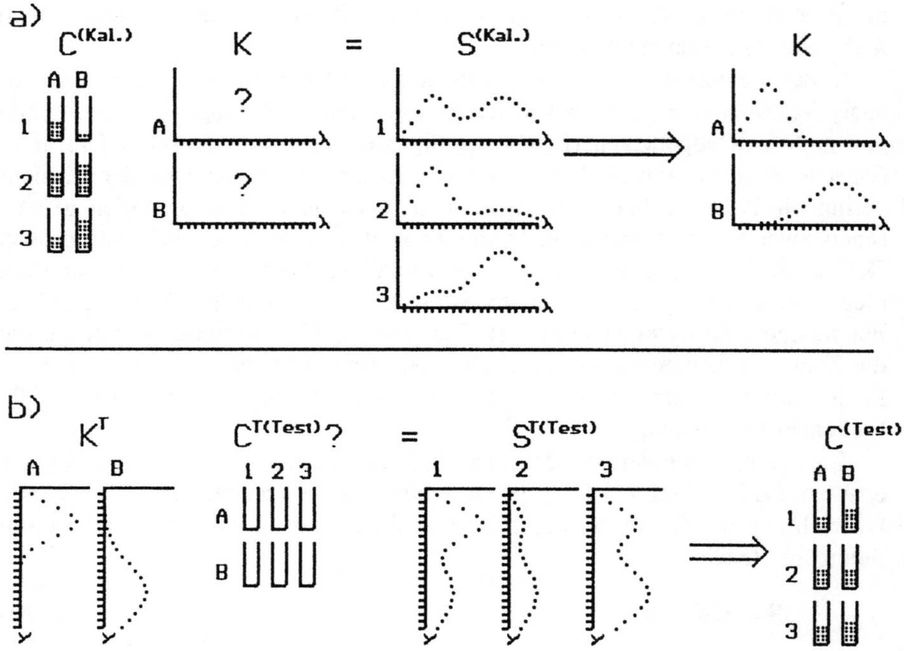

Abb. 5.5. Veranschaulichung der klassischen Mehrkomponentenkalibrierung auf indirekte (**a**) und direkte (**b**) Weise. Die Gleichungen sind aus Gründen der Übersichtlichkeit ohne Meßfehlermatrix angegeben

Stabilität kann der erste Schritt eingespart und eine direkte Kalibrierung (zweiter Schritt) vorgenommen werden. Andernfalls ist wie in der univariaten Situation eine indirekte Kalibrierung (erster Schritt) vorzuschalten. Der Ablauf ist in Abb. 5.5 veranschaulicht.

Wie schon für die Empfindlichkeit k erwähnt, ist auch die Matrix **K** als Verallgemeinerung im Mehrkomponentenfall häufig nicht oder schwer zugänglich. Es sei also zunächst der indirekte Kalibrierungsschritt besprochen. Durch Vergleich mit (5.8) erkennt man, daß (5.22) die Struktur eines multiplen linearen Regressionsansatzes besitzt. Dabei übernehmen **C** die Rolle der Regressormatrix **X**, und **S** die Rolle der Regressandenmatrix **Y**. **K** ist die zu schätzende Matrix $\underline{\beta}$ der Regressionskoeffizienten (vgl. Abb. 5.5a). Nach (5.9) stellt sich die optimale Schätzung von **K** in der Form

$$\mathbf{K} = (\mathbf{C}^T\mathbf{C})^{-1}\mathbf{C}^T\mathbf{S} \tag{5.23}$$

dar. Zur Vereinfachung soll hier kein zweites Symbol zur Unterscheidung zwischen unbekannter theoretischer und optimaler geschätzter Koeffizientenmatrix (vgl. $\underline{\beta}$ und $\mathbf{B}^{opt}$ in Abschn. 5.2) eingeführt werden, da aus dem Zusammenhang stets die aktuelle Bedeutung klar ist.

In der univariaten Kalibrierung läßt sich aus (5.23) mit den Vektoren **c** und **s** die Empfindlichkeit

$$k = (\mathbf{c}^T\mathbf{c})^{-1}\mathbf{c}^T\mathbf{s}$$

ableiten. Dies entspricht aber nach Ausschreibung der auftretenden Skalarprodukte (Abschn. 7.2) in Komponenten exakt der Formel (5.18) für den Geradenanstieg, so daß die indirekte univariate Kalibrierung als Spezialfall in (5.23) enthalten ist.

Die Zeilen-/Spalten-Bedingung an die Regressormatrix der multiplen linearen Regression bedeutet bei der indirekten Kalibrierung nach (5.22), daß die Zahl der Kalibrierproben mindestens so groß sein muß wie die Zahl der zu analysierenden Komponenten, also $q \geq m$. Diese Forderung kann durchaus einschränkend sein, da sie mit wachsender Zahl von Komponenten auch die Herstellung von immer mehr Kalibrierproben bedeutet. Berücksichtigt man, daß einerseits für stabile Resultate die Zeilenzahl sogar wenigstens dreimal so groß sein sollte wie die Spaltenzahl, also $q \geq 3m$ und andererseits durch Bildung verknüpfter Regressoren wie im FAES-Beispiel aus Abschn. 5.2 die Zahl m ihrerseits mitunter künstlich vergrößert wird, dann ist einzusehen, daß selbst bei kleiner Zahl zu analysierender bzw. interferierender Komponenten bereits ein erheblicher Aufwand zur Herstellung von Kalibrierproben unternommen werden muß.

Mit der eben geschätzten oder im Falle direkter Kalibrierung von vornherein bekannten Matrix **K** kann nun die eigentliche Konzentrationsvorhersage für Testproben vorgenommen werden. Dazu ist zunächst die zu (5.22) äquivalente, transponierte Gleichung

$$\mathbf{S}^T = \mathbf{K}^T\mathbf{C}^T + \varepsilon^T \tag{5.24}$$

zu bilden. Diese Gleichung soll im folgenden auf Testproben bezogen werden, das heißt, **C** enthält die unbekannten Konzentrationen der betrachteten Komponenten in den Testproben, und in **S** sind die gemessenen Signale der Testproben zusammengefaßt. Eine Veranschaulichung der Gl. (5.24) gibt Abb. 5.5b. Alle Matrizen treten gegenüber ihrer ursprünglichen Anordnung transponiert auf, aus Zeilen werden Spalten und umgekehrt.

Gleichung (5.24) hat erneut die Struktur eines multiplen linearen Regressionsansatzes, nun aber in der Terminologie von (5.8) mit

$$\mathbf{Y} = \mathbf{S}^T, \mathbf{X} = \mathbf{K}^T, \underline{\beta} = \mathbf{C}^T, \underline{\varepsilon} = \varepsilon^T$$

Nach (5.9) wird die optimale Matrix **B** von Regressionskoeffizienten als Schätzung von β durch den Ausdruck $(\mathbf{X}^T\mathbf{X})^{-1}\mathbf{X}^T\mathbf{Y}$ gegeben. Die Rolle dieser Koeffizientenmatrix nimmt in der vorliegenden Kalibriergleichung (5.24) $\mathbf{C}^T$ ein, so daß man als optimale Schätzung

$$\mathbf{C}^T = \left((\mathbf{K}^T)^T\mathbf{K}^T\right)^{-1}(\mathbf{K}^T)^T\mathbf{S}^T = (\mathbf{K}\mathbf{K}^T)^{-1}\mathbf{K}\mathbf{S}^T$$

erhält. Hier liegt die Lösung noch in transponierter Form vor. In ihrer ursprünglichen Anordnung entsteht die Konzentrationsmatrix daraus durch erneute Transposition

$$\mathbf{C} = \mathbf{S}\mathbf{K}^T(\mathbf{K}\mathbf{K}^T)^{-1}. \tag{5.25}$$

Diese letzte Gleichung zeigt, wie die unbekannte Konzentrationsmatrix der Testproben explizit aus der Signalmatrix der Testproben sowie aus der als bekannt vorausgesetzten Signalmatrix der reinen Komponenten in Einheitskonzentrationen berechnet werden kann.

Die theoretische Bedingung der multiplen linearen Regression, die besagt, daß die Zahl der Zeilen der Regressormatrix mindestens so groß sein muß wie die Zahl ihrer Spalten, bedeutet in der Problematik dieses zweiten, direkten Kalibrierungsschrittes, daß die Zahl der Sensoren mindestens so groß sein muß wie die Zahl der zu analysierenden Komponenten, es ist also $n \geq m$ zu fordern. Je mehr möglicherweise interferierende Komponenten im Ansatz berücksichtigt werden, um so mehr Signale sind einzubeziehen. Dieser Umstand stellt im allgemeinen keine Einschränkung dar, da bei zahlreichen Methoden $n \gg m$ gilt.

In der univariaten Situation reduziert sich, da Zahlen durch Transposition unverändert bleiben, die Gl. (5.25) auf

$$\mathbf{c} = \mathbf{s} \cdot k \cdot (k \cdot k)^{-1} = \mathbf{s}/k,$$

so daß speziell die oben für die einfache, direkte Kalibrierung hergeleitete Gl. (5.17) abfällt.

Die Zusammenfassung der Ergebnisse (5.23) und (5.25) aus indirekter und direkter Kalibrierung führt bei Unterscheidung der Matrizen von Kalibrier- und Testproben zu dem kompakten Endergebnis der klassischen Kalibrierung bei Durchlaufen beider Schritte:

$$\begin{aligned}\mathbf{C}^{(Test)} &= \mathbf{S}^{(Test)}\mathbf{S}^{T(Kal.)}\mathbf{C}^{(Kal.)}[\mathbf{C}^{T(Kal.)}\mathbf{S}^{(Kal.)}\mathbf{S}^{T(Kal.)}\mathbf{C}^{(Kal.)}]^{-1} \cdot \\ &\cdot \mathbf{C}^{T(Kal.)}\mathbf{C}^{(Kal.)} \qquad (5.26)\end{aligned}$$

Diese etwas umfangreichere Formel zeigt, wie sich die gesuchten Konzentrationen der Komponenten in den Testproben aus den Signalen der Testproben, aus den gegebenen Konzentrationen der Komponenten in den Kalibrierproben sowie aus den Signalen der Kalibrierproben zusammensetzen. Dabei bleiben n und m in Kalibrier- und Testphase gleich, denn es müssen natürlich in beiden Fällen dieselben Sensoren und dieselben Komponenten betrachtet werden. Dagegen kann sich die Zahl der Kalibrierproben durchaus von der Zahl der Testproben unterscheiden, also $q^{(Kal.)} \neq q^{(Test)}$, auch wenn sie in Abb. 5.5 zufällig übereinstimmen.

Häufig hat man in Kalibrierproblemen Blindwerte von Signalen zu berücksichtigen, d.h. Signale der Sensoren, die schon bei Abwesenheit der untersuchten chemischen Komponenten erzeugt werden. Dann müßte die Beziehung (5.22) eigentlich auf $\mathbf{S} = \mathbf{CK} + \mathbf{P} + \varepsilon$ erweitert werden, worin $\mathbf{P}$ gleich der Blindsignalmatrix $\mathbf{S}$ bei $\mathbf{C} = \mathbf{0}$ (Abwesenheit der Komponenten) ist, $\mathbf{P}$ stellt also ein multivariates „Absolutglied" dar. Die unmittelbare Anwendung von (5.23) würde verfälschte Ergebnisse für $\mathbf{K}$ erzeugen, so wie im univariaten Fall der Geradenanstieg bei Nichtberücksichtigung eines signifikanten Absolutglieds verfälscht wird. Allerdings kann man sich durch den Übergang zu zentrierten Regressor- bzw. Regressandenmatrizen $\mathbf{C}'$ und $\mathbf{S}'$ (Subtraktion aller Spaltenmittelwerte in $\mathbf{C}$ und $\mathbf{S}$) behelfen. Eine Regressionsrechnung mit dem Ansatz der *zentrierten* Matrizen *ohne* Absolutglied ergibt nach Behauptung 11 in Abschn. 5.9 nämlich dieselben

Koeffizienten wie der bei Vorliegen von Blindsignalen erforderliche Ansatz der ursprünglichen, *nichtzentrierten* Matrizen *mit* Absolutglied. Ein zentrierter Ansatz kann übrigens von vornherein stets ohne Absolutglied aufgestellt werden, da die formale Einbeziehung eines Absolutgliedes, also die Betrachtung einer mit der Einsenspalte erweiterten Regressormatrix dann automatisch den Wert Null für das Absolutglied erzeugt. Zwar ist die Behauptung 11 nur für einen einzigen Regressandenvektor formuliert, doch ist der Übergang zu Matrizen ebenso gültig, da die Rechnung, wie in Abschn. 5.2 festgestellt wurde, für verschiedene Regressandenvektoren unabhängig abläuft. Die angegebenen linearen Ansätze ohne Absolutglied sind daher auch bei Existenz von Blindsignalen gerechtfertigt, sofern gegebenenfalls eine Datenzentrierung von **C** und **S** vorgenommen wird.

Die Vertauschung von Regressor- und Regressandenmatrix in (5.22) bringt den Ansatz

$$\mathbf{C} = \mathbf{S}\mathbf{K}^* + \varepsilon \tag{5.27}$$

der inversen Kalibrierung mit einer Wichtungsmatrix $\mathbf{K}^*$ der Ordnung (n, m) hervor. Bezieht man **C** und **S** zunächst wieder auf Kalibrierproben, dann ergibt das Regressionsmodell (5.27) in Analogie zu den vorangegangenen Rechnungen die Schätzung

$$\mathbf{K}^* = (\mathbf{S}^{T(Kal.)}\mathbf{S}^{(Kal.)})^{-1}\mathbf{S}^{T(Kal.)}\mathbf{C}^{(Kal.)}. \tag{5.28}$$

Damit kann nochmals (5.27) – nun allerdings auf Testproben – angewandt werden, und es folgt $\mathbf{C}^{(Test)} = \mathbf{S}^{(Test)}\mathbf{K}^*$ bzw. nach Zusammenfassung mit (5.28)

$$\mathbf{C}^{(Test)} = \mathbf{S}^{(Test)}(\mathbf{S}^{T(Kal.)}\mathbf{S}^{(Kal.)})^{-1}\mathbf{S}^{T(Kal.)}\mathbf{C}^{(Kal.)}. \tag{5.29}$$

Auf diese Weise entsteht eine zur klassischen Kalibrierung nach (5.26) alternative Vorschrift zur Berechnung von $\mathbf{C}^{(Test)}$ aus $\mathbf{S}^{(Test)}$, $\mathbf{S}^{(Kal.)}$ und $\mathbf{C}^{(Kal.)}$. Für die inverse Kalibrierung gilt in Analogie zu den schon diskutierten Bedingungen, daß **S** mehr Zeilen als Spalten besitzen muß, daß also die Zahl der Kalibrierproben größer als die Zahl der Sensoren zu sein hat: $q \geq n$. Damit scheidet die multiple lineare Regression als Werkzeug der inversen Kalibrierung für zahlreiche Fragestellungen, nämlich solche, in denen die Information einer Vielzahl von Sensoren benutzt wird, aus. Dann bieten sich andere, auf latenten Variablen beruhende Regressionsmethoden wie Hauptkomponentenregression oder Partial Least Squares-Methode (PLS) an, die weiter unten eingeführt werden.

Die Spezialisierung der Gl. (5.28) auf die univariate Kalibrierung ergibt

$$k^* = (\mathbf{s}^T\mathbf{s})^{-1}\mathbf{s}^T\mathbf{c} \tag{5.30}$$

und stimmt in Komponentenform wieder mit der Formel zur Berechnung des Geradenanstiegs nach inverser Kalibrierung in (5.20) überein. Damit sind alle wichtigen Fälle der Mehrkomponentenkalibrierung als Verallgemeinerung der univariaten Prozeduren dargelegt.

Im folgenden wird zur Veranschaulichung der klassischen Mehrkomponentenkalibrierung ein Beispiel aus der Inversvoltammetrie betrachtet (vgl. auch [130]).

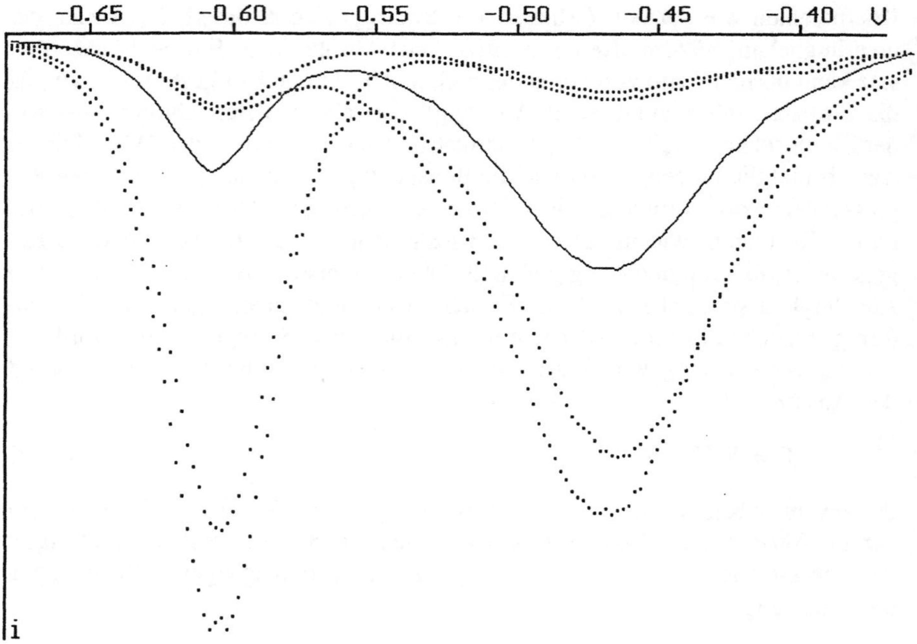

Abb. 5.6. Inversvoltammogramme für vier Kalibrier-(Punkte) und eine Testprobe (Linie) mit den beiden Komponenten Cd^{2+}, Tl^{+}.

Zu bestimmen sind die Konzentrationen $[Cd^{2+}]$, $[Tl^{+}]$ der zwei Komponenten Cadmium und Thallium (-ionen). Dazu liegen die in Abb. 5.6 dargestellten inversen Voltammogramme für vier Kalibrierproben und eine Testprobe vor. In den Kalibrierproben nahm $[Cd^{2+}]$ die Werte 0.964 bzw. 9.64 und $[Tl^{+}]$ davon unabhängig die Werte 1.012 bzw. 10.12 an (alle Angaben in 10^{-7} mol/l). Die Testprobe wurde mit $[Cd^{2+}] = 2$ und $[Tl^{+}] = 6$ hergestellt. Zur Rechnung fand der Potentialbereich zwischen −0.68 V und −0.36 V mit im Abstand von 2 mV registrierten Signalen Berücksichtigung. Dadurch übersteigt die Zahl der „Sensoren" mit 165 bei weitem die Zahl der Kalibrierproben, so daß eine inverse Kalibrierung unter Anwendung der multiplen linearen Regression von vornherein ausgeschlossen ist. Später wird an diesem Beispiel in etwas erweiterter Konstellation demonstriert werden, wie mit Alternativmethoden dennoch eine inverse Kalibrierung vorgenommen werden kann. Im Augenblick steht als Variante lediglich die klassische Kalibrierung zur Verfügung.

Nun ist es im vorliegenden Beispiel kein Problem, die in Abb. 5.7 dargestellten Voltammogramme der reinen Komponenten bei Einheitskonzentration – hier 10^{-7} mol/l - zu registrieren. In Zahlenwerten handelt es sich gerade um die Empfindlichkeits-Matrix **K**. Aus Gründen der Darstellbarkeit sind hier die Amplituden gegenüber Abb. 5.6 verzehnfacht. Wären die reinen Voltammogramme nicht zugänglich, dann müßten sie zuerst aus den vier Kalibrier-Voltammogrammen der Abb. 5.6 in einem indirekten Kalibrierungsschritt geschätzt werden. Das Resul-

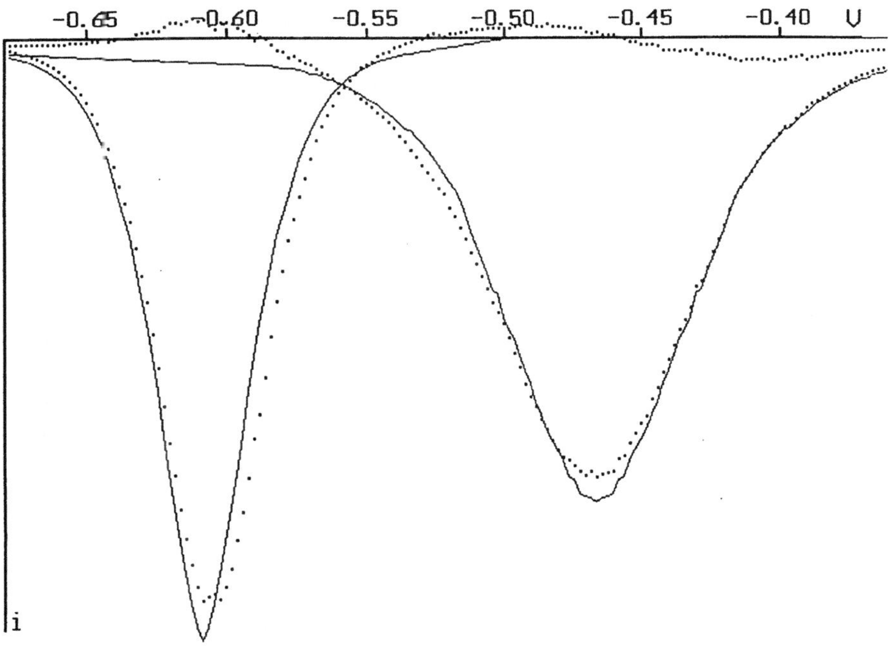

Abb. 5.7. Gemessene (Linie) und nach indirekter Kalibrierung geschätzte (Punkte) Voltammogramme von Cd^{2+} (linker Peak) und Tl^{+} (rechter Peak)

tat ist ebenfalls in Abb. 5.7 enthalten. Es fällt auf, daß bei den Schätzungen teilweise der Nullwert überschritten wird, was sachlich natürlich keinen Sinn ergibt, sondern nur aus der Rechnung, die selbstverständlich vom Meßfehler der Kalibrierproben beeinflußt wird, erklärbar ist. Es existieren Varianten der multiplen linearen Regression, bei denen den Lösungen Vorzeichenbeschränkungen auferlegt werden können [177]. Dann sind die berechneten Regressionskoeffizienten nicht mehr unter allen denkbaren die besten, sondern nur noch z.B. unter allen positiven oder, wie hier erforderlich, unter allen negativen. Damit werden Vorzeichenwechsel bei der Schätzung von Signalen vermieden.

Aus den geschätzten oder gemessenen Voltammogrammen der reinen Komponenten sind die Cadmium- und Thalliumkonzentration in der Testprobe aus Abb. 5.6 gemäß dem direkten Kalibrierungssschritt berechenbar. Aus den gemessenen Voltammogrammen erhält man $[Cd^{2+}] = 2.05$, $[Tl^{+}] = 5.18$ und aus den geschätzten Voltammogrammen $[Cd^{2+}] = 2.39$, $[Tl^{+}] = 5.24$. Während beim Thallium der indirekt ermittelte Wert der tatsächlichen Konzentration 6 geringfügig näher als der direkt erhaltene Wert ist, macht sich beim Cadmium eine deutliche relative Verschlechterung bemerkbar. Das ist insofern nicht verwunderlich, als der Schätzungsschritt unweigerlich eine zusätzliche Fehlerquelle bildet.

Nach Abb. 5.7 überlagern die Peaks von Thallium und Cadmium eigentlich nicht allzu stark, so daß die Frage entsteht, ob nicht eine univariate Kalibrierung ausreicht. Allerdings weist diese schon hier Nachteile gegenüber der direkten Mehrkomponentenkalibrierung auf. So liefert die Verwendung der reinen Cadmium-Kurve als alleinigen Regressor die Vorhersage 2.40 für die Cadmium-Konzentration in der Testprobe, während aus der bloßen Thallium-Kurve auf 5.05 mol/l Thallium zu schließen ist. Wollte man noch einfacher zur Konzentrationsbestimmung gar nur die Verhältnisse der Peakmaxima zwischen Testprobe und reinen Komponenten benutzen, dann resultierte die Vorhersage $[Cd^{2+}] = 2.32$, $[Tl^{+}] = 4.83$, die ebenso deutlich von den tatsächlichen Werten abweicht.

Als Kontrast zur eben diskutierten klassischen Kalibrierung soll ein abschließendes Beispiel [132] zeigen, wie mit Hilfe der inversen Mehrkomponentenkalibrierung durch Interferenzen verursachte Fehler bei der Konzentrationsbestimmung rechnerisch kompensiert werden können. Bei der Analyse hydridbildender Elemente wie Arsen, Selen, Antimon, Wismut und Zinn mittels Hydrid-Atomabsorptionsspektrometrie (HGAAS) kommt es teilweise zu deutlichen wechselseitigen Interferenzen dieser Elemente, die z.B. auf chemische Reaktionen wie Konkurrenz bei der Hydridbildung zurückführbar sein können. Als Folge ergibt sich in der Analyse solcher Elemente eine zunehmende Signaldepression bei wachsendem Zusatz der jeweils anderen.

Um diesen Effekt bei der Kalibrierung zu berücksichtigen, wurden für den Ausschnitt des Elementetripels (Selen, Antimon, Arsen) 64 Kalibrierproben angefertigt, bei denen alle drei Elemente unabhängig die vier Konzentrationsstufen (eigentlich Gehalte) 25, 50, 75 und 100 ng durchliefen. Messungen der zugehörigen Signale erfolgten bei den jeweiligen für die Elemente charakteristischen Wellenlängen (Se: 196.0 nm, Sb: 217.6 nm, As: 193.7 nm).

Der Erfolg des auf den Kalibrierproben basierenden Mehrkomponentenmodells wurde mit einem zeitlichen Abstand von mehreren Wochen anhand von zwanzig zusätzlichen Proben getestet. Da die Empfindlichkeiten der drei Signale keine zeitlichen Invarianten sind, wären die Signale der Testproben nicht mehr mit denen der Kalibrierproben vergleichbar, und man erhielte, unabhängig von der hier eigentlich interessierenden Interferenzproblematik, zwangsläufig verfälschte Konzentrationsresultate. Aus diesem Grunde wurden zur Mehrkomponentenkalibrierung nicht die Signale selbst verwendet, sondern die Konzentrationen, die man nach herkömmlicher separater Kalibrierung jedes Elements ohne Berücksichtigung von Interferenzen erhielte. Wegen der unabhängigen Durchführung der herkömmlichen univariaten Kalibrierung bei den ursprünglichen Proben und den späteren Testproben sind die so (klassisch) berechneten Konzentrationen miteinander vergleichbar, die Zeitabhängigkeit des Signals ist eliminiert.

Die auf klassischem Wege durch separate, einfache Kalibrierung aller drei Elemente bestimmten Konzentrationen sind wegen der erwähnten Signaldepression nach unten verfälscht. Tabelle A.5 des Anhangs stellt für die Kalibrier- und Testproben sowohl die tatsächlichen, vorgegebenen als auch die klassisch ermittelten Konzentrationen gegenüber. Besonders deutlich wird die Störung durch Interferenzen bei der Arsen-Analyse mit höheren Konzentrationen aller Elemente sichtbar, wo sich die Verfälschung auf bis zu 20% beläuft. Durch einen multiplen linearen Regressionsansatz für die 64 Kalibrierproben der Form

$$\begin{aligned}
[\mathrm{Se}], [\mathrm{Sb}], [\mathrm{As}] = {} & c_0 + c_1 \mid \mathrm{Se} \mid + c_2 \mid \mathrm{Sb} \mid + c_3 \mid \mathrm{As} \mid \\
& + c_4 \mid \mathrm{Se} \mid\mid \mathrm{Sb} \mid + c_5 \mid \mathrm{Se} \mid\mid \mathrm{As} \mid \\
& + c_6 \mid \mathrm{Sb} \mid\mid \mathrm{As} \mid + c_7 \mid \mathrm{Se} \mid^2 + c_8 \mid \mathrm{Sb} \mid^2 \\
& + c_9 \mid \mathrm{As} \mid^2
\end{aligned} \tag{5.31}$$

soll geprüft werden, ob sich die Verfälschung rechnerisch ausgleichen läßt. Es bezeichnen eckige Klammern die tatsächlichen, senkrechte Striche dagegen die nach einfacher separater Kalibrierung erhaltenen Konzentrationen. Die Behandlung der drei Regressanden auf der linken Seite von (5.31) erfolgt in drei unabhängigen Rechnungen. Um wie schon im FAES-Beispiel aus Abschn. 5.2 eventuellen Wechselwirkungen oder Nichtlinearitäten Rechnung zu tragen, werden aus den drei eigentlichen Regressoren | Se |, | Sb |, | As | durch Verknüpfung weitere, künstliche Regressoren gebildet, bis sich im Ansatz ein Polynom zweiten Grades in den ursprünglichen Regressoren herausgebildet hat. Weil aber andererseits bei diesem formalen, recht umfangreichen Ansatz von vornherein nicht klar ist, welche Terme überhaupt eine wesentliche Rolle spielen, machte sich zunächst eine Variablenreduktion erforderlich. Das in Abschn. 5.3 beschriebene hierarchische Abbauverfahren führte zu den folgenden reduzierten Ansätzen:

$$\begin{aligned}
[\mathrm{Se}] &= 0.987 \mid \mathrm{Se} \mid + 1.29 \cdot 10^{-3} \mid \mathrm{Se} \mid\mid \mathrm{As} \mid + 4.83 \cdot 10^{-4} \mid \mathrm{Se} \mid^2 \\
[\mathrm{Sb}] &= -1.76 + 1.04 \mid \mathrm{Sb} \mid + 4.23 \cdot 10^{-2} \mid \mathrm{Se} \mid \\
&\quad + 3.98 \cdot 10^{-4} \mid \mathrm{Sb} \mid\mid \mathrm{As} \mid \\
[\mathrm{As}] &= 4.19 + 0.915 \mid \mathrm{As} \mid - 0.136 \mid \mathrm{Se} \mid + 3.26 \cdot 10^{-3} \mid \mathrm{Se} \mid\mid \mathrm{As} \mid \\
&\quad + 6.28 \cdot 10^{-4} \mid \mathrm{Sb} \mid\mid \mathrm{As} \mid + 1.07 \cdot 10^{-3} \mid \mathrm{Se} \mid^2
\end{aligned}$$

Es ist nicht überraschend, daß in allen Ansätzen die verfälschten Konzentrationen der jeweiligen zu bestimmenden Elemente als signifikant enthalten sind und zwar jeweils mit einem Koeffizienten nahe Eins. In erster Näherung stimmt also die tatsächliche Konzentration mit der durch Interferenzverfälschung klassisch bestimmten überein. Die weiteren Terme – abgesehen von quadratischen Ausdrücken, mit denen Nichtlinearitäten erfaßt werden – dienen dann der eigentlichen Korrektur der Verfälschung. Bis auf eine Ausnahme besitzen sie sämtlich positive Koeffzienten, womit die Signaldepression ausgeglichen wird.

Das mit den Kalibrierproben aufgestellte Modell soll nun auf die unabhängig und mit zeitlichem Abstand hergestellten Testproben angewandt werden, um seine Allgemeingültigkeit zu überprüfen. Dabei sind die für die Testproben erhaltenen verfälschten Konzentrationen | Se |, | Sb |, | As | aus Tabelle A.5 (Anhang) nebst den jeweils erforderlichen Verknüpfungen daraus in die obigen Gleichungen einzusetzen, so daß rechnerisch korrigierte Konzentrationen Se^0, Sb^0, As^0 resultieren, die dann mit den tatsächlichen Konzentrationen [Se], [Sb], [As] der Testproben in Tabelle A.5 (Anhang) verglichen werden können. Je geringer die Differenz, um so besser ist das aufgestellte Mehrkomponentenmodell als rechnerische Korrektur im Anschluß an die übliche einfache Kalibrierung in der gegebenen Problemstellung geeignet.

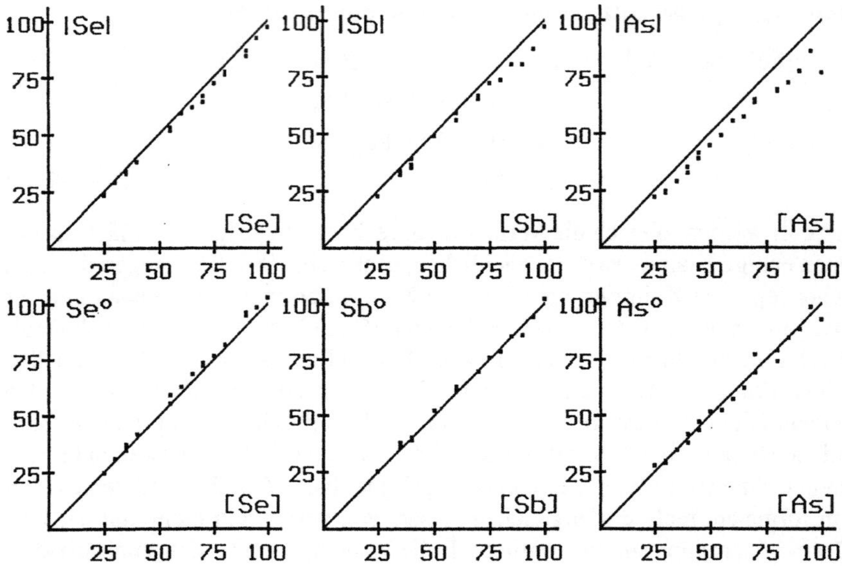

Abb. 5.8. Ergebnisse von einfacher und Mehrkomponentenkalibrierung im (Se, Sb, As)-System für 20 Testproben (Achseneinteilung in ng, Symbole s. Text).

Abbildung 5.8 stellt für alle drei Elemente sowohl die auf einfacher Kalibrierung (senkrechte Linien) als auch auf Mehrkomponentenkalibrierung (oberer Index 0) basierenden Konzentrationen der 20 Testproben ihren tatsächlichen Konzentrationen (eckige Klammern) gegenüber. Bei idealer Übereinstimmung muß ein Meßpunkt exakt auf der eingezeichneten Winkelhalbierenden liegen. Die einfache Kalibrierung (obere) Reihe weist die zu erwartende Unterschätzung der wahren Konzentrationen auf, die für Selen am geringsten und für Arsen am deutlichsten ausgeprägt ist. Die mit Mehrkomponentenkalibrierung erhaltenen Werte (untere Reihe) liegen im Gegensatz dazu erheblich dichter an der Ideallinie. Besonders deutlich wird die Verbesserung für Antimon und Arsen.

Die quantitative Bewertung des Erfolgs wird durch Bildung der Standardabweichungen der jeweiligen Fehler

$$s = \sqrt{\frac{\sum_{i=1}^{n} \Delta_i^2}{n-1}} \tag{5.32}$$

ermöglicht. Dabei ist Δ_i die Differenz zwischen der auf Kalibrierung (einfach oder multivariat) beruhenden Konzentration einerseits und der wahren Konzentration andererseits. Mit n wird die Zahl der Testproben bezeichnet, d.h. im gegebenen Beispiel ist $n = 20$. Die Fehler-Resultate sind in Tabelle 5.4 zusammengestellt. In allen Fällen sind entsprechend dem optischen Eindruck von Abb. 5.8 Verbesserungen mit der Mehrkomponentenkalibrierung zu erkennen. Besonders krass wird die Korrektur im Fall von Arsen, wo mit einfacher Kalibrierung über dem be-

Tabelle 5.4. Standardabweichungen der einfachen und Mehrkomponentenkalibrierung für 20 Testproben (Angaben in ng).

	Se	Sb	As
Einfache Kalibrierung	3.43	4.60	9.65
Mehrkomponentenkalibrierung	2.63	1.64	3.36

trachteten Bereich von 0 bis 100 ng ein mittlerer Fehler von 9.65 ng zu erwarten ist, während dieser nach Rechnung auf 3.36 ng reduziert werden kann.

5.5 Das Multikollinearitätenproblem

Das sogenannte Multikollinearitätenproblem tritt in der klassischen multiplen linearen Regression auf, wenn zwischen mehreren Regressoren deutliche Korrelationsbeziehungen auftreten. Die damit verbundenen Schwierigkeiten führten letztlich zur Begründung der Latente-Variablen-Methoden in der Regressionsanalyse, von denen einige in den folgenden Abschnitten beschrieben werden.

Um einen Zugang zum Multikollinearitätenproblem zu gewinnen, sei zunächst eine einfache, konstruierte Situation diskutiert: Angenommen, das Signal y eines Meßinstruments besitze gegenüber der in Prozent gemessenen Konzentration x_1 einer zu analysierenden chemischen Komponente die Empfindlichkeit 20 ohne Blindwert, d.h. : $y = 20x_1$. Betrachtet man – überflüssigerweise – neben x_1 als zweiten Regressor x_2 die Konzentration derselben Komponente, nun aber nicht in Prozent sondern in Promille gemessen, dann gilt $x_2 = 10x_1$, und ein formaler Regressionsansatz in x_1 und x_2 liefert

$$y = b_1x_1 + b_2x_2 = (b_1 + 10b_2)x_1,$$

woraus wegen $y = 20x_1$ die Bedingung $b_1 + 10b_2 = 20$ folgt. Diese ist aber mit den verschiedensten Werten der Regressionskoeffizienten erfüllbar, z.B. $b_1 = 10, b_2 = 1$ oder $b_1 = 0, b_2 = 2$, ja selbst negative Koeffizienten können auftauchen: $b_1 = -80, b_2 = 10$. In der beschriebenen Situation sind die Parameter b_1, b_2 offenbar nicht mehr identifizierbar. Die Ursache liegt darin, daß der eingeführte zweite Regressor gegenüber dem ersten keine neue Information einbringt, beide sind proportional zueinander, oder –anders ausgedrückt – korrelieren total miteinander. Hierdurch variieren die Wertepaare (x_1, x_2) bei Proben mit verschiedenen Konzentrationen der in Frage stehenden Komponente nicht gleichmäßig über der x_1/x_2- Ebene sondern vielmehr auf einer Geraden $x_2 = 10x_1$.

Die Verallgemeinerung des Sachverhalts auf mehr als zwei Regressoren ist folgendermaßen zu erkennen: Gegeben sei eine Regressormatrix $\mathbf{X}$ mit den Spalten (Regressoren) $\mathbf{x}_1, \ldots, \mathbf{x}_p$. Redundanz liegt dann vor, wenn sich einer der Regressoren linear aus den übrigen darstellen läßt, so daß seine Meßwerte keine unabhängige, neue Information zur Vorhersage des Regressanden einbringen. Ist in diesem Sinne z.B. der erste Regressor überflüssig, dann gilt

$$\mathbf{x}_1 = c_2\mathbf{x}_2 + \cdots + c_p\mathbf{x}_p \quad \text{bzw.} \quad \mathbf{x}_1 - c_2\mathbf{x}_2 - \cdots - c_p\mathbf{x}_p = \mathbf{0} \tag{5.33}$$

mit gewissen Koeffizienten c_i. Die letzte Gleichung in Nullform kann auch kurz als $\mathbf{Xc} = \mathbf{0}$ mit $\mathbf{c} = (1, -c_2, \ldots, -c_p)^T$ geschrieben werden, woraus wiederum nach Linksmultiplikation mit $(n-1)^{-1}\mathbf{X}^T$ die Beziehung

$$\frac{1}{n-1}\mathbf{X}^T\mathbf{Xc} = \frac{1}{n-1}\mathbf{X}^T\mathbf{0} = \mathbf{0}$$

wird. Für zentrierte bzw. standardisierte Regressoren stimmt der Ausdruck auf der linken Seite mit der Kovarianzmatrix **K** bzw. mit der Korrelationsmatrix **R** der Regressoren überein. Mit der trivialen Darstellung des Nullvektors als $\mathbf{0} = 0\mathbf{c}$ entstehen die Eigenwertgleichungen

$$\mathbf{Kc} = 0\mathbf{c} \quad \text{bzw.} \quad \mathbf{Rc} = 0\mathbf{c} \tag{5.34}$$

Nach (7.39) ist dann **c** ein Eigenvektor von **K** bzw. **R** zum Eigenwert Null. Es läßt sich schlußfolgern, daß die Existenz einer exakten Multikollinearität (exakte lineare Darstellbarkeit eines Regressors aus den anderen) daran zu erkennen ist, daß ein Eigenwert der Kovarianz- bzw. Korrelationsmatrix der Regressoren gleich Null wird. Der zugehörige Eigenvektor **c** enthält die Koeffizienten der Multikollinearität.

Allgemein bewirkt die Existenz einer Multikollinearität daß sich die Meßpunkte $(x_1, \ldots, x_p)$ nicht mehr unabhängig über dem p-dimensionalen euklidischen Raum verteilen, sondern auf einem Unterraum mit um Eins geringerer Dimension gebunden sind. Im obigen Beispiel wäre es die Gerade $x_2 = 10x_1$. Anschaulich gesprochen wird von den Regressoren nicht genügend Information zur korrekten Parameteridentifikation gesammelt. Treten mehrere verschiedene Abhängigkeiten des Typs (5.33) auf, so verringert sich analog die Dimension des genannten Unterraums.

Bei den Regressionskoeffizienten liegt eine duale Entwicklung vor: Während bei unabhängigen Regressoren Gl. (5.7) einen eindeutigen Lösungspunkt $\mathbf{b}^{opt}$ garantiert, und sich die Menge der Koeffizientenvektoren im p-dimensionalen euklidischen Raum gewissermaßen auf einem nulldimensionalen Unterraum, einem Punkt eben, konzentriert, bewirkt eine lineare Abhängigkeit (5.33) daß diese Verteilung auf einen eindimensionalen Unterraum, also eine Gerade, ausgedehnt wird. Im Beispiel sind alle Punkte der b_1/b_2-Ebene denkbare Lösungen, die auf der Geraden $b_2 = 2 - 0.1b_1$ liegen. Bei weiteren Abhängigkeiten erhöht sich entsprechend die Dimension des Unterraums, auf dem Lösungsvektoren vorkommen können.

Innerhalb der Kalibrierproblematik besitzt das Multikollinearitätenproblem besondere Relevanz. Wenn die Regressoren durch Signalamplituden von Spektren gegeben sind, dann entsteht der einfachste Fall einer Kollinearität bei Überlagerung. Abbildung 5.9a zeigt zunächst zwei simulierte Spektren, die hinreichend gut isoliert sind. Auf der rechten Seite sind die Signalamplituden des ersten

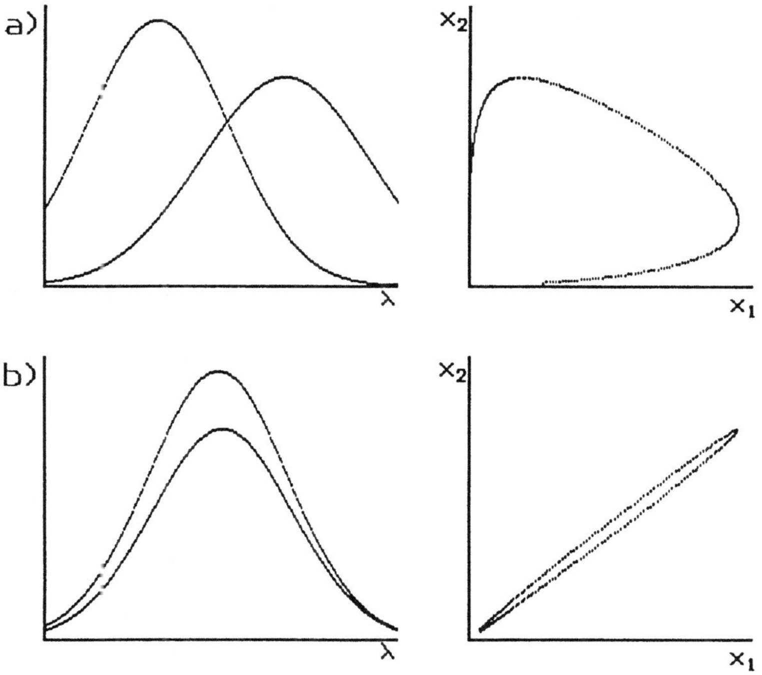

Abb. 5.9. Veranschaulichung des Multikollinearitätenproblems bei spektralen Datensätzen. Während bei hinreichend isolierten Spektren (**a**) die Regressorpunkte einen weiten Bereich der Ebene erfassen, entartet bei starker Überlagerung (**b**) die Verteilung zunehmend zu einer Geraden

gegen jene des zweiten Spektrums für alle aufeinanderfolgenden Wellenlängen dargestellt. Die entstehenden Punkte entsprechen den Objekten (Zeilen) der zweispaltigen Regressormatrix. Es ergibt sich eine relativ weite Verteilung über der x_1/x_2-Ebene. Nach Erhöhung des Grades der Überlagerung wie in Abb. 5.9b entartet die Verteilung der Regressorpunkte immer mehr zu einer Geraden, also zu einem Unterraum niederer Dimension.

Nun stelle man sich als Regressanden ein drittes Spektrum mit der gleichen Diskretisierungsfeinheit vor. Diesem Regressanden würde in Abb. 5.9 eine zusätzliche, vertikale y-Achse entsprechen. Zu jeder Wellenlänge gehört ein Punkt (x_1, x_2, y) im dreidimensionalen Raum, der senkrecht oberhalb der jeweiligen Regressorpunkte (x_1, x_2) der Abbildung liegt. Die Suche nach den optimalen Regressionskoeffizienten b_1, b_2 zur Beschreibung von y aus x_1, x_2 bedeutet geometrisch die Auffindung einer optimalen Ausgleichsebene für die genannten Punkte im Raum, wobei sich der Ausgleich auf die vertikale y-Achse bezieht. Aufgrund des Meßfehlers würde sich bei Wiederholung des Experiments ein geringfügig verändertes Spektrum als Regressand y ergeben. Demzufolge gelangte man sicher auch zu einer etwas veränderten optimalen Ausgleichsebene. Es ist anschaulich klar, daß die Schwankung der Ausgleichsebene bei leicht variierten Regressanden in Abb. 5.9a viel geringer ausfallen wird als in Abb. 5.9b, da durch die weiter verteilten Regressormeßpunkte eine bessere Stützung gewährleistet ist. Die Regressionskoeffizienten, deren Werte hier z.B. eindeutig die Lage der Ausgleichsebene definieren, sind um so empfindlicher gegenüber geringen Veränderungen des Regressanden, je stärker eine Multikollinearität ausgeprägt ist. Im konkreten Beispiel der direkten Mehrkomponentenkalibrierung, bedeutet das: die gesuchten Konzentrationen der betrachteten chemischen Komponenten in einer Testprobe sind um so unglaubwürdiger (im Sinne von schlecht reproduzierbar), je stärker die Spektren dieser Komponenten überlagern. Auf diesen Aspekt wird nochmals in Abschn. 5.6 (vgl. Abb. 5.10d) eingegangen.

Eine exakte Multikollinearität unter den Regressoren würde bei multipler linearer Regressionsrechnung zum numerischen Abbruch führen, weil die Matrix in (5.7) nicht mehr invertierbar ist. Eine solche Situation mit nicht eindeutig identifizierbaren Regressionskoeffizienten lag speziell in dem eingangs dieses Abschnitts betrachteten einfachen Zwei-Regressor-Beispiel vor. Allerdings war dieses Beispiel konstruiert, und in der Tat sind exakte Multikollinearitäten in realen Datensätzen praktisch nicht (mit Wahrscheinlichkeit Null) anzutreffen. Daher ist auch ein numerischer Abbruch mit der genannten Ursache eher die Ausnahme. Entscheidend ist aber, daß selbst näherungsweise lineare Abhängigkeiten des Typs (5.33), die im Gegensatz zu exakten Multikollinearitäten durchaus häufig auftreten, starke Instabilitäten unter den Regressionskoeffizienten hervorrufen können, so wie es gerade für die Mehrkomponentenkalibrierung angedeutet wurde.

Während exakte Multikollinearitäten nach (5.34) daran zu erkennen waren, daß ein oder gar mehrere Eigenwerte sowohl der Regressor-Kovarianz- als auch Korrelationsmatrix exakt gleich Null wurden, sollten sich die praktisch relevanteren näherungsweisen Multikollinearitäten in Eigenwerten *nahe* Null widerspiegeln. Diese Vermutung ist allerdings nur für Korrelationsmatrizen gerechtfertigt, da bei der Kovarianzmatrix ein kleiner Eigenwert auch durch kleine Varianz eines der Regressoren (z.B. durch ungeeignete Maßeinheitenwahl) hervorgerufen werden kann, ohne daß eine Multikollinearität im Spiel wäre. Korrelationsmatrizen entstehen dagegen aus standardisierten Datensätzen, bei denen alle Regressoren von vornherein gleiche Varianz erhalten. Ein Eigenwert nahe Null ist dann in der Tat auf Redundanz zurückzuführen. Aus diesem Grunde wird zur adäquaten Erfassung von Multikollinearitäten stets von standardisierten Daten bzw. der Korrelationsmatrix ausgegangen.

Die Auswirkung näherungsweiser Multikollinearitäten soll an einem Beispiel aus der Wolframdrahtproduktion untersucht werden. Wolframdraht entsteht mit komplizierter Technologie (Sintern, Hämmern, Ziehen) aus Wolframpulver. Dabei verändern sich die Konzentrationsmuster qualitätsbeeinflussender Spurenelemente. Die Modellierung der Abhängigkeit der Muster im Endprodukt von jenen im Ausgangsmaterial stellt eine praxisrelevante Aufgabe dar. In Tabelle A.6 des Anhangs sind für 13 Proben die Spurenkonzentrationen von 14 chemischen Elementen zuerst im Wolframpulver und anschließend in den daraus hergestellten 13 Wolframdrähten zusammengestellt. Wegen der Übersichtlichkeit soll hier zunächst nur ein Ausschnitt des Datensatzes betrachtet werden, nämlich die Mangankonzentration in den Wolframdrähten als Regressand und die Konzentration von Eisen, Mangan, Chrom und Nickel in den zugehörigen Ausgangsproben des

Pulvers als Regressoren. Die Wahl von Eisen, Chrom und Nickel neben Mangan selbst als zusätzliche Vorhersagegrößen im Pulvermaterial für Mangan im Draht scheint zunächst willkürlich. Allerdings sind diese Elemente dem Mangan recht verwandt, so daß man sich durch ihre zusätzliche Einbeziehung eine verbesserte Vorhersage versprechen könnte. In der Tat wird sich dieser Gedanke im Zusammenhang mit der Anwendung der PLS-Methode (Abschn. 5.7) als richtig erweisen. Bei der multiplen linearen Regression ergibt sich dagegen zunächst ein negativer Effekt, der in der hohen Korreliertheit der vier Regressoren, also in einer Multikollinearität begründet ist. Die Korrelationsmatrix der auf jeweils 13 Messungen im Wolframpulver beruhenden vier Regressoren lautet:

$$\mathbf{R} = \left(\begin{array}{c|cccc} & [\mathrm{Fe}] & [\mathrm{Mn}] & [\mathrm{Cr}] & [\mathrm{Ni}] \\ \hline [\mathrm{Fe}] & 1.000 & 0.725 & 0.954 & 0.947 \\ [\mathrm{Mn}] & 0.725 & 1.000 & 0.715 & 0.674 \\ [\mathrm{Cr}] & 0.954 & 0.715 & 1.000 & 0.984 \\ [\mathrm{Ni}] & 0.947 & 0.674 & 0.984 & 1.000 \end{array} \right) \tag{5.35}$$

Die zugehörigen Eigenwerte sind $\lambda_1 = 3.52$, $\lambda_2 = 0.41$, $\lambda_3 = 0.06$, $\lambda_4 = 0.01$. Nach dem Eigenwert-Eins-Kriterium (Abschn. 2.4) würde man die letzten drei Eigenwerte als „nahe Null" ansehen. Folglich spiegeln die entsprechenden Eigenvektoren Kollinearitäten wider. In der Tat korrelieren ja sämtliche Regressoren als ähnliche chemische Elemente in den Wolframpulverproben stark positiv miteinander, und es verwundert nicht, daß letztlich nur ein Freiheitsgrad an Variabilität übrig bleibt.

Nach multipler linearer Regression lautet das berechnete Modell:

$$\begin{aligned} [\mathrm{Mn}]^{Draht} &= 2.27 \cdot 10^{-1} - 8.86 \cdot 10^{-4}[\mathrm{Fe}]^{Pulv.} + 2.58 \cdot 10^{-2}[\mathrm{Mn}]^{Pulv.} \\ &\quad -5.79 \cdot 10^{-5}[\mathrm{Cr}]^{Pulv.} + 1.14 \cdot 10^{-2}[\mathrm{Ni}]^{Pulv.} \end{aligned} \tag{5.36}$$

In der erhaltenen Lösung ist das Auftreten unterschiedlicher Vorzeichen schwer interpretierbar, denn die positive Korreliertheit der Regressoren sollte eigentlich gleiche Vorzeichen bei der Vorhersage des Regressanden erwarten lassen. Hier macht sich bereits der Effekt instabiler Regressionskoeffizienten bei Multikollinearitäten bemerkbar. Um diesen noch deutlicher hervortreten zu lassen, wurden von den 13 Zeilen des Datensatzes (Regressoren plus Regressand) der Reihe nach jeweils eine gestrichen und die Koeffizienten neu berechnet. Es handelt sich im Prinzip um die Anwendung der Leave-one-out-Methode. Tabelle 5.5 stellt die resultierenden 13 Koeffizientenvektoren (inklusive Absolutglied) zusammen.

Es werden erstaunliche Schwankungen offensichtlich, die schon bei minimaler Veränderung der Stichprobe (Auswahl von 12 aus 13 Messungen) durch Multikollinearitäten entstehen. Insbesondere erscheinen häufige Vorzeichenänderungen, woraus sich das Problem bei der Diskussion von (5.36) im nachhinein erklärt. Extreme Instabilität tritt laut Tabelle bei Chrom auf, wo die Relativstandardabweichung der 13 Koeffizienten (Standardabweichung dividiert durch Betrag des Mittelwertes) fast 600 % erreicht. Damit ist klar, daß bei Vorliegen von Multikollinearitäten die ermittelten Koeffizientenvektoren der multiplen linearen Regression vollkommen unbrauchbar werden können.

Tabelle 5.5. Empfindlichkeit der Regressionskoeffizienten gegenüber Streichung jeweils einer Zeile des Wolfram-Datensatzes. Einzelheiten s. Text

Streichung von Zeile	b_0 $\cdot 10^{-1}$	b_{Fe} $\cdot 10^{-3}$	b_{Mn} $\cdot 10^{-2}$	b_{Cr} $\cdot 10^{-2}$	b_{Ni} $\cdot 10^{-2}$
1)	2.2	-0.9	3.0	0.0	1.1
2)	2.4	-2.1	2.8	0.0	1.4
3)	2.4	-1.4	1.9	0.1	1.1
4)	2.3	-0.9	2.5	-0.1	1.2
5)	2.3	-0.2	1.8	0.1	0.8
6)	2.3	-0.9	2.0	0.0	1.2
7)	2.2	-0.6	2.3	-0.1	1.2
8)	2.4	-1.2	0.3	0.0	1.3
9)	1.8	-0.5	6.4	-0.3	1.4
10)	2.5	-3.7	6.4	0.1	1.4
11)	2.1	2.6	0.6	-1.0	1.5
12)	1.9	2.1	-4.9	2.8	-2.1
13)	2.4	-1.4	2.5	0.3	0.8
$s_{rel}(\%)$	9.3	235	130	592	99

5.6 Hauptkomponentenregression

Gemäß Abschn. 5.5 ist das Multikollinearitätenproblem eng mit der Eigenwertstruktur der Regressorkorrelationsmatrix verbunden. Es verwundert also nicht, daß in diesem Zusammenhang die in Kap. 2 eingeführten Hauptkomponenten eine große Rolle spielen. Wie bereits vom Namen abgelesen werden kann, werden bei der Hauptkomponentenregression anstelle der ursprünglichen Vorhersagevariablen Hauptkomponenten als Regressoren verwendet, allerdings nur solche, die den ersten großen Eigenwerten der Korrelationsmatrix entsprechen. Durch Ignorieren der zu den kleinen Eigenwerten gehörigen Hauptkomponenten kann gerade der Effekt der Multikollinearitäten reduziert werden. Kurz ausgedrückt bildet man aus den ursprünglichen p Regressoren durch deren optimale Wichtung (Linearkombination) r neue Regressoren ($r < p$) – eben die ersten Hauptkomponenten – bei denen das Problem von Redundanzen praktisch beseitigt ist. Die geeignete Wahl der Zahl r kann wieder durch Minimierung der nach Leave-one-out-Methode zu erwartenden Fehlerrate bei der Vorhersage des Regressanden eingestellt werden.

Wie im letzten Abschnitt dargelegt wurde, macht sich zur adäquaten Erfassung von Multikollinearitäten eine Standardisierung der Regressormatrix $\mathbf{X}$ erforderlich. Dies wird allerdings stets nur einen aus technischen Gründen erforderlichen Zwischenschritt darstellen, am Ende der Analyse können die berechneten Koeffizienten im Hinblick auf ihre Interpretation immer auf den ursprünglichen Maßstab zurückgerechnet werden. Aus Gründen der Einheitlichkeit werden wir zusätzlich auch stets den Regressanden (bzw. bei mehreren die Regressandenmatrix) standardisieren, obgleich das im Gegensatz zu den Regressoren formal nicht nötig wäre.

In den bisher betrachteten Modellen der multiplen linearen Regression war bislang nur von Regressoren in Roh- oder höchstens zentrierter Form die Rede. Als Konsequenz spiegelten die berechneten Regressionskoeffizienten stets mehr die willkürliche Ausgangsvarianz der verwendeten Regressoren wider als deren Beitrag für die Vorhersage des Regressanden (man vergleiche etwa nochmals Produkt- und Einzelterme in (5.11)). Auch in Gl. (5.36) zum Wolframbeispiel sind die verschiedenen Größenordnungen der Koeffizienten vor allem durch die unterschiedlichen Schwankungsbreiten der vier Elemente in den 13 Pulverproben determiniert (vgl. Tabelle A.6 des Anhangs). Das Phänomen läßt sich beseitigen, indem man Regressoren und Regressand zunächst standardisiert und dann erst eine multiple lineare Regressionsrechnung (nun aber ohne Absolutglied, da sich dieses wegen der Zentrierung ohnehin zu Null ergeben würde) ausführt. Die dann erhaltenen, standardisierten Koeffizienten hängen mit denen des Originalansatzes einfach über die Mittelwerte und Standardabweichungen der Regressoren und des Regressanden zusammen. Die konkrete Formel ist Behauptung 11 in Abschn. 5.9 zu entnehmen. Für das Wolframbeispiel lautet die gegenüber (5.36) standardisierte Gleichung, die zur Unterscheidung mit dem oberen Index „s" versehen ist:

$$\begin{aligned}[\mathrm{Mn}]^{Draht(s)} &= -0.1664[\mathrm{Fe}]^{Pulv.(s)} + 0.1111[\mathrm{Mn}]^{Pulv.(s)} \\ &\quad -0.0058[\mathrm{Cr}]^{Pulv.(s)} + 0.9948[\mathrm{Ni}]^{Pulv.(s)} \end{aligned} \qquad (5.37)$$

Die neuen Koeffizienten könnten nun als Beiträge zur Regressandenvorhersage gewertet werden, wenn sie nicht durch die festgestellten Multikollinearitäten als unglaubwürdig verdächtigt werden müßten. Immerhin ändert eine Standardisierung nichts an der oben erwähnten schwer interpretierbaren Vorzeichenwechsel-Problematik.

Anwendung der Hauptkomponentenregression bedeutet im vorliegenden Beispiel, anstelle der vier Spurenelemente in den Wolframpulvern die zugehörige erste Hauptkomponente als Regressor zu verwenden. Die verbleibenden drei Hauptkomponenten werden ignoriert, da sie, wie oben festgestellt, mit kleinen Eigenwerten zusammenhängen und somit eher näherungsweise Kollinearitäten reflektieren. Die erste Hauptkomponente berechnet sich aber nach Kap. 2 einfach als gewichtete Summe der vier (standardisierten) Originalregressoren, wobei die auftretenden Gewichte durch die vier Komponenten des ersten normierten Eigenvektors $\mathbf{v}_1$ der Regressor-Korrelationsmatrix **R** gegeben werden. Zur konkreten Matrix (5.35) gehört

$$\mathbf{v}_1 = (-0.519, -0.436, -0.523, -0.517)^T$$

Aus den 13 Meßwerten der 4 Regressoren resultieren mit der angegebenen Wichtung die 13 „Meßwerte" der ersten Hauptkomponente. Nimmt man diese als einzigen neuen, künstlichen Regressor zur Vorhersage des (standardisierten) Regressanden „Mn-Konzentration in Wolfram-Draht", dann reduziert sich die Problemstellung auf einen einfachen Geradenausgleich ohne Absolutglied. Der

Koeffizientenvektor **d** des Ansatzes der Hauptkomponentenregression berechnet sich nach Behauptung 12 aus Abschn. 5.9 aus dem Koeffizientenvektor **b** des ursprünglichen (standardisierten) Ansatzes mit Hilfe der Eigenvektormatrix **V** gemäß $\mathbf{d} = \mathbf{V}^T\mathbf{b}$. Im vorliegenden Beispiel reduziert sich die Matrix **V** auf den einzigen Vektor $\mathbf{v}_1$, und somit auch der Koeffizientenvektor **d** auf eine Zahl $d = \mathbf{v}_1^T\mathbf{b}$, nämlich den Geradenanstieg. Dieses letzte Skalarprodukt aus dem oben angegebenen Eigenvektor $\mathbf{v}_1$ und dem Vektor **b** der in (5.37) enthaltenen Koeffizienten des standardisierten Original-Ansatzes erreicht den Wert $d = -0.473$. Bei mehr als einem signifikanten Eigenwert müßten analog weitere Eigenvektoren mit weiteren Koeffizienten d einbezogen werden.

Leider besitzen die Koeffizienten des Hauptkomponenten-Ansatzes den Nachteil, schwer interpretierbar zu sein, da sie sich auf künstliche Regressoren beziehen. Sind etwa in der direkten klassischen Mehrkomponentenkalibrierung (vgl. Abschn. 5.4) die Regressionskoeffizienten als Konzentrationen interessierender chemischer Komponenten zu deuten, so würde die Bildung von Hauptkomponenten als Linearkombinationen der Originalregressoren einer Verwendung „künstlicher" Gemische der ursprünglich reinen chemischen Komponenten entsprechen. Als Folge entsprächen die Regressionskoeffizienten den sicherlich weniger interessanten Konzentrationen der künstlichen Gemische anstelle der reinen Komponenten.

Es bietet sich an, den Koeffizientenvektor **d** der Hauptkomponentenregression auf den Ausgangsansatz zurückzurechnen. Dann erhält man nach Behauptung 12 aus der Eigenvektormatrix einen korrigierten Koeffizientenvektor $\hat{\mathbf{b}}$ für den Ausgangsansatz aus der Vorschrift $\hat{\mathbf{b}} = \mathbf{V}\mathbf{d}$. Im Datenbeispiel folgt mit den bisher berechneten Größen einfach, da es sich nur um einen Vektor $\mathbf{v}_1$ und eine Zahl d handelt, die bei der Multiplikation vor Vektoren gezogen werden kann:

$$\hat{\mathbf{b}} = \mathbf{v}_1 \cdot d = d\mathbf{v}_1 = (0.245, 0.206, 0.247, 0.245)^T$$

Die erhaltenen Koeffizienten beziehen sich nun wieder auf die Ausgangsregressoren, sind aber gegenüber der multiplen linearen Regression gewissermaßen von Multikollinearitäten befreit. Beim Vergleich mit (5.37) fällt bereits auf, daß das Problem der wechselnden Vorzeichen beseitigt ist. Alle vier Spurenelemente haben nach der Korrektur gleiche Vorzeichen, wie man es aus dem sachlogischen Kontext des Beispiels erwarten würde. Sie sollten also glaubwürdiger sein als jene in (5.37). Bislang bewegen wir uns allerdings immer noch auf der Ebene standardisierter Größen. Meistens wird es nützlich sein, die erhaltenen Ergebnisse wieder auf den nicht-standardisierten Ausgangsansatz (mit Absolutglied) zurückzutransformieren. Dazu benutzt man wieder die schon bei der Standardisierung benötigten Mittelwerte und Standardabweichungen und wendet die Formel in Behauptung 11 im Abschn. 5.9 in umgekehrter Richtung an.

Im Beispiel gelangt man schließlich zum mittels Hauptkomponentenregression korrigierten Ausgangsmodell

$$\begin{aligned}[\mathrm{Mn}]^{Draht} &= 1.76 \cdot 10^{-1} + 1.31 \cdot 10^{-3}[\mathrm{Fe}]^{Pulv.} + 4.78 \cdot 10^{-2}[\mathrm{Mn}]^{Pulv.} \\ &\quad + 2.47 \cdot 10^{-3}[\mathrm{Cr}]^{Pulv.} + 2.79 \cdot 10^{-3}[\mathrm{Ni}]^{Pulv.}\end{aligned}$$

Die Vorzeichen bleiben selbstverständlich unverändert, nur die Größenordnungen der Koeffizienten passen sich wieder der Streuung der Regressoren an.

Auch für die Mehrkomponentenkalibrierung – klassisch und invers – ist die Hauptkomponentenregression von außerordentlicher Bedeutung. Es sei zunächst die direkte klassische Kalibrierung betrachtet. Wir nehmen an, daß die Matrix **K** der Signale der reinen Komponenten sowie die Matrix **S** der Signale von q Testproben vorliegen, und daß daraus die in der Matrix **C** zusammengefaßten Konzentrationen der Komponenten in den Testproben zu bestimmen sind (zur Erinnerung konsultiere man Abb. 5.5b). Bei Anwendung der multiplen linearen Regression berechnet sich **C** aus den anderen beiden Matrizen nach Gl. (5.25).

Für stark überlagernde Spektren verursacht das Multikollinearitätenproblem – wie am Wolframdraht-Beispiel zu erkennen war – instabile Koeffizienten, was in der Situation der direkten Kalibrierung unglaubwürdige Konzentrationsergebnisse bedeutet. Als Illustration sind in Abb. 5.10a die fiktiven Spektren zweier reiner Komponenten mit hohem Überlappungsgrad sowie einer durch 1:1-Mischung („einmal breiter Peak plus einmal spitzer Peak") aus den beiden Komponenten hergestellten Testprobe skizziert. Dabei wurde zunächst das Spektrum der Testprobe (Vektor **y**) fehlerfrei als Summe der Spektren der reinen Komponenten (Spalten der Matrix $\mathbf{K}^T$) dargestellt, so daß eine multiple lineare Regressionsrechnung die korrekten Konzentrationsanteile $c_1 = 1, c_2 = 1$ liefert („+" in Abb. 5.10d. Allerdings ist in der Praxis stets ein Meßfehler vorhanden. Um diesen zu simulieren, wurde das theoretische Summenspektrum **y** hundertmal durch Addition eines kleinen zufallserzeugten Fehlers über jeder Wellenlänge modifiziert. Durch dieses geringfügige Verrauschen des Testprobenspektrums resultieren hundert veränderte Konzentrationsvektoren, die in Abb. 5.10d als einfache Punkte dargestellt sind. Man erkennt in Übereinstimmung mit der in Abschn. 5.2 erwähnten Erwartungstreue der Koeffizientenschätzung der multiplen linearen Regression, daß im Mittel der korrekte Punkt $(1, 1)$ getroffen wird. Allerdings ist die Streuung um diesen Punkt herum recht groß, so daß selbst bei kleinem Verrauschungsgrad mit deutlich abweichenden Konzentrationsergebnissen – bei c_1 sogar teilweise mit negativem Vorzeichen – gerechnet werden muß.

Alternativ geht die Hauptkomponentenregression wiederum von einer standardisierten Regressormatrix $\mathbf{K}^T$ und einer standardisierten Regressandenmatrix $\mathbf{S}^T$ im Ansatz (5.24) aus. Die standardisierten Spektren der reinen Komponenten und der Testprobe besitzen als Spalten von $\mathbf{K}^T$ und $\mathbf{S}^T$ danach den Mittelwert Null und gleichgroße mittlere Auslenkungen von dieser Null-Lage (Abb. 5.10b. An dieser Stelle muß darauf hingewiesen werden, daß Standardisierung (Index s) und Transposition (Index T) keine vertauschbaren Operationen sind, d.h. die Reihenfolge muß klar definiert sein. In Abb. 5.10b wird die Standardisierung für jedes einzelne Spektrum unabhängig über alle n betrachteten Wellenlängen vorgenommen. Nach Vertauschung der Operationen würden statt dessen nicht die Spalten von $\mathbf{K}^T$ sondern die Spalten von **K** selbst (also die Zeilen von $\mathbf{K}^T$) standardisiert werden (analog für **S**), und es entstünden die drei Spektren der Abb. 5.10c, wo die Standardisierung für jede Wellenlänge unabhängig über alle betrachteten Komponenten erfolgt. Diese zweite Prozedur wird weiter unten im Kontext der inversen Kalibrierung benutzt.

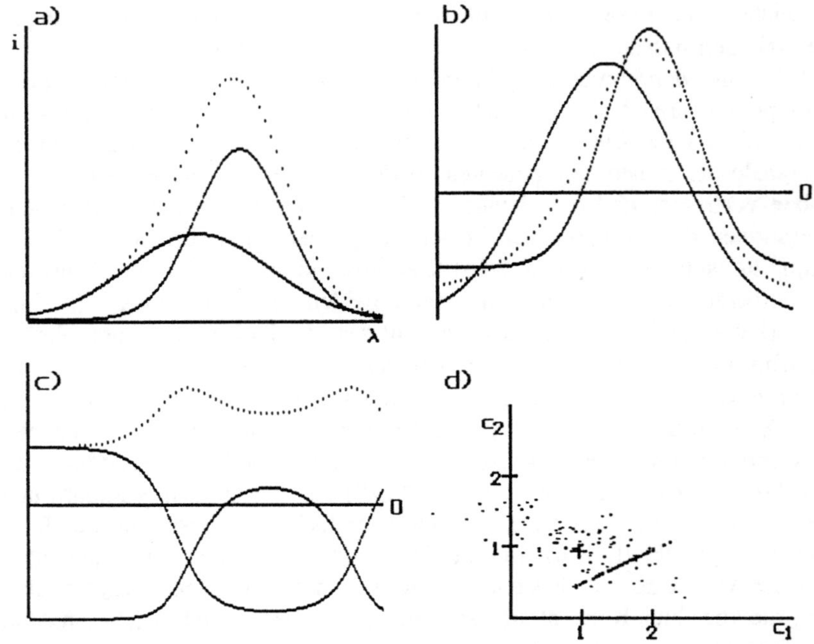

Abb. 5.10. Hauptkomponentenregression in der direkten klassischen Kalibrierung. Gegeben sind zwei Komponenten mit stark überlagernden Spektren bei Einheitskonzentration (durchgezogene Linien in **a**) und das Spektrum einer Testprobe. In **b** und **c** sind die nach zwei verschiedenen Varianten standardisierten Spektren skizziert. In **d** werden die Konzentrationsschätzungen mit multipler linearer Regression (schwache Punkte) und Hauptkomponentenregression (verstärkte Punkte) nach Überlagerung von Rauschen dargestellt

Mit der Standardisierungsart der direkten klassischen Kalibrierung (Abb. 5.10b bestimmt sich die Regressor-Korrelationsmatrix zu

$$\mathbf{R} = (n-1)^{-1}(\mathbf{K}^T)^T\mathbf{K}^T = (n-1)^{-1}\mathbf{K}\mathbf{K}^T \tag{5.38}$$

Bezeichnet **V** wieder die Matrix der normierten Eigenvektoren zu den signifikanten Eigenwerten von **R**, so leitet sich aus der optimalen Koeffizientenmatrix $\mathbf{C}^T$ des (standardisierten) multiplen linearen Regressionsansatzes (5.24) die korrigierte Koeffizientenmatrix $\hat{\mathbf{C}}^T$ der Hauptkomponentenregression in Verallgemeinerung von (5.54) auf den Fall mehrerer Regressanden gemäß $\hat{\mathbf{C}}^T = \mathbf{V}\mathbf{V}^T\mathbf{C}^T$ her. Nach Transposition erscheint die korrigierte Koeffizientenmatrix in ihrer ursprünglichen Anordnung

$$\hat{\mathbf{C}} = \mathbf{C}\mathbf{V}\mathbf{V}^T. \tag{5.39}$$

Im Datenbeispiel ist nur der erste Eigenwert von **R** signifikant, so daß sich **V** wieder auf einen Vektor $\mathbf{v}_1$ reduziert.

Um $\hat{\mathbf{C}}$ als korrigierte Konzentrationsmatrix zu interpretieren, muß sie wieder auf den ursprünglichen, nichtstandardisierten Ansatz zurückgerechnet werden.

Dabei verfährt man wie im Wolframbeispiel beschrieben. Letztlich entstehen die in Abb. 5.10d verstärkt eingezeichneten Konzentrationspunkte. Sie ordnen sich auf einem linearen Unterraum (Gerade durch den Nullpunkt) an, der nicht den korrekten Konzentrationspunkt enthält. Folglich treffen die Schätzungen der Hauptkomponentenregression auch nicht im Mittel den theoretischen Punkt. Sie sind im Gegensatz zu den Schätzungen der multiplen linearen Regression nicht mehr erwartungstreu sondern verzerrt. Allerdings wird dieser Verlust durch die wesentlich geringere Streuung auf dem linearen Unterraum mehr als kompensiert. Über alle hundert Testproben genommen, liegen die Punkte der Hauptkomponentenregression in der Summe deutlich näher am korrekten Ergebnis als die der multiplen linearen Regression.

Die Aussonderung von Hauptkomponenten zu kleinen Eigenwerten führt zur drastischen Reduktion der Streuung der Schätzungen. Andererseits erkauft man diesen Erfolg mit einer Verzerrung, da Kollinearitäten durchaus gut mit dem Regressanden korrelieren können, so daß ein Verzicht auf sie stets auch ein gewisser Verzicht auf Modellierung der Zielgröße ist. Die Nützlichkeit der Hauptkomponetenregression als Alternativmethode entscheidet sich daher am Grad der Verzerrung verglichen mit der erreichten Streuungsreduktion.

Leider verhalten sich beide Tendenzen nicht monoton zueinander, so daß die bei der Hauptkomponentenregression benutzte hierarchische Aussonderung von Kollinearitäten anhand der fallenden Eigenwertsequenz, die an geeigneter Stelle abgeschnitten wird, nicht immer optimal ist. Denkbare Alternativen sind etwa die LRRA-Methode (**L**atent **R**oot **R**egression **A**nalysis) nach Gunst (s. [116]) oder die PLS-Methode nach Wold (vgl. Abschn. 5.7).

Bislang wurden die Koeffizientenvektoren bzw. -matrizen der Hauptkomponentenregression stets aus jenen der multiplen linearen Regression über den Zusammenhang in Behauptung 12 des Abschnitts 5.9 abgeleitet, was den Vergleich beider Methoden erleichterte. Im allgemeinen ist es für die Hauptkomponentenregression nicht erforderlich, den Umweg über die multiple lineare Regression zu gehen, sondern es genügen bereits die Ergebnisse der Eigenwert/Eigenvektor-Bestimmung selbst. Dazu sei $\mathbf{X}$ der ursprüngliche, standardisierte Regressordatensatz und $\mathbf{V}$ die Matrix der normierten Eigenvektoren zu den ersten r Eigenwerten der Korrelationsmatrix $\mathbf{R} = (n-1)^{-1}\mathbf{X}^T\mathbf{X}$. Die Eigenwerte λ_i selbst seien in der Diagonale der Diagonalmatrix $\mathbf{\Lambda}$ angeordnet. Dann gilt nach (7.44) die Beziehung

$$(n-1)^{-1}\mathbf{V}^T\mathbf{X}^T\mathbf{X}\mathbf{V} = \mathbf{\Lambda}. \tag{5.40}$$

Die Zahl r sei von vornherein so klein gewählt, daß in $\mathbf{\Lambda}$ nur von Null verschiedene Eigenwerte enthalten sind. Dann ist $\mathbf{\Lambda}$ als Diagonalmatrix invertierbar und die Inverse $\mathbf{\Lambda}^{-1}$ ist erneut eine Diagonalmatrix, die nun in der Diagonale die reziproken Eigenwerte $1/\lambda_i$ beinhaltet. Von der ursprünglichen Regressormatrix $\mathbf{X}$ gelangt man durch Multiplikation mit den Eigenvektoren zur Regressormatrix $\mathbf{T} = \mathbf{X}\mathbf{V}$ der ersten r Hauptkomponenten. Mit dieser wird nun so wie in der herkömmlichen multiplen linearen Regression verfahren, d.h. für den Ansatz $\mathbf{T}\mathbf{B} = \mathbf{Y}$ mit Regressandenmatrix $\mathbf{Y}$ und gesuchter Koeffizientenmatrix $\mathbf{B}$ ergibt sich nach (5.9) und (5.40) als optimale Lösung

$$\begin{aligned}\mathbf{B}^{opt} &= (\mathbf{T}^T\mathbf{T})^{-1}\mathbf{T}^T\mathbf{Y} = [(\mathbf{X}\mathbf{V})^T\mathbf{X}\mathbf{V}]^{-1}(\mathbf{X}\mathbf{V})^T\mathbf{Y} \\ &= (\mathbf{V}^T\mathbf{X}^T\mathbf{X}\mathbf{V})^{-1}\mathbf{V}^T\mathbf{X}^T\mathbf{Y} \\ &= (n-1)^{-1}\mathbf{\Lambda}^{-1}\mathbf{V}^T\mathbf{X}^T\mathbf{Y} \end{aligned} \tag{5.41}$$

Gleichsetzung des Ansatzes $\mathbf{TB} = \mathbf{XVB} = \mathbf{Y}$ der Hauptkomponentenregression mit einem Ansatz $\mathbf{X}\hat{\mathbf{B}} = \mathbf{Y}$ der ursprünglichen Regressormatrix liefert daraus die Identität

$$\hat{\mathbf{B}} = \mathbf{VB} = (n-1)^{-1}\mathbf{V}\mathbf{\Lambda}^{-1}\mathbf{V}^T\mathbf{X}^T\mathbf{Y} \tag{5.42}$$

Die letzte Gleichung zeigt, wie aus den Eigenvektoren und Eigenwerten der Regressorkorrelationsmatrix direkt korrigierte Regressionskoeffizienten (zusammengefaßt in $\hat{\mathbf{B}}$) für die ursprünglichen Regressoren gewonnen werden können. Diese beziehen sich auf den standardisierten Ansatz und müssen noch über die Standardabweichungen und Mittelwerte der Regressoren und der Regressanden zurückgerechnet („entstandardisiert") werden, so wie es in den Beispielen bereits mehrfach praktiziert wurde.

Bezüglich der inversen Mehrkomponentenkalibrierung war bereits in Abschn. 5.4 darauf hingewiesen worden, daß eine Anwendung der multiplen linearen Regression ausscheidet, sobald die Zahl der Sensoren die Zahl der Kalibrierproben übersteigt. Damit wäre eine Reihe moderner Analysenmethoden von vornherein ausgeschlossen. So konnte das elektrochemische Beispiel in Abschn. 5.4 nur klassisch behandelt werden, weil der Registrierung von Signalen bei $n = 165$ Potentialstufen lediglich $q = 4$ Kalibrierproben gegenüberstanden. Während q aus Aufwandsgründen nicht beliebig vergrößert werden kann, geht die denkbare Verringerung von n mit einem Verlust an Präzision einher. Dagegen ermöglicht die Hauptkomponentenregression als alternatives mathematisches Modell eine indirekte Kalibrierung ohne Reduzierung der Signalmenge.

Gegeben seien q Kalibrierproben, bezüglich derer die Konzentrationen von p chemischen Komponenten in der Matrix $\mathbf{C}$ und deren Signale an n Sensoren in der Matrix $\mathbf{S}$ abgespeichert sind (vgl. Abb. 5.5). $\mathbf{S}$ enthält also in seinen Zeilen die diskretisierten Spektren (Chromatogramme, Voltammogramme etc.) dieser Proben. Der Ansatz $\mathbf{SK}^* = \mathbf{C}$ der multiplen linearen Regression lieferte als Lösung für $\mathbf{K}^*$ – die Matrix, die die Beziehung zwischen Spektren und Konzentrationen modelliert – den Ausdruck

$$\mathbf{K}^* = (\mathbf{S}^T\mathbf{S})^{-1}\mathbf{S}^T\mathbf{C},$$

bei dem die auftretende Matrixinversion, wie erwähnt, für $n > q$ nicht mehr realisierbar ist.

Alternativ kann anstelle der ursprünglichen Regressormatrix wieder von einer geeigneten Zahl zugehöriger Hauptkomponenten ausgegangen werden. Dazu ist am Anfang der Regressordatensatz $\mathbf{S}$ zu standardisieren. Anschließend ist zu jeder fixierten Wellenlänge das über die Proben gemittelte Signal gleich Null und die mittleren Abweichungen der Signale aller Proben von Null sind über alle

Wellenlängen konstant (vgl. Abb. 5.10c). Auch der Regressand, die Konzentrationsmatrix **C** wird standardisiert.

Aus der Matrix **V**, deren Spalten die Eigenvektoren zu den ersten r Eigenwerten der Korrelationsmatrix $(q-1)^{-1}\mathbf{S}^T\mathbf{S}$ enthalten, bildet man den Datensatz **SV** der Hauptkomponenten. Mit diesem selbst anstelle von **S** als Regressormatrix gelangt man zum Ansatz

$$\mathbf{SVK}^* = \mathbf{C} \tag{5.43}$$

der Hauptkomponentenregression und daraus nach (5.41) (mit $\mathbf{X} = \mathbf{S}$ und $\mathbf{Y} = \mathbf{C}$) zu der optimalen Schätzung

$$\mathbf{K}^* = (q-1)^{-1}\mathbf{\Lambda}^{-1}\mathbf{V}^T\mathbf{S}^{T(Kal.)}\mathbf{C}^{(Kal.)} \tag{5.44}$$

Dabei soll der Index „(Kal.)“ betonen, daß sich die entsprechenden Matrizen zunächst auf Kalibrierproben beziehen. Mit $\mathbf{\Lambda}$ ist wie in (5.40) die Diagonalmatrix der ersten r Eigenwerte λ_i gemeint, wobei die Anzahl r wiederum von vornherein so klein vorausgesetzt wird, daß alle Eigenwerte noch verschieden von Null sind und $\mathbf{\Lambda}$ damit invertierbar ist.

Für Testproben, deren Spektren zeilenweise in der Matrix $\mathbf{S}^{(Test)}$ abgespeichert sind, und für die die zugehörige Konzentrationsmatrix $\mathbf{C}^{(Test)}$ der chemischen Komponenten gesucht ist, kann der – nun für die entsprechenden Matrizen der Testproben formulierte – Ansatz (5.43) zur direkten Berechnung

$$\begin{aligned}\mathbf{C}^{(Test)} &= \mathbf{S}^{(Test)}\mathbf{VK}^* \\ &= (q-1)^{-1}\mathbf{S}^{(Test)}\mathbf{V\Lambda}^{-1}\mathbf{V}^T\mathbf{S}^{T(Kal.)}\mathbf{C}^{(Kal.)}\end{aligned} \tag{5.45}$$

herangezogen werden. Zu dieser letzten Beziehung sind folgende Bemerkungen zu machen:

1. Die Roh-Signalmatrix der Testproben muß zuvor mit der standardisierten Signalmatrix der Kalibrierproben vergleichbar gemacht werden. Dazu ist für jede Wellenlänge vom Rohsignal einer Testprobe der Mittelwert der Signale aller Kalibrierproben bei eben dieser Wellenlänge zu subtrahieren und das Ergebnis noch durch die Standardabweichung der Kalibrierprobensignale bei der gleichen Wellenlänge zu dividieren. Das Ergebnis ist die in (5.45) einzusetzende Matrix $\mathbf{S}^{(Test)}$. Diese Vorgehensweise ist ganz analog zum Vergleichbarmachen von Testobjekten mit standardisierten Lernobjekten in der SIMCA-Methode (Abschn. 4.7).
2. Die aus (5.45) erhaltene Konzentrationsmatrix der Testproben ist umgekehrt zur eben für die Signalmatrix beschriebenen Prozedur wieder zu „entstandardisieren“. Jeder Wert ist mit der Standardabweichung der entsprechenden Spalte (chemische Komponente) der ursprünglichen, nicht standardisierten Konzentrationsmatrix $\mathbf{C}^{(Kal.)}$ der Kalibrierproben zu multiplizieren, und zum Ergebnis ist der zugehörige Mittelwert derselben Spalte derselben Matrix zu addieren. Die bisher beschriebenen Transformationsschritte reflektieren den zu Beginn dieses Abschnitts erwähnten Fakt, daß die Datenstandardiserung nur ein technischer Umweg zur adäquaten Erfassung der Multikollinearitäten, d.h.

zur ausgewogenen Bestimmung der Eigenvektormatrix $\mathbf{V}$ ist, dessen Ergebnis am Ende stets wieder auf den Ausgangsmaßstab zurückübersetzt wird.

3. Gleichung (5.45) enthält gegenüber dem Ansatz der multiplen linearen Regression keine Probleme bei der Matrixinversion. Da nur echt positive Eigenwerte einbezogen sind, bildet man $\mathbf{\Lambda}^{-1}$ wieder einfach als Diagonalmatrix der reziproken Eigenwerte
4. Bei der praktischen Realisierung liegt der entscheidende numerische Schritt in der Berechnung der Eigenvektormatrix $\mathbf{V}$ zur Korrelationsmatrix $(q-1)^{-1}\mathbf{S}^T\mathbf{S}$. Mit $\mathbf{S}$ von der Ordnung (q, n) bekommt die Korrelationsmatrix die Ordnung (n, n). Da n als Sensorenzahl bei instrumentellen Datensätzen ziemlich groß sein kann (z.B.im Hunderter- oder Tausender-Bereich), würde sich die Bestimung der Eigenvektoren der zugehörigen wenngleich wenigen ersten r Eigenwerte als sehr rechenaufwendig gestalten. Es empfiehlt sich statt dessen, von der Matrix $\mathbf{SS}^T$ auszugehen, die von der erheblich geringeren Ordnung (q, q) der Zahl der Kalibrierproben ist. Ist nämlich $\mathbf{W}$ hierzu eine Eigenvektormatrix, d.h. gilt $\mathbf{SS}^T\mathbf{W} = \mathbf{W\Lambda}$, dann folgt nach Linksmultiplikation mit $(q-1)^{-1}\mathbf{S}^T$ die Relation

$$(q-1)^{-1}\mathbf{S}^T\mathbf{S}(\mathbf{S}^T\mathbf{W}) = (\mathbf{S}^T\mathbf{W})\mathbf{\Lambda}^*$$

wobei $\mathbf{\Lambda}^* = (q-1)^{-1}\mathbf{\Lambda}$ gesetzt wurde. Man erkennt, daß $\mathbf{S}^T\mathbf{W}$ eine Eigenvektormatrix der ursprünglich interessierenden Korrelationsmatrix ist. Auf diese Weise können die Eigenvektoren des Problems großer Ordnung aus jenen des Problems kleiner Ordnung erzeugt werden. Anschließend müssen die Spalten der Eigenvektormatrix noch normiert werden.

Zur Veranschaulichung sei erneut das elektrochemische Beispiel aus Abschn. 5.4, nun aber in einem etwas komplexeren System aufgegriffen: Neben Cadmium und Thallium wird auch Blei analysiert, dessen Peak im Voltammogramm zwischen den anderen beiden liegt. Abbildung 5.11a zeigt ein typisches Voltammogramm bei Anwesenheit aller drei chemischen Komponenten. Durch die starke Überlagerung der Signale von Blei und Thallium wird in der Summe nur ein einzelner breiter Peak sichtbar. Als Kalibrierproben lagen acht Gemische vor, in denen die drei Komponenten unabhängig voneinander jeweils eine untere und obere Konzentrationsstufe annahmen (Bereich 10^{-7} bis 10^{-6} mol/l). Die Voltammogramme wurden wie in Abschn. 5.4 bei 165 Halbstufenpotentialen registriert, d.h. in der gewählten Symbolik ist $n = 165, q = 8, p = 3$.

In der Hauptkomponentenregression wird jede Spalte der standardisierten ursprünglichen Regressormatrix mit der entsprechenden Komponente eines Eigenvektors der zugehörigen Korrelationsmatrix gewichtet. Im gegebenen Beispiel entsprechen die Spalten der Signalmatrix den variierenden Potentialstufen. Die Auftragung von Eigenvektor-Komponenten als Gewichte über den jeweiligen Potentialstufen verschafft häufig zusätzliche Einsicht in das vorliegende Kalibrierproblem. Die ersten fünf der insgesamt maximal acht Eigenvektoren ($q = 8$) sind mit ihren jeweils 165 Komponenten in Abb. 5.11b–d als „Wichtungs-Voltammogramme" veranschaulicht. Der erste Eigenvektor wichtet am stärksten den Bereich der Blei- und Thalliumsignale, während im zweiten Eigenvektor die Cadmium-

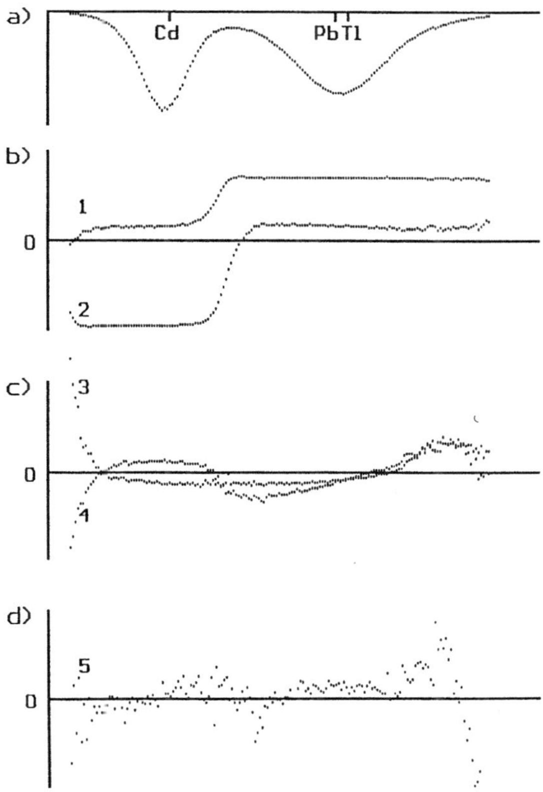

Abb. 5.11. Hauptkomponentenregression zur elektrochemischen Analyse von Cadmium, Blei und Thallium. Ein typisches Voltammogramm zeigt **a**. In **b**, **c** und **d** sind die Komponenten der ersten fünf Eigenvektoren als Gewichte über den Potentialstufen (Abszisse) dargestellt

Signale (negative Gewichte) hervorgehoben werden. Die folgenden zwei Eigenvektoren erzeugen bereits etwas stärker verrauschte Kurvenzüge. Immerhin wird sichtbar, daß vor allem Information aus den Randzonen des Voltammogramms ausgeschöpft wird. Der fünfte Eigenvektor (und erst recht die folgenden drei nicht abgebildeten) reflektiert nur noch Rauschen (Meßfehler), und man sollte vermuten, daß zur Konzentrationsvorhersage maximal $r \leq 4$ Hauptkomponenten sinnvoll sind.

Die Tauglichkeit der ermittelten Hauptkomponenten kann nun anhand der Konzentrationsvorhersagen für Cadmium, Blei und Thallium in einer Testprobe verifiziert werden. Dazu lag das Voltammogramm ($\mathbf{S}^{(Test)}$) einer zusätzlichen Probe mit den Konzentrationsanteilen

$$[\mathrm{Cd}^{2+}] = 0.96, \quad [Pb^{2+}] = 9.8, \quad [\mathrm{Tl}^{+}] = 10.1$$

(Angaben in 10^{-7} mol/l) vor. Tabelle 5.6 stellt die Konzentrationsvorhersagen gemäß (5.45) bei Benutzung einer wachsenden Anzahl r von Hauptkomponenten

Tabelle 5.6. Vorhersage der Cadmium-, Blei- und Thalliumkonzentration einer Testprobe mittels Hauptkomponentenregression in der Inversvoltammetrie. Mit r wird die Zahl der verwendeten Hauptkomponenten bezeichnet

r	1	2	3	4	5
$[Cd^{2+}]$	5.84	0.84	1.06	0.98	1.17
$[Pb^{2+}]$	5.36	5.59	5.98	4.66	3.19
$[Tl^{+}]$	8.61	9.69	9.77	9.80	9.97

zusammen. Offenbar bewirkt die erste Hauptkomponente vor allem bei Thallium eine Annäherung an den tatsächlichen Konzentrationswert, während mit der zweiten Hauptkomponente in erster Linie die Cadmium-Vorhersage verbessert wird. Dies erscheint in guter Übereinstimmung mit den ersten beiden Wichtungs-Voltammogrammen in Abb. 5.11. Mit der dritten Hauptkomponente verbessern sich sämtliche Vorhersagen noch geringfügig. Die Einbeziehung der vierten Hauptkomponente wirkt sich bei Blei deutlich ungünstig aus. Durch Ausnutzung der Randinformationen des Voltammogramms (Abb. 5.11c) erhält man mit der dritten und vierten Hauptkomponente für Cadmium und Thallium insgesamt sehr gute Werte. Wird der Vorhersagefehler über alle drei chemische Komponenten summiert, dann erweist sich $r = 3$ als optimale Zahl einzubeziehender Hauptkomponenten. Es verwundert nicht, daß die Ergebnisse bei Blei am schlechtesten liegen, denn hier ergeben sich ja von beiden Seiten Interferenzen, während Cadmium und Thallium jeweils nur auf einer Seite gestört werden.

5.7 Partial Least Squares

Die Hauptkomponentenregression dient der Vermeidung von Multikollinearitäten unter den Regressoren durch ausschließliche Verwendung der ersten wenigen Hauptkomponenten als neue Regressoren. Wie im vorangegangenen Abschnitt bereits angesprochen wurde, kann es indes vorkommen, daß gestrichene Hauptkomponenten hohe Vorhersagekraft für den Regressanden besitzen, oder andersherum ausgedrückt, daß die beibehaltenen Hauptkomponenten nur in geringer Beziehung zum Regressanden stehen. Dann sind zwar Multikollinearitäten beseitigt, aber damit gleichzeitig möglicherweise eine wirksame Vorhersage der Zielgröße. Ein Kompromiß zwischen beiden Effekten, die sich in Abb. 5.10 durch Größe der Streuung und Verzerrung der Regressionskoeffizienten manifestierten, wird in der **P**artial **L**east **S**quares Methode (PLS) nach Wold [289] eingegangen.

Ebenso wie bei der Hauptkomponentenregression ermittelt PLS geeignete Gewichte für die Regressoren. Ihre Optimierung erfolgt jedoch nach einem anderen Kriterium: Die ersten Hauptkomponenten sind als Linearkombinationen der Regressoren ausschließlich dem Ziel maximaler Varianzausschöpfung aus der Regressormatrix untergeordnet, um auf diese Weise Multikollinearitäten auszuschließen, die nichts anderes als Linearkombinationen der Regressoren mit sehr kleiner Varianz darstellen. Die optimalen Gewichte werden aus der Regressor-Korrelationsmatrix $(n-1)^{-1}\mathbf{X}^T\mathbf{X}$ erhalten und sind somit völlig unabhängig vom Regressanden. Im Gegensatz dazu fließt in die Bildung der PLS-Komponenten Information über den Regressanden ein. So wird etwa die erste PLS-Komponente als Eigenvektor von $\mathbf{X}^T\mathbf{Y}\mathbf{Y}^T\mathbf{X}$ mit der Regressandenmatrix $\mathbf{Y}$, die oft auch nur aus einem einzigen Vektor $\mathbf{y}$ besteht, berechnet.

Leider ergeben sich die übrigen PLS-Komponenten nicht einfach als die weiteren Eigenvektoren der obigen Matrix. Statt dessen muß jede Komponente unabhängig extrahiert werden. Der komplette Modellierungsalgorithmus ist in Abschn. 5.9 (Algorithmus 1) zusammengestellt. Interessanterweise werden auch die Spalten der Regressandenmatrix mit geeigneten Gewichten versehen. Mehrere Regressanden werden folglich im Unterschied zur multiplen linearen Regression oder zur Hauptkomponentenregression nicht mehr unabhängig voneinander betrachtet. Diese Vorgehensweise erlaubt oft eine tiefere Einsicht in die Struktur der Korrelationsbeziehungen zwischen zwei Datenblöcken $\mathbf{X}$ und $\mathbf{Y}$. Analog zur Hauptkomponentendarstellung können aus den PLS-Komponenten Koordinaten für eine Objekt- bzw. Variablendarstellung der Regressormatrix (enthalten in den Vektoren $\mathbf{t}_1, \mathbf{t}_2$ bzw. $\mathbf{v}_1, \mathbf{v}_2$ von Algorithmus 1) sowie Koordinaten für eine Objekt- bzw. Variablendarstellung der Regressandenmatrix (enthalten in den Vektoren $\mathbf{u}_1, \mathbf{u}_2$ bzw. $\mathbf{w}_1, \mathbf{w}_2$) gewonnen werden. In der Problematik der inversen Mehrkomponenten-Kalibrierung, die in den Anwendungen der PLS-Methode dominant ist, erzeugen die Komponenten der Vektoren $\mathbf{v}_h$ – die ja die Gewichte der Variablen (Regressoren) enthalten – Wichtungs-Spektren wie in Abb. 5.11, während die Komponenten der Vektoren $\mathbf{w}_h$ angeben, mit welchem Gewicht die Konzentrationen der jeweiligen chemischen Komponenten (Regressanden) aus diesen Spektren vorhergesagt werden. Die Wichtungsvektoren $\mathbf{w}_h$ für die Regressanden müssen nach ihrer Bestimmung in Algorithmus 1 noch normiert werden, während das für die $\mathbf{v}_h$ aus ihrer Berechnungsvorschrift heraus automatisch erfüllt ist.

Mit den im Modellierungsalgorithmus extrahierten Vektoren können für spätere Testproben anhand der gemessenen Regressorwerte die zugehörigen Regressandenwerte vorhergesagt werden (Algorithmus 2 in Abschn. 5.9). Da sich mit der PLS-Methode gegenüber der in Abschn. 5.6 diskutierten inversen Hauptkomponenten-Kalibrierung des voltammetrischen Problems keine wesentlichen Unterschiede herausstellen, wird zur Veranschaulichung auf zwei andere, bereits eingeführte Beispiele zurückgegriffen. Im ersten wird der Vorhersageaspekt und der Vergleich mit der Hauptkomponentenregression den Mittelpunkt bilden, während das zweite Beispiel den Modellierungs- bzw. Interpretationsaspekt der PLS-Methode in den Vordergrund rückt.

Zunächst sei erneut der Rohmilch-Datensatz (Tabelle A.4 des Anhangs) betrachtet, der im Rahmen der überwachten Klassifikation (Kap. 4) schon eine Rolle spielte. Dort ging es um eine optimale Einordnung von Rohmilchproben anhand chemisch-analytischer Parameter in drei Gruppen mit unterschiedlichem Fremdwassergehalt, nämlich 0%, 5% und 10%. Mit der quadratischen Bayesschen Klassifikation und der SIMCA-Methode (Abschn. 4.5 und 4.7) konnten dabei recht befriedigende Klassifikationen erhalten werden.

Die Problemstellung läßt sich jedoch von einem erweiterten Standpunkt aus analysieren. Die gegebenen drei Gruppen sind nämlich nicht nur nominal verschieden – wie etwa die verschiedenen Sorten im Weinbranddatensatz – sondern sie stehen über die Angabe des Fremdwassergehalts in einer quantitativen Beziehung zueinander. Anstelle der Vorhersage der Gruppenzugehörigkeit im Sinne von 1, 2 oder 3, kann auf höherem Niveau die Fremdwasserkonzentration selbst als Vorhersagegröße, sprich Regressand dienen. Es ist offensichtlich, daß hiermit ein Informationsgewinn erzielt wird, die nachträgliche Einordnung in qualitative Gruppen stellt kein Problem dar. In diesem Sinne kann man die überwachte Klassifikation als Spezialfall der Regression mit qualitativen Regressanden auffassen. In der Tat lassen sich z.B. die Zuordnungsregeln der linearen Klassifikation aus einem Ansatz der multiplen linearen Regression herleiten, bei dem die Regressanden die Gruppenzugehörigkeit der Objekte mit den Werten Null und Eins kodieren (vgl. [226], S. 64).

Wie zuvor wird im Rohmilch-Datensatz jede sechste Zeile als Testobjekt deklariert, so daß zur Modellierung nur noch eine Regressormatrix **X** mit 35 Zeilen und 7 Spalten übrigbleibt. Der Regressandenvektor **y** enthält die zugehörigen Fremdwasserkonzentrationen der verbliebenen Proben, d.h. 15 mal 0%, 15 mal 5% und 5 mal 10%. Die verschiedenen Modellierungsverläufe für Hauptkomponentenregression und PLS-Methode im gegebenen Beispiel sind in Abb. 5.12 dargestellt. Bezogen auf den **X**-Block des Datensatzes (Regressormatrix) geben

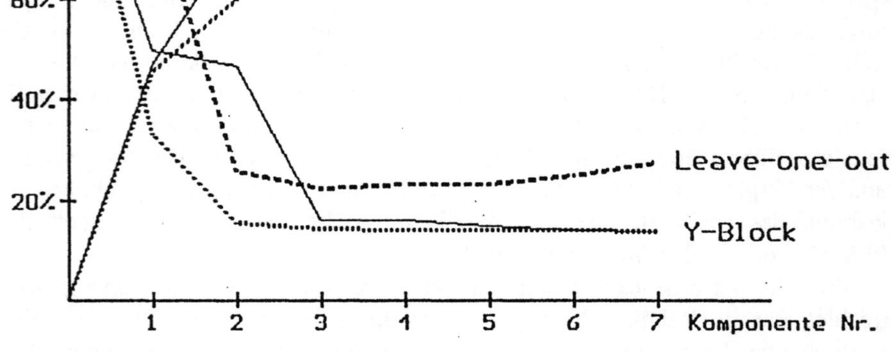

Abb. 5.12. Vergleich der Modellierung des Rohmilch-Datensatzes mittels Hauptkomponenten- (geschlossene Kurven) und PLS-Regression (punktierte Kurven) bei wachsender Zahl einbezogener Komponenten. Die Ordinate entspricht der ausgeschöpften Varianz im **X**-Block bzw. dem prozentualen Vorhersagefehler im **Y**-Block bzw. (ohne ablesbare Werte) der Leave-one-out-Fehlerzahl

die Kurvenverläufe den prozentualen Anteil der durch die jeweilige Wichtung der Regressoren erreichten Varianz an der Gesamtvarianz von **X** an. Im Falle der Hauptkomponentenregression reflektiert die Kurve also die Eigenwertsequenz (kumulativ) der Korrelationsmatrix. Bei angenommener Gleichheit aller Eigenwerte, d.h. bei Abwesenheit jeglicher Korrelationsbeziehungen zwischen den Regressoren, würde sich ein linearer Verlauf ergeben. Die in Abb. 5.12 zu beobachtende starke Konkavität ist auf eine deutliche Polarisierung der Eigenwertsequenz zurückzuführen. So wird etwa ab der 4. Hauptkomponente nur noch sehr wenig Varianz erfaßt, was gleichbedeutend mit genäherten Multikollinearitäten ist.

Aus der Optimalität der Hauptkomponenten im Sinne maximaler Varianzextraktion erklärt sich, daß die zugehörige PLS-Kurve stets unterhalb jener der Hauptkomponenten liegt. Insbesondere die zweite PLS-Komponente erklärt erheblich weniger Varianz als die erste Hauptkomponente. Insgesamt gesehen ist der Unterschied aber nicht allzu groß, nach drei Komponenten haben beide Methoden über 80% der Information in **X** ausgeschöpft. Die Streichung der darüber hinausgehenden PLS-Komponenten wird also analog der Beseitigung von Multikollinearitäten dienen.

Ein wesentlicher Gesichtspunkt speziell zur späteren Vorhersage in Testproben ist nun allerdings, in welchem Maße sich die gebildeten künstlichen Regressoren zur Modellierung des Regressandenvektors **y** eignen. Dazu wird der Regressor-Datensatz selbst wie in der Resubstitutionsmethode der überwachten Klassifikation (Abschn. 4.3) als „Test-Datensatz" benutzt, aus dem sich mit den errechneten Komponenten Regressandenwerte ableiten, die mit den tatsächlich gegebenen Zahlen verglichen werden können. Als summarische Maßzahl wird die Summe der 35 Abweichungsquadrate genommen, die in Abb. 5.12 noch so normiert ist, daß sich für die Initialvorhersage mit „Null" Komponenten (vgl. Initialisierung im Algorithmus 2, Abschn. 5.9) 100% Abweichung ergeben.

Bei nicht zu erwartender perfekter Modellierung, also fehlerfreier Erklärbarkeit der Regressanden aus den Regressoren im Lerndatensatz müßten die Kurven gegen die Abszisse konvergieren. Im vorliegenden Beispiel erreichen sowohl Hauptkomponenten- als auch PLS-Regression einen Grenzwert von 15% Abweichung. Interessant ist die Differenz beider Methoden bezüglich der ersten und zweiten Komponente. Obwohl die erste PLS-Komponente im **X**-Block fast ebensoviel Varianz erklärt wie die erste Hauptkomponente, trägt sie doch viel stärker zur Vorhersage des Regressanden bei. Mit der zweiten PLS-Komponente wird fast schon die endgültige Anpassungsgüte erreicht, während die zweite Hauptkomponente kaum mit dem Regressanden verbunden ist. Erst mit drei Hauptkomponenten ist in etwa das Niveau der ersten zwei PLS-Komponenten erreicht.

Die monoton fallenden Kurvenzüge für die Abweichung bei der Vorhersage des Regressanden könnten die Einbeziehung einer maximalen Zahl von Komponenten suggerieren. Doch darf an dieser Stelle nicht vergessen werden, daß derselbe Datensatz sowohl zur Modellbildung als auch zur Schätzung des Vorhersagefehlers diente. Schon im Zusammenhang mit der überwachten Klassifikation war darauf hingewiesen worden, daß eine solche Resubstitution den tatsächlich zu erwartenden Fehler unterschätzt und nicht zur Auswahl einer optimalen Komponentenzahl geeignet ist. In der Tat würde sich für die aus dem ursprünglichen

Tabelle 5.7. Tatsächliche sowie mittels PLS- und Hauptkomponentenregression (PCR) vorhergesagte Fremdwasserkonzentrationen (in Prozent) in sieben Testproben des Rohmilch-Datensatzes

Probe Nr.	1	2	3	4	5	6	7
Konzentration	0	0	0	5	5	5	10
PLS-Vorhersage	1.52	0.87	1.46	6.17	5.99	5.62	9.92
PCR-Vorhersage	1.43	0.88	1.45	6.03	5.82	5.46	9.51

Datensatz als Testobjekte gestrichenen Zeilen bei beiden Regressionsmethoden ein Umkehrpunkt feststellen lassen. Nach Beibehaltung von Komponenten mit zu kleiner Varianz vergrößern die entstehenden Multikollinearitäten wieder den Vorhersagefehler. Um eine optimale Komponentenzahl zu bestimmen läge es nahe, das Modell auf die gestrichenen Testobjekte anzuwenden und sich am Minimum des Fehlers zu orientieren. Das ist jedoch insofern nicht gerechtfertigt, als in den realen Anwendungen die Regressandenwerte der echten Testobjekte nicht gegeben sind. Folglich muß man sich hier auf den Lerndatensatz einschränken, ohne die erwähnten Defizite der Resubstitution in Kauf zu nehmen. Denkbar ist wie bei der Klassifikation eine Anwendung der Leave-one-out-Methode. Die zugehörige Fehlerkurve der PLS-Regression ist mit geeignetem Maßstab, allerdings ohne ablesbare Werte auf der Ordinate, ebenfalls in Abb. 5.12 eingezeichnet. Sie fällt zur zweiten Komponente hin stark ab, sinkt mit der dritten Komponente noch geringfügig, um schließlich wieder leicht anzusteigen.

Tabelle 5.7 stellt für die sieben Testobjekte (Zeilen mit durch sechs teilbarer Nummer im Originaldatensatz) die Vorhersageergebnisse der beiden diskutierten Methoden mit der jeweils optimalen Zahl von drei Komponenten den tatsächlichen Fremdwassergehalten gegenüber. Beide Verfahren liefern eine vergleichbare, im Rahmen der zu erwartenden Präzision befriedigende Vorhersage. Die Standardabweichung des Vorhersagefehlers liegt jeweils etwa bei 1.1.

Als zweites Beispiel wird nochmals der Wolframdatensatz aus Tabelle A.6 des Anhangs analysiert. Nun werden jedoch sämtliche 14 Spurenelementkonzentrationen sowohl im **X**-Block (Wolframpulver) als auch im **Y**-Block (Wolframdrähte) in die Rechnung einbezogen. Aus den im PLS-Modellierungsalgorithmus erhaltenen Vektoren lassen sich geeignete Diagramme zusammenstellen, die neben dem eigentlichen Vorhersageaspekt der PLS-Methode zusätzliche Information vermitteln können. In Abb. 5.13 sind einige, in der gegebenen Situtation sinnvolle Varianten angegeben. Zunächst zeigen Abb. 5.13a und b die separaten Variablendarstellungen für den **X**- und den **Y**-Block. Innerhalb der Wolframpulver wird der größte Teil der Varianz (hohe Gewichte bezüglich der ersten Komponente $\mathbf{v}_1$) durch die Gruppe der hochkorrelierten Elemente (Fe, Mn, Cr, Ni) ausgeschöpft. In erster Linie unterscheiden sich die Wolframproben also durch hohe oder niedrige Gehalte in diesen Elementen. Die zweite Komponente ($\mathbf{v}_2$-Achse) wird vor allem durch (Mo, Ti) bestimmt. Interessanterweise liegt bei den Wolframdrähten ein ähnliches Bild vor. Wieder haben Mn, Cr, Ni und – etwas weniger – Fe hohe Gewichte auf der ersten ($\mathbf{w}_1$-Achse) und Ti – etwas weniger Mo, Na – auf der

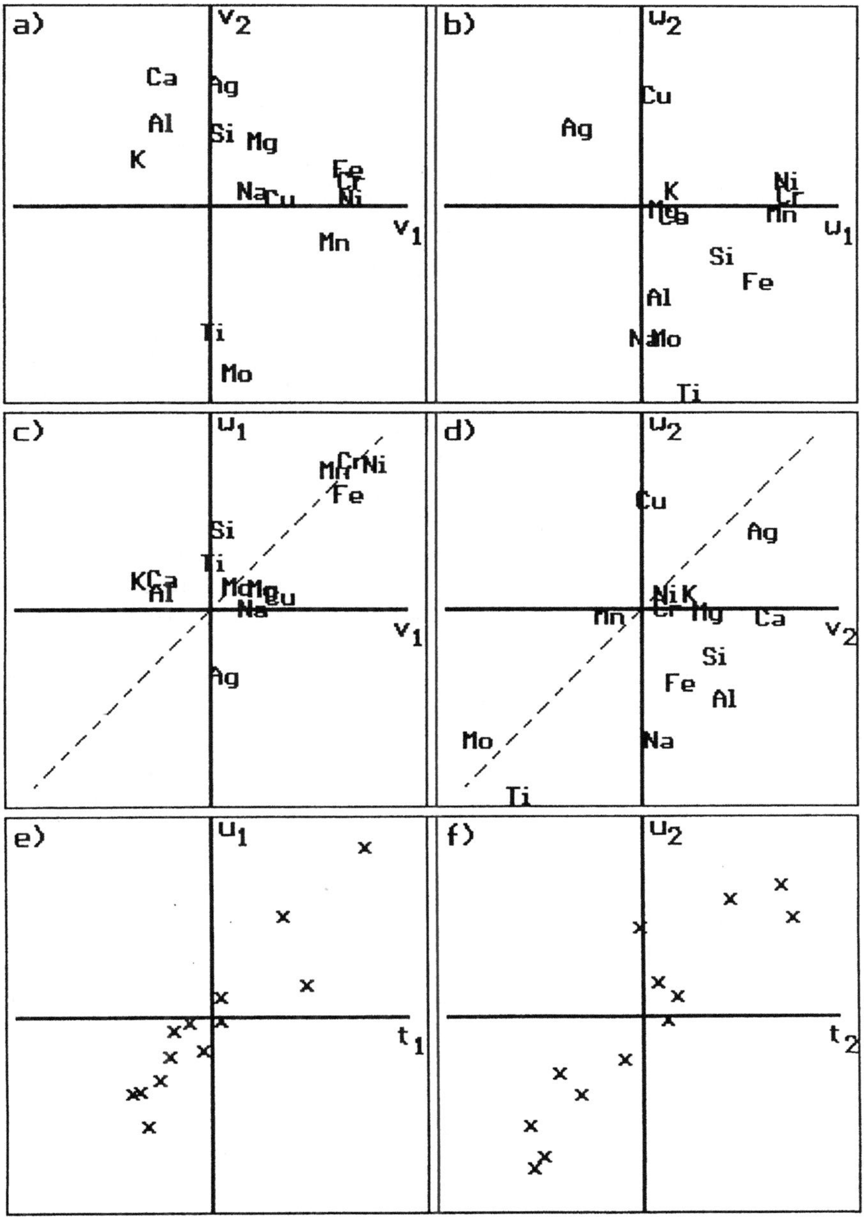

Abb. 5.13. Variablen- und Objektdarstellungen aus dem PLS-Modellierungsalgorithmus für das Wolfram-Datenbeispiel. In den Diagrammen werden verschiedene PLS-Komponenten der Variablen und Objekte im **X**- und **Y**-Block einander gegenübergestellt (Einzelheiten s. Text). Die Achsenbeschriftungen beziehen sich auf die entsprechenden Vektoren des in den mathematischen Ergänzungen beschriebenen Modellierungsalgorithmus

zweiten ($\mathbf{w}_2$-Achse). Folglich definieren die genannten Elementgruppen sowohl im Ausgangs- als auch im Endprodukt die Hauptvarianz.

Im Beispiel liegt insofern eine spezifische Situation vor, als für beide Datenblöcke dieselbe Variablenmenge gegeben ist. Im allgemeinen trifft das nicht zu, bei der inversen Mehrkomponentenkalibrierung etwa werden die Variablen durch Sensoren bzw. chemische Komponenten gebildet, was allein schon zu völlig unterschiedlichen Dimensionen führt. Durch die auftretende Symmetrie können im Wolframbeispiel auch Variablendarstellungen von PLS-Komponenten verschiedener Blöcke in Betracht kommen. Hierdurch ist feststellbar, ob eine bestimmte Variablengruppe nicht nur zur Modellierung innerhalb eines Blockes sondern auch zur Beschreibung der korrelativen Struktur zwischen den Blöcken Bedeutung besitzt. Dann müßten sie in beiden Blöcken gleichzeitig hohe Wichtungen erhalten. In Abb. 5.13c und d sind die Variablendarstellungen der ersten bzw. zweiten PLS-Komponenten vom Y-Block gegen den X-Block aufgetragen. Positionen weit vom Mittelpunkt auf den horizontalen Achsen sprechen für gute Varianzerklärung im X-Block und Bedeutungslosigkeit (Gewicht Null) für den Y-Block. Analog kennzeichnen Positionen auf der vertikalen Achse weit abseits vom Mittelpunkt Variablengruppen mit Relevanz im Y-Block aber ohne Bedeutung für den X-Block. Daraus wird klar, daß eigentlich vor allem Positionen mit hohem Gewicht auf der Winkelhalbierenden interessieren, da hiermit simultane Varianzausschöpfung in beiden Blöcken indiziert wird.

Aus Abb. 5.13 ist offensichtlich, daß der Hauptteil der Korrelationsbeziehungen zwischen Wolframpulver und Wolframdraht durch die (Fe, Mn, Cr, Ni)- und unabhängig davon durch die (Mo, Ti)-Gruppierung getragen wird. Bezüglich dieser Spurenelemente besitzen die Wolframdrähte gewissermaßen ein Erinnerungsvermögen an das Wolframpulver als Ausgangsprodukt. Eventuelle Verunreinigungen sind also zum großen Teil vorgeprägt. Das ist für Molybdän und Titan nicht überraschend, da beide Elementkonzentrationen sich im Laufe des Produktionsprozesses praktisch nicht verändern. Bei Eisen, Mangan, Chromium und Nickel führt das Ausdampfen einer nicht unbeträchtlichen Menge im Sinterungsprozeß zu einer deutlichen Konzentrationsveränderung. Da die genannten Elemente aber auch ein ähnliches Ausdampfverhalten besitzen (vgl. [128]), bleibt eine korrelative Struktur zwischen Pulver und Draht erhalten.

Um letztere zu veranschaulichen, kann man auch die Objektdarstellungen der 13 Proben bezüglich beider Blöcke gegenüberstellen. Die Abb. 5.13e und f zeigen das für die erste bzw. zweite PLS-Komponente. In beiden Fällen ordnen sich die 13 Proben stark linear zwischen der $\mathbf{t}$-Achse, die die Pulverproben repräsentiert und der $\mathbf{u}$-Achse, die für die entsprechenden Drahtproben steht, an. Insbesondere für die Elementgruppe (Fe, Mn, Cr, Ni), die in der ersten PLS-Komponente dominiert, könnte gute Vorhersagbarkeit gegeben sein. Das muß allerdings an Testproben bzw. mit der Leave-one-out-Methode verifiziert werden, weil speziell die Abb. 5.13e und d nur die Vorhersagen der zur Modellierung selbst benutzten Objekte reflektieren, was der Resubstitutionsmethode entspricht und eine für den echten Testfall zu optimistische Vorhersagegüte vortäuschen könnte.

In Tabelle 5.8 sind die Standardabweichungen der Leave-one-out-Vorhersagefehler zur Konzentrationsbestimmung von Eisen, Mangan, Chromium und Nickel

Tabelle 5.3. Leave-one-out-Vorhersagefehler mit PLS und linearer Regression für Eisen, Mangan, Chromium und Nickel im Wolfram-Datenbeispiel (Angaben in ppm)

	[Fe]	[Mn]	[Cr]	[Ni]
Partial Least Squares	7.48	0.038	1.49	0.81
Einfache Lineare Regression	7.87	0.060	1.54	0.84
Multiple Lineare Regression	12.36	0.062	1.92	1.52

im Wolframdraht aus dem Wolframpulver für PLS, multiple lineare Regression und einfache lineare Regression (Fe aus Fe, Mn aus Mn usw.) zusammengestellt. In jedem Fall realisiert die PLS-Methode den kleinsten Fehler, was besonders deutlich für Mangan zutrifft. Aus der hohen Korrelation der vier Elemente sowohl im Draht als auch im Pulver leiten sich Vor- und Nachteile ab: Einerseits besitzt das gewichtete Mittel hochkorrelierender Regressoren nach dem Fehlerfortpflanzungsgesetz einen geringeren Meßfehler als die einzelnen Ausgangsregressoren. Hieraus erklärt sich, daß der multivariate Zugang (PLS) der univariaten Betrachtungsweise (einfache lineare Regression) vorzuziehen ist. Andererseits bringt das Multikollinearitätenproblem, wie es für die vorliegende Variablengruppe in Abschn. 5.5 beschrieben wurde, Instabilitäten der Regressionskoeffizienten bei Anwendung der multiplen linearen Regression mit sich, die im Beispiel so stark sind, daß der Vorhersagefehler sogar deutlich über dem der einfachen linearen Regression liegt.

5.8 Literaturhinweise

Von den zahlreichen Lehrbüchern, die sich mit der multivariaten Regression und insbesondere auch mit Alternativmethoden zur Lösung des Kollinearitätenproblems befassen, seien hier lediglich als Auswahl jene von Dielman [57], Chatterjee und Price [34], Gunst und Mason [116], sowie Mager [187] zitiert. Was speziell die Anwendung auf die Mehrkomponentenkalibrierung in der analytischen Chemie betrifft, so ist die Monographie von Martens und Næs [198] als Standard-Lehrbuch zu nennen.

Tatsächlich bildet die Kalibrierproblematik den zentralen Gegenstand von Regressionsverfahren innerhalb der Chemometrie. Ein Überblick über die zahlreichen Aspekte der univariaten Kalibration wird unter anderem in den Reviews von Miller [201], Bonate [22] bzw. Rechenberg [221] gegeben. Zum Vergleich der in der multivariaten Kalibrierung am häufigsten benutzten Regressionsmethoden – namentlich multiple lineare Regression, Hauptkomponentenregression, Partial Least Squares (PLS) – finden sich in der chemometrischen Literatur zahlreiche einführende Artikel, z.B. von Frank [90], Carey et al. [29], Dunn et al. [66] oder Danzer [48]. Besonders informativ sind die Übersichtsarbeiten von Haaland und Thomas [117], [266].

Der vorteilhafte Einsatz der PLS-Methode bei Kalibrierdaten, die durch eine Vielzahl von Sensoren charakterisiert werden, und bei denen Interferenzen optischer oder anderer Natur zum Multikollinearitätenproblem führen, hat sich inzwischen für die verschiedensten Zweige der analytischen Chemie manifestiert, z.B.: UV- [179], [184], [73] und NIR-Spektroskopie [96], [199], Atomabsorptions- [17], [18], Röntgenfluoreszenz- [278], [262] und Ramanspektrometrie [118], Fließinjektionsanalyse [183], [224], [185], Chromatographie [119], [207], [249], [194], Elektrochemie [130] oder gekoppelte Methoden wie HPLC/UV ([209]). Ein Tutorial zur anschaulichen Einführung in PLS wurde von Geladi und Kowalski [97] verfaßt.

Ähnlich breit gestreut sind die Anwendungsgebiete der Hauptkomponentenregression (PCR), da diese ja ebenso wie PLS gerade dort Erfolg verspricht, wo die Zahl der Sensoren sowohl die Zahl der chemischen Komponenten als auch die der Kalibrierproben deutlich übersteigt. Aus diesem Grunde werden neben spezifischen Darstellungen wie in [206], [102] oder [49] häufiger beide Methoden gemeinsam benutzt und diskutiert (s. z.B. [27], [282], [207], [118]). Als Konsequenz haben sich mehrere Autoren um einen prinzipiellen Vergleich von PLS und PCR sowohl vom Standpunkt der Simulation (z.B. [266]) als auch aus theoretischer Sicht (z.B. [192], [181]) bemüht. In [261] wird der Vorteil einer frei optimierten Auswahl von Hauptkomponenten zur PCR gegenüber der herkömmlichen Benutzung der zu den größten Eigenwerten gehörigen Hauptkomponenten diskutiert.

Was die multiple lineare Regression (MLR) als klassische Regressionsmethode betrifft, so ist deren Unterlegenheit gegenüber den oben genannten Verfahren bei Vorliegen von Multikollinearitäten in zahlreichen praktischen Anwendungen verifiziert worden (in [30] wird z.B. eine vier- bis sechsfache Verbesserung der Vorhersagegüte durch PLS gegenüber MLR festgestellt). Auf der anderen Seite gibt es Analysenmethoden die von vornherein nur mit einer vergleichsweise geringen Zahl von Sensoren arbeiten (etwa ausgewählte, typische Wellenlängen für vorgegebene Elemente in der Atomabsorptionsspektrometrie), und bei denen dennoch das Problem von optischen oder chemischen Interferenzen auftritt. In diesen Fällen wurden keine nennenswerten Unterschiede zwischen MLR und PCR oder PLS, wohl aber deutliche Verbesserungen gegenüber der klassischen univariaten Kalibrierung festgestellt [154], [132]. Und selbst wenn eine Vielzahl von Sensoren vorliegt, so kann durch geeignete Auswahl – etwa mit den in diesem Kapitel beschriebenen Auf- oder Abbauverfahren – das Multikollinearitätenproblem erheblich reduziert werden, so daß auch in diesen Fällen MLR befriedigende Resultate liefern kann (vgl. [107]). Diese Tatsache wird in [160] untermauert, wo fünf in der Literatur publizierte chemometrische Datensätze aus praktischen Anwendungen zeigen, daß MLR mit geeigneter Variablenauswahl günstiger abschneidet als PLS oder PCR, wobei interessanterweise mehrere der Autoren dieser Datensätze ausdrücklich die Anwendung der letzten beiden Methoden empfohlen hatten.

In einer statistischen Arbeit [258] wurde gezeigt, wie sich die drei in der Chemometrik vornehmlich benutzten Regressionsmethoden MLR, PCR und PLS kontinuierlich in eine parametrische Familie von Regressionsmethoden einbetten lassen. Für den Parameterwert Null erhält man MLR, für Eins PLS und schließlich für Unendlich PCR. Alle dazwischen liegenden Parameterwerte können als Kompromiß zwischen den drei Varianten gedeutet werden, so daß hier eine ähnliche Methodologie zur flexiblen Strategie in der hierarchischen Clusterung (vgl. Kap. 3) vorliegt. Für einen konkreten Datensatz läßt sich der variable Parameter z.B. wieder mittels Leave-one-out-Methode optimieren, und im allgemeinen wird dieses Optimum einer Methode entsprechen, die nicht mit den drei klassischen übereinstimmt. Ob sich auf diese Weise auch substantieller praktischer Gewinn einstellt, bleibt abzuwarten.

Oft liegen in Kalibrierproblemen Abweichungen von der Linearität vor. Zu dieser Problematik kann man das Tutorial von Gemperline [104] konsultieren. Dann empfehlen sich analog zur klassischen Regression nichtlineare Erweiterungen von PLS und PCR, wie sie in Varianten mit unterschiedlichem Schwierigkeitsgrad (z.B. Polynome oder Splines) von mehreren Autoren vorgeschlagen wurden [275], [294], [138], [295], [263].

Abschließend sei bemerkt, daß sich die Anwendung von Regressionsmethoden in der Chemometrik natürlich nicht auf die Kalibrierproblematik beschränkt, und – fern vom Analyseninstrument – ganz andere Beziehungen als die zwischen Signal und Konzentration im Mittelpunkt der Modellierung stehen können. Relevante Gebiete sind wiederum vor allem Lebensmittel- und Umweltchemie, aber auch QSAR, Qualitätskontrolle, Werkstoff-Forschung, Bildanalyse usw. Es können exemplarisch nur einige der zahlreichen interessanten Arbeiten zitiert werden.

So wurde in [214] das mit AAS analysierte Muster von etwa einem Dutzend Schwermetallen im weichen Innern von Muscheln zur PLS-Vorhersage äußerlich sichtbarer Deformationen der Muschelschale sowie des Abstands der Probenahme-Orte von einer industriellen Verunreinigungsquelle herangezogen. Ebenfalls in einer wasseranalytischen Studie [231] wurde gezeigt, wie mit PLS der zeitliche Abstand zwischen Einleitung einer Verunreingung und ihrer Registrierung an der Probenahmestelle abgeschätzt werden kann.

Nennenswert sind auch Versuche auf dem Gebiet der Sensorik zur Modellierung von Vorhersagemöglichkeiten für subjektive Geschmacksempfindungen aus instrumentellen Charakterisierungen von Lebensmittelproben. In [212] wurde gezeigt, daß sich gas-chromatographische Daten relevanter chemischer Komponenten in Fruchtsaftproben in gute Beziehung zu den Bewertungen von Geschmackskomponenten wie „süß“, „bitter“ usw. durch Gutachter setzen lassen.

In der QSAR besteht das Ziel in der Vorhersage gewisser Eigenschaften von Molekülen aus deren Struktur. Beispiele für die Anwendungen der PLS-Methode in diesem Zusammenhang sind etwa die Untersuchung der toxischen Wirkung von Halogenaliphaten (mit physiko-chemischer und struktureller Beschreibung) auf Ratten [70] oder die funktionale Abhängigkeit der Lichtbeständigkeit von Farbstoffen ausgehend von gewissen Strukturmerkmalen photochemisch aktiver Moleküle [195]. Prinzipiell ähnlich sind Anwendungen in der Werkstoff-Forschung. Wichtig ist neben dem Aspekt der Vorhersage von technologischen Parametern aus analytisch-chemischen Variablen – etwa Spurenelementkonzentrationen –

auch die Benutzung des erhaltenen Regressionsmodells zu einer anschließenden Optimierung. Eine Anwendung in der Glas-Synthese wird in [281] beschrieben.

Es ist auch auf die Bedeutung der Regression für die verschiedenen Techniken der Bildanalyse hinzuweisen. So wurden in [114] Grauwerte (x-Variablen) aus Magnetresonanzbildern von Ratten in Beziehung zu anderweitig definierten Bildausschnitten (z.B. Tumorregionen) gesetzt, deren Position durch eine Indikatorvariable mit den Werten Eins bzw. Null abgegrenzt ist (y-Variable). Ist einmal eine befriedigende Regressionsgleichung für diesen Zusammenhang gefunden worden, dann besteht die Hoffnung, daß bei Testobjekten ohne Apriori-Befund ausgehend von den instrumentellen Daten krankhafte Regionen im Bild lokalisiert werden können. Analoge Anwendungen ergeben sich bei der Sichtbarmachung verschiedener chemischer Komponenten etwa in Pulvern aus Multispektralbildern [72].

5.9 Mathematische Ergänzungen

Behauptung 11 *Es seien* $\mathbf{x}_i$ $(i = 1, \ldots, p)$ *die Regressorenvektoren und* $\mathbf{y}$ *der Regressandenvektor im multiplen linearen Regressionsansatz (5.1) mit den optimalen Regressionskoeffizienten* $b_0, b_1, \ldots, b_p$. *Des weiteren seien* a_i *und* c_i $(i = 1, \ldots, p)$ *die optimalen Koeffizienten in den linearen Ansätzen (ohne Absolutglied)*

$$\mathbf{y}^z = a_1\mathbf{x}_1^z + \cdots + a_p\mathbf{x}_p^z + \varepsilon \tag{5.46}$$
$$\mathbf{y}^s = c_1\mathbf{x}_1^s + \cdots + c_p\mathbf{x}_p^s + \varepsilon \tag{5.47}$$

der zugehörigen zentrierten bzw. standardisierten Variablen (vgl. Abschn. 7.3). Dann gelten die Beziehungen

$$b_0 = \bar{y} - a_1\bar{x}_1 - \cdots - a_p\bar{x}_p \tag{5.48}$$
$$b_i = a_i = \frac{s_y}{s_{x_i}} c_i \quad (i = 1, \ldots, p), \tag{5.49}$$

wobei Querstrich und „s" für Mittelwert bzw. Standardabweichung der entsprechenden Variable stehen.

Beweis:
Setzt man $\mathbf{1} = (1, \ldots, 1)^T$, so errechnen sich die zentrierten Variablen aus den ursprünglichen nach

$$\mathbf{y}^z = \mathbf{y} - \bar{y}\mathbf{1} \quad \text{und} \quad \mathbf{x}_i^z = \mathbf{x}_i - \bar{x}_i\mathbf{1} \quad (i = 1, \ldots, p)$$

Die Fehlerquadratsumme (quadrierte Länge des Fehlervektors) für den Ansatz (5.46) ist dann

$$\|\mathbf{y}^z - a_1\mathbf{x}_1^z - \cdots - a_p\mathbf{x}_p^z\|^2 = \tag{5.50}$$
$$\|\mathbf{y} - (\bar{y} - a_1\bar{x}_1 - \cdots - a_p\bar{x}_p)\mathbf{1} - a_1\mathbf{x}_1 - \cdots - a_p\mathbf{x}_p\|^2$$

Da andererseits die optimalen Regressionskoeffizienten b_i des ursprünglichen Ansatzes die Fehlerquadratsumme

$$\|\mathbf{y} - b_0\mathbf{1} - b_1\mathbf{x}_1 - \cdots - b_p\mathbf{x}_p\|^2$$

minimieren, folgt, daß die rechte Seite von (5.50) genau dann minimal wird, wenn (5.48) und die erste Gleichung in (5.49) gelten.

Die standardisierten berechnen sich aus den zentrierten Variablen nach $\mathbf{y}^s = \mathbf{y}^z/s_y$ bzw. $\mathbf{x}_i^s = \mathbf{x}_i^z/s_{x_i}$ $(i = 1, \ldots, p)$. Also beträgt die Fehlerquadratsumme des Ansatzes (5.47)

$$\|\mathbf{y}^s - c_1\mathbf{x}_1^s - \cdots - c_p\mathbf{x}_p^s\|^2 = \frac{1}{s_y^2}\|\mathbf{y}^z - \frac{c_1 s_y}{s_{x_1}}\mathbf{x}_1^z - \cdots - \frac{c_p s_y}{s_{x_p}}\mathbf{x}_p^z\|^2$$

Der letzte Ausdruck entspricht einem Ansatz mit zentrierten Variablen, wo ja die Koeffizienten a_i optimal sind. Folglich wird die Fehlerquadratsumme des standardisierten Ansatzes minimiert, falls $a_i = c_i s_y/s_{x_i}$ gilt, was die zweite Gleichung in (5.49) liefert. □

Behauptung 12 *Zu der gegebenen Regressormatrix* $\mathbf{X}$ *bezeichne* $\mathbf{X}^s$ *die standardisierte Matrix mit den ersten* $r \leq p$ *Hauptkomponenten* $\mathbf{t}_1, \ldots, \mathbf{t}_r$. *Es werden folgende zwei standardisierte Regressionsansätze (ohne Absolutglied) betrachtet:*

$$\mathbf{y}^s = c_1\mathbf{x}_1^s + \cdots + c_p\mathbf{x}_p^s + \varepsilon \qquad (5.51)$$

$$\mathbf{y}^s = d_1\mathbf{t}_1 + \cdots + d_r\mathbf{t}_r + \varepsilon \qquad (5.52)$$

Dann stehen die optimalen Koeffizientenvektoren von (5.51) und (5.52) in der Beziehung

$$\mathbf{d} = \mathbf{V}^T\mathbf{c}, \qquad (5.53)$$

wobei $\mathbf{V}$ *eine* (p, r)*-Matrix ist, die in ihren Spalten die normierten Eigenvektoren der* r *größten Eigenwerte der Korrelationsmatrix* $\mathbf{R} = \mathbf{X}^{sT}\mathbf{X}^s$ *von* $\mathbf{X}$ *enthält. Rückgerechnet auf den Ansatz (5.51) mit den ursprünglichen (standardisierten) Variablen erzeugt der Vektor* $\mathbf{d}$ *einen korrigierten Koeffizientenvektor* $\hat{\mathbf{c}}$ *nach der Vorschrift*

$$\hat{\mathbf{c}} = \mathbf{V}\mathbf{d} = \mathbf{V}\mathbf{V}^T\mathbf{c} \qquad (5.54)$$

(der zweite Teil der Gleichung resultiert aus dem ersten nach (5.53)).

Beweis:
In Matrixform schreiben sich die Ansätze (5.51) und (5.52) als $\mathbf{y} = \mathbf{X}\mathbf{c} + \varepsilon$ bzw. $\mathbf{y} = \mathbf{T}\mathbf{d} + \varepsilon$, worin $\mathbf{X}$ (standardisierte Matrix der Originalregressoren) und $\mathbf{T}$ (Hauptkomponentenmatrix) die spaltenweisen Zusammenfassungen der $\mathbf{x}_i$ bzw. $\mathbf{t}_i$ zu Matrizen sind. Nach (5.7) erfüllen die optimalen Koeffizientenvektoren beider Ansätze die linearen Gleichungssysteme

$$\mathbf{T}^T\mathbf{T}\mathbf{d} = \mathbf{T}^T\mathbf{y} \quad \text{bzw.} \quad \mathbf{X}^T\mathbf{X}\mathbf{c} = \mathbf{X}^T\mathbf{y} \qquad (5.55)$$

Andererseits genügen (standardisierter) Datensatz, Hauptkomponenten-, Eigenvektor- und Eigenwertmarix ($\mathbf{\Lambda}$) den Relationen (vgl. Kap. 2)

$$\mathbf{T} = \mathbf{X}\mathbf{V}, \quad (n-1)^{-1}\mathbf{X}^T\mathbf{X}\mathbf{V} = \mathbf{V}\mathbf{\Lambda}, \quad \mathbf{V}^T\mathbf{V} = \mathbf{I}_r$$

Einsetzen in die linke bzw. rechte Seite der ersten Gleichung von (5.55) liefert unter Benutzung der zweiten Gleichung in (5.55) die beiden Umformungen

$$\begin{aligned} \mathbf{T}^T\mathbf{T}\mathbf{d} &= \mathbf{V}^T\mathbf{X}^T\mathbf{X}\mathbf{V}\mathbf{d} = (n-1)\mathbf{V}^T\mathbf{V}\mathbf{\Lambda}\mathbf{d} = (n-1)\mathbf{\Lambda}\mathbf{d} \\ \mathbf{T}^T\mathbf{y} &= \mathbf{V}^T\mathbf{X}^T\mathbf{y} = \mathbf{V}^T\mathbf{X}^T\mathbf{X}\mathbf{c} = (n-1)\mathbf{\Lambda}\mathbf{V}^T\mathbf{c} \end{aligned}$$

Folglich ist $\mathbf{\Lambda}\mathbf{d} = \mathbf{\Lambda}\mathbf{V}^T\mathbf{c}$, woraus sich nach Linksmultiplikation mit $\mathbf{\Lambda}^{-1}$ die behauptete Beziehung (5.53) ergibt (die Invertierbarkeit der Eigenwertmatrix ist für zufällige Datensätze mit Wahrscheinlichkeit Eins gesichert).

Wegen $\mathbf{T} = \mathbf{X}\mathbf{V}$ kann der Hauptkomponentenansatz auch in der Form

$$\mathbf{y} = \mathbf{T}\mathbf{d} + \varepsilon = \mathbf{X}\mathbf{V}\mathbf{d} + \varepsilon = \mathbf{X}\hat{\mathbf{c}} + \varepsilon$$

mit $\hat{\mathbf{c}} = \mathbf{V}\mathbf{d}$ geschrieben werden. Vor der ursprünglichen Regressormatrix erscheint im Hauptkomponentenansatz der angegebene Vektor $\hat{\mathbf{c}}$ aus (5.54), der somit als „Hauptkomponentenkorrektur" des ursprünglichen Vektors $\mathbf{c}$ aufgefaßt werden kann. □

Algorithmus 1 *PLS-Modellierung eines Datensatzes mit n Zeilen, wo die ersten p Spalten den* **X***-Block und die letzten q Spalten den* **Y***-Block bilden. (Innerhalb des Algorithmus' abzuspeichernde Größen werden später für den unten definierten Algorithmus der PLS-Vorhersage für Testobjekte benötigt).*

1. Initialisierung
   Standardisiere die Datenblöcke $\mathbf{X}, \mathbf{Y}$ zu $\hat{\mathbf{X}}, \hat{\mathbf{Y}}$ und speichere die Vektoren der Mittelwerte und Standardabweichungen der Spalten von $\mathbf{X}$ bzw. $\mathbf{Y}$ unter $\mathbf{m}^x, \mathbf{s}^x$ bzw. $\mathbf{m}^y, \mathbf{s}^y$ ab. Setze $h = 1$ (PLS-Komponentenzähler), $\hat{\mathbf{X}}_1 = \hat{\mathbf{X}}, \hat{\mathbf{Y}}_1 = \hat{\mathbf{Y}}$ (Startmatrizen). Lege eine Maximalzahl h_{max} von PLS-Komponenten fest, die kleiner als n und als p sein muß. Wähle eine Abbruchschranke ε (z.B. 10^{-10}).

2. Berechnung der h-ten PLS-Komponente

   (a) Initialisierung
   Setze $\mathbf{u}_{h,1} = (1, 0, 0, \ldots, 0)^T$ und $i = 1$ (Zähler der inneren Iteration).

   (b) Innere Iteration

   i. Setze

$$\begin{aligned} \mathbf{v}_{h,i} &= \hat{\mathbf{X}}_h\mathbf{u}_{h,i}; \ \mathbf{t}_{h,i} = \hat{\mathbf{X}}_h\mathbf{v}_{h,i}; \ \mathbf{w}_{h,i} = \hat{\mathbf{Y}}_h^T\mathbf{t}_{h,i}; \\ \mathbf{u}_{h,i+1} &= \hat{\mathbf{Y}}_h\mathbf{w}_{h,i}/\|\hat{\mathbf{Y}}_h\mathbf{w}_{h,i}\| \end{aligned}$$

   ii. Falls $\|\mathbf{u}_{h,i} - \mathbf{u}_{h,i+1}\| > \varepsilon$ so setze $i = i + 1$ und gehe zu 2(b)i. Andernfalls (Konvergenz der inneren Iteration) setze nacheinander

$$\begin{aligned}
\mathbf{v}_h &= \hat{\mathbf{X}}_h^T \mathbf{u}_{h,i+1} / \|\hat{\mathbf{X}}_h^T \mathbf{u}_{h,i+1}\| \\
\mathbf{t}_h &= \hat{\mathbf{X}}_h \mathbf{v}_h \\
\mathbf{w}_h &= \hat{\mathbf{Y}}_h^T \mathbf{t}_h / \|\mathbf{t}_h\|^2 \\
\mathbf{u}_h &= \hat{\mathbf{Y}}_h \mathbf{w}_h / \|\mathbf{w}_h\|^2 \\
\mathbf{p}_h &= \hat{\mathbf{X}}_h^T \mathbf{t}_h / \|\mathbf{t}_h\|^2
\end{aligned}$$

Speichere $\mathbf{v}_h$, $\mathbf{w}_h$ und $\mathbf{p}_h$ ab ($\mathbf{u}_h$ und $\mathbf{t}_h$ sind im folgenden nicht weiter erforderlich, können aber für eine Objektdarstellung verwendet werden).

(c) Bestimmung der Restdatensätze
Bilde die iterierten Datenblöcke

$$\hat{\mathbf{X}}_{h+1} = \hat{\mathbf{X}}_h - \mathbf{t}_h \mathbf{b}_h^T; \ \hat{\mathbf{Y}}_{h+1} = \hat{\mathbf{Y}}_h - \mathbf{t}_h \mathbf{w}_h^T,$$

und setze $h = h + 1$. Falls $h < h_{max}$, so gehe zu 2(a) (nächste PLS-Komponente), andernfalls ist der Modellierungsalgorithmus beendet. □.

Algorithmus 2 *PLS-Vorhersage eines Vektors* $\mathbf{y}$ *aus den Meßwerten eines Testobjekts* $\mathbf{x}$ *mit Hilfe des in Algorithmus 1 aus den Datenmatrizen* $\mathbf{X}, \mathbf{Y}$ *gewonnenen Modells für* h_{max} *PLS-Komponenten (die Zahl der Komponenten von* $\mathbf{x}$ *bzw.* $\mathbf{y}$ *muß mit der Zahl* p *bzw.* q *von Spalten in* $\mathbf{X}$ *bzw.* $\mathbf{Y}$ *übereinstimmen).*

1. Initialisierung
Ausgehend von den im Modellierungsalgorithmus abgespeicherten Vektoren $\mathbf{m}^x, \mathbf{s}^x$ standardisiere das Testobjekt $\mathbf{x}$ zu $\hat{\mathbf{x}}$ mit den Komponenten $\hat{x}_j = (x_j - m_j^x)/s_j^x$. Setze $h = 1, \hat{\mathbf{x}}_1 = \hat{\mathbf{x}}$ und $\hat{\mathbf{y}}_1 = \mathbf{0}$.

2. Vorhersage von $\hat{\mathbf{y}}$

   (a) Mit den im Modellierungsalgorithmus abgespeicherten Vektoren $\mathbf{v}_h$, $\mathbf{w}_h$, $\mathbf{p}_h$ berechne

   $$t_h = \hat{\mathbf{x}}_h^T \mathbf{v}_h; \quad \hat{\mathbf{y}}_{h+1} = \hat{\mathbf{y}}_h + t_h \mathbf{w}_h^T; \quad \hat{\mathbf{x}}_{h+1} = \hat{\mathbf{x}}_h - t_h \mathbf{p}_h^T$$

   (b) Setze $h = h + 1$. Falls $h < h_{max}$, so gehe zu 2(a) (nächste PLS-Komponente). Andernfalls gehe zu 3.

3. Vorhersage von $\mathbf{y}$ (Rückskalierung auf den Maßstab der ursprünglichen Variablen im $\mathbf{Y}$-Block)
Mit den im Modellierungsalgorithmus abgespeicherten Vektoren $\mathbf{m}^y$, $\mathbf{s}^y$ transformiere den am Ende vom 2. vorhergesagten Vektor $\hat{\mathbf{y}}_{h_{max}}$ zum Vektor $\mathbf{y}$ mit den Komponenten

$$y_j = (\hat{y}_{h_{max}})_j \cdot s_j^y + m_j^y$$

□

6 Dreiwege-Hauptkomponentenanalyse

6.1 Einleitung

Die wachsende Komplexität experimenteller Anordnungen, vor allem jedoch die Kopplungsmöglichkeiten moderner Meßinstrumente führen zu einer natürlichen Verallgemeinerung der bisher ausschließlich betrachteten Datentabellen auf höherdimensionale Felder. Häufig wird eine fixierte Tabellenkonstellation mit n Objekten und p Variablen (zwei Wege) unter q verschiedenen experimentellen Bedingungen oder zu q verschiedenen Meßzeiten registriert, und es entstehen mehrere Datentabellen mit konstanter Zeilen- und Spaltenzahl, deren logische Zusammensetzung entlang dem „dritten Weg" (Bedingungen, Zeiten etc.) einen dreidimensionalen Datensatz wie in Abb. 6.1 erzeugt. Die Zuordnung der Begriffe *Objekte, Variablen, Bedingungen* zu den aufspannenden Elementen eines Dreiwege-Datensatzes ist, wie schon bei Tabellen, relativ willkürlich und dient nur einer groben Festmachung des sachlichen Hintergrundes. Bei instrumentellen Daten tritt anstelle von „Bedingungen" häufig eher eine zweite Variablenmenge (z.B. Wellenlängen und Retentionszeiten in der Spektroskopie/Chromatographie-

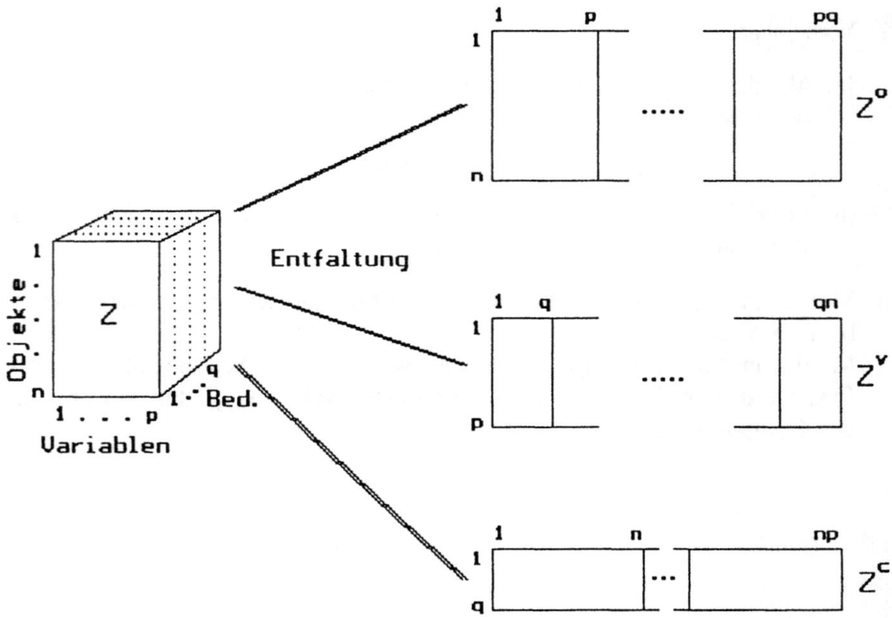

Abb. 6.1. Veranschaulichung eines Dreiwege-Datensatzes und seiner Entfaltungsmöglichkeiten

Kopplung) oder eine zweite Objektmenge (z.B. x- und y-Koordinaten von Pixeln in der Bildanalyse) in Erscheinung. Im folgenden sei die Terminologie so vereinbart, daß sich Objekte auf die Zeilen (Höhe), Variablen auf die Spalten (Breite) und Bedingungen auf die Frontalschichten (Tiefe) des Datensatzes beziehen.

Die Untersuchung von Dreiwege-Datensätzen ist in den letzten drei Jahrzehnten zu einem sich rasch entwickelnden Teilgebiet innerhalb der multivariaten Datenanalyse geworden. Tucker [270] stellte 1963 ausgehend vom psychometrischen Denkansatz als erster ein allgemeines Dreiwege-Modell der Hauptkomponentenanalyse auf. Seitdem wurden viele Versuche unternommen, klassische Methoden auf den dreidimensionalen Fall zu verallgemeinern, wie etwa die Erweiterung der mehrdimensionalen Skalierung auf die sogenannte Skalierung individueller Differenzen durch Carroll und Chang [31]. In den achtziger Jahren wurde das Feld durch die Chemometrie aufgegriffen ([7], [50], [293]), die sich seitdem, begünstigt durch die in der modernen Analytik anfallenden höherdimensionalen Probencharakterisierungen, ihrerseits zu einer wesentlichen Triebkraft bei der Entwicklung von Dreiwegemethoden herausbildete.

In diesem Kapitel soll speziell die Dreiwege-Hauptkomponentenanalyse als eine der wichtigsten Methoden zur Datenreduktion dargestellt werden. Ermöglichte die klassische Hauptkomponentenanalyse eine Visualisierung der wesentlichen Struktur gewöhnlicher Datentabellen in Form von Objekt- bzw. Variablendarstellungen, so wird nun eine geeignete Erweiterung vorgenommen, bei der neben Objekten und Variablen auch eine Darstellung für den dritten „Weg", die Bedingungen, hinzukommt. Auch wird im allgemeinen die Interpretation der Überlagerung aller drei Darstellungen möglich sein, doch gibt es hier einige Besonderheiten, die den Zugang im Vergleich zur herkömmlichen Situation erschweren.

Die Frage nach einer Ausdehnung der Betrachtungen auf noch allgemeinere, sogenannte N-Wege-Datenfelder ist nicht nur von theoretischem sondern auch von unmittelbar praktischem Interesse. So resultieren aus Messungen fortgeschrittener Analysengeräte (vgl. [137]) mitunter bis zu 5-dimensionale Datensätze (z.B. 3-D-Bildanalyse + Chromatographie + Spektrometrie). Aber auch umweltchemische Fragestellungen, wie die Erfassung der zeitlichen Änderung bestimmter Elementkonzentrationen in Boden, Luft oder Wasser, können ähnlich komplexe Messungen liefern (3 Raumkoordinaten + Konzentrationen + Zeit).

6.2 Vereinfachte Analyse mittels Entfaltung

Zur Unterscheidung von den bisher behandelten Datentabellen **X** sollen Dreiwege-Datensätze von nun an mit **Z** bezeichnet werden. Solche haben die Ordnung (n, p, q), falls sie von n Objekten, p Variablen und q Bedingungen aufgespannt werden. Analog zum allgemeinen Matrixelement x_{ij} ist z_{ijk} der Wert in der Zeile i, Spalte j und Frontalschicht k von **Z**. Ein komplexer Beispieldatensatz, der aus der physiko-chemischen Orts-/Zeit-Charakterisierung eines Flußarms des Niger-Deltas entstand (vgl. [133]), ist in Tabelle A.7 des Anhangs enthalten. Konkret wurden an $n = 10$ Probenahmestationen (Objekte) $p = 13$ physiko-chemische Parameter (Variablen) zu $q = 22$ aufeinanderfolgenden Zeitpunkten („Bedingungen") gemessen. Die Probenahmezeiten verteilten sich im Laufe eines Jahres zweimal monatlich zwischen Februar und Dezember.

Bei der Suche nach Bearbeitungsmöglichkeiten für Dreiwege-Datensätze drängt sich als unbefangener Zugang sofort die formale Behandlung als Datentabelle auf, denn physisch liegt die Datenkollektion ja im allgemeinen nicht in Form eines dreidimensionalen Feldes (es sei denn von vornherein so im Rechner gespeichert) sondern eher als Sammlung einzelner Tabellen vor, die sich leicht zu einer großen Tabelle zusammensetzen und anschließend mit multivariaten Standardverfahren wie der Hauptkomponentenanalyse behandeln lassen. Man sagt dann, der Datensatz sei entfaltet. Für Dreiwege-Datensätze existieren die in Abb. 6.1 dargestellten drei verschiedenen Varianten der Entfaltung, bei denen jeweils ein Weg unverändert bleibt, während die beiden anderen Wege zu einem einzigen verknüpft werden. Die Entfaltungsart soll im folgenden stets durch einen der Indizes „o", „v", „c" (für *o*bjects, *v*ariables und *c*onditions) definiert werden, der dem unverändert beibehaltenen Weg entspricht, also als $\mathbf{Z}^o, \mathbf{Z}^v$ und $\mathbf{Z}^c$.

Der gerade eingeführte Datensatz zur Gewässercharakterisierung ist dementsprechend in Tabelle A.7 des Anhangs in der Gestalt $\mathbf{Z}^{oT}$ aufgeführt. Aus Platzgründen wurden ausnahmsweise die Objekte ($n = 10$ Stationen) als Spalten geschrieben, während die Zeilen durch die Meßwerte der Variablen ($p = 13$ physiko-chemische Parameter) zu den verschiedenen „Bedingungen" ($q = 22$ Zeitpunkte) aufgespannt werden. Die Erfassung aller Kombinationen führt insgesamt zu $p \cdot q = 13 \cdot 22 = 286$ Zeilen. Es fällt natürlich nicht schwer, in der Tabelle gedanklich Zeilen und Spalten zu vertauschen, um von $\mathbf{Z}^{oT}$ wieder zu der üblicheren Anordnung $\mathbf{Z}^o$ wie in Abb. 6.1 zu gelangen.

Die gewöhnliche Datentabelle $\mathbf{Z}^o$ kann, wie in Kap. 2 beschrieben, einer Hauptkomponentenanalyse unterworfen werden. Als graphische Veranschaulichung ergeben sich die Objekt- und die Variablendarstellung der Abb. 6.2. Aus Platzgründen wurden die physiko-chemischen Parameter sowohl in dieser Abbildung als auch in der Datentabelle des Anhangs mit Kleinbuchstaben verschlüsselt. Im einzelnen bedeuten: „a": Lichtdurchlässigkeit, „b": pH-Wert, „c": Leitfähigkeit in 10^{-6} S/cm, „d": Chloridkonzentration in ppm, „e": Wasserhärte in ppm $CaCO_3$, „f": Gesamtalkalinität in ppm $CaCO_3$, „g": gelöster Sauerstoff in mg/l, „h": biologischer Sauerstoffbedarf in mg/l, „i": chemischer Sauerstoffbedarf in mg/l, „j": Konzentration von Öl und Fett in mg/l, „k": Konzentration des an NH_4^+ gebundenen Stickstoffs in mg/l, „l": Konzentration des an NO_3^- gebundenen Stickstoffs in mg/l, „m": Konzentration des an NO_2^+ gebundenen Stickstoffs in mg/l.

Die Stationen (a) untergliedern sich klar in zwei leicht interpretierbare Gruppen: Die ersten fünf Stationen (A-E) stammen aus der Umgebung der Abwasserentsorgung einer Erdölraffinerie, können also als belastet angesehen werden, wohingegen die restlichen fünf Stationen (F-J) zu Vergleichszwecken aus einem eher unbelasteten Teil desselben Flußarms gewählt wurden. Bis hierher bleibt festzuhalten, daß sich beide Stationengruppen in ihrem zeitabhängigen physikochemischen Muster klar voneinander unterscheiden. In der Darstellung (b) sind die physiko-chemischen Parameter (Kleinbuchstaben) mit den Probenahmezeiten (Zahlen) kombiniert. So steht das Symbol „c5" für die durch Verknüpfung des

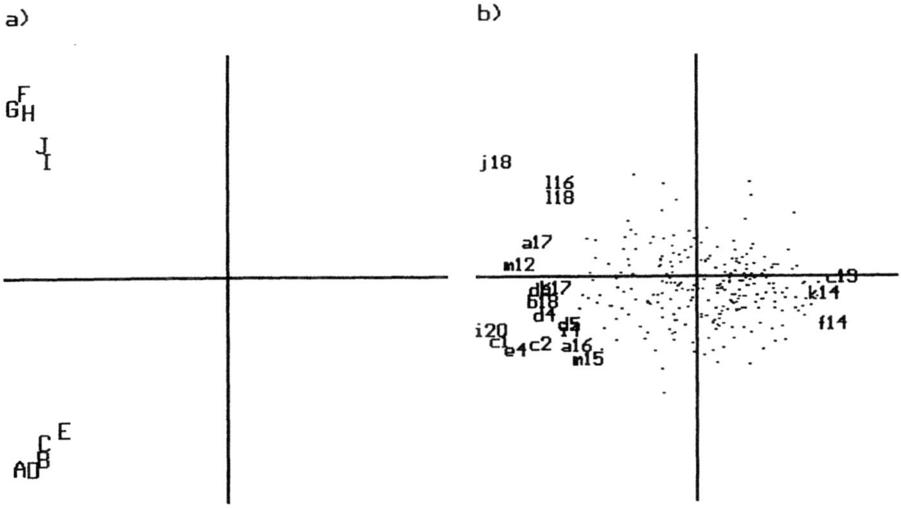

Abb. 6.2. Hauptkomponentendarstellung für einen entfalteten Dreiwege-Datensatz zur Orts/Zeit-Charakterisierung physikochemischer Gewässerparameter. **a** Objektdarstellung (10 Probenahmestationen), **b** Darstellung der verknüpften Variablen (physikochemische Parameter zu verschiedenen Zeitpunkten)

dritten Parameters mit dem fünften Probenahmezeitpunkt gebildete Variable. Aus Gründen der Darstellbarkeit sind die meisten (innen liegenden) Verknüpfungen ohne nähere Identifikation nur als Punkt angedeutet. Während die Objektdarstellung übersichtlich und gut interpretierbar ist, erweist sich die Variablendarstellung zur Ableitung von Hypothesen als unbrauchbar. Die im Rahmen der beschriebenen Entfaltung vorgenommene Kombination von Variablen und Bedingungen zu einer grossen Anzahl neuer, verknüpfter Variablen bewirkt zwei miteinander zusammenhängende Nachteile: Zum einen steigt die Zahl der verknüpften Variablen als Produkt der Zahl der ursprünglichen Variablen und der Zahl der Bedingungen drastisch an. Darüber hinaus lassen sich verknüpfte Variablen, wie hier von der Art „pH-Wert zum Zeitpunkt 4“ oder „Konzentration des an NO_3^- gebundenen Stickstoffs zum Zeitpunkt 19“, schwer interpretieren, da keine separaten Hypothesen über Variablen und Zeiten ableitbar sind. Nur in seltenen Spezialfällen, wie etwa der Bildanalyse [98], wo x- und y-Koordinaten zu Punkten (x, y) eines Bildschirms kombiniert werden, besitzen verknüpfte Größen substantielle Bedeutung.

Wünschenswert sind folglich separate Hauptkomponentenlösungen für Objekte, Variablen und Bedingungen. Immerhin wurde in Abb. 6.2 eine solche separate Lösung zumindest für die Objektmenge gefunden, was sich aus der Entfaltung des dreidimensional angeordneten Datensatzes $\mathbf{Z}$ zur Tabelle $\mathbf{Z}^o$ mit unveränderter Objektmenge erklärt. Ebensogut kann man $\mathbf{Z}$ aber auch zu $\mathbf{Z}^v$ oder $\mathbf{Z}^c$ (vgl. Abb. 6.1) entfalten, was nur einer Umordnung der Elemente desselben Datensatzes zu Tabellen unterschiedlichen Formats entspricht. Dann würde eine Hauptkomponentenanalyse interpretierbare Lösungen für die Variablen bzw. Be-

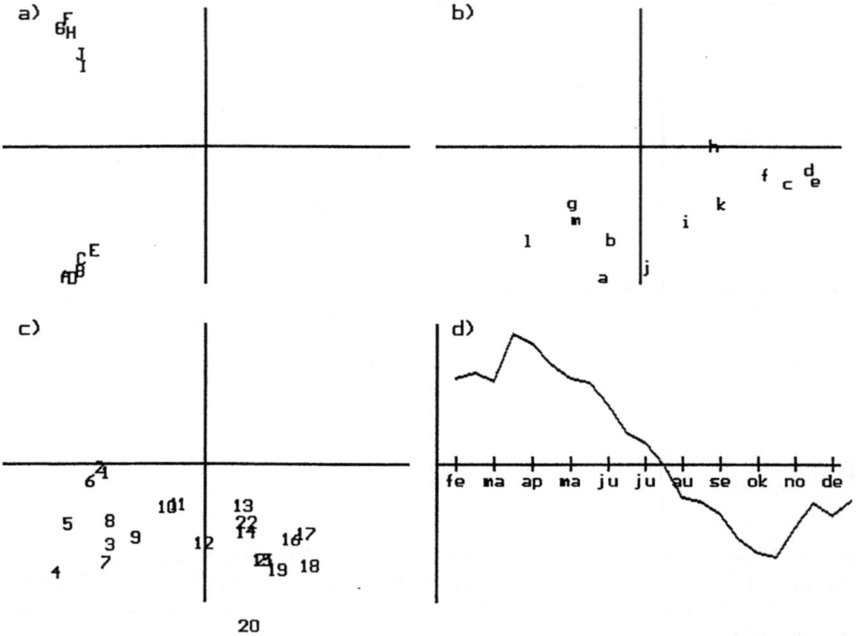

Abb. 6.3. Diagrammdarstellungen der Objekte (**a**), Variablen (**b**) und Zeiten (**c**) eines Beispieldatensatzes auf der Basis der „Tucker 1“-Methode. In (**d**) sind die Gewichte der Zeitpunkte entlang der ersten Achse von (**c**) über den zugehörigen Zeiten abgetragen und zu einem Kurvenzug verbunden

dingungen ergeben, während die jeweils anderen beiden Wege des Datensatzes miteinander verknüpft, also im allgemeinen unbrauchbar sind.

Diese Vorgehensweise entspricht in der Tat einer von Tucker vorgeschlagenen Methode [271] zur Lösung des von ihm aufgestellten Hauptkomponentenmodells (s. Abschn. 6.4). Sie wird in der Literatur häufig als „Tucker 1“-Methode bezeichnet und sieht drei separate Hauptkomponentenanalysen zu den verschiedenen Entfaltungen $\mathbf{Z}^o, \mathbf{Z}^v, \mathbf{Z}^c$ des Datensatzes vor, wobei letztlich die Lösungen der unverändert gebliebenen Wege zusammengestellt und jene der verknüpften Wege ignoriert werden.

Abbildung 6.3 zeigt die drei entstehenden Hauptkomponentendiagramme für Objekte, Variablen und Bedingungen des Gewässerdatensatzes. Während die Objektdarstellung (a) natürlich mit jener aus Abb. 6.2 übereinstimmt, entstehen jetzt separate Konfigurationen für Variablen und Zeiten. Dadurch bieten sich auch für diese beiden Größen des Datensatzes Interpretationsmöglichkeiten an. So wird die erste Achse der Variablendarstellung (b) durch hohe Gewichte von „c“, „d“, „e“ „f“ (Leitfähigkeit, Clorid-Konzentration, Wasserhärte und Alkalinität) charakterisiert, was mit dem Salzgehalt des Wassers zu korrespondieren scheint. Auf der vertikalen Achse dominieren (a, b, j) (Durchsichtigkeit, pH-Wert und Konzentration von Öl und Fett). Bezüglich der Probenahmezeiten (c) fällt eine gewisse chronologische Anordnung von links nach rechts auf. Größere Klarheit verschafft hier die Auftragung der horizontalen Auslenkungen vom Mittelwert Null, also der ersten Koordinaten der Punkte in (c) über den zugehörigen Zeiten selbst (z.B. entspricht „1“ der ersten Messung im Februar, „2“ der zweiten Messung im Februar, „3“ der ersten Messung im März usw.). Die entstehende Kurve in (d) trägt klaren saisonalen Charakter, so daß sich die Variation zumindest eines Teils der gemessenen Parameter auf jahreszeitliche Schwankungen reduziert.

6.3 Varianten der Datenstandardisierung

Ein entscheidender Aspekt bei der Analyse von Dreiwege-Datensätzen ist die adäquate Standardisierung als Vorbehandlung der Rohdaten. Dieses Problem spielte schon bei herkömmlichen Tabellen im Zusammenhang mit der Beseitigung willkürlicher Maßstäbe von Variablen eine Rolle. Als bevorzugte Methode werden alle Spalten der Datenmatrix so transformiert, daß sie anschließend den gleichen Mittelwert Null und die gleiche Standardabweichung Eins besitzen.

Die hauptsächliche Betrachtung von Spaltenstandardisierungen hat damit zu tun, daß meist die Identifikation von (Untersuchungs-) Objekten bzw. (Meß-) Variablen als Zeilen bzw. Spalten eines Datensatzes fest steht wie beispielsweise bei der Konzentrationsbestimmung verschiedener Schwermetalle in Wasserproben. Mitunter ist die Situation weniger offensichtlich. Wenn etwa verschiedene Proben ein Spektrum von Signalintensitäten bei verschiedenen Wellenlängen liefern, dann sind all diese Wellenlängen durch eine gleiche Skale verbunden. Das Problem willkürlich wählbarer Maßstäbe, wie Längen in Zentimetern oder Metern, Massen in Gramm oder Kilogramm usw. entfällt hier von vornherein. Dennoch kann eine Standardisierung aus formal-mathematischen Gründen, z.B. zur Erfassung von Multikollinearitäten bei der Hauptkomponentenregression (Abschn. 5.6) erforderlich sein. Wenn die Rollenverteilung von Objekten und Variablen nicht eindeutig ist, kann sich eine Standardisierung sowohl auf die Spalten des ursprünglichen als auch auf die Spalten des transponierten (also auf die Zeilen (!) des ursprünglichen) Datensatzes beziehen. Hierzu vergleiche man die Abb. 5.10b und c miteinander.

Für dreidimensionale Datensätze wird die Situation noch komplexer. Entsprechend den verschiedenen Entfaltungsarten (Abb. 6.1) und deren Transposition lassen sich formal sofort sechs Varianten unterscheiden, nämlich je nachdem, ob die Spalten von $\mathbf{Z}^o$, $\mathbf{Z}^v$, $\mathbf{Z}^c$, $\mathbf{Z}^{oT}$, $\mathbf{Z}^{vT}$ oder $\mathbf{Z}^{cT}$ standardisiert werden. Zur besseren Identifizierung werden wir in Anlehnung an die Indizes i, j, k für Objekte, Variablen und Bedingungen des Dreiwege-Datensatzes die Standardisierungsart nach der Menge der Spalten des Datensatzes bezeichnen. In der Abfolge der gerade aufgezählten Matrizen würde man dementsprechend von jk-, ik-, ji-, i-, j- und k-Standardisierung sprechen. Darüber hinaus existieren noch zahlreiche weitere Möglichkeiten der Datenvorbehandlung, auf die hier aber nicht näher eingegangen werden soll (vgl. [163], S. 143). Die Auswahl einer geeigneten Methode ist immer problemabhängig und kann die Interpretation der Resultate empfindlich beeinflussen.

Es leuchtet ein, daß analog zu Datentabellen die Mittelwerte und Standardabweichungen verschiedener Variablen zu nivellieren sind, sofern es sich um Meßgrößen mit willkürlicher Skala handelt. Selbst bei vergleichbaren Skalen ist oft eine Standardisierung der Variablen zu empfehlen, da ansonsten die Datenvarianz möglicherweise durch offensichtliche Mittelwertdifferenzen dominiert wird, und man aus einer Hauptkomponentenanalyse, die ja maximale Varianz wiedergibt, Strukturen abliest, die im wesentlichen von vornherein bekannt waren, während die eigentlich interessanten Zusammenhänge überdeckt werden. Bei den meisten chemometrischen Fragestellungen wird sich folglich eine Standardisierungsart anbieten, bei der zumindest die Variablen berücksichtigt werden, d.h. in den oben angegebenen Varianten muß der Index „j" auftauchen. Doch selbst hierbei existieren mit j-, jk- und ji-Skalierung unterschiedliche Prozeduren. Das folgende konstruierte Mikrobeispiel soll eine gewisse Vorstellung davon vermitteln, wie man sich entscheiden kann.

Nehmen wir an, daß zwei Laboratorien $L1$ und $L2$ zwei Spurenelemente $E1$ und $E2$ in zwei Proben $P1$ und $P2$ analysieren. Werden Objekte, Variablen und Bedingungen in der angegebenen Reihenfolge vereinbart, dann könnte z.B. folgender (objektentfalteter) Dreiwege-Datensatz daraus entstehen (die nebeneinander geschriebenen Frontalschichten muß man sich im eigentlichen Datensatz hintereinander geschrieben vorstellen):

$$\mathbf{Z}^o = \begin{array}{c|cccc|} & \multicolumn{2}{c}{P1} & \multicolumn{2}{c}{P2} \\ & E1 & E2 & E1 & E2 \\ \hline L1 & 1 & 100 & 4 & 140 \\ L2 & 2 & 120 & 5 & 160 \end{array}$$

In diesem Datenfeld treten Kontraste sowohl zwischen den Elementen als auch zwischen den Laboratorien als auch zwischen den Proben auf. Um zunächst ausschließlich die Variablen (Elemente) zu standardisieren, ordnet man den Datensatz so an, daß letztere als Spalten auftreten, d.h. in der Form $\mathbf{Z}^{vT}$ und verfährt wie mit üblichen Datentabellen:

$$\mathbf{Z}^{vT} = \begin{array}{cc|cc} & & E1 & E2 \\ \hline P1 & L1 & 1 & 100 \\ & L2 & 2 & 120 \\ P2 & L1 & 4 & 140 \\ & L2 & 5 & 160 \end{array} \quad \Longrightarrow \quad \mathbf{Z}^{vT}_{stand.} = \begin{array}{cc|cc} & & E1 & E2 \\ \hline P1 & L1 & -1.1 & -1.2 \\ & L2 & -0.5 & -0.4 \\ P2 & L1 & 0.5 & 0.4 \\ & L2 & 1.1 & 1.2 \end{array}$$

Im Anschluß an diese j-Skalierung besitzen beide Variablen $E1$ und $E2$ über beide Objekte $L1$ und $L2$ und beide „Bedingungen" $P1$ und $P2$ genommen den Mittelwert Null und die Standardabweichung Eins. Insbesondere verschwinden die im Rohdatensatz aufgetretenen Mittelwertkontraste zwischen beiden Elementen, die im allgemeinen auch ohne Interesse sind. Dagegen bleiben Kontraste zwischen den Laboratorien einerseits (Mittelwerte auf jeweils vier Zahlen basierend: $\bar{L}1 = -0.3, \bar{L}2 = 0.3$) und zwischen den Proben andererseits erhalten (Mittelwerte: $\bar{P}1 = -0.8, \bar{P}2 = 0.8$).

Nun könnte es sein, daß im Mittelpunkt des Interesses eine Bewertung der Laboratoriumsdifferenzen steht, wohingegen die Unterschiedlichkeit der Proben unwesentlich ist. Dann ist es angebracht, neben den Variablen auch die Mittelwerte der Bedingungen (hier Proben) zu nivellieren, damit die zu erfassende Datenvarianz in erster Linie Absolutunterschiede zwischen den Laboratorien reflektiert. Zu einer solchen jk-Skalierung wird der Datensatz in die oben bereits angegebene Gestalt $\mathbf{Z}^o$ gebracht, um dann mit den Spalten wie zuvor zu verfahren:

$$\mathbf{Z}^o_{stand} = \begin{array}{c|cccc|} & \multicolumn{2}{c}{P1} & \multicolumn{2}{c}{P2} \\ & E1 & E2 & E1 & E2 \\ \hline L1 & -0.7 & -0.7 & -0.7 & -0.7 \\ L2 & 0.7 & 0.7 & 0.7 & 0.7 \end{array}$$

Die Gleichheit der Zahlenwerte ergibt sich aus den jeweils nur zwei vorliegenden Komponenten, über die standardisiert wird. In der zuletzt erhaltenen Anordnung besitzen, wieder über je vier Werte erstreckt, nicht nur beide Elemente sondern auch beide Proben den Mittelwert Null. Dagegen bleiben Mittelwertdifferenzen der Laboratorien erhalten ($\bar{L}1 = -0.7, \bar{L}2 = 0.7$).

Umgekehrt wäre aber auch vorstellbar, daß vornehmlich eine Charakterisierung der Proben im Mittelpunkt steht, während die Laboratorien gewissermaßen nur verschiedene Instanzen zur unabhängigen Durchführung der Analysen sind. In diesem Falle sollten neben den Variablen auch die Mittelwertkontraste der Objekte (hier Laboratorien) nivelliert werden, damit die Datenvarianz von den Mittelwertkontrasten der Proben dominiert wird. Der zugehörigen ji-Standardisierung liegt die Entfaltungsform $\mathbf{Z}^c$ zugrunde.

$$\mathbf{Z}^c = \begin{array}{c|cccc|} & \multicolumn{2}{c}{E1} & \multicolumn{2}{c}{E2} \\ & L1 & L2 & L1 & L2 \\ \hline P1 & 1 & 2 & 100 & 140 \\ P2 & 4 & 5 & 120 & 160 \end{array}$$

$$\Longrightarrow \mathbf{Z}^c_{stand} = \begin{array}{c|cccc|} & \multicolumn{2}{c}{E1} & \multicolumn{2}{c}{E2} \\ & L1 & L2 & L1 & L2 \\ \hline P1 & -0.7 & -0.7 & -0.7 & -0.7 \\ P2 & 0.7 & 0.7 & 0.7 & 0.7 \end{array}$$

Die entstandene, standardisierte Matrix enthält dieselben Einträge wie zuvor, doch mit einer anderen Struktur: Während nun sowohl die Elemente als auch die Laboratorien sämtlich den Mittelwert Null aufweisen, bleibt eine Differenz bei den Proben ($\bar{P}1 = -0.7, \bar{P}2 = 0.7$).

Zusammenfassend ist bei der Wahl der Standardisierungsart zu empfehlen, die Notwendigkeit der Nivellierung von Mittelwertkontrasten zu prüfen. Dies kann neben den Variablen auch einen zweiten „Weg" des Datensatzes betreffen. Eine ausschließliche j-Standardisierung der Variablen läßt sich als Kompromiß zwischen jk- und ji-Standardisierung auffassen. Es bleiben Mittelwertkontraste sowohl bei den Objekten als auch bei den Bedingungen sichtbar, allerdings gegenüber den beiden anderen Standardisierungen mit jeweils reduziertem Ausmaß. Im Gewässerdatensatz interessierten beispielsweise sowohl zeitliche Veränderungen des physiko-chemischen Parametermusters als auch regionale bzw. ökologische Differenzen zwischen den Stationen. Folglich bestand weder bei den Bedingungen noch bei den Objekten Anlaß zur Mittelwertangleichung, so daß eine bloße j-Standardisierung der Variablen vorgenommen wurde. Die Standardisierungsproblematik wird in Abschn. 6.7 nochmals im Zusammenhang mit realen Anwendungsbeispielen anklingen, wo sich je nach sachlogischem Hintergrund verschiedene Varianten der Datenvorbehandlung anbieten.

6.4 Tuckers Modell der Dreiwege-Hauptkomponentenanalyse

Bislang wurden nur mehr oder weniger pragmatische Varianten zur Anwendung der Hauptkomponentenanalyse auf Dreiwege-Datensätze beschrieben. Es fehlte die Begründung eines geeigneten Modells, das die in Abschn. 2.1 mit verschiedenen Aspekten diskutierte Problemstellung der klassischen Hauptkomponentenanalyse sinngemäß erweitert, und zu dem dann optimale Lösungsmethoden gesucht werden können. Solche Modelle finden sich erstmalig in den Arbeiten von Tucker [270, 271]. Das wohl allgemeinste und sicherlich wichtigste unter ihnen ist das sogenannte „Tucker3-Modell“. Es beruht auf der Annahme, daß die konkreten Objekte, Variablen und Bedingungen eines Datensatzes gewichtete „Mischungen“ einiger „idealisierter“ Größen sind, die ihrerseits nicht gemessen werden können. Die Wurzeln dieser Annahme gehen auf psychometrische Problemstellungen zurück, wo man versucht, beobachtbare Verhaltensweisen von Personen unter verschiedenen Bedingungen auf die Wirkung verborgener Faktoren wie „Ängstlichkeit“, „Kommunikationsfähigkeit“, „Stress“ usw. zurückzuführen. Die konkreten Größen stellen in diesem Sinne nur beobachtbare Umschreibungen der latenten Faktoren dar. Die Dreiwege-Hauptkomponentenanalyse ist das geeignete Werkzeug, um ausgehend von einer eventuell großen Zahl konkreter Objekte, Variablen und Bedingungen die im allgemeinen wenigen zugrundeliegenden idealisierten Objekte, Variablen und Bedingungen zu erkennen bzw. zu interpretieren.

Als Veranschaulichung in umweltchemischem Kontext lassen sich die Konzentrationen gewisser chemischer Komponenten (Variablen) an verschiedenen Standorten (Objekte) zu verschiedenen Zeiten („Bedingungen“) betrachten. Idealisierte Objekte könnten hier von der Art „industriell beeinflußter Standort“, „landwirtschaftlich beeinflußter Standort“ usw. sein. Unter den Zeiten wäre die Existenz idealisierter Muster wie „Jahresperiode“ oder „Trend“ denkbar, und auch unter den chemischen Komponenten lassen sich idealisierte Faktoren entsprechend ihren Auswirkungen auf die Umwelt vorstellen. Jede konkret beobachtbare Konstellation wird sich als gewichtete Überlagerung der idealisierten Größen darstellen. Beispielsweise sind alle konkreten Standorte zu variierenden Anteilen sowohl industriell als auch landwirtschaftlich beeinflußt, und der Zeitverlauf der Konzentration der am Standort gemessenen chemischen Komponenten kann sowohl mit saisonalem (z.B. Düngung) als auch mit Trendcharakter (z.B. verbesserte Umwelttechnologie oder Kapazitätssenkungen) behaftet sein.

Zur Herleitung des Hauptkomponentenmodells kehren wir zunächst die Logik um und nehmen an, die idealisierten Größen einer Problemstellung seien bekannt und meßbar. Es bezeichne c_{uvw} den Meßwert der idealisierten Variable v am idealisierten Objekt u unter der idealisierten Bedingung w. Des weiteren sei bekannt, mit welchen Gewichten jede idealisierte in jede konkrete Größe eingeht. Beispielsweise könnte Standort i mit den Anteilen $g_{i1}, g_{i2}, \ldots, g_{ir}$ durch r idealisierte Standorte determiniert sein. Allgemein seien g_{iu}, h_{jv} und e_{kw} die Gewichte, mit denen das idealisierte Objekt u bzw. die idealisierte Variable v bzw. die idealisierte Bedingung w das konkrete Objekt i bzw. die konkrete Variable j bzw. die konkrete Bedingung k beeinflussen. Dann setzt sich der konkrete Meßwert z_{ijk} eines Datensatzes als die entsprechend gewichtete Mischung der angenommenen Meßwerte der idealisierten Größen mit einem unvermeidbaren Meßfehler ε zusammen:

$$z_{ijk} = \sum_{u=1}^{r} \sum_{v=1}^{s} \sum_{w=1}^{t} g_{iu} h_{jv} e_{kw} c_{uvw} + \varepsilon_{ijk} \tag{6.1}$$

$$(i = 1, \ldots, n;\ j = 1, \ldots, p;\ k = 1, \ldots, q)$$

Dabei bezeichnen r, s, t die Anzahlen der angenommenen idealisierten Größen. In der Tat stellt Gl. (6.1) das allgemeine Modell der Dreiwege-Hauptkomponentenanalyse dar. Allerdings ist nun die Denkweise wieder umzukehren, denn in der Praxis kennt man zwar die Elemente z_{ijk} eines gemessenen Dreiwege-Datensatzes nicht jedoch die Anzahl und die Meßwerte der darin verborgenen idealisierten Faktoren und auch nicht ihre Gewichte in den konkreten Größen. Die Aufgabe der Dreiwege-Hauptkomponentenanalyse besteht darin, ausgehend von der linken Seite in (6.1) die Elemente der rechten Seite derselben Gleichung zu schätzen. Für fixierte Zahlen r, s, t erfolgt die Schätzung ähnlich zur multiplen linearen Regression im Sinne der kleinsten Fehlerquadratsumme, d.h. die Koeffizienten $g_{iu}, h_{jv}, e_{kw}, c_{uvw}$ werden so gewählt, daß die Summe $\sum \varepsilon_{ijk}^2$ sämtlicher quadrierten Abweichungen zu den Datensatzelementen minimal wird.

Für unterschiedliche Vorgaben von r, s, t werden auch verschiedene Lösungen resultieren. Im allgemeinen geht man von einer geringen Anzahl idealisierter Größen aus, die gegebenenfalls schrittweise erhöht werden kann. Ob eine solche Erhöhung gerechtfertigt ist, kann mit einer entsprechenden Erweiterung der Cross-validation-Methode aus Abschn. 2.11 geprüft werden. In keinem Fall werden mehr idealisierte als konkrete Größen einbezogen, so daß stets $r \leq n, s \leq p, t \leq q$ gilt (zur Erinnerung: auch bei normalen Datentabellen ist die Zahl der Hauptkomponenten maximal gleich der Variablen- oder Objektzahl). Zum Zweck einer graphisch orientierten Interpretation ist die Vorgabe $r = s = t = 2$ relevant, d.h. für Objekte, Variablen und Bedingungen werden jeweils zwei idealisierte Faktoren angenommen. Jede konkrete Größe erhält dann zwei Gewichte oder besser zwei Koordinaten. So gehören zum Objekt i die Koordinaten g_{i1}, g_{i2}, zur Variable j die Koordinaten h_{j1}, h_{j2} und zur Bedingung k die Koordinaten e_{k1}, e_{k2}. Diese Koordinaten definieren Punkte im Hauptkomponentendiagramm. Folglich lassen sich die Achsen eines solchen Diagramms als idealisierte Größen und die eingetragenen Punkte als konkrete Größen in-

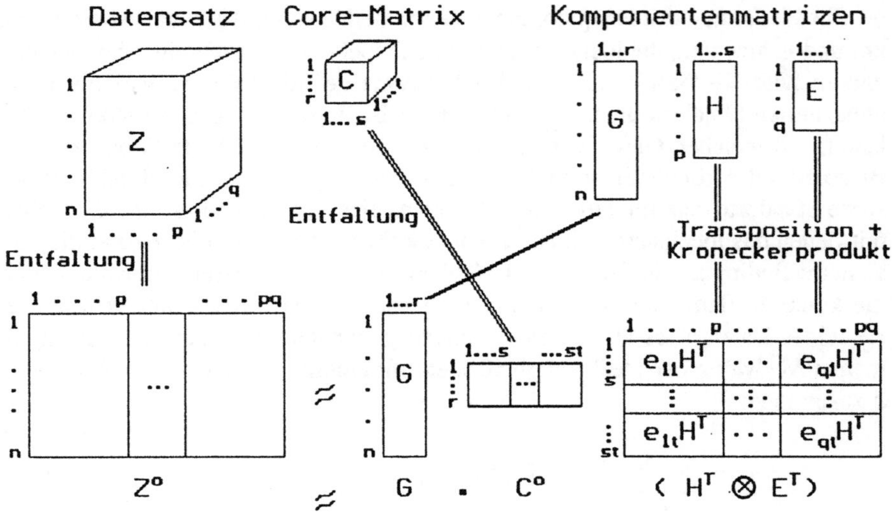

Abb. 6.4. Veranschaulichung des Modells der Dreiwege-Hauptkomponentenanalyse nach Tucker in Matrixformulierung

terpretieren. Aus Gründen der Einfachheit sollen die im folgenden auftretenden Hauptkomponentenmodelle stets auf die beschriebene Diagrammsituation reduziert werden. Natürlich könnten zur adäquaten Interpretation des Datensatzes weitere Komponenten erforderlich sein, doch hat man wie in der herkömmlichen Hauptkomponentenanalyse oder der linearen Diskriminazanalyse oder der PLS-Methode die Gewähr, daß bei einer Diagrammdarstellung zumindest die zwei wichtigsten Faktoren des Datensatzes illustriert werden, und alle nachfolgenden abnehmende Bedeutung besitzen.

Für weitergehende Ableitungen oder die Formulierung von Algorithmen erweist sich die klassische Schreibweise des Dreiwege-Hauptkomponentenmodells in (6.1) als unbequem, die Benutzung von Matrizen und deren Rechenregeln ist dagegen erheblich effizienter. Abbildung 6.4 verdeutlicht, auf welche Weise die in (6.1) auftretenden Koeffizienten in Matrizen plaziert werden. Für die Elemente z_{ijk} des Dreiwege-Datensatzes bietet sich die Anordnung in irgendeiner der entfalteten Formen an, z.B. in der Matrix $\mathbf{Z}^o$. Die Größen g_{iu}, h_{jv}, e_{kw} können in natürlicher Weise als Elemente sogenannter Komponentenmatrizen **G**, **H** bzw. **E** der Ordnungen (n, r), (p, s) bzw. (q, t) verstanden werden, wobei sich wie üblich der erste Index auf die Zeile und der zweite auf die Spalte bezieht, in welcher das jeweilige Element in der entsprechenden Matrix positioniert ist. Speziell für die angetsrebten Diagrammdarstellungen besitzen alle drei Matrizen jeweils nur zwei Spalten.

Die Koeffizienten c_{uvw} stammen – wie man an der Zahl ihrer Indizes ablesen kann – aus einem Datenfeld **C**, das ebenso wie der Datensatz selbst dreidimensional ist. Man bezeichnet dieses Datenfeld als Core-Matrix – obgleich der Begriff Matrix hier eigentlich inkonsequent ist – weil hierin mit den unbekannten

Meßwerten der idealisierten Faktoren der Kern der Datenstruktur enthalten ist. Um zu einer eigentlichen Matrix, das heißt zu einem zweidimensionalen Datenfeld zu gelangen, wird **C** genauso zu $\mathbf{C}^o$ entfaltet wie der Datensatz **Z** zu $\mathbf{Z}^o$. Anschaulich legt man einfach die Frontalebenen horizontal nebeneinander.

Die korrekte Umsetzung von (6.1) in Matrixschreibweise erfordert die Benutzung des sogenannten Kroneckerprodukts, das in Abschn. 7.5 (Gl. (7.22)) definiert ist. Kurz läßt sich das Kroneckerprodukt als eine Multiplikationsvorschrift charakterisieren, die je zwei Matrizen eine neue „große" Matrix zuordnet. Im Gegensatz zum gewöhnlichen Matrixprodukt (vgl. Abschn. 7.5) kann die Ordnung der zu multiplizierenden Matrizen beliebig sein. Abbildung 6.4 veranschaulicht, wie aus den transponierten Komponentenmatrizen $\mathbf{H}^T$ und $\mathbf{E}^T$ für Variablen und Bedingungen das Kroneckerprodukt $\mathbf{H}^T \otimes \mathbf{E}^T$ entsteht. Mit diesen Vorbereitungen kann das Modell der Dreiwege-Hauptkomponentenanalyse kurz als

$$\mathbf{Z}^o = \mathbf{G}\mathbf{C}^o(\mathbf{H}^T \otimes \mathbf{E}^T) + \varepsilon^o \tag{6.2}$$

geschrieben werden, wobei ε^o das analog zu **Z** und **C** entfaltete dreidimensionale Feld von Diskrepanzen ε_{ijk} zwischen dem Datensatz und seiner Approximation durch den ersten Summanden der rechten Seite repräsentiert. Dieses Fehlerfeld ist in Abb. 6.4 aus Gründen der Übersichtlichkeit zugunsten einer Umwandlung der Gleichung in eine Näherung fortgelassen worden. Mit der anschaulichen Hilfe von Abb. 6.4 würde eine sorgfältige Überprüfung der letzten Gleichung unter Nutzung der Definitionen des Kronecker- und des gewöhnlichen Matrixprodukts aus Kapitel 7 ihre Äquivalenz zur Gl. (6.1) ergeben. Der Vorteil der Matrixschreibweise wird sich in den folgenden Abschnitten bezahlt machen.

Gleichung (6.2) zeigt, wie sich die Elemente der Core-Matrix mit den Gewichten der Komponentenmatrizen vermischen, um den Datensatz aus den idealisierten Faktoren heraus anzunähern. Im Gegensatz zur konventionellen Schreibweise in (6.1) scheint hier eine Asymmetrie bezüglich der Komponentenmatrizen vorzuliegen. Diese ist jedoch nur auf die gewählte Entfaltungsart zurückzuführen. Mit den beiden anderen Entfaltungsvarianten hätte man die vollkommen äquivalenten Modelle

$$\mathbf{Z}^v = \mathbf{H}\mathbf{C}^v(\mathbf{E}^T \otimes \mathbf{G}^T) + \varepsilon^v \quad \text{bzw.} \quad \mathbf{Z}^c = \mathbf{E}\mathbf{C}^c(\mathbf{G}^T \otimes \mathbf{H}^T) + \varepsilon^c$$

aufstellen können. Für alle drei Entfaltungen stimmen die optimalen Komponenten- und Core-Matrizen überein, so daß man ohne Beschränkung der Allgemeinheit die ursprünglich gewählte Entfaltungsart (Index „o") beibehalten kann.

Von den zu ermittelnden Komponentenmatrizen **G**, **H**, **E** in (6.2) wird noch gefordert, daß sie orthonormiert sind, d.h. daß alle Spalten die Länge Eins besitzen und verschiedene Spalten derselben Matrix das Skalarprodukt Null bilden. Mit anderen Worten werden idealisierte Faktoren gesucht, die innerhalb eines Weges des Datensatzes unkorreliert sind. Auch bei herkömmlichen Datentabellen wurden ja sukzessive unkorrelierte Hauptkomponenten extrahiert. Wie bereits erwähnt, erfolgt die Bestimmung der gesuchten Größen in (6.2) bei gegebenem Datensatz durch Minimierung der Fehlerquadratsumme, also der Summe aller quadrierten

Abweichungen ε_{ijk}. Mit Hilfe der entfalteten Fehlermatrix ε^o in (6.2) kann die Fehlerquadratsumme auch als $tr\, \varepsilon^{oT} \varepsilon^o$ geschrieben werden (tr = Spur, vgl. Abschn. 7.8). Folglich reduziert sich die Aufgabe der Hauptkomponentenanalyse auf das Optimierungsproblem

$$\text{minimiere} \tag{6.3}$$
$$tr\, \varepsilon^{oT} \varepsilon^o = tr\, [\mathbf{Z}^o - \mathbf{G}\mathbf{C}^o(\mathbf{H}^T \otimes \mathbf{E}^T)]^T [\mathbf{Z}^o - \mathbf{G}\mathbf{C}^o\mathbf{H}^T \otimes \mathbf{E}^T)]$$
$$\text{unter der Bedingung}$$
$$\mathbf{G}^T\mathbf{G} = \mathbf{I}_r,\ \mathbf{H}^T\mathbf{H} = \mathbf{I}_s,\ \mathbf{E}^T\mathbf{E} = \mathbf{I}_t$$

Die angegebenen drei Bedingungen repräsentieren die geforderte Orthonormiertheit der Komponentenmatrizen. In Behauptung 13 in Abschn. 6.9 wird gezeigt, daß das allgemeine Modell (6.2) der Dreiwege-Hauptkomponentenanalyse als Spezialfall mit $q = 1$ (nur eine Bedingung bzw. frontale Schicht im Datensatz) die klassische Hauptkomponentenanalyse enthält. Daher hat man eine sinnvolle Verallgemeinerung dieses wichtigen Datenanalysenprinzips auf den Fall dreidimensionaler Datensätze erreicht.

Im Optimierungsproblem (6.3) ist $\mathbf{Z}^o$ gegeben, und $\mathbf{G}, \mathbf{H}, \mathbf{E}$ und $\mathbf{C}^o$ sind die gesuchten Größen, die unter Einhaltung der angegebenen Bedingung so variiert werden müssen, daß die Differenz zwischen dem Datensatz und seiner Approximation minimal wird. In Wirklichkeit sind die vier variablen Matrizen aber nicht unabhängig voneinander. Zwischen den optimalen Lösungen $\mathbf{G}^*, \mathbf{H}^*, \mathbf{E}^*, \mathbf{C}^{o*}$ des Problems (6.3) gilt vielmehr folgende Beziehung (vgl. [162]):

$$\mathbf{C}^{o*} = \mathbf{G}^{*T}\mathbf{Z}^o(\mathbf{H}^* \otimes \mathbf{E}^*) \tag{6.4}$$

Es genügt daher, die Komponentenmatrizen zu optimieren und erst anschließend die zugehörige optimale (entfaltete) Core-Matrix über (6.4) zu bestimmen.

Am Ende dieses Abschnitts soll kurz angedeutet werden, wie sich das Modell der Drei-Wege-Hauptkomponentenanalyse auf beliebig dimensionierte, N-dimensionale oder N-Wege-Datensätze verallgemeinert. Als pragmatische Definition kann ein solcher N-Wege-Datensatz als ein N-dimensionales Datenfeld $\mathbf{Z}$ mit dem allgemeinen Element $z_{i_1,i_2,\ldots,i_N}$ charakterisiert werden. In solchen Feldern, die sich im Gegensatz zu Matrizen oder Drei-Wege-Datensätzen nicht mehr elementar graphisch veranschaulichen lassen, macht es keinen Sinn noch von Zeilen, Spalten, Schichten oder Objekten, Variablen, Bedingungen zu sprechen. Man redet allgemein nur noch vom Weg 1, Weg 2 bis zum Weg N.

Die Erweiterung der mathematischen Modelle und Lösungsalgorithmen auf Dimensionen, die größer als drei sind, ist keine formale Spielerei sondern wird schon heute durch moderne Meßinstrumente erzwungen, die zu immer mehr simultanen, unabhängigen Signalregistrierungen fähig sind. Zwar ist der abstrakte Übergang von Drei- zu N-Wege-Datensätzen ziemlich klar, doch erfordert die konkrete, korrekte Formulierung von Modell und Lösungsalgorithmus eine effizientere Schreibweise als sie in (6.1) oder (6.2) verwendet wurde (vgl. auch [163], S. 73). Eine solche allgemeingültige Notation findet sich erstmalig in [151] bzw. später in der Monographie [188]. Ein wesentlicher Punkt ist die Umordnung aller Elemente eines N-Wege-Datenfeldes in einen „langen“ Vektor und zwar so, daß die Art und Weise mit dem Kronecker-Produkt von Komponentenmatrizen harmoniert. Diese passende Umordnung wird vom sogenannten Vektorisierungsoperator (*vec*) übernommen, der in Abschn. 6.9 definiert ist.

Neben dem Datensatz $\mathbf{Z}$ von der Ordnung $(n_1, n_2, \ldots, n_N)$ sind bei der N-Wege-Hauptkomponentenanalyse Zahlen $r_1, r_2, \ldots, r_N$ angenommener idealisierter Faktoren, also Komponentenzahlen, für jeden der N Wege vorzugeben. Der graphischen Veranschaulichung in Diagrammen würde wieder $r_1 = \cdots = r_N = 2$ entsprechen. Mit diesen Vorgaben verallgemeinert sich das Modell (6.2) der Hauptkomponentenanalyse zu

$$vec\,(\mathbf{Z}) \approx (\mathbf{A}_1 \otimes \mathbf{A}_2 \otimes \cdots \otimes \mathbf{A}_N)\, vec\,(\mathbf{C}) \tag{6.5}$$

Hierbei sind die $\mathbf{A}_i$ die gesuchten Komponentenmatrizen zu jedem der N Wege, die wiederum der Orthonormiertheitsbedingung $\mathbf{A}_i^T \mathbf{A}_i = \mathbf{I}_{r_i}$ genügen müssen, und $\mathbf{C}$ stellt das N-dimensionale „Core-Feld“ der Ordnung $(r_1, \ldots, r_N)$ dar. Letzteres berechnet sich aus den optimalen Komponentenmatrizen in Verallgemeinerung von (6.4) gemäß:

$$vec\,(\mathbf{C}) = (\mathbf{A}_1^T \otimes \cdots \otimes \mathbf{A}_N^T)\, vec\mathbf{Z} \tag{6.6}$$

Abgesehen davon, daß mit der ursprünglichen Schreibweise eine korrekte Formulierung des allgemeinen N-Wege-Hauptkomponentenmodells kaum möglich wäre, fällt auf, daß in (6.5) und (6.6) die scheinbaren Unsymmetrien bezüglich der Anordnung der Komponentenmatrizen in (6.2) und (6.4) beseitigt sind.

6.5 Der ALS-Algorithmus

In diesem Abschnitt soll eine Lösungsmöglichkeit für das Optimierungsproblem (6.3) beschrieben werden. Eigentlich hatte ja schon die in Abschnit 6.2 beschriebene „Tucker 1“-Methode einen Weg gezeigt, um zu drei Komponentenmatrizen $\mathbf{G}, \mathbf{H}, \mathbf{E}$ zu gelangen, die den Diagrammdarstellungen in Abb. 6.3 zugrundelagen. Über (6.4) ließe sich daraus noch eine zugehörige Core-Matrix ermitteln. Allerdings stellt sich heraus, daß die gefundenen Lösungen nicht optimal im Sinne der Zielfunktion von (6.3) sind, d.h. im allgemeinen existieren Komponentenmatrizen und Core-Matrix, die eine noch bessere Approximation zum Datensatz geben als die heuristische „Tucker 1“-Methode. Insbesondere kann man Diagrammdarstellungen finden, die noch mehr Datenvarianz abbilden.

In der herkömmlichen Hauptkomponentenanalyse war es möglich, die entsprechende Optimierungsaufgabe auf ein Eigenwertproblem zu reduzieren (vgl. Satz 1 in Abschn. 2.6). Im Gegensatz zur Auffindung lokaler oder gar globaler Minima in allgemeinen nichtlinearen Optimierungsproblemen lassen sich Eigenwerte- bzw. Eigenvektoren einer quadratischen Matrix relativ problemlos ermitteln. Daher wäre es vorteilhaft, auch (6.3) als Eigenwertproblem zu formulieren. Leider ist das aufgrund der komplizierteren Struktur im Dreiwege-Fall nicht möglich. Vielmehr konnten in [162] folgende Beziehungen hergeleitet werden:

$$\begin{array}{c} \text{Falls } \mathbf{G}^*, \mathbf{H}^*, \mathbf{E}^* \text{ optimal für (6.3) sind, so gilt:} \\ \mathbf{G}^* \text{ ist Eigenvektormatrix von } \mathbf{Z}^o(\mathbf{H}^*\mathbf{H}^{*T} \otimes \mathbf{E}^*\mathbf{E}^{*T})\mathbf{Z}^{oT} \\ \mathbf{H}^* \text{ ist Eigenvektormatrix von } \mathbf{Z}^v(\mathbf{E}^*\mathbf{E}^{*T} \otimes \mathbf{G}^*\mathbf{G}^{*T})\mathbf{Z}^{vT} \\ \mathbf{E}^* \text{ ist Eigenvektormatrix von } \mathbf{Z}^c(\mathbf{G}^*\mathbf{G}^{*T} \otimes \mathbf{H}^*\mathbf{H}^{*T})\mathbf{Z}^{cT} \end{array} \tag{6.7}$$

Dabei bedeutet „Eigenvektormatrix“, daß die normierten Eigenvektoren zu den ersten Eigenwerten als Spalten zusammengefaßt werden. Man könnte also das optimale $\mathbf{G}^*$ bestimmen, falls die optimalen $\mathbf{H}^*$ und $\mathbf{E}^*$ bekannt wären. Analog ließen sich die optimalen $\mathbf{H}^*$ bzw. $\mathbf{E}^*$ auf der Basis der optimalen $\mathbf{G}^*$ und $\mathbf{E}^*$ bzw. $\mathbf{G}^*$ und $\mathbf{H}^*$ berechnen. Diese Prozedur ist aber offensichtlich nicht realisierbar, da ja von vornherein keine der optimalen Lösungen bekannt ist.

Dennoch wird durch das verwobene System (6.7) ein Iterationsalgorithmus nahegelegt, der ausgehend von beliebigen Startmatrizen $\mathbf{G}_0$, $\mathbf{H}_0$ und $\mathbf{E}_0$ sukzessive die angegebenen Eigenwertprobleme (mit den aktuell gegebenen Matrizen!) löst, wobei die jeweils auf der linken Seite erhaltenen iterierten Matrizen im nachfolgenden Schritt gleich aktuell auf der rechten Seite eingesetzt werden. Nach Abarbeitung des dritten Problems wird wieder mit dem ersten begonnen, so daß (6.7) als Zyklus aufzufassen ist. Diese Verfahrensweise, die aufgrund der abwechselnden Optimierung eines Teils der Variablen auf der Basis des fixierten Rests der Variablen auch *Alternating Least Squares Algorithmus* oder kurz ALS-Algorithmus genannt wird, stammt von Kroonenberg und De Leeuw [162], [163], die auch nachwiesen, daß die entstehenden iterierten Matrizen unter monotoner Verbesserung der Zielfunktion gegen stationäre Lösungen des Problems (6.3) konvergieren. Konkret empfehlen sich folgende Berechnungsvorschriften zur praktischen Realisierung der Dreiwege-Hauptkomponentenanalyse:

1. Initialisierung:
   Fixiere eine angenommene Anzahl von Komponenten (idealisierten Faktoren) r, s, t für Objekte, Variablen und Bedingungen des Datensatzes (für Diagrammdarstellungen setze $r = s = t = 2$). Standardisiere den Datensatz $\mathbf{Z}$ auf geeignete Weise (s. Abschn. 6.3).
2. Start-Komponentenmatrizen mit der „Tucker 1“-Methode:
   Berechne $\mathbf{G}_0$ als die Matrix der Ordnung (n, r), deren Spalten durch die normierten Eigenvektoren zu den r größten Eigenwerten von $\mathbf{Z}^o\mathbf{Z}^{oT}$ gebildet werden. Bestimme analog $\mathbf{H}_0$ bzw. $\mathbf{E}_0$ als die entsprechenden Eigenvektormatrizen der Ordnung (p, s) bzw. (q, t) von $\mathbf{Z}^v\mathbf{Z}^{vT}$ bzw. $\mathbf{Z}^c\mathbf{Z}^{cT}$.
3. ALS-Algorithmus:
   (a) Initialisierung des Iterationszählers:
   Setze $it = 0$.
   (b) G-Teilschritt:
   Definiere die Hilfsmatrix $\mathbf{A}^o = \mathbf{Z}^o(\mathbf{H}_{it} \otimes \mathbf{E}_{it})$ der Ordnung $(n, s \cdot t)$. Berechne $\mathbf{G}_{it+1}$ als die Eigenvektormatrix zu den größten Eigenwerten $\lambda_1, \ldots, \lambda_r$ von $\mathbf{A}^o\mathbf{A}^{oT}$.

(c) H-Teilschritt:
Definiere $\mathbf{A}^v = \mathbf{Z}^v(\mathbf{E}_{it} \otimes \mathbf{G}_{it+1})$ und berechne $\mathbf{H}_{it+1}$ als Eigenvektormatrix zu den größten Eigenwerten $\mu_1, \ldots, \mu_s$ von $\mathbf{A}^v\mathbf{A}^{vT}$.

(d) E-Teilschritt:
Definiere $\mathbf{A}^c = \mathbf{Z}^c(\mathbf{G}_{it+1} \otimes \mathbf{H}_{it+1})$ und berechne $\mathbf{E}_{it+1}$ als Eigenvektormatrix zu den größten Eigenwerten $\nu_1, \ldots, \nu_t$ von $\mathbf{A}^c\mathbf{A}^{cT}$.

(e) Konvergenztest:
Solange keine Konvergenz vorliegt, erhöhe den Iterationszähler $it = it + 1$ und gehe zu Schritt 3.(b).

4. Core-Matrix:
Berechne die optimale Core-Matrix aus den zum Schluß erhaltenen Komponentenmatrizen gemäß (6.4).

Da die iterierten Komponentenmatrizen im angegebenen Algorithmus so definiert sind, daß sie als Spalten normierte Eigenvektoren zu verschiedenen Eigenwerten enthalten, sind sie automatisch orthonormal, und die Bedingung in (6.3) ist stets erfüllt.

Die Berechnung von Startmatrizen mit der „Tucker 1"-Methode ist im Sinne des Algorithmus' formal nicht erforderlich. Man könnte ebensogut mit beliebigen anderen orthonormalen Matrizen $\mathbf{G}_0, \mathbf{H}_0, \mathbf{E}_0$ beginnen, beispielsweise mit solchen, die an Positionen mit gleichem Zeilen- und Spaltenindex („abgebrochene" Diagonale) eine Eins und ansonsten den Wert Null aufweisen. Allerdings sind die eigentlichen ALS-Iterationen (Schritte 3.(b)-(d)) sehr zeitaufwendig, was nicht etwa an den zu lösenden Eigenwertproblemen sondern an der Bereitstellung der Matrizen $\mathbf{A}^o\mathbf{A}^{oT}, \mathbf{A}^v\mathbf{A}^{vT}, \mathbf{A}^c\mathbf{A}^{cT}$ liegt. Es ist zu bedenken, daß selbst mäßig dimensionierte Dreiwege-Datensätze $\mathbf{Z}$ nach ihrer Entfaltung Matrizen $\mathbf{Z}^o, \mathbf{Z}^v, \mathbf{Z}^c$ von enormer Ordnung erzeugen können, so daß die erforderlichen Matrix- bzw. Kroneckerprodukte im angegebenen Algorithmus eine sehr große Zahl von Elementarmultiplikationen mit sich bringen. Aus diesem Grund empfiehlt es sich, eine weniger aufwendige Methode – eben „Tucker 1" – vorzuschalten, um relativ rasch in die Nähe des Optimums zu gelangen. Da das Optimum selbst von der „Tucker 1"-Methode im allgemeinen nicht approximiert wird, muß anschließend mit dem rechenintensiveren ALS-Algorithmus „nachgebessert" werden.

Die in jedem Teilschritt des ALS-Algorithmus' erhaltenen Eigenwerte sind ein Maß für den Beitrag der einzelnen Spalten der jeweiligen Komponentenmatrizen zu der Approximation $\mathbf{GC}^o(\mathbf{H}^T \otimes \mathbf{E}^T)$ des Datensatzes in (6.2). So reflektieren λ_u, μ_v bzw. ν_w die Bedeutung der Spalten $\mathbf{g}_u, \mathbf{h}_v$ bzw. $\mathbf{e}_w$ der Komponentenmatrizen $\mathbf{G}, \mathbf{H}$ bzw. $\mathbf{E}$ zur Erklärung der Datenstruktur. Da die Eigenwertsequenzen stets geordnet sind ($\lambda_1 \geq \cdots \geq \lambda_r, \mu_1 \geq \cdots \geq \mu_s, \nu_1 \geq \cdots \geq \nu_t$), haben automatisch auch die aufeinanderfolgenden Spalten der Komponentenmatrizen fallende Bedeutung. Auch wenn Eigenwerte mit gleichem Index für unterschiedliche Komponentenmatrizen im allgemeinen verschieden voneinander sind ($\lambda_1 \neq \mu_1 \neq \nu_1$ usw.), so stimmen für die optimalen Komponentenmatrizen zumindest ihre Summen überein:

$$\lambda_1 + \cdots + \lambda_r = \mu_1 + \cdots + \mu_s = \nu_1 + \cdots + \nu_t \tag{6.8}$$

Diese gleiche Summe ist mit der Summe aller quadrierten Elemente im approximierten Datensatz $\mathbf{GC}^o(\mathbf{H}^T \otimes \mathbf{E}^T)$ identisch, welche man auch die durch $\mathbf{G}, \mathbf{H}, \mathbf{E}$ und $\mathbf{C}^o$ erklärte Datenvarianz nennt. Aus der Orthonormiertheit der Komponentenmatrizen kann man ableiten, daß der Zerlegung (6.2) des Datensatzes zugleich eine Zerlegung der Summe der quadrierten Elemente entspricht: Die Summe aller quadrierten Elemente des entfalteten Datensatzes $\mathbf{Z}^o$ setzt sich zusammen aus der erklärten Datenvarianz (6.8) und der Summe aller quadrierten Elemente der entfalteten Abweichungsmatrix ε^o. Da die Elemente des Datensatzes konstant sind, und nur jene des approximierten und des Abweichungsdatensatzes mit unterschiedlicher Wahl von Komponentenmatrizen variieren, kann das Problem der Minimierung der Abweichungsquadratesumme in (6.3) äquivalent auch als Maximierung der Summe der Eigenwerte in (6.8) formuliert werden. Der oben festgestellten monotonen Verringerung der Abweichungsquadratesumme im Verlaufe der ALS-Iterationen entspricht folglich komplementär eine sukzessive Vergrößerung der Eigenwertsumme bzw. der erklärten Datenvarianz.

Dieser Prozeß ist für das Beispiel des Gewässerdatensatzes mit $r = s = t = 2$ Komponenten in Abb. 6.5d illustriert. Über fünf Hauptiterationen mit jeweils drei Teilschritten des ALS-Algorithmus ist die Zunahme der erklärten Datenvarianz bezogen auf jene der Startkomponentenmatrizen der „Tucker 1"-Methode (gleich Eins gesetzt) dargestellt. Die ersten zwei Hauptiterationen verschaffen eine rasche Verbesserung, während danach Stabilisierung auf dem Niveau 1.25 eintritt. Das heißt anschaulich: Der Anteil der Datenstruktur, der von der heuristischen „Tucker 1"-Methode mit gleicher Komponentenzahl erfaßt wird, kann durch die Anwendung des ALS-Algorithmus' noch einmal um etwa 25% (bezogen auf die „Tucker 1"-Lösung, nicht bezogen auf die Gesamtdatenstruktur!) gesteigert werden. Der Erfolg dieser Verbesserung ist für verschiedene Datenbeispiele stark unterschiedlich. Stellt sich mitunter schon die „Tucker 1"-Lösung praktisch als optimal heraus, so ist in anderen Fällen durchaus auch eine Verdoppelung der erfaßten Datenvarianz zu beobachten (s. Abb. 6.6d). Das asymptotische Verhalten der Zielfunktion im gegebenen Beispiel ist in etwa typisch, nur in seltenen Ausnahmen liegt auch nach fünf Hauptiterationen noch merkliches Wachstum vor.

Zur Veranschaulichung der im ALS-Algorithmus berechneten optimalen Komponentenmatrizen $\mathbf{G}, \mathbf{H}$ und $\mathbf{E}$ könnte man jeweils die Komponenten der ersten Spalten gegen jene der zweiten Spalten dieser Matrizen auftragen. Für eine Objektdarstellung etwa würde das i-te Objekt im Diagramm als Punkt mit den Koordinaten (g_{i1}, g_{i2}) erscheinen. Allerdings empfiehlt es sich, nachträglich noch eine Skalierung der Komponenten mit den zugehörigen Eigenwerten vorzunehmen. Hierfür gibt es folgenden Grund: Wegen der Orthonormiertheit der Komponentenmatrizen haben alle ihre Spalten dieselbe Länge Eins. In den Diagrammen würden daher vertikale und horizontale Abweichungen der Punkte vom Koordinatenursprung im Mittel gleich groß sein, und es entstünde der optische Eindruck gleicher Wichtigkeit der ersten bzw. zweiten Achse im Diagramm. Indes sind diese Spalten, wie oben festgestellt, entsprechend den jeweiligen Eigenwerten von fallender Bedeutung für die Erklärung der Datenstruktur.

Um diesem Fakt Rechnung zu tragen, werden die Spalten der Komponentenmatrizen noch mit den Wurzeln der Eigenwerte multipliziert. Dementsprechend

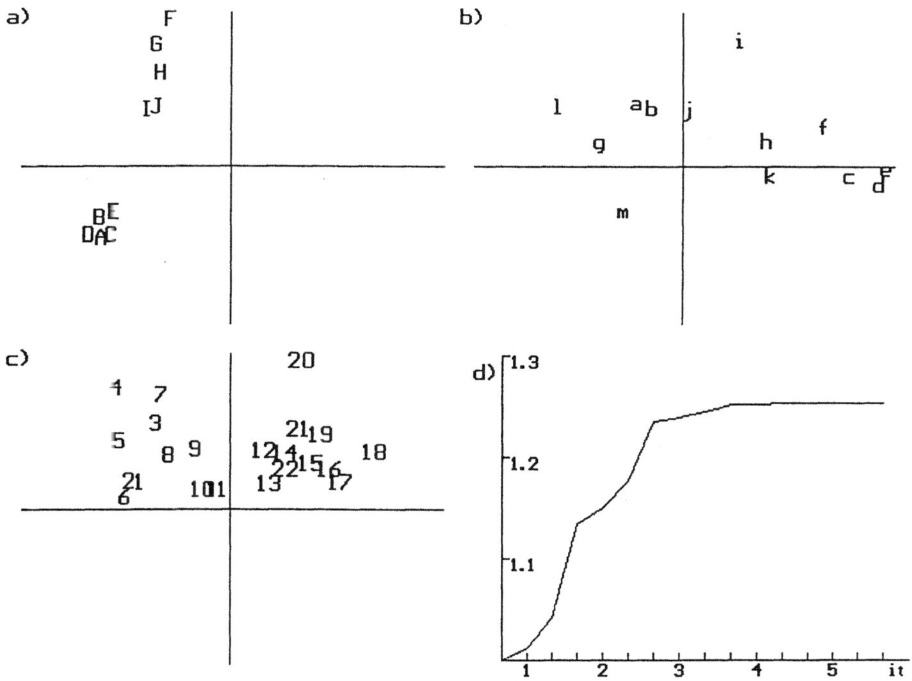

Abb. 6.5. Hauptkomponentendarstellungen (**a** Objekte, **b** Variablen, **c** Bedingungen) für den Gewässerdatensatz nach Anwendung des ALS-Algorithmus. Die relative Verbesserung der erklärten Datenvarianz bezogen auf die als Start verwendete „Tucker 1"-Lösung (Eins gesetzt) ist in **d**) dargestellt

trägt die Objektdarstellung nicht g_{i1} gegen g_{i2} sondern $\sqrt{\lambda_1} g_{i1}$ gegen $\sqrt{\lambda_2} g_{i2}$ auf. Analog werden bei der Variablendarstellung die Elemente $\sqrt{\mu_1} h_{j1}$ gegen $\sqrt{\mu_2} h_{j2}$ und bei der Darstellung der Bedingungen die Elemente $\sqrt{\nu_1} e_{k1}$ gegen $\sqrt{\nu_2} e_{k2}$ abgebildet. Gegenüber den reinen Komponenten bedeutet dies lediglich eine gewisse Stauchung der vertikalen Richtung auf den Koordinatenursprung zu, da die zweiten Eigenwerte kleiner als die ersten sind. Eine solche Nachskalierung der Eigenvektormatrix durch Multiplikation mit den Wurzeln der Eigenwerte war auch in der klassischen Hauptkomponentenanalyse schon für die Variablendarstellung vorgenommen worden (vgl. Abschn. 2.3), während dort die Objektdarstellung von vornherein in der hier angegebenen Weise skaliert ist.

Abbildung 6.5a-c zeigt die entstehenden Hauptkomponentendiagramme für den Gewässerdatensatz. Diese sind nun mit den nämlichen Diagrammen der „Tucker 1"-Methode aus Abb. 6.3 zu vergleichen. Bis auf offensichtliche Spiegelungen an der ersten oder zweiten Achse, die nichts an der Relation der zu diskutierenden Größen untereinander ändern, liegt eine recht ähnliche Konstellation vor, nur an gewissen Details lassen sich Veränderungen wahrnehmen: Beispielsweise ordnen sich in der Objektdarstellung jetzt die fünf als unbelastet einzustufenden Probenahmestationen recht deutlich linear in der Ordnung der

Buchstaben F, G, H, I, J an, deren Rangfolge mit der geographischen Verteilung dieser Stationen entlang dem betrachteten Flußarm korrespondiert. Bei den Variablen fällt vor allem die Dominanz von „i" (chemischer Sauerstoffbedarf) auf der zweiten Achse als Unterschied auf. Die Verteilung der 22 Zeitpunkte ist – wieder bis auf Spiegelung – im wesentlichen konstant geblieben, so daß die Darstellung der horizontalen Auslenkungen über der laufenden Probenahmezeit eine ähnliche Kurve wie in Abb. 6.3d ergäbe.

Anhand der Diagramme lassen sich für einige der Achsen bereits Interpretationen im Sinne idealisierter Größen vornehmen: Die erste Achse der Darstellung der Probenahmezeiten war schon zuvor als Repräsentant einer Saison-Kurve erkannt worden, wohingegen für die zweite Achse, bei der die Extremposition von „20" markant ist, zunächst noch keine Erklärung zur Verfügung steht. Bei den Objekten separiert die zweite Achse offensichtlich die beiden Gruppen von Probenahmestationen, wohingegen bezüglich der ersten Achse alle Stationen fast gleiche Position erhalten. In diesem Sinne könnte man von einem regional-spezifischen und einem regional-unspezifischen Faktor sprechen. Die erste Achse der Variablendarstellung schließlich wird von „e", „d", „c", „f" und dazu negativ korreliert von „l" beherrscht. Wie schon bei der Diskussion von Abb. 6.3 angesprochen wurde, handelt es sich bei den ersten vier Variablen um solche, die mit der Salzkonzentration des Wassers in Verbindung stehen, abstrakt ließe sich die horizontale Achse also als ein Faktor „Salinität" deuten. Die zweite Achse wird fast ausschließlich durch die Einzelvariable „i" (chemischer Sauerstoffbedarf) geprägt, was möglicherweise eine Umweltbelastung reflektiert.

Abschließend sei darauf hingewiesen, daß sich neben dem Dreiwege-Hauptkomponenten-Modell auch der ALS-Lösungsalgorithmus auf den allgemeinen N-Wege-Fall übertragen läßt. Die exakte Formulierung findet sich in Algorithmus 3 in Abschn. 6.9.

6.6 Core-Matrix: Interpretation und Transformation

Bislang konnte nur eine separate Diskussion der drei Komponentenmatrizen bzw. der zugehörigen Diagramme gegeben werden. So wie bei der herkömmlichen Hauptkomponentenanalyse durch Überlagerung von Objekt- und Variablendarstellung zusätzliche Einsicht in die Datenstruktur gewonnen werden konnte, sollte auch in der Dreiwege-Konstellation eine gemeinsame Interpretation der verschiedenen Diagramme weitergehende Hypothesen nahelegen. Eine direkte Überlagerung der drei Diagramme mit den entsprechend verallgemeinerten Interpretationsregeln gewöhnlicher Datentabellen ist indes im allgemeinen nicht oder nicht ohne weiteres möglich, weil komplexer werdende Wechselwirkungen zwischen den Komponentenmatrizen auftreten. Während man bei der klassischen Hauptkomponentenanalyse von der ersten Hauptkomponente schlechthin sprechen kann, die sich sowohl auf Objekte als auch auf Variablen bezieht, liegen nun idealisierte Größen separat für jeden der drei Wege des Datensatzes vor. So kann auch die Kombination des ersten idealisierten Objekts mit der zweiten idealisierten Variable unter der ersten idealisierten Bedingung einen Beitrag zur Datenstruktur liefern, wofür es im klassischen Fall keine Entsprechung gibt.

Das Wechselspiel der idealisierten Größen wird in den Einträgen der Core-Matrix beschrieben. Die gerade willkürlich herausgegriffene Kombination entspricht zum Beispiel dem Element c_{121}. Beschränkt man sich aus Gründen der Einfachheit wieder auf zwei Komponenten, dann ist die Core-Matrix ein dreidimensionales Datenfeld mit zwei Zeilen (idealisierte Objekte), zwei Spalten (idealisierte Variablen) und zwei hintereinander angeordneten Frontalschichten (idealisierte Bedingungen). Für den Gewässerdatensatz erhält die aus den optimalen Komponentenmatrizen über (6.4) zu berechnende Core-Matrix $\mathbf{C}$ nach Entfaltung entsprechend Abb. 6.4 die Gestalt

$$\left(\begin{array}{cc|cc} c_{111} & c_{121} & c_{112} & c_{122} \\ c_{211} & c_{221} & c_{212} & c_{222} \end{array}\right) = \left(\begin{array}{rr|rr} 20.00 & -7.20 & -5.41 & -5.14 \\ -5.65 & 1.62 & -14.99 & -8.36 \end{array}\right)$$

wobei die Frontalschichten nebeneinander geschrieben sind. Nach Abschn. 6.4 sind die idealisierten Größen mit den Achsen der Hauptkomponentendiagramme identifizierbar, und die Einträge der Core-Matrix entsprechen den „Meßwerten“ der jeweiligen Kombination. Wegen der üblichen Nullsetzung der Mittelwerte aller Variablen liefern Werte nahe Null mittlere Beiträge der in Frage stehenden Kombination idealisierter Größen, wohingegen stark negative oder stark positive Zahlen großen Einfluß auf die Datenreproduktion indizieren, so daß letztere für Interpretationszwecke im Mittelpunkt stehen.

In diesem Sinne sind für den Gewässerdatensatz vor allem die Kombinationen c_{111}, c_{212} und eventuell c_{222} von Interesse. Beispielsweise führt das Zusammenwirken der ersten – also der horizontalen – Achsen der drei Hauptkomponentendiagramme aus Abb. 6.5a-c zu dem höchsten positiven Wert $c_{111} = 20.00$. Bezüglich dieser horizontalen Achsen lassen sich aus den Abbildungen folgende Beobachtungen machen: Alle Objekte haben negatives Gewicht, die Variablengruppe „a“, „c“, „d“, „f“, die mit der Salzkonzentration in Verbindung stand, hat deutlich positives Gewicht, und das trifft ebenso auf die späten Zeitpunkte (12-22) zu. Eine formale Vorzeichenmultiplikation dieser Gewichte mit dem Vorzeichen des Core-Matrix-Elements c_{111} ergibt die symbolische Gleichung

$$- \cdot + \cdot + \cdot + = -$$

Im Sinne der multiplikativen Verknüpfung der Elemente der Komponentenmatrizen und der Core-Matrix gemäß Gl. (6.1) spricht dies für die Reproduktion unterdurchschnittlicher Werte im Ausgangsdatensatz (man beachte die vorangegangene Standardisierung der Daten!). Mit anderen Worten: An allen Stationen wurden in der zweiten Jahreshälfte unterdurchschnittliche Werte der aufgezählten Variablen registriert. Ebensogut hätte man bezüglich der Zeitpunkte feststellen können, daß die frühen Zeitpunkte (1-11) negative Gewichte auf der horizontalen Achse aufweisen, was zu der symbolischen Gleichung $- \cdot + \cdot - \cdot + = +$ führt, d.h. in der ersten Jahreshälfte nehmen dieselben Variablen an allen Stationen überdurchschnittliche Werte an. Folglich entspricht dem Element c_{111} der Core-Matrix ein idealisierter Faktor, der die *saisonale* Variation des Salzgehaltes im Wasser für alle Meßstationen gleichermaßen (regional unspezifisch) reflektiert. Damit ist auch klar, daß die Jahreskurve in Abb. 6.3 d hauptsächlich mit der Salinität korrespondiert, die in der ersten Jahreshälfte hoch ist und zwischen September und November, der Zeit, in der durch starke Regenfälle Frischwasser zugeführt wird, einen negativen, also unterdurchschnittlichen Peak erzeugt.

Analog könnte man sich bezüglich der Variablendarstellung auf die entgegengesetzte Seite der Achse konzentrieren und würde nach Ausführung der symbolischen Multiplikationen feststellen, daß „l" (Konzentration des in NO_3^- gebundenen Stickstoffs) genau eine zur Salinität umgekehrte Tendenz besitzt. Mit einer Interpretation der anderen, horizontal geringer gewichteten Variablen sollte man vorsichtiger sein, da die Hauptkomponentendiagramme wie im klassischen Fall natürlich nur einen Teil, wenn auch den größtmöglichen, der gesamten Datenvarianz erfassen.

Mit den übrigen „relevanten" Core-Matrix-Elementen wird auf die gleiche Weise verfahren. So beschreibt c_{212} die Kombination der vertikalen Achse der Objektdarstellung mit der horizontalen Achse der Variablendarstellung und der vertikalen Achse der Darstellung der Bedingungen. Es ist wieder die gleiche Variablengruppe involviert, diesmal aber *regional* spezifisch (beide Stationengruppen werden differenziert) und zeitunspezifisch (die Variation der Zeitpunkte entlang der vertikalen Achse ergibt keine erkennbare saisonale Funktion). Als idealisierter Faktor, der c_{212} zugrundeliegt, kann erneut die Salinität ausgemacht werden, diesmal jedoch nicht mit saisonalem sondern mit regionalem Charakter. Darin drückt sich lediglich aus, daß – unabhängig von der Jahreszeit – die Salzkonzentration an den mehr landeinwärts gelegenen Stationen F-J niedriger ist als an den mehr zur Flußmündung ins Meer hin gelegenen Stationen A-D (man führe wieder die symbolische Multiplikation aus). Es kann von einem geographischen Faktor gesprochen werden. Dieser erklärt letztlich auch, warum sich die Stationen F-J mehr oder weniger deutlich linear in ihrer Abfolge entlang dem Flußarm vom Landesinnern zur Mündung hin mit zunehmender Salzkonzentration anordnen.

Schließlich beschreibt c_{222} die gemeinsame Wirkung der vertikalen Achsen aller Darstellungen. Dahinter verbirgt sich die wiederum relativ zeitunspezifische Differenzierung beider Stationengruppen, nun aber primär durch die Variable „i" (chemischer Sauerstoffbedarf), die in der Gruppe der belasteten Stationen A-E deutlich höhere Werte mit besonderem Peak beim Zeitpunkt 20 erreicht. Zur nachträglichen Versicherung konsultiere man die Datentabelle A.7 des Anhangs. Hier könnte in der Tat ein erstes Kriterium zur Reflexion des Unterschieds zwischen belasteten und unbelasteten Probenahmestationen in den physiko-chemischen Parametern gegeben sein. Eventuell liegt hier also ein „Belastungsfaktor" vor.

Die bis hierher vorgenommene Art und Weise der gemeinsamen Interpretation von Hauptkomponentendiagrammen ist recht umständlich, weil mehrere Kombinationen unterschiedlicher Achsen zu analysieren sind. Besäße die Core-Matrix eine Struktur, bei der lediglich die beiden „Eck-Elemente" c_{111} und c_{222} relevante Beiträge beschreiben, so wäre die graphisch orientierte Interpretation erheblich leichter, weil nur zwei, zudem „achsenkohärente" Faktoren beschrieben werden. Dann bietet es sich zur Vereinfachung an, alle drei Hauptkomponentendiagramme zu einem einzigen zu überlagern, und die drei Darstellungen zunächst entlang der horizontalen und danach entlang der vertikalen Achse auszuwerten (die Reihenfolge entspricht den fallenden Eigenwerten oder mit anderen Worten der größeren Wichtigkeit der ersten Achse zur Datenreproduktion). Stellt man sich die Core-Matrix wieder in ihrer logischen Anordnung als Würfel mit zwei Zeilen, zwei Spalten und zwei Schichten vor, dann sind die beiden Eck-Elemente gerade diejenigen, die sich in der Raumdiagonale des Würfels befinden. Erstrebenswert ist demnach eine Struktur, bei der alle Einträge außerhalb der Raumdiagonale vergleichsweise betragsmäßig klein sind.

Es entsteht die Frage, ob die Struktur der Core-Matrix verändert werden kann, ohne Abstriche an der erreichten optimalen Approximation des Datensatzes hinnehmen zu müssen. In der Tat stellt es sich heraus (s. [163]), daß die optimalen Komponentenmatrizen $\mathbf{G}, \mathbf{H}, \mathbf{E}$ nur bis auf orthogonale Transformationen eindeutig sind. Das bedeutet: multipliziert man die im ALS-Algorithmus erhaltenen Komponentenmatrizen mit beliebigen orthogonalen Matrizen $\mathbf{O}_G, \mathbf{O}_H$ bzw. $\mathbf{O}_E$ der passenden Ordnungen (r, r), (s, s) bzw. (t, t), so entstehen neue Komponentenmatrizen, die dieselbe optimale Approximation des Datensatzes ergeben, wie die ursprünglichen:

$$\bar{\mathbf{G}} = \mathbf{G}\mathbf{O}_G; \quad \bar{\mathbf{H}} = \mathbf{H}\mathbf{O}_H; \quad \bar{\mathbf{E}} = \mathbf{E}\mathbf{O}_E \tag{6.9}$$

Durch eine solche Transformation wird bezüglich der Erfassung der Datenstruktur weder etwas gewonnen (die ursprünglichen Matrizen waren ja schon optimal) noch etwas verloren. Der einzige Effekt, der sich ergibt, ist eine Veränderung der Core-Matrix von $\mathbf{C}$ zu $\bar{\mathbf{C}}$. Um letztere wieder in ihrer entfalteten Form zu errechnen, wendet man (6.4) auf die neuen Komponentenmatrizen an:

$$\begin{aligned} \bar{\mathbf{C}}^o &= \bar{\mathbf{G}}^T \mathbf{Z}^o (\bar{\mathbf{H}} \otimes \bar{\mathbf{E}}) = (\mathbf{G}\mathbf{O}_G)^T \mathbf{Z}^o (\mathbf{H}\mathbf{O}_H \otimes \mathbf{E}\mathbf{O}_E) \\ &= \mathbf{O}_G^T \mathbf{G}^T \mathbf{Z}^o (\mathbf{H} \otimes \mathbf{E})(\mathbf{O}_H \otimes \mathbf{O}_E) \\ &= \mathbf{O}_G^T \mathbf{C}^o (\mathbf{O}_H \otimes \mathbf{O}_E) \end{aligned} \tag{6.10}$$

Dabei wurden neben (6.9) wieder die Regel (7.24) zur Manipulation des Kroneckerprodukts sowie nochmals (6.4), nun aber für die ursprüngliche (entfaltete) Core-Matrix und die ursprünglichen Komponentenmatrizen benutzt.

Der am Schluß von (6.10) entstehende Ausdruck zeigt, daß sich die neue Core-Matrix aus der alten einfach mit der Kenntnis der orthogonalen Transformationsmatrizen berechnen läßt, also ist die Einarbeitung weder des Datensatzes noch der Komponentenmatrizen erforderlich. Das Ziel der Transformation wird darin bestehen, $\mathbf{O}_G, \mathbf{O}_H$ und $\mathbf{O}_E$ so zu variieren, daß die neue Core-Matrix so weit wie möglich die oben erwähnte Raumdiagonalstruktur erhält. In der Umschreibung „so weit wie möglich" drückt sich bereits aus, daß eine exakte Raumdiagonalgestalt, bei der alle übrigen Elemente genau Null werden, im allgemeinen nicht erreichbar ist. Man muß sich daher damit begnügen, ein Kriterium, daß den Grad der Raumdiagonalität mißt, zu maximieren. Ein solches Kriterium ist der

Anteil der Summe der quadrierten Eck-Elemente an der Summe aller quadrierten Core-Matrix-Elemente:

$$RD = (c_{111}^2 + c_{222}^2) / \sum_{u,v,w=1}^{2} c_{uvw}^2 \qquad (6.11)$$

Diese Größe variiert offensichtlich stets zwischen Null (kein Beitrag der Eck-Elemente) und Eins (kein Beitrag der Nicht-Eck-Elemente), folglich kann sie in der Tat als Grad interpretiert werden. Für die oben angegebene Core-Matrix des Gewässerdatensatzes erhält man beispielsweise den Quotienten $470/837 \approx 0.56$. Prozentual beträgt die Raumdiagonalität etwa nur 56%. Die Summe aller quadrierten Core-Matrix-Elemente stimmt mit der in Abschn. 6.5 erwähnten Eigenwertsumme des ALS-Algorithmus überein, die ihrerseits ein Maß für die erfaßte Datenvarianz ist. Da, wie erwähnt, die angesprochene Transformation der Komponentenmatrizen dieses Maß nicht verändert, bleibt der Nenner in (6.11) stets konstant, und nur der Zähler verändert sich.

In [155] wird ein allgemeiner Algorithmus zur Auffindung von orthogonalen Transformationsmatrizen, die den Grad der Raumdiagonalität maximieren, beschrieben. Für den Spezialfall von Diagrammen ($r = s = t = 2$) resultieren sowohl konzeptionell als auch numerisch erhebliche Vereinfachungen. Die Multiplikation einer orthogonalen Matrix der Ordnung (2, 2) mit einem Vektor, bestehend aus zwei Komponenten, beschreibt nämlich stets entweder eine Drehung oder eine Drehspiegelung dieses Vektors in der Ebene um einen gewissen Winkel (man vergleiche auch mit (7.32) in Abschn. 7.6). Bezüglich der Wirkung auf den Grad der Raumdiagonalität besteht kein Unterschied zwischen Drehung und Drehspiegelung, so daß man sich ohne Einschränkung auf Drehungen allein beziehen kann. Vereinfachend gesprochen werden die Punktkonstellationen in den drei Hauptkomponentendiagrammen unabhängig so um Winkel α, β, γ gedreht, daß sich eine neue Core-Matrix mit maximaler Raumdiagonalität ergibt. Durch die Nachskalierung der Komponentenmatrizen mit den Wurzeln der Eigenwerte (s. Abschn. 6.5) ist die entstehende Transformation keine exakte Drehung, sondern eine Drehung mit anschließender Verzerrung. In erster Näherung kann aber dennoch grob von einer Drehung gesprochen werden. Das Optimierungsproblem besteht folglich darin, die Zielfunktion Raumdiagonalität RD aus (6.11) in Abhängigkeit von den drei Winkeln α, β, γ, die die „Drehungen" der Objekt-, Variablen- und Bedingungs-Konstellationen beschreiben, zu maximieren.

Der Gewässerdatensatz soll hierzu wiederum eine Veranschaulichung liefern. Da in der vorangegangenen Interpretation dieses Beispiels für einen Teil der Variablen bereits hinlängliche Erklärungen, vor allem der offensichtliche zeitliche und regionale Zusammenhang mit dem Salzgehalt des Wassers, gefunden wurden, wird die Rechnung im folgenden nochmals mit den verbleibenden Variablen wiederholt, weil deren Beitrag zur Datenvarianz bisher überdeckt worden sein kann. Abb. 6.6a–c zeigt die Hauptkomponentendiagramme mit derselben Menge von Stationen und Zeitpunkten, aber nur noch mit sieben verbleibenden Variablen. Der Verlauf des Wachstums der Eigenwertsumme in Abb. 6.6d entspricht einem der seltenen Fälle, bei denen sich Konvergenz des ALS-Algorithmus erst weit

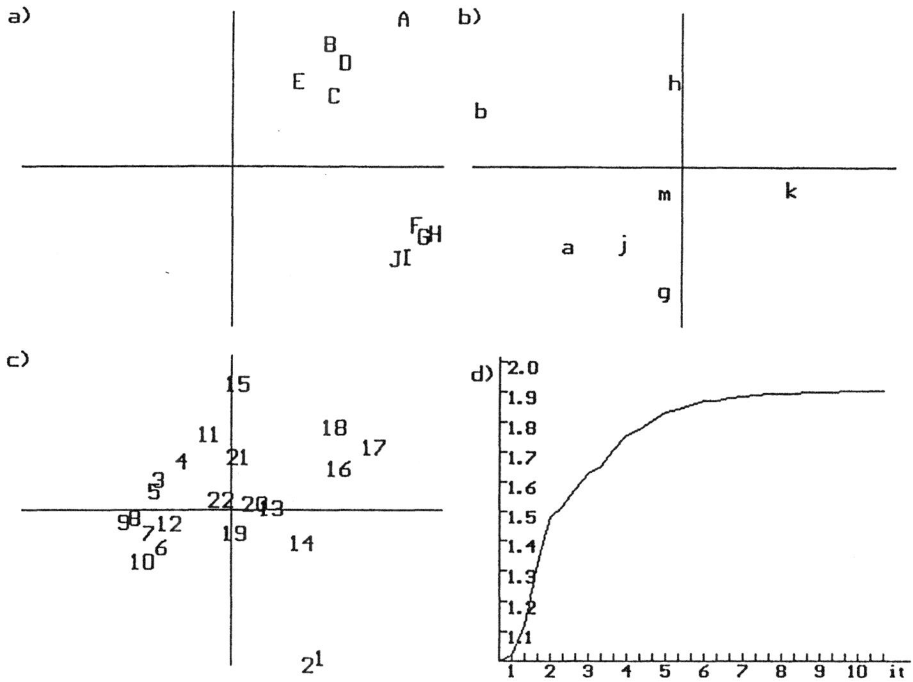

Abb. 6.6. a-c Hauptkomponentendiagramme für den Gewässerdatensatz mit reduzierter Variablenmenge, **d** Verbesserung der Approximation des Datensatzes (Eigenwertsumme) relativ zur „Tucker 1"-Startlösung

nach drei Iterationen einstellt. Gegenüber der „Tucker 1"-Startkonstellation wird fast eine Verdoppelung der erfaßten Datenvarianz erreicht (man vergleiche mit Abb. 6.5c). Auf eine Interpretation der Diagramme soll an dieser Stelle verzichtet werden.

Die zugehörige entfaltete Core-Matrix lautet

$$\mathbf{C}^o = \left(\begin{array}{rr|rr} -13.15 & 1.17 & -0.94 & -9.47 \\ 1.39 & -5.48 & -7.86 & -1.76 \end{array} \right)$$

Es fällt eine Unterteilung in vier vergleichsweise kleine und vier erheblich größere Beiträge auf, wobei letztere sich in drei Fällen auf die Kombination ungleicher Achsen (Nicht-Eck-Elemente) verteilen. Der Grad der Raumdiagonalität ist mit 48.7% sehr niedrig. Alles in allem würde sich im vorliegenden Fall eine Interpretation als sehr aufwendig erweisen. Nach Auswahl optimaler Transformationsmatrizen gelangt man zu der veränderten Core-Matrix

$$\bar{\mathbf{C}}^o = \left(\begin{array}{rr|rr} 13.13 & 2.67 & -0.64 & 2.96 \\ 3.32 & 1.44 & 1.47 & 12.55 \end{array} \right)$$

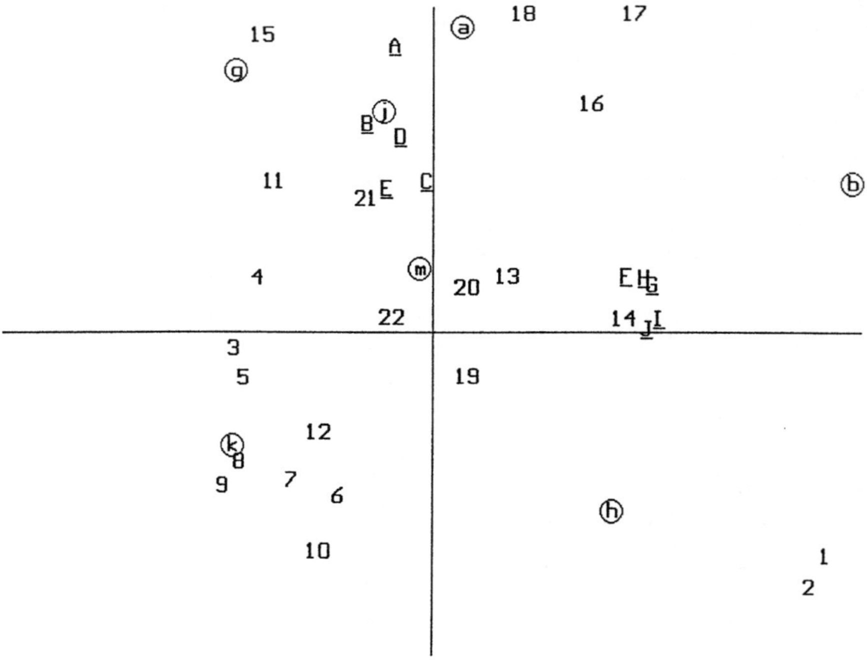

Abb. 6.7. Überlagerte Darstellung der Hauptkomponentendiagramme nach orthogonaler Transformation mit dem Ziel vereinfachter Core-Matrix-Struktur

mit der zwangsläufig gleichen Gesamtsumme aller quadrierten Elemente. Allerdings ist jetzt ein erheblich größerer Anteil in den Ecken konzentriert, so daß mit einem Grad der Raumdiagonalität von 91.3% praktisch alle relevante Information der Hauptkomponentendiagramme in diesen beiden Beiträgen verborgen ist. Demnach kann man die in Abb. 6.7 enthaltene überlagerte Darstellung durch achsenweise Projektion interpretieren.

Zusätzlich erreicht man durch einfache vertikale oder horizontale Spiegelungen der Konstellationen, die lediglich bestimmte Vorzeichen nicht aber die Werte der Core-Matrix-Elemente verändern, daß die Eck-Elemente der Core-Matrix positiv sind, und daß sich zudem relevante Punkthäufungen auf den positiven Abschnitten beider Achsen ansammeln. Dadurch erleichtert sich die oben beschriebene umständliche symbolische Vorzeichenmultiplikation, denn: erhalten auf einer der Achsen gewisse Objekte, Variablen und Bedingungen postives Gewicht, so spricht das wegen des positiven Vorzeichens des zugehörigen Elements der Core-Matrix automatisch für überdurchschnittliche Werte dieser Objekte in den entsprechenden Variablen unter den zugehörigen Bedingungen. Zur besseren Hervorhebung sind in Abb. 6.7 Objekte unterstrichen und Variablen eingekreist. Ein Vergleich mit den Diagrammen der Abb. 6.6a-c läßt erkennen, worauf sich die erhaltene Vereinfachung der Core-Matrix-Struktur im vorliegenden Beispiel in erster Linie begründet: die Objekte werden so gedreht, daß die beiden Stationengruppen im Anschluß praktisch auf den beiden Achsen liegen. Daneben sind auch leichte Rotationen der Variablen und der Bedingungen wahrzunehmen.

In dieser Situation entsprechen die idealisierten Objekte genau den belasteten bzw. unbelasteten Stationen. Sie unterscheiden sich voneinander durch die Art der Zeitabhängigkeit der physiko-chemischen Parameter. Beispielsweise erkennt man an den positiven horizontalen Auslenkungen, daß die Stationengruppe F-J vor allem durch einen hohen pH-Wert („b") an den ersten beiden Meß-Zeitpunkten charakterisiert ist. Auf der anderen Seite spielen entlang der vertikalen Achse hohe Meßwerte der Parameter „a", „g", „j" (Lichtdurchlässigkeit, gesamter gelöster Sauerstoff und Konzentration von Öl und Fett) im zeitlichen Bereich „15"-„18" (September-Oktober) zur Kennzeichnung der Stationen A-E eine Rolle, was möglicherweise wegen der zeitlichen Koinzidenz wiederum mit den Regenfällen korrespondiert. Eine detailliertere Diskussion, die die Einbringung weitergehender fachspezifischer Argumente erfordern würde, soll hier nicht stattfinden, da es zunächst vor allem um eine Veranschaulichung der Konzepte der Dreiwege-Hauptkomponentenanalyse ging.

Nicht in allen Fällen ist der Erfolg der Raumdiagonalisierung so groß wie in dem eben behandelten Beispiel. Mitunter läßt sich auch durch orthogonale Transformationen keine wesentliche Vereinfachung der Core-Matrix-Struktur erhalten. Solche Situationen treten speziell dann auf, wenn die – für die Auswertung von Diagrammen pragmatisch getroffene – Annahme einer gleichen Anzahl von zwei Komponenten für Objekte, Variablen und Bedingungen stark der vorliegenden Datenstruktur widerspricht. Dann bleibt nur übrig, den eingangs dieses Abschnitts dargelegten, etwas mühsamen Weg der Interpretation zu gehen. Allerdings wurde in [134] sowohl theoretisch als auch durch Simulationen nachgewiesen, daß im Mittel der erreichbare Grad der Raumdiagonalisierung im Spezialfall von Diagrammen zwischen 80% und 90% liegt. Dies macht die beschriebene Prozedur in den meisten Fällen zu einem nützlichen Werkzeug der Datenbewertung.

6.7 Anwendungsbeispiele

Gegenstand dieses Abschnitts ist die Demonstration der Wirksamkeit der Dreiwege-Hauptkomponentenanalyse als graphisch orientierte Datenanalysemethode bei der Anwendung auf chemometrische Beispiele. Als Problemstellungen werden die Schwermetallbelastung von Futterpflanzen, die Untersuchung der Stabilität verschiedener Laboratorien in komplexen Ringversuchen und die HPLC-Charakterisierung von Inhibitoren und Aktivatoren während des Reifeprozesses von Käse behandelt.

Beispiel 1:
In einer Vergleichsstudie wurden in vier ostdeutschen Regionen (a, b, c, d) verschiedene Futterpflanzensorten (Klee, Mais, Raps, Gras, Rübenkörper, Rübenblatt) bezüglich ihrer Belastung durch relevante Schwermetalle (Cd, Pb, Hg, Cu,

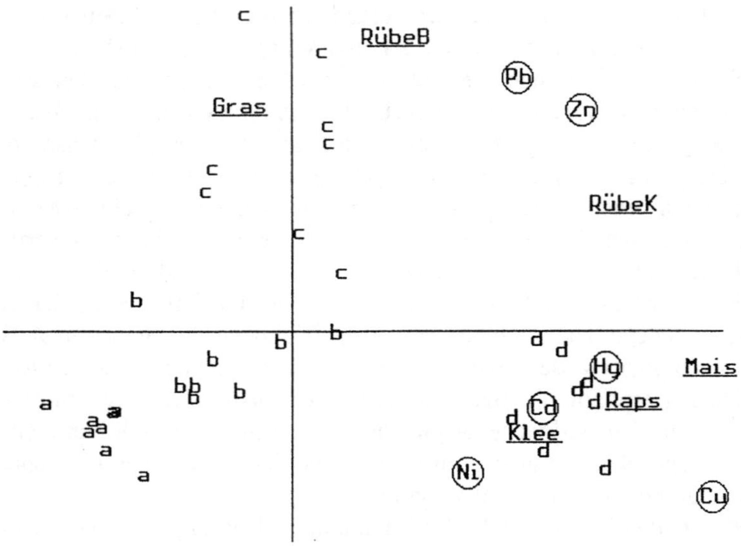

Abb. 6.8. Überlagerte Hauptkomponentendarstellung für einen Datensatz, der die Schwermetall-Konzentration in Futterpflanzensorten an verschiedenen Standorten enthält (nach jk-Standardisierung)

Zn, Ni) analysiert[1] (vgl. auch [134]). Zu jeder Region wurden jeweils acht Wiederholungsproben genommen. Als Resultat der Messungen lag ein dreidimensionaler Datensatz mit $n = 4 \cdot 8 = 32$ Objekten (Proben aus den verschiedenen Regionen), $p = 6$ Variablen (Schwermetallkonzentrationen) und $q = 6$ „Bedingungen" (Futterpflanzensorten) vor. Für die Datenauswertung waren sowohl Kontraste zwischen den verschiedenen Regionen, die sich nach industrieller und landwirtschaftlicher Beeinflussung staffelten, als auch zwischen den verschiedenen Pflanzensorten von Interesse.

Um die regionale Differenzierung zu betonen wurde zunächst als Datenvorbehandlung eine jk-Standardisierung gewählt, d.h. Mittelpunkt-Kontraste zwischen den Pflanzensorten und natürlich zwischen den Metallkonzentrationen werden eliminiert (vgl. Abschn. 6.3). Nach Anwendung des ALS-Algorithmus und anschließender Vereinfachung der Core-Matrix resultierte das überlagerte Diagramm aus Abb. 6.8. Wiederholungsproben zur gleichen Region sind dabei mit gleichen Buchstaben gekennzeichnet.

Als erstes fällt auf, daß entlang der ersten Achse alle Schwermetalle und der Großteil der Pflanzensorten starkes positives Gewicht besitzen. Daher liegt eine Identifizierung dieser Achse als „allgemeiner Belastungsfaktor" nahe, durch welchen der Hauptanteil an der Datenstruktur erklärt wird. Bezüglich dieses Faktors stufen sich die Regionen entlang der horizontalen Achse in der Reihenfolge d > c,b > a ab. Im Schwermetallmuster der Futterpflanzen spiegelt sich somit gut

[1] Daten: Dr. M. Stoyke, Institut für Veterinärpharmakologie und -toxikologie Bernau

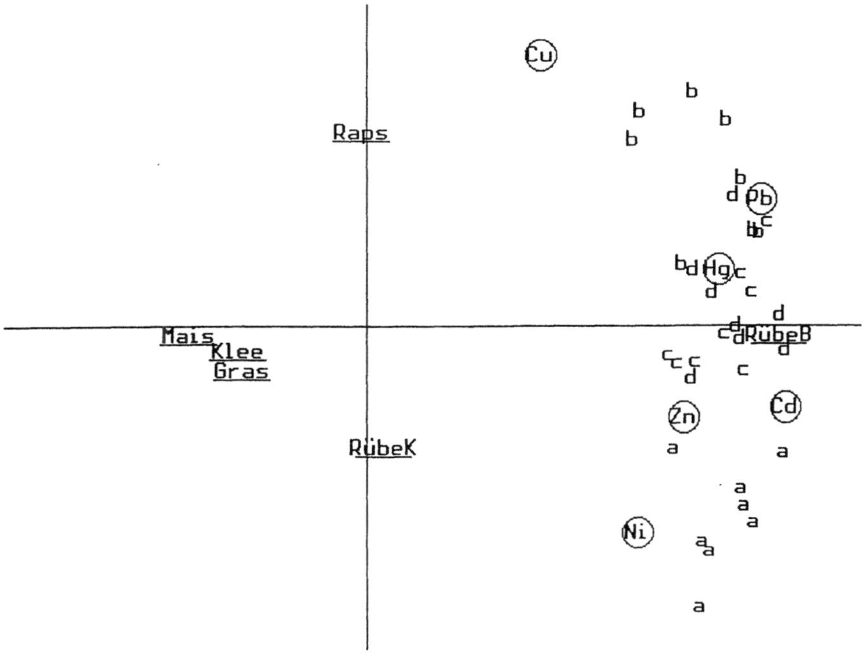

Abb. 6.9. Überlagerte Hauptkomponentendarstellung für den Schwermetall-Datensatz (s. oben) nach ji-Standardisierung

wider, daß es sich bei d, c und b um industriell beeinflußte Standorte handelt, wohingegen a (in Mecklenburg gelegen) eher unbelastet ist. Auf der vertikalen Achse nimmt dagegen nur ein geringerer Teil der Schwermetalle (Pb, Zn), der Pflanzensorten (Gras und Rübenblatt) und der Standorte (c) hohe Gewichte ein. Man sollte daher von einem unabhängigen, „spezifischen Belastungsfaktor" sprechen, der den Standort c durch hohe Blei- und Zinkbelastung im Gras und im Blatt der Futterrübe von den übrigen abhebt. Die Erkennung der Ursachen für diesen Faktor würde weitergehende Untersuchungen erfordern.

Alternativ können Mittelwertkontraste der Pflanzensorten nun durch ji-Skalierung hervorgehoben werden. Es entsteht Abb. 6.9. In der zugehörigen Core-Matrix dominiert stark das Element c_{111}, also die Kombination der horizontalen Achsen aller drei Darstellungen, wohingegen selbst nach optimaler Orthogonaltransformation der Komponentenmatrizen einige Nicht-Eck-Elemente erheblich mehr Datenstruktur erklären als der zweite achsenkohärente Beitrag c_{222}. Aus diesem Grunde beschränken wir uns bei der Interpretation auf die horizontale Achse. Da erneut praktisch alle Schwermetalle und diesmal alle Standorte positives horizontales Gewicht erhalten, kann wieder von einem „allgemeinen Belastungsfaktor", nun aber nicht für die Regionen, sondern für die Pflanzensorten gesprochen werden. Entlang diesem Faktor ergibt sich die klare Abstufung Rübenblatt > Raps, Rübenkörper > Mais, Klee, Gras. Im Absolutvergleich der

Pflanzensorten untereinander nimmt das Rübenblatt eine exponierte Stellung bei der Schwermetallbelastung ein, wohingegen Mais, Klee und Gras (immer in bezug auf die im Datensatz vorhandenen Sorten!) wenig belastet werden. Die angegebene Grobeinteilung entspricht recht gut empirischen Erkenntnissen zu dieser Problematik.

Beispiel 2:
Ringversuche dienen dem Vergleich und der Korrektur der Arbeitsweise verschiedener Laboratorien. Im Zusammenhang mit der Wasser-Qualitätskontrolle beteiligten sich acht Laboratorien (a-h) mit je fünf Wiederholungsanalysen an einer Konzentrationsbestimmung von vier Schwermetallen (Cu, Cd, Ni, Zn) in vier unabhängigen Versuchen (I, II, III, IV) mit einem zeitlichen Abstand von etwa einem halben Jahr (vgl. auch [131]). Durch die Ausgabe synthetischer Lösungen waren die Konzentrationen der Schwermetalle den Organisatoren des Ringversuchs, nicht aber den beteiligten Laboratorien, bekannt.

Natürlich interessieren in der vorliegenden Konstellation nicht die Mittelwertkontraste der Tests, die im Datensatz abstrakt den Bedingungen entsprechen, denn diese spiegeln ja nur die unterschiedlichen, willkürlich vorgegebenen Konzentrationen der Elemente bei den verschiedenen Ringversuchen wider. Vielmehr sind Mittelwertkontraste zwischen den Laboratorien, die im Datensatz den Objekten entsprechen, relevant, so daß eine jk-Standardisierung angebracht ist.

Die Core-Matrix-Transformation führte zu einem Grad der Raumdiagonalisierung von fast 98%, so daß die achsenweise Interpretation der überlagerten Darstellung in Abb. 6.10 praktisch die gesamte Datenstruktur erfaßt, die mit zwei Komponenten für jeden der drei Wege erklärt werden kann. Die beiden Achsen korrespondieren offenbar mit Paaren aufeinanderfolgender Tests (I, II) und (III, IV), was für Änderungen der Arbeitsweise einzelner Laboratorien nach den ersten beiden Tests spricht, deren Auswertung eine Korrektur ermöglichte. Der Hauptanteil der Datenvariation (horizontale Achse) wird durch eine klare Abseitslage von „f" definiert. Da alle Elemente und die Punkte I und II positives Gewicht, die Punkte „f" dagegen negatives Gewicht erhalten – man erinnere sich an die symbolische Vorzeichenmultiplikation und daran, daß die Eck-Elemente der Core-Matrix positiv gemacht werden können – bedeutet diese Abseitslage, daß das Laboratorium „f" während der ersten zwei Tests verglichen mit den übrigen Laboratorien beträchtliche Unterbestimmungen in allen vier Elementen aufweist. Weil sämtliche Elemente betroffen sind, liegt die Ursache hierfür wahrscheinlich in einem Mißverständnis der Arbeitsvorschrift bei der Probenvorbereitung. Auf der anderen Seite kommt es bei Laboratorium „c" mit sicherlich ähnlicher Begründung zu einer nicht ganz so stark ausgeprägten Überschätzung.

Auf der vertikalen Achse haben die Elemente Zn und Cd, die Laboratorien „e" und „d" sowie die Tests III und IV Extrempositionen. Während der letzten beiden Tests weichen also „e" durch Überbestimmungen in Zn oder Unterbestimmungen in Cd (oder beides gleichzeitig) und „d" durch Überbestimmungen in Cd oder Unterbestimmungen in Zn (oder beides gleichzeitig) klar von den übrigen Laboratorien ab. Welche Situation konkret vorliegt, kann nachträglich an den Rohdaten abgelesen werden.

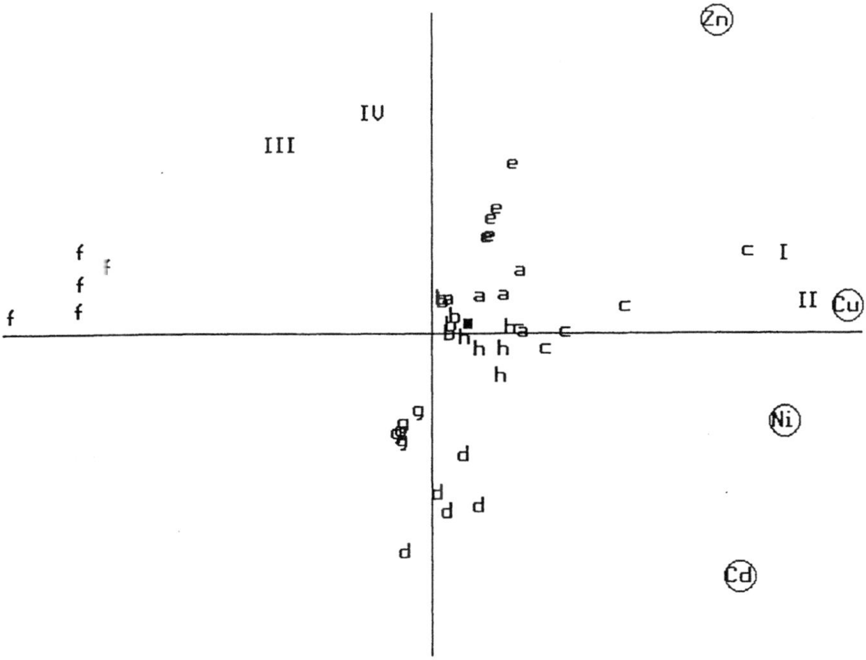

Abb. 6.10. Überlagerte Hauptkomponentendarstellung für die Daten eines komplexen Ringversuchs aus der Wasseranalytik (acht Laboratorien, vier Schwermetallkonzentrationen, vier Tests)

Aufgrund der vorgenommenen jk-Standardisierung stimmt der Mittelpunkt der Objekte – über die hinweg ja die Variablen und Bedingungen standardisiert werden – mit dem Koordinatenursprung überein. Im gegebenen Datensatz kann daher der Koordinatenursprung als ein fiktives durchschnittliches Laboratorium oder besser als interner Mittelpunkt über alle Elemente und alle Tests hinweg gedeutet werden. In diesem Sinne entsprechen die Laboratorien „a“, „b“ und „h“ am ehesten dem Gesamtdurchschnitt, sie liefern die stabilsten Ergebnisse.

Im allgemeinen sind die tatsächlichen Konzentrationen der verteilten Proben in Ermangelung von Standardreferenzmaterialien nicht zugänglich, so daß die Beurteilung anhand des internen Durchschnitts die einzig vernünftige Bewertungsmöglichkeit bleibt. Bei den vorliegenden synthetischen Wasserlösungen jedoch ist zum Vergleich mit den Laboratoriendaten auch zu jedem Element bei jedem Test ein theoretischer Wert gegeben, der, zu einem Vektor zusammengefaßt, nachträglich in das Hauptkomponentenmodell eingerechnet werden kann. In Abb. 6.10 ist dieser theoretische Punkt durch ein gefülltes Rechteck markiert. Er liegt im Rahmen der gesamten Laboratoriums-Streuung sehr nahe am internen Durchschnitt, so daß im Mittel die Analytik als befriedigend eingeschätzt werden kann. Bezogen auf den theoretischen Punkt ließe sich eine Güteabstufung in etwa nach b > h,a > g,e,c > d > f der Laboratorien vornehmen, wenn alle Elemente und alle Tests in die Bewertung einfließen sollen.

Schließlich ist es auch möglich, in eine solche Darstellung von Ringversuchen eine Richtung des systematischen Fehlers von Laboratorien bezüglich aller Elemente und aller Tests einzutragen (vgl. [131]) und auf diese Weise eine Verallgemeinerung der Winkelhalbierenden im bekannten bivariaten Youden-plot [297] auf die komplexere multivariate Situation zu erhalten.

Beispiel 3:
Die Daten dieses letzten Beispiels resultierten aus den HPLC-Untersuchungen der wasserlöslichen Fraktion von Käse [237]. Die Bildung löslicher Proteinabbauprodukte wurde zeitabhängig zu elf verschiedenen Stadien der Reifung (1., 2., 3., 4., 6., 8., 10., 12., 16., 20. und 24. Woche) analysiert. Die Quantifizierung erfolgte auf der Grundlage der prozentualen Flächenanteile von 41 Peaks im Chromatogramm. Das Ziel der Messungen bestand in der Erkennnung des Einflusses von Aktivatoren auf die Proteolyse im Goudakäse. Dazu wurden neben acht Standardansätzen in zehn weiteren Versuchen Aktivatoren (Plasmin oder Plasminogen und Urokinase) und schließlich mit beabsichtigter entgegengesetzter Wirkung in zwei Versuchen ein Plasmin-Inhibitor zugesetzt. Es entstand ein Dreiwege-Datensatz mit 20 Objekten (unterschiedliche Versuche), 41 Variablen (Peaks) und 11 Bedingungen (Reifungsstadien). Da Kontraste zwischen den Versuchsarten stärker interessierten als die bloße zeitliche Variation der Peakflächenanteile, wurde eine jk-Standardisierung vorgenommen.

Im überlagerten Hauptkomponentendiagramm (Abb. 6.11) sind die Reifungsstadien entsprechend der jeweiligen Woche numeriert, die Versuche mit „A“ (Aktivator), „S“ (Standardproduktion) und „I“ (Inhibitor) sowie die Peaks einfach als Punkt gekennzeichnet, da eine Aufschlüsselung der zahlreichen Komponenten nicht allzuviel Information liefert. Die horizontale Achse ist unschwer als „Aktivierungsfaktor“ zu identifizieren: die Versuche ordnen sich, gedanklich auf die Achse projiziert, von rechts nach links recht klar in der zu vermutenden Reihenfolge A > S > I an, wobei ein Inhibitor-Versuch extrem weit außen liegt. Da nicht alle Komponenten-Peaks (Punkte) positives Gewicht auf der horizontalen Achse besitzen, ist die Wirkung des Aktivator-Zusatzes komponentenspezifisch: die Komponenten zu den auf der rechten Hälfte des Diagramms gelegenen Punkten erfahren durch den Aktivator eine relative Konzentrationszunahme gegenüber jenen auf der linken Hälfte. Die Wirkung des Inhibitors ist erwartungsgemäß gerade umgekehrt.

Allerdings ist die Entfaltung der Wirkung des Aktivators bzw. entgegengesetzt des Inhibitors im Vergleich zur Standardproduktion ein zeitlicher Prozeß. Dies erkennt man an der Lage der den Reifungsstadien entsprechenden Punkte: während in den ersten drei Wochen das Gewicht auf der horizontalen Achse in etwa Null ist, so daß sich Aktivator, Standardproduktion und Inhibitor zunächst kaum voneinander unterscheiden, prägt sich die auf der ersten Achse sichtbare Differenzierung der drei Versuchsarten bei weiterer Reifung mit immer stärkerem (positiven) Gewicht heraus, bis sie ab der zwölften Reifungswoche eine Sättigung erreicht. Da die zeitlichen Abstände der Versuchsreihen nicht äquidistant gewählt wurden, sollte es anschaulicher sein, die horizontalen Auslenkungen der zugehörigen Punkte so wie schon im Gewässer-Datensatz (Abb. 6.3d) über

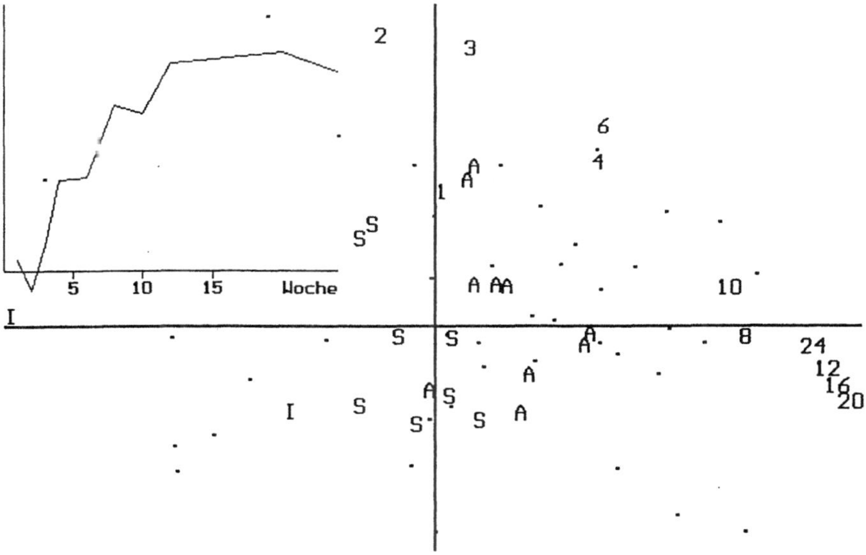

Abb. 6.11. Überlagerte Hauptkomponentendarstellung für HPLC-Daten zur Charakterisierung der Wirkung von Aktivatoren auf die Reifung von Käse über verschiedene Reifungsstadien hinweg (Einzelheiten s. Text). Die horizontalen Amplituden der Zeitpunkte (Zahlen) sind im kleinen Diagramm in der linken oberen Hälfte zur besseren Veranschaulichung über der Zeit selbst dargestellt

der Zeit selbst aufzutragen. Die entstehende Kurve in der linken oberen Hälfte des Diagramms macht noch etwas deutlicher, daß der Entfaltungsprozeß für die Wirkung des Aktivators etwa ab der dritten Woche sehr rasch beginnt, bis zur zwölften Woche geringfügig abklingt, und dann praktisch beendet ist.

Die vertikale Achse im Hauptkomponentendiagramm läßt keinen interpretierbaren Sachverhalt erkennen, sie steht am ehesten für die Datenvarianz des Experimentalfehlers, denn die Verteilung der Punkte innerhalb der Versuchsreihen „A“ und „S“ ist recht stark vertikal orientiert.

6.8 Literaturhinweise

Als Standardwerk zur Einführung in die Dreiwege-Hauptkomponentenanalyse kann das Buch von Kroonenberg [163] betrachtet werden. Aspekte der N-Wege-Datenanalyse allgemein werden in der von Law et al. [174] herausgegebenen Monographie von verschiedenen Autoren zusammengestellt. In der chemometrischen Literatur finden sich Einführungen in das Gebiet in den Übersichtsartikeln von Geladi [99], [101], Smilde [248] und Henrion [135].

Die Benutzung der Dreiwege-Hauptkomponentenanalyse für chemometrische Fragestellungen ist im Vergleich zu den klassischen Verfahren der multivariaten Datenanalyse noch recht selten, doch in einer Phase rascher Zunahme begriffen. Praktische Anwendungen finden sich bislang vor allem auf dem Gebiet der Chromatographie ([7], [50], [249]), der Bildanalyse ([98], [100]) und der Umweltchemie ([298], [133]).

Eine interessante Verallgemeinerung der PLS-Methode (Abschn. 5.7) auf die Modellierung der Beziehungen zwischen dreidimensionalen Datenblöcken wird in [252] gegeben.

6.9 Mathematische Ergänzungen

Behauptung 13 *Das Dreiwege-Hauptkomponentenanalyse-Modell (6.2) enthält als Spezialfall die gewöhnliche Hauptkomponentenanalyse für Datentabellen.*

Beweis:
Zunächst sei bemerkt, daß sich jede herkömmliche Datentabelle mit n Zeilen und p Spalten formal auch als degenerierter (flacher) Dreiwege-Datensatz auffassen läßt, der nur aus einer frontalen Schicht besteht, wo also $q = 1$ ist. Des weiteren sei die Zahl der angenommenen idealisierten Faktoren für Objekte und Variablen gleichgesetzt ($r = s$ in (6.2)), so wie es in der klassischen Hauptkomponentenanalyse automatisch zutrifft. Nun ist zu überprüfen, welche Gestalt das allgemeine Modell (6.2) in diesem Spezialfall annimmt. Da die Zahl der idealisierten Größen nicht die der konkreten Größen übersteigt, muß die zu den Bedingungen gehörige Komponentenmatrix $\mathbf{E}$, die von der Ordnung (q, t) ist, wegen $t \leq q$, letztlich also wegen $t = q = 1$ zu einer $(1, 1)$-Matrix, d.h. zu einer Zahl e entarten. Die Orthonormiertheitsbedingung $\mathbf{E}^T\mathbf{E} = \mathbf{I}_t$ an die Komponentenmatrizen (vgl. (6.3) reduziert sich dann auf die einfache Zahlengleichung $e \cdot e = 1$, d.h. $e = \pm 1$. Ohne Beschränkung der Allgemeinheit kann $e = 1$ angenommen werden, denn die nachfolgenden Überlegungen würden für $e = -1$ analog ablaufen. Da das Kroneckerprodukt einer Matrix mit der Zahl Eins die Matrix unverändert läßt (vgl. 7.23), vereinfacht sich der erste Ausdruck auf der rechten Seite von (6.2) zu

$$\mathbf{GC}^o(\mathbf{H}^T \otimes \mathbf{E}^T) = \mathbf{GC}^o(\mathbf{H}^T \otimes 1) = \mathbf{GC}^o\mathbf{H}^T$$

Das bedeutet, daß der Datensatz $\mathbf{Z}^o$ im Sinne der kleinsten Fehlerquadratsumme optimal durch das Produkt aus einer (n, s)-Matrix $\mathbf{GC}^o$ und einer (s, p)-Matrix $\mathbf{H}^T$ zu approximieren ist, wobei $\mathbf{G}$ und $\mathbf{H}$ orthonormal sein müssen. Letzteres gleicht nach (6.3) wegen $r = s$ der Forderung $\mathbf{G}^T\mathbf{G} = \mathbf{H}^T\mathbf{H} = \mathbf{I}_s$.

Nach Behauptung 2 in Abschn. 2.6 erhält man eine optimale Lösung dieses Problems, wenn man $\mathbf{H}$ als Matrix der normierten Eigenvektoren zu den ersten s Eigenwerten von $\mathbf{Z}^{oT}\mathbf{Z}^o$ wählt, und darüber hinaus der erste Faktor der gesuchten Zerlegung gleich dem Produkt aus Datensatz mal Eigenvektormatrix gesetzt wird:

$$\mathbf{GC}^o = \mathbf{Z}^o\mathbf{H} \tag{6.12}$$

Als Eigenvektormatrix zu $\mathbf{Z}^{oT}\mathbf{Z}^o$ ist $\mathbf{H}$ zugleich Eigenvektormatrix zur Kovarianz- bzw. Korrelationsmatrix $(n-1)^{-1}\mathbf{Z}^{oT}\mathbf{Z}^o$ des Datensatzes (je nachdem ob zentriert oder standardisiert wurde), die ja nur ein Vielfaches der ersteren ist. Nach Skalierung der Spalten von $\mathbf{H}$ durch Multiplikation mit den Wurzeln entsprechender Eigenwerte gelangt man sowohl in der Dreiwege- als auch in der klassischen Hauptkomponentenanalyse zur Variablendarstellung, womit bezüglich der Variablen Übereinstimmung in beiden Fällen festgestellt wird.

Ist nun Λ die Diagonalmatrix der ersten s Eigenwerte zu $\mathbf{Z}^{oT}\mathbf{Z}^o$ (d.h. gilt die Eigenwertgleichung $\mathbf{Z}^{oT}\mathbf{Z}^o\mathbf{H} = \mathbf{H}\Lambda$), so setze man $\mathbf{C}^o = \Lambda^{1/2}$ und $\mathbf{G} = \mathbf{Z}^o\mathbf{H}\Lambda^{-1/2}$. Hierbei ist $\Lambda^{1/2}$ bzw. $\Lambda^{-1/2}$ die Diagonalmatrix aus den Wurzeln der Eigenwerte bzw. die zugehörige inverse Diagonalmatrix aus den reziproken Wurzeln der Eigenwerte. Dann ist einerseits (6.12) erfüllt, und andererseits gilt wegen $\mathbf{H}^T\mathbf{H} = \mathbf{I}_s$ zugleich die Orthonormalität von $\mathbf{G}$:

$$\mathbf{G}^T\mathbf{G} = \Lambda^{-1/2}\mathbf{H}^T\mathbf{Z}^{oT}\mathbf{Z}^o\mathbf{H}\Lambda^{-1/2} = \Lambda^{-1/2}\mathbf{H}^T\mathbf{H}\Lambda\Lambda^{-1/2} = \mathbf{I}_s$$

Für die Objektdarstellung der Dreiwege-Hauptkomponentenanalyse ist anstelle von $\mathbf{G}$ selbst die nachskalierte Matrix $\mathbf{G}\Lambda^{1/2}$ zu benutzen (vgl. Abschn. 6.5). Nach Definition von $\mathbf{G}$ folgt aber, daß die zuletzt genannte Matrix mit der Matrix $\mathbf{Z}^o\mathbf{H}$ der Objektdarstellung aus der klassischen Hauptkomponentenanalyse übereinstimmt (= Datensatz mal Eigenvektormatrix). Damit ist die Behauptung vollständig gezeigt. □

Es folgt die Definition von zwei Operatoren, die zur Manipulation von N-Wege-Datensätzen im Sinne ihrer Umordnung zu geeigneten Matrizen bzw. Vektoren wichtig sind. Mit diesen Operatoren läßt sich der allgemeine ALS-Algorithmus zur Lösung des N-Wege-Hauptkomponenten-Problems (6.5) recht kompakt beschreiben. Eine graphische Veranschaulichung im Fall $N = 3$ findet sich in Abb. 6.12. Zur besseren Illustration der Art und Weise, auf welche die Elemente des Datensatzes jeweils umgeordnet werden, sind die Spalten bzw. Säulen des ursprünglichen dreidimensionalen Datenfeldes unterschiedlich markiert. Nachfolgend bezeichnet $\mathcal{A}^{n_1,\dots,n_N}$ die Menge der N-Wege-Datensätze mit n_i Elementen in Weg i

Definition 1 (Schnittoperator) *Der Schnittoperator* $cut_k^j : \mathcal{A}^{n_1,\dots,n_N} \to \mathcal{A}^{n_1,\dots,n_{k-1},n_{k+1},\dots,n_N}$ $(1 \leq j \leq n_k)$ *ordnet jedem N-Wege-Datensatz* $\mathbf{Z}$ *mit dem allgemeinen Element* $z_{i_1,\dots,i_N}$ *den* $N-1$*-Wege-Datensatz* $cut_k^j(\mathbf{Z})$ *mit dem allgemeinen Element* $z^*_{i_1,\dots,i_{N-1}} = z_{i_1,\dots,i_{k-1},j,i_{k+1},\dots,i_N}$ *zu.*

Anschaulich wird vom N-Wege Datensatz der j-te Index des k-ten Weges herausgeschnitten. So bedeuten etwa bei gewöhnlichen Datentabellen cut_1^3 die dritte Zeile und cut_2^4 die vierte Spalte.

Definition 2 (Vektorisierungsoperator) *Der Vektorisierungsoperator* $vec : \mathcal{A}^{n_1,\dots,n_N} \to \mathcal{A}^{n_1\cdots n_N}$ *ordnet jedem N-Wege-Datensatz gemäß folgender rekursiver Vorschrift einen „langen" Vektor zu, der alle Komponenten des ursprünglichen Datensatzes enthält:*

- $(N=2)$ $vec : \mathcal{A}^{n_1,n_2} \to \mathcal{A}^{n_1 n_2}$
  Jeder Matrix $\mathbf{Z}$ *mit allgemeinem Element* z_{ij} *wird ein „langer" Vektor* $vec(\mathbf{Z})$ *mit dem allgemeinen Element* $z^*_{n_1(j-1)+i} = z_{ij}$ *zugeordnet (Spaltenstapelung).*

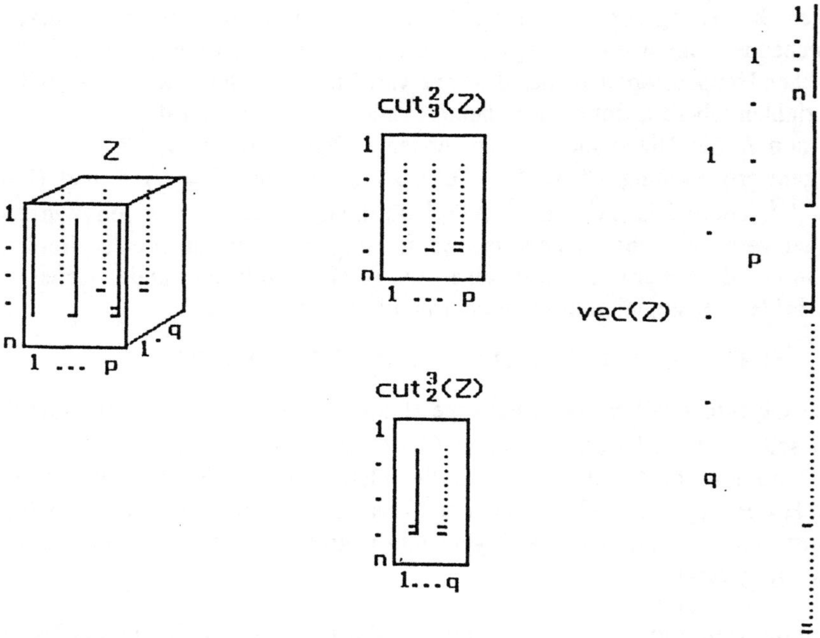

Abb. 6.12. Veranschaulichung des Schnittoperators (cut) und des Vektorisierungsoperators (vec) zur Manipulation von N-Wege-Datensätzen (hier N=3)

- *(allgemeines N)*
  Jedem N-Wege Datensatz **Z** *mit allgemeinem Element* $z_{i_1,\ldots,i_N}$ *wird ein Vektor* $vec(\mathbf{Z}) = vec(\mathbf{R})$ *zugeordnet, wobei auf der rechten Seite* $\mathbf{R} \in \mathcal{A}^{n_1 \cdots n_{N-1}, n_N}$ *eine gewöhnliche Matrix ist, deren j-te Spalte gleich dem Vektor* $vec(cut_N^j(\mathbf{R}))$ *ist. Dieser letzte Ausdruck ist korrekt definiert, da* $cut_N^j(\mathbf{R})$ *nach Definition 1 ein* $N-1$*-dimensionaler Datensatz ist.*

Vom Standpunkt einer Programmiersprache aus gesehen entspricht der Vektorisierungsoperator ganz einfach der Abwicklung eines höherdimensionalen Arrays in einer For/Do-Schleifenfolge zu einem einzigen Vektor, wobei der letzte Index von der äußersten und der erste Index von der innersten Schleife übernommen wird.

Algorithmus 3 *N-Wege ALS-Algorithmus*

1. Initialisierung mit der Tucker 1-Methode:
   Berechne orthonormierte Start-Komponentenmatrizen $\mathbf{A}_i^0$, die die Ordnungen (n_i, r_i) $(i = 1, \ldots, N)$ besitzen, und deren Spalten von den normierten Eigenvektoren zu den r_i größten Eigenwerten der symmetrischen Matrix $\mathbf{P}^i$ mit dem allgemeinen Element

$$p_{jk}^i = [vec(cut_i^j(\mathbf{Z}))]^T [vec(cut_i^k(\mathbf{Z}))] \quad (j, k = 1, \ldots, n_i)$$

   gebildet werden.

2. Äußere Iteration:
   (a) Initialisierung des äußeren Iterationszählers:
   Setze $\alpha = 0$.
   (b) Innere Iteration:
      (i) Initialisierung des inneren Iterationszählers:
      Setze $\beta = 0$.
      (ii) β-Teilschritt:
      Setze $\mathbf{Q} = \mathbf{A}_1^{\alpha+1} \otimes \cdots \otimes \mathbf{A}_{\beta-1}^{\alpha+1} \otimes \mathbf{A}_{\beta+1}^{\alpha} \otimes \cdots \mathbf{A}_N^{\alpha}$ (Terme, deren Indizes außerhalb des Bereiches $1, \ldots, N$ liegen, sind als nicht vorhanden zu verstehen). Berechne eine iterierte Komponentenmatrix $\mathbf{A}_\beta^{\alpha+1}$ deren Spalten die normierten Eigenvektoren zu den r_i größten Eigenwerten der symmetrischen Matrix $\mathbf{P}$ mit dem allgemeinen Element $p_{jk} = [vec(cut_\beta^j(\mathbf{Z}))]^T \mathbf{Q}\mathbf{Q}^T [vec(cut_\beta^k(\mathbf{Z}))]$ bilden.
      (iii) „Konvergenztest" für die innere Iteration:
      Falls $\beta < N$ so setze $\beta = \beta + 1$ und gehe zurück zu 2bii. Andernfalls fahre fort.
   (c) Konvergenztest der äußeren Iteration:
   Falls die Verbesserung in der Anpassung des Modells (6.5) durch die aktuell berechneten Komponentenmatrizen $\mathbf{A}_i$ signifikant ist, so setze $\alpha = \alpha + 1$ und gehe zurück zu 2b. Andernfalls fahre fort.
3. Optimale Core-Matrix:
Berechne die optimale Core-Matrix aus den letztlich erhaltenen Komponentenmatrizen mittels Gl. 6.6 (man beachte, daß die Core-Matrix $\mathbf{C}$ durch ihre vektorisierte Darstellung $vec(\mathbf{C})$ eindeutig definiert ist, vgl. Def. 2). □

7 Grundlagen

In diesem Kapitel sollen einige grundlegende Begriffe aus der linearen Algebra zusammengestellt und erläutert werden, deren Kenntnis für ein tiefergehendes Verständnis von Verfahren der multivariaten Datenanalyse unerläßlich ist. Natürlich ist das kein Ersatz für das Studium ausführlicher Monographien über das Gesamtgebiet der linearen Algebra. Als praktisch orientierte Einführungen für den Anfänger, speziell auch als Basis der multivariaten Datenanalyse, kann beispielsweise auf [115] und [14] verwiesen werden, während etwa [210] oder [94] stärker theoretisch orientiert sind. Hier sollen nur einige, in der Datenanalyse häufig wiederkehrende Operationen eingeführt und beim Beweis einfacher Zusammenhänge erprobt werden.

7.1 Vektoren

Stellt man eine Menge von n reellen Zahlen in einer definierten Anordnung zusammen, so erhält man ein geordnetes n-Tupel. Beispielsweise könnten sich bei der Konzentrationsbestimmung einer chemischen Komponente in vier verschiedenen Proben die Meßwerte 3, 7, 5 und 9 ergeben haben. Dann läßt sich die Gesamtheit dieser Messungen unter Berücksichtigung ihrer Reihenfolge zu einem einzigen Objekt, dem 4-Tupel (3,7,5,9) zusammenfassen. Die Menge aller denkbaren n-Tupel wird als n-dimensionaler euklidischer Raum, kurz $\mathbf{R}^n$ bezeichnet. Man kann n-Tupel komponentenweise addieren und auch mit einer Zahl multiplizieren, wobei sich wiederum n-Tupel ergeben, z.B.: $(1.1, -2.3, 0) + (-0.9, 4.2, 1.6) = (0.2, 1.9, 1.6)$ und $3 \cdot (1.7, -2.4) = (5.1, -7.2)$. Natürlich können jeweils nur n-Tupel gleicher Komponentenzahl addiert werden. Da diese beiden Operationen nicht aus dem jeweils betrachteten euklidischen Raum herausführen, bildet der $\mathbf{R}^n$ einen sogenannten Vektorraum. Seine Elemente, die n-Tupel selbst, werden als Vektoren bezeichnet. Im folgenden werden Vektoren stets mit fett gedruckten Kleinbuchstaben versehen und in Spaltenform geschrieben:

$$\mathbf{x} = \begin{pmatrix} x_1 \\ x_2 \\ \vdots \\ x_{n-1} \\ x_n \end{pmatrix}$$

Dabei heißen die x_i Komponenten des Vektors. Soll ein n-Tupel dagegen so wie oben in Zeilenform geschrieben werden, so wird der obere Index T als Symbol für Transposition verwendet: $\mathbf{x}^T = (x_1, \ldots, x_n)$. Zweimaliges Transponieren ergibt wieder die Ausgangsform: $\mathbf{x}^{T^T} = \mathbf{x}$. Unter allen Vektoren spielt der Nullvektor $\mathbf{0} = (0, 0, \ldots, 0)^T$, dessen sämtliche Komponenten gleich Null sind, eine besondere Rolle (aus platztechnischen Gründen wird im folgenden häufig ein Spaltenvektor wie eben der Nullvektor als transponierter Zeilenvektor geschrieben). Ebenso wie bei gewöhnlichen Zahlen ändert die Addition eines Nullvektors nichts am Ergebnis: $\mathbf{x} + \mathbf{0} = \mathbf{x}$.

Die eingeführte Addition von Vektoren sowie Multiplikation mit einer Zahl haben eine sehr anschauliche Entsprechung bei der Arbeit mit konzentrationsproportionalen Signalen in der analytischen Chemie. Angenommen, eine bestimmte chemische Komponente A, die in der Konzentration 1 ppm vorliegt, ergibt bei spektroskopischer Analyse an vier verschiedenen Wellenlängen folgenden Vektor von Signalintensitäten: $\mathbf{x} = (1, 3, 6, 4)^T$. Dann muß – vom unvermeidbaren Meßfehler abgesehen – dieselbe Komponente nun aber etwa in der Konzentration 5 ppm den Intensitätenvektor $\mathbf{y} = (5, 15, 30, 20)^T$ liefern, das heißt, jede Komponente des ursprünglichen Vektors wird mit der gegebenen Zahl multipliziert, da sich die Intensität bei jeder betrachteten Wellenlänge konzentrationsproportional ändert. Allgemein erhält man: $\mathbf{y} = c\mathbf{x}$, wobei c die gegebene Konzentration (hier in ppm) bedeutet. Andererseits überlagern Signale verschiedener Komponenten bei sämtlichen erfaßten Wellenlängen additiv. Wenn also etwa neben der oben betrachteten Komponente A eine zweite Komponente B ebenfalls in Konzentration 1 ppm vorliegt und dabei den Intensitätenvektor $\mathbf{z} = (0, 1, 3, 7)^T$ aufweist, so führt die Mischung beider Komponenten zum Intensitätenvektor $(1, 3, 6, 4)^T + (0, 1, 3, 7)^T = (1, 4, 9, 11)^T$, oder kurz zu $\mathbf{x} + \mathbf{z} = \mathbf{y}$. Liegen die beiden Komponenten statt in gleicher Einheitskonzentration in allgemeiner Konzentration c_A bzw. c_B vor, dann überlagern die mit den entsprechenden Konzentrationen multiplizierten Intensitäten-Vektoren beider Komponenten additiv, d.h. der Intensitätenvektor der Mischung ist $\mathbf{y} = c_A\mathbf{x} + c_B\mathbf{z}$. Sind die beiden Konzentrationen für ein Beispiel gleich 2 bzw. 3, so folgt in ausführlicher Spaltenform:

$$\mathbf{y} = 2\mathbf{x} + 3\mathbf{z} = 2\begin{pmatrix} 1 \\ 3 \\ 6 \\ 4 \end{pmatrix} + 3\begin{pmatrix} 0 \\ 1 \\ 3 \\ 7 \end{pmatrix} = \begin{pmatrix} 2 \\ 9 \\ 21 \\ 29 \end{pmatrix}$$

Nun ist offensichtlich, wie sich dieser Sachverhalt auf allgemein m chemische Komponenten erweitert: Bezeichnen $\mathbf{x}_1, \ldots, \mathbf{x}_m$ die Intensitätenvektoren dieser Komponenten bei einer jeweiligen Konzentration von 1 ppm und $c_1, \ldots, c_m$ die in der zu analysierenden Mischung anzutreffenden Konzentrationen (in ppm) dieser Komponenten, dann ergibt sich der Intensitätenvektor der Mischung aus

$$\mathbf{y} = c_1\mathbf{x}_1 + c_2\mathbf{x}_2 + \cdots + c_m\mathbf{x}_m = \sum_{j=1}^{m} c_j\mathbf{x}_j \qquad (7.1)$$

Man spricht dann davon, daß der Intensitätenvektor der Mischung eine Linearkombination der Intensitätenvektoren der reinen Komponenten ist, wobei die Koeffizienten c_i in dieser Linearkombination, die auch als Gewichte vor den entsprechenden Vektoren aufgefaßt werden können, den Konzentrationen entsprechen, in denen sich die reinen Komponenten in der Mischung befinden.

7.2 Skalarprodukt, Norm, Abstand und Winkel

Eine wichtige Art der Verknüpfung zweier Vektoren gleicher Komponentenzahl ist das Skalarprodukt. Ein solches Produkt wird formal gebildet, indem der erste Faktor als Zeilenvektor $\mathbf{x}^T$ und der zweite Faktor dahinter als Spaltenvektor $\mathbf{y}$ geschrieben wird. Das Ergebnis ist eine Zahl, die man mit $\mathbf{x}^T\mathbf{y}$ bezeichnet. Sie errechnet sich als Summe über alle Produkte einander entsprechender Komponenten:

$$\mathbf{x}^T\mathbf{y} = (x_1, \ldots, x_n)\begin{pmatrix} y_1 \\ \vdots \\ y_n \end{pmatrix} = x_1y_1 + \cdots + x_ny_n = \sum_{i=1}^{n} x_iy_i \tag{7.2}$$

Beispielsweise erhält man für das Skalarprodukt der oben betrachteten Intensitätenvektoren der reinen Komponenten A und B bei Einheitskonzentration den Wert $1 \cdot 0 + 3 \cdot 1 + 6 \cdot 3 + 4 \cdot 7 = 49$. Zwei wichtige Eigenschaften des Skalarprodukts, die sich unmittelbar aus den entsprechenden bekannten Eigenschaften gewöhnlicher Zahlen ergeben, sind Kommutativität ($\mathbf{x}^T\mathbf{y} = \mathbf{y}^T\mathbf{x}$) und Linearität ($(c_1\mathbf{x}_1 + c_2\mathbf{x}_2)^T\mathbf{y} = c_1\mathbf{x}_1^T\mathbf{y} + c_2\mathbf{x}_2^T\mathbf{y}$). Das Skalarprodukt ist das entscheidende Werkzeug zur Winkel- und Längenmessung in Vektorräumen. Um diesen Sachverhalt geometrisch zu veranschaulichen, stelle man sich zwei Vektoren $\mathbf{x}, \mathbf{y}$ mit jeweils zwei Komponenten als gerichtete Strecken in der Ebene vor, deren Anfangspunkt durch den Koordinatenursprung gegeben wird, und deren Endpunkt als Koordinaten gerade die beiden Komponenten dieser Vektoren besitzt (vgl. Abb. 7.1). Nach dem Satz des Pythagoras errechnet sich die Länge etwa des Vektors $\mathbf{x}$ aus dessen Komponenten als $\sqrt{x_1^2 + x_2^2}$. Die Summe der Komponentenquadrate innerhalb des Wurzelzeichens ist aber nach (7.2) gleich dem Skalarprodukt des Vektors $\mathbf{x}$ mit sich selbst. Somit errechnet sich die Länge von $\mathbf{x}$ als $\sqrt{\mathbf{x}^T\mathbf{x}}$ und die von $\mathbf{y}$ analog als $\sqrt{\mathbf{y}^T\mathbf{y}}$. Diese Längenberechnungsformel läßt sich nun ganz allgemein auf Vektoren mit n Komponenten anwenden. So beträgt die Länge von $(1, 0, -2, 2)^T$ beispielsweise $\sqrt{1^2 + 0^2 + (-2)^2 + 2^2} = 3$. Die Länge eines Vektors $\mathbf{x}$, die man auch als seine Norm bezeichnet, wird mit dem Symbol $\|\cdot\|$ versehen, also $\|\mathbf{x}\| = \sqrt{\mathbf{x}^T\mathbf{x}}$. Der Nullvektor hat offensichtlich, unabhängig von der Anzahl seiner Komponenten, stets die Länge Null: $\|\mathbf{0}\| = 0$, während alle anderen Vektoren immer echt positive Norm besitzen. Dividiert man einen Nichtnullvektor $\mathbf{x} \neq \mathbf{0}$ durch seine (natürlich von Null verschiedene) Länge, so erhält man einen Vektor $\mathbf{x}^* = \mathbf{x}/\|\mathbf{x}\|$, der dieselbe Richtung wie $\mathbf{x}$ nun aber die Länge Eins hat. Daher spricht man von $\mathbf{x}^*$ auch als normiertem bzw. Einheitsvektor in Richtung von $\mathbf{x}$. Es ist zu beachten, daß die Division eines Vektors durch eine von Null verschiedene Zahl nichts anderes als die Multiplikation all seiner Komponenten mit dem Reziproken dieser Zahl ist. In dem gerade betrachteten

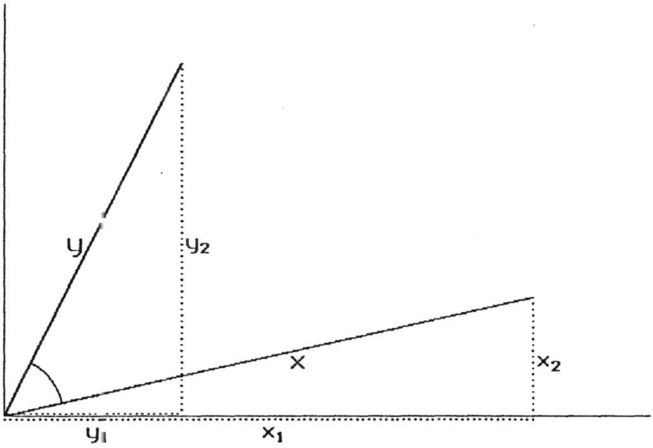

Abb. 7.1. Veranschaulichung zur Berechnung der Länge zweier Vektoren und des Winkels zwischen ihnen

Beispiel $\mathbf{x} = (1, 0, -2, 2)^T$ war $\|\mathbf{x}\| = 3$, also $\mathbf{x}^* = (1/3, 0, -2/3, 2/3)^T$. Man verifiziert sofort, daß $\mathbf{x}^*$ die Länge Eins besitzt. Allgemein folgt diese Tatsache aus der oben erwähnten Eigenschaft der Linearität des Skalarprodukts, weswegen insbesondere Zahlenfaktoren herausgezogen werden können:

$$\|\mathbf{x}^*\| = \sqrt{\mathbf{x}^{*T}\mathbf{x}^*} = \sqrt{\left(\frac{\mathbf{x}}{\|\mathbf{x}\|}\right)^T \left(\frac{\mathbf{x}}{\|\mathbf{x}\|}\right)} = \sqrt{\frac{1}{\|\mathbf{x}\|^2} \cdot \mathbf{x}^T\mathbf{x}} = \frac{\|\mathbf{x}\|}{\|\mathbf{x}\|} = 1$$

Mit der Einführung einer Norm von Vektoren ist sofort auch ein Abstandsmaß gegeben: Der euklidische Abstand d ordnet jedem Paar $\mathbf{x}, \mathbf{y}$ von Vektoren die Norm ihres Differenzvektors zu:

$$d(\mathbf{x}, \mathbf{y}) = \|\mathbf{x} - \mathbf{y}\| = \sqrt{\sum_{j=1}^{n} (x_j - y_j)^2} \tag{7.3}$$

Beispielsweise haben die Vektoren $(0, 1, 2, 3)^T$ und $(1, 2, 3, 4)^T$, bzw. die durch sie im 4-dimensionalen Raum definierten Punkte den Abstand 2.

Der Kosinus des Winkels γ zwischen zwei Vektoren $\mathbf{x}, \mathbf{y}$ errechnet sich als Skalarprodukt der beiden zugehörigen normierten Vektoren $\mathbf{x}^*, \mathbf{y}^*$:

$$\cos\gamma = \mathbf{x}^{*T}\mathbf{y}^* = \left(\frac{\mathbf{x}}{\|\mathbf{x}\|}\right)^T \left(\frac{\mathbf{y}}{\|\mathbf{y}\|}\right) = \frac{\mathbf{x}^T\mathbf{y}}{\|\mathbf{x}\|\,\|\mathbf{y}\|} \tag{7.4}$$

Diese Beziehung, die natürlich nur für Nichtnullvektoren definiert ist, ermöglicht die Winkelberechnung nicht nur in der Ebene (zwei Komponenten) sondern im allgemeinen n-dimensionalen euklidischen Raum $\mathbf{R}^n$. Nimmt man als Beispiel die beiden Vektoren $\mathbf{x} = (1, 1, 1, 1)^T$ und $\mathbf{y} = (1, 1, 1, -1)^T$ aus dem $\mathbf{R}^4$, so folgt: $\mathbf{x}^T\mathbf{y} = 2 = \|\mathbf{x}\| = \|\mathbf{y}\|$, also $\cos\gamma = 1/2$, womit sich ein eingeschlossener Winkel von $\gamma = 60°$ ergibt. Natürlich schließt jeder Vektor mit sich selbst stets einen Winkel von 0° ein, da der Kosinus Eins wird. Des weiteren stehen zwei Vektoren genau dann senkrecht aufeinander, wenn der eingeschlossene Winkel 90°, der Kosinus also Null und demzufolge auch das Skalarprodukt dieser beiden Vektoren Null wird. Man spricht dann von orthogonalen Vektoren. Da der Kosinus eines beliebigen Winkels dem Betrag nach stets kleiner oder gleich Eins ist, kann man aus (7.4) sofort die wichtige Cauchysche Ungleichung ablesen, die Skalarprodukt und Norm zweier Vektoren in Beziehung setzt:

$$|\mathbf{x}^T\mathbf{y}| \leq \|\mathbf{x}\|\,\|\mathbf{y}\| \tag{7.5}$$

7.3 Kenngrößen statistischer Variablen

Bei der Beschreibung multivariater Datenanalyse-Methoden repräsentieren Vektoren sehr häufig Realisierungen statistischer Variablen. In den vorangegangenen Abschnitten wurden zur Illustration bereits Vektoren benutzt, die Konzentrationsbestimmungen einer chemischen Komponente in verschiedenen Proben oder Signalintensitäten einer Komponente bei verschiedenen Wellenlängen darstellen. Die wichtigsten Kenngrößen einer statistischen Variable sind ihr Mittelwert und ihre Standardabweichung. Für den Vergleich von zwei verschiedenen Variablen ist darüber hinaus die Kovarianz und Korrelation von Bedeutung. In jedem Falle seien hier die empirischen Kenngrößen gemeint, die sich aus n Realisierungen der Variablen ergeben (im Gegensatz zu den entsprechenden unbekannten Parametern der abstrakten Grundgesamtheit). Zur Illustration dieser Begriffe sollen im folgenden als Beispielvektoren $\mathbf{x} = (4, 0, 4, 2, 0)^T, \mathbf{y} = (0, 8, 4, 0, 8)^T$ für jeweils 5 Realisierungen der Variablen x, y benutzt werden.

Als Mittelwert $m_\mathbf{x}$ eines Vektors $\mathbf{x}$ bezeichnet man das arithmetische Mittel seiner n Komponenten:

$$m_\mathbf{x} = \frac{1}{n}\sum_{i=1}^{n} x_i$$

Im Beispiel ist $m_\mathbf{x} = 2$. Mit Hilfe des Mittelwertes können Vektoren zentriert werden, was für viele Datenanalyse-Verfahren ein wichtiger Vorbehandlungsschritt ist. Die Bildung der Komponenten x_i^z des zentrierten Vektors $\mathbf{x}^z$ geschieht durch Subtraktion des Mittelwertes von allen Komponenten des Ausgangsvektors:

$$x_i^z = x_i - m_\mathbf{x}, \tag{7.6}$$

so daß sich im Beispiel $\mathbf{x}^z = (2, -2, 2, 0, -2)^T$ ergibt. Als Folge haben zentrierte Vektoren immer den Mittelwert Null: $m_{\mathbf{x}^z} = 0$.

Ausgehend von zentrierten Vektoren lassen sich nun leicht die Begriffe Kovarianz (zweier Vektoren), Varianz (synonym: Streuung) und Standardabweichung definieren:

$$\textit{Kovarianz:} \quad cov(\mathbf{x}, \mathbf{y}) = \frac{\mathbf{x}^{zT}\mathbf{y}^z}{n-1} \tag{7.7}$$

$$\textit{Varianz (Streuung):} \quad var(\mathbf{x}) = cov(\mathbf{x}, \mathbf{x}) \tag{7.8}$$

$$\textit{Standardabweichung:} \quad s(\mathbf{x}) = \sqrt{var(\mathbf{x})} = \frac{\|\mathbf{x}^z\|}{\sqrt{n-1}} \tag{7.9}$$

Für die Beispielvektoren folgt $m_\mathbf{y} = 4, \mathbf{y}^z = (-4, 4, 0, -4, 4)^T$, $cov(\mathbf{x}, \mathbf{y}) = -6$, $var(\mathbf{x}) = 4$, $var(\mathbf{y}) = 16$, $s(\mathbf{x}) = 2$, $s(\mathbf{y}) = 4$.

Die Kovarianz zweier Vektoren mißt, anschaulich gesprochen, deren „Miteinanderlaufen". Eine positive Kovarianz drückt tendenziell gemeinsames Wachsen bzw. Fallen gleicher Komponenten aus, während bei negativer Kovarianz wachsende Komponenten des einen Vektors grob mit fallenden Komponenten des anderen Vektors einhergeht. Kovarianz Null bedeutet das Fehlen eines (linearen) Zusammenhangs zwischen den Komponenten beider Vektoren. Die Standardabweichung eines Vektors ist nach (7.7) der Länge des zugehörigen zentrierten Vektors proportional, d.h. sie ist um so größer, je stärker alle zentrierten Komponenten vom Wert Null oder – äquivalent ausgedrückt – je stärker alle ursprünglichen Komponenten vom Mittelwert abweichen. Im Rahmen der linearen Algebra besser faßbar ist die Varianz als Quadrat der Standardabweichung, die auch als Kovarianz eines Vektors mit sich selbst gedeutet werden kann.

Über die Zentrierung hinaus ist die sogenannte Standardisierung von Vektoren ein wesentlicher Bestandteil der Datenvorbehandlung, um alle Variablen gleichberechtigt, und nicht durch willkürliche Maßeinheiten verzerrt, in nachfolgende Rechnungen einfließen zu lassen. Man bildet

$$\mathbf{x}^s = \frac{\mathbf{x}^z}{s(\mathbf{x})}, \tag{7.10}$$

was speziell für die Beispielvektoren $\mathbf{x}^s = (1, -1, 1, 0, -1)^T$ bzw. $\mathbf{y}^s = (-1, 1, 0, -1, 1)^T$ bedeutet. Auf dieselbe Weise, wie in Abschn. 7.2 gezeigt wurde, daß normierte Vektoren stets die Länge Eins besitzen, kann man aus (7.10) mit der Definition der Standardabweichung herleiten, daß standardisierte Vektoren stets die Länge $\sqrt{n-1}$ besitzen. Normierung und Standardisierung sind also im wesentlichen äquivalent. Wichtig ist, daß *alle* standardisierten Vektoren diese gleiche, nur von der Komponentenzahl abhängige Länge erhalten, womit die angesprochene Gleichwichtung erreicht ist.

Der Begriff Kovarianz hat, da er sich lediglich auf Zentrierung bezieht, den entscheidenden Nachteil, nicht skaleninvariant zu sein, das bedeutet, wenn man einen oder beide Vektoren mit einer Zahl multipliziert (z.B. mit 100 beim Übergang von Meter zu Zentimeter), so vervielfacht sich die Kovarianz entsprechend. Demnach würde man bei willkürlicher Wahl unterschiedlicher Maßstäbe für die gemessenen statistischen Variablen zu unterschiedlichen Bewertungen ihres Zusammenhanges gelangen. Dieser Nachteil ist mit der Einführung des Begriffes Korrelation zu beheben:

$$\text{Korrelation:} \quad corr(\mathbf{x}, \mathbf{y}) = \frac{\mathbf{x}^{sT}\mathbf{y}^s}{n-1} = \frac{\mathbf{x}^{zT}\mathbf{y}^z}{\|\mathbf{x}^z\|\,\|\mathbf{y}^z\|} = \frac{cov(\mathbf{x}, \mathbf{y})}{s(\mathbf{x})s(\mathbf{y})} \tag{7.11}$$

So ist für die Beispielvektoren $corr(\mathbf{x}, \mathbf{y}) = -0.75$. Der Korrelationskoeffizient ändert sich im Gegensatz zur Kovarianz nicht, wenn die in Frage stehenden Vektoren etwa durch Maßstabsveränderung mit einem Vielfachen multipliziert werden. Darüber hinaus gibt es eine einfache geometrische Interpretation der Korrelation, wie ein Vergleich von (7.11) mit (7.4) zeigt: Der Korrelationskoeffizient von $\mathbf{x}$ und $\mathbf{y}$ entspricht dem Kosinus des Winkels zwischen den zentrierten Vektoren $\mathbf{x}^z$ und $\mathbf{y}^z$. Somit kann die Korrelation ebenfalls nur Werte zwischen -1 (exakter negativer linearer Zusammenhang) und +1 (exakter positiver linearer Zusammenhang) annehmen. Sind die zentrierten Vektoren orthogonal zueinander, schließen sie also einen rechten Winkel ein, dann ist die Korrelation gleich Null, und es fehlt ein linearer Zusammenhang zwischen ihren Komponenten. Es sei an dieser Stelle darauf hingewiesen, daß das Fehlen eines linearen Zusammenhangs nicht die Existenz eines nichtlinearen, z.B. quadratischen Zusammenhangs ausschließt.

7.4 Unterraum, Dimension und Basis

In (7.1) war bereits der Begriff der Linearkombination von Vektoren eingeführt worden. Man sagt, ein Vektor $\mathbf{y}$ sei Linearkombination einer endlichen Menge $\mathbf{x}_1, \ldots, \mathbf{x}_m$ weiterer Vektoren, sofern es Zahlen (Koeffizienten) $c_1, \ldots, c_m$ gibt, so daß

$$\mathbf{y} = c_1\mathbf{x}_1 + \cdots + c_m\mathbf{x}_m \tag{7.12}$$

gilt. Beispielsweise ist $(2, 3)^T$ eine Linearkombination der Vektoren $(2, 0)^T$ und $(0, 1)^T$ mit den Koeffizienten 1 und 3. Die Linearkombination eines einzigen Vektors ($m = 1$) ist offenbar ein Vielfaches von ihm selbst. Die Menge aller denkbaren Linearkombinationen einer gegebenen Menge von Vektoren, die man durch Variation der Koeffizienten c_i in (7.12) erhält, nennt man den von diesen Vektoren aufgespannten Unterraum.

Angenommen, ein und dieselbe chemische Komponente wird in verschiedenen Konzentrationen spektroskopisch untersucht. Dann müssen alle entstehenden Spektren – wiederum bis auf Meßfehler – proportional zueinander sein, so wie in Abb. 7.2a angedeutet. Diese Tatsache ergibt sich daraus, daß bei einer einzigen Komponente nach (7.4) der Intensitätenvektor $\mathbf{y}$ bei Konzentration c dieser Komponente gerade das c-fache des Intensitätenvektors $\mathbf{x}$ der Komponente bei Einheitskonzentration ist: $\mathbf{y} = c\mathbf{x}$. Werden die Spektren zur Vereinfachung lediglich in zwei Wellenlängen λ_1, λ_2 diskretisiert, so entstehen Vektoren mit jeweils zwei Komponenten, die alle ein gleiches Verhältnis bilden. Faßt man die Vektoren wieder als Punkte in der Ebene auf, deren Koordinaten durch die Komponenten gegeben sind, so müssen folglich all diese Punkte auf einer Gerade liegen (Abb. 7.2c). Man könnte ebensogut drei Wellenlängen $\lambda_1, \lambda_2, \lambda_3$ betrachten, dann würde wiederum eine Anordnung der Punkte auf einer Gerade resultieren, wobei diese Gerade nun aber in den 3-dimensionalen Raum $\mathbf{R}^3$ (charakterisiert durch das $i_1/i_2/i_3$-Koordinatensystem) eingebettet ist. Allgemein führt die Konzentrationsvariation einer einzigen Komponente in der entsprechenden Darstellung zu einer

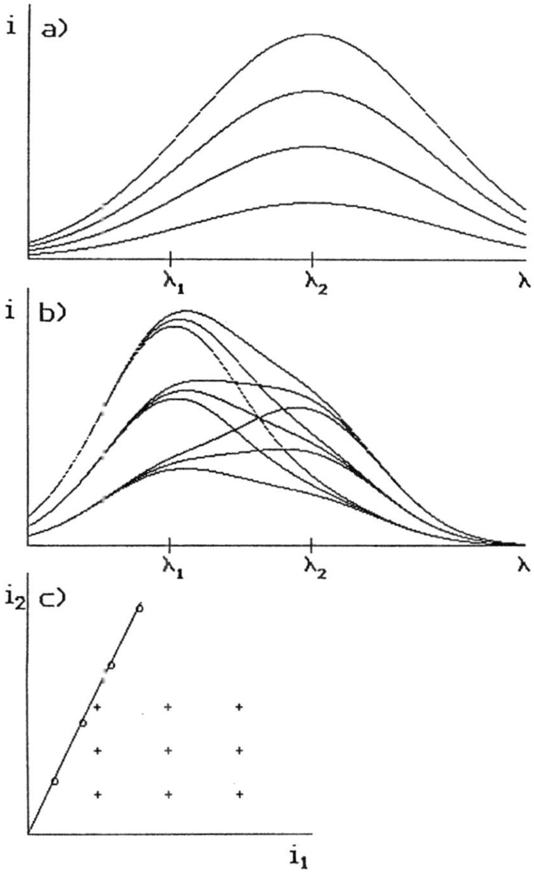

Abb. 7.2. Veranschaulichung des Begriffes Unterraum anhand von Spektren. Bei Konzentrationsvariation einer einzigen Komponente sind alle Spektren proportional (**a**). Zwei zugrundeliegende Komponenten führen zu einer größeren Vielfalt denkbarer Mischungsspektren (**b**). Die Auftragung der Signalintensitäten i_1, i_2 zu zwei fixierten Wellenlängen λ_1, λ_2 führt zur Anordnung der Punkte auf einer Geraden (1-dimensionaler Unterraum), während sie sich andernfalls in der Ebene (2-dimensionaler Unterraum) verteilen (**c**)

Gerade, die in den $\mathbf{R}^n$ eingebettet ist, sofern n Wellenlängen zur Diskretisierung herangezogen werden.

Sind dagegen zwei unabhängig variierende Komponenten vorhanden, so führt dies zu einem erheblich komplexeren Muster denkbarer Mischungsspektren, da keine Proportionalität mehr vorliegen muß (vgl. Abb. 7.2b). Darstellung der Intensitätenvektoren bei zwei Wellenlängen liefert dann eine frei in der Ebene streuende Punktmenge (Abb. 7.2c). Nun gilt für die Intensitätenvektoren nach (7.1): $\mathbf{y} = c_1\mathbf{x}_1 + c_2\mathbf{x}_2$, wobei c_i die frei variierenden Konzentrationen der beiden Komponenten sind, deren Intensitätenvektoren bei Einheitskonzentration mit

$\mathbf{x}_i$ bezeichnet wurden. Durch zwei verschiedene Komponenten wird offenbar ein größerer Unterraum von Spektren bzw. Intensitätenvektoren aufgespannt.

Ein entscheidender Begriff zur Charakterisierung eines Unterraumes ist seine Dimension. Diese hängt mit der Anzahl der den Unterraum aufspannenden Vektoren zusammen, ist aber im allgemeinen nicht damit identisch. Bildet man beispielsweise alle Linearkombinationen der zwei Vektoren $(1, 2, 1)^T$ und $(3, 6, 3)^T$ so ergibt sich dennoch lediglich eine Gerade als Unterraum, die man ebensogut mit einem der beiden Vektoren allein erzeugen könnte. Die Ursache hierfür ist, daß sich jeweils einer der beiden Vektoren bereits als „Linearkombination" (hier einfach Vielfaches) des anderen darstellen läßt, z.B. $(3, 6, 3)^T = 3(1, 2, 1)^T$. Man sagt dann, beide Vektoren sind linear abhängig. Allgemein heißt eine endliche Menge von Vektoren $\mathbf{x}_1, \ldots, \mathbf{x}_m$ linear abhängig, wenn wenigstens einer unter ihnen als Linearkombination der übrigen gebildet werden kann, also z.B. $\mathbf{x}_m = c_1\mathbf{x}_1 + \cdots + c_{m-1}\mathbf{x}_{m-1}$.

Besteht die Menge lediglich aus einem einzigen Vektor, so wird sie genau dann als linear abhängig definiert, wenn es sich um den Nullvektor handelt. Ist eine Vektormenge nicht linear abhängig, so heißt sie linear unabhängig. Beispielsweise sind $(1, 1)^T$ und $(1, 2)^T$ linear unabhängig, da sich keiner der beiden Vektoren als Linearkombination (hier als Vielfaches) des anderen darstellen läßt. Man beachte, daß Vektoren linear abhängig sein können, obwohl keiner ein Vielfaches des anderen ist. Dies trifft etwa auf die Menge $(1, 0, 0)^T$, $(0, 0, 2)^T$, $(3, 0, 4)$ zu, da z.B. $(3, 0, 4)^T = 3(1, 0, 0)^T + 2(0, 0, 2)^T$ eine lineare Abhängigkeit ergibt. Das bedeutet, daß der durch diese drei Vektoren aufgespannte Unterraum bereits durch die beiden Vektoren $(1, 0, 0)^T$, $(0, 0, 2)^T$ alleine erzeugt wird. Diese lassen sich jedoch nicht weiter reduzieren, da sie linear unabhängig sind.

Als Dimension eines durch die Menge $\mathbf{x}_1, \ldots, \mathbf{x}_m$ aufgespannten Unterraumes bezeichnet man die größte Anzahl linear unabhängiger Vektoren in dieser Menge. Sind sie alle linear unabhängig, so ergibt sich ein m-dimensionaler Unterraum des $\mathbf{R}^n$. In dem gerade betrachteten Beispiel resultiert offenbar ein zweidimensionaler Unterraum (Ebene) des $\mathbf{R}^3$. Der $\mathbf{R}^n$ selbst besitzt stets die Dimension n, da sich all seine Elemente (n-Tupel) mit Hilfe der n sogenannten Einheitsvektoren $\mathbf{e}_1 = (1, 0, 0, \ldots, 0)^T, \mathbf{e}_2 = (0, 1, 0, \ldots, 0)^T, \ldots, \mathbf{e}_n = (0, 0, \ldots, 1)^T$ erzeugen lassen, die, wie man unschwer nachweist, linear unabhängig sind. Beispielsweise ist $(3, -2, 5)^T = 3\mathbf{e}_1 - 2\mathbf{e}_2 + 5\mathbf{e}_3$. Sind alle, einen Unterraum aufspannenden, Vektoren linear unabhängig, dann bilden sie eine Basis dieses Unterraums. Ein vom Nullvektor verschiedener Vektor bildet die Basis eines 1-dimensionalen Unterraums, nämlich der Gerade, die sich als Vielfache dieses Vektors darstellen läßt. Analog bilden zwei linear unabhängige Vektoren die Basis eines zweidimensionalen Unterraums (Ebene) und die Einheitsvektoren eine Basis des $\mathbf{R}^n$. Ein beliebiger Vektor eines Unterraumes ist dann auf genau eine Weise als Linearkombination der Basisvektoren darstellbar.

Die somit eindeutig bestimmten Koeffizienten c_i in (7.12) werden auch als Koordinaten dieses Vektors bezüglich der gegebenen Basis bezeichnet. Man beachte, daß ein und derselbe Unterraum viele verschiedene Basen besitzt, z.B. sind $(1, 0, 0)^T$, $(0, 1, 0)^T$ auf der einen und $(1, 1, 0)^T$, $(-1, 0, 0)^T$ auf der anderen Seite zwei verschiedene Basen desselben Unterraums. Ist die aufspannende

Menge von Vektoren dagegen linear abhängig, so müssen die Koeffizienten c_i in (7.12) nicht mehr eindeutig sein, es kann dann viele verschiedene Darstellungen für $\mathbf{y}$ geben.

7.5 Matrizen

Eine Matrix der Ordnung (n, m) – kurz (n, m)-Matrix – ist eine mit Zahlen gefüllte Tabelle, die aus n Zeilen und m Spalten besteht. Matrizen sollen im folgenden stets mit fettgedruckten Großbuchstaben, also z.B. $\mathbf{X}$ versehen werden. Ihre allgemeine Gestalt ist

$$\mathbf{X} = \begin{pmatrix} x_{11} & x_{12} & \cdots & x_{1m} \\ x_{21} & x_{22} & \cdots & x_{2m} \\ \vdots & \vdots & \ddots & \vdots \\ x_{n1} & x_{n2} & \cdots & x_{nm} \end{pmatrix} \qquad \text{z.B.:} \quad \mathbf{X} = \begin{pmatrix} 1 & 3 & 4 \\ 3 & 4 & 2 \\ 4 & 2 & 1 \\ 4 & 1 & 0 \end{pmatrix}$$

wobei x_{ij} das in der i-ten Zeile und j-ten Spalte befindliche Element angibt, also $x_{43} = 0$ in der Beispielmatrix. Insbesondere sind auch Zeilenvektoren (Ordnung $(1, m)$), Spaltenvektoren (Ordnung $(n, 1)$) und gewöhnliche Zahlen (Ordnung $(1, 1)$) spezielle Matrizen. Ein weiterer wichtiger Typ sind quadratische Matrizen, also solche, die ebensoviele Zeilen wie Spalten besitzen ($n = m$). In der Datenanalyse begegnet man Matrizen am häufigsten als Repräsentanten des Datensatzes. Dann entsprechen die Spalten den beobachteten Variablen bzw. gemessenen Eigenschaften, während die Zeilen die Untersuchungsobjekte identifizieren. In diesem Sinne ist x_{43} der gemessene Wert der dritten Variable am vierten Objekt. Je nach Problemstellung kann es nützlich sein, (n, m)-Matrizen als horizontale Aneinanderreihung von m Spaltenvektoren $\mathbf{w}_j$ mit jeweils n Komponenten oder aber auch als vertikale Anordnung von n Zeilenvektoren $\mathbf{v}_i^T$ mit jeweils m Komponenten aufzufassen:

$$\mathbf{X} = \left(\mathbf{w}_1 \middle| \cdots \middle| \mathbf{w}_m \right) = \begin{pmatrix} \mathbf{v}_1^T \\ \hline \vdots \\ \hline \mathbf{v}_n^T \end{pmatrix} \tag{7.13}$$

In obiger Beispielmatrix ist dann $\mathbf{v}_1^T = (1, 3, 4)$ und $\mathbf{w}_1 = (1, 3, 4, 4)^T$. Ebenso wie für Vektoren gibt es auch für Matrizen den Begriff der Transposition. Dies bedeutet das Vertauschen von Zeilen und Spalten, so daß im Anschluß in der i-ten Zeile und j-ten Spalte das Element x_{ji} steht. Mit den für $\mathbf{X}$ eingeführten Bezeichnungen ist dann

$$\mathbf{X}^T = \begin{pmatrix} x_{11} & \cdots & x_{n1} \\ \vdots & \ddots & \vdots \\ x_{1m} & \cdots & x_{nm} \end{pmatrix} = \left(\mathbf{v}_1 \middle| \cdots \middle| \mathbf{v}_n \right) = \begin{pmatrix} \mathbf{w}_1^T \\ \hline \vdots \\ \hline \mathbf{w}_m^T \end{pmatrix}.$$

Offensichtlich wird beim Transponieren aus der (n, m)-Matrix eine (m, n)-Matrix. So erscheint die (4,3)-Beispielmatrix nach Transposition als (3,4)-Matrix:

$$\mathbf{X}^T = \begin{pmatrix} 1 & 3 & 4 & 4 \\ 3 & 4 & 2 & 1 \\ 4 & 2 & 1 & 0 \end{pmatrix}.$$

Zweimaliges Transponieren ergibt wieder die Ausgangsmatrix. Matrizen, die sich nach Transponieren nicht ändern, für die also $\mathbf{X}^T = \mathbf{X}$ gilt, nennt man symmetrisch. Notwendige Bedingung hierfür ist offenbar, daß $\mathbf{X}$ bereits quadratisch ist. Die obige Beispielmatrix war nicht symmetrisch, wohl aber z.B.

$$\mathbf{X} = \begin{pmatrix} 2 & 1 \\ 1 & 4 \end{pmatrix} = \mathbf{X}^T.$$

Matrizen gleicher Ordnung kann man addieren oder mit einer Zahl multiplizieren, indem dies ebenso wie bei Vektoren komponentenweise vorgenommen wird, also z.B.:

$$3\begin{pmatrix} 1 & 3 \\ 2 & 4 \end{pmatrix} = \begin{pmatrix} 3 & 9 \\ 6 & 12 \end{pmatrix}; \quad \begin{pmatrix} 1 & -2 \\ -1 & 3 \end{pmatrix} + \begin{pmatrix} -1 & 2 \\ 1 & -3 \end{pmatrix} = \begin{pmatrix} 0 & 0 \\ 0 & 0 \end{pmatrix}$$

Die ganz rechts befindliche, nur mit Nullen gefüllte Matrix nennt man Nullmatrix mit der Abkürzung $\mathbf{O}$. Folgende, leicht überprüfbaren Rechenregeln gelten:

$$\mathbf{X} + \mathbf{Y} = \mathbf{Y} + \mathbf{X}; \quad \mathbf{X} + \mathbf{O} = \mathbf{X}; \quad (\mathbf{X} + \mathbf{Y})^T = \mathbf{X}^T + \mathbf{Y}^T.$$

Als Rang $rg\mathbf{X}$ einer Matrix $\mathbf{X}$ definiert man ihre maximale Anzahl linear unabhängiger Spaltenvektoren, der Rang stimmt also mit der Dimension des von den Spaltenvektoren erzeugten Unterraums überein. Offenbar kann der Rang höchstens so groß sein wie die Zahl der Spalten der Matrix. Interessanterweise bleibt es sich eigentlich gleich, ob man der Definition des Rangs Spalten oder Zeilen zugrundelegt, die maximale Anzahl linear unabhängiger Zeilenvektoren ist stets gleich der Maximalzahl linear unabhängiger Spalten, insbesondere gilt $rg\mathbf{X}^T = rg\mathbf{X}$. Folglich ist der Rang einer Matrix höchstens so groß wie die Zahl ihrer Spalten bzw. Zeilen je nachdem, welche von beiden die kleinere ist. Die folgenden Beispielmatrizen haben den Rang 0,1 bzw. 2:

$$\begin{pmatrix} 0 & 0 \\ 0 & 0 \\ 0 & 0 \end{pmatrix}; \quad \begin{pmatrix} 1 & 3 \\ 2 & 6 \\ 3 & 9 \end{pmatrix}; \quad \begin{pmatrix} 1 & 4 \\ 2 & 5 \\ 3 & 6 \end{pmatrix}.$$

Vielleicht die wichtigste Rechenoperation für Matrizen geeigneter Ordnung ist deren Multiplikation. Als Vorbereitung sei zunächst die Multiplikation einer Matrix mit einem Vektor, der ebensoviele Komponenten besitzt wie die Matrix Spalten, also einer (n, m)-Matrix $\mathbf{X}$ mit einem Vektor $\mathbf{c}$ aus dem $\mathbf{R}^m$ eingeführt. Sie ist wie folgt definiert:

$$\mathbf{X}\mathbf{c} = \left(\mathbf{w}_1 \middle| \cdots \middle| \mathbf{w}_m \right) \begin{pmatrix} c_1 \\ \vdots \\ c_m \end{pmatrix} = c_1\mathbf{w}_1 + \cdots + c_m\mathbf{w}_m \tag{7.14}$$

Das Ergebnis ist als Summe von Vektoren mit n Komponenten wieder ein solcher. Multiplikation einer (n, m)-Matrix mit einem Vektor aus m Komponenten liefert daher einen Vektor mit n Komponenten. Bei genauerem Hinsehen erkennt man, daß $\mathbf{Xc}$ nichts anderes ist als eine Linearkombination der Spaltenvektoren von $\mathbf{X}$ mit den Komponenten von $\mathbf{c}$ als Koeffizienten. Stehen insbesondere die Spalten der Matrix für Intensitätenvektoren reiner chemischer Komponenten bei Einheitskonzentration (z.B. 1 ppm), so ergibt sich der Intensitätenvektor $\mathbf{y}$ einer Mischung, in der diese Komponenten mit den Konzentrationen c_i vorkommen, gemäß (7.1) und (7.14) ganz einfach als

$$\mathbf{y} = \mathbf{Xc}. \tag{7.15}$$

Für ein Zahlenbeispiel sei angenommen, daß die oben eingeführte Beispielmatrix in ihren Spalten die diskretisierten Spektren von drei reinen Komponenten in Einheitskonzentration bei vier Wellenlängen beinhaltet. Mischt man diese Komponenten in Konzentrationen 2:3:1, so erscheint das entsprechend diskretisierte Spektrum der Mischung als

$$\begin{pmatrix} 1 & 3 & 4 \\ 3 & 4 & 2 \\ 4 & 2 & 1 \\ 4 & 1 & 0 \end{pmatrix} \begin{pmatrix} 2 \\ 3 \\ 1 \end{pmatrix} = 2 \begin{pmatrix} 1 \\ 3 \\ 4 \\ 4 \end{pmatrix} + 3 \begin{pmatrix} 3 \\ 4 \\ 2 \\ 1 \end{pmatrix} + 1 \begin{pmatrix} 4 \\ 2 \\ 1 \\ 0 \end{pmatrix} = \begin{pmatrix} 15 \\ 20 \\ 15 \\ 11 \end{pmatrix}$$

Eine andere Sichtweise auf dieselbe Operation ist die Darstellung durch Bildung zeilenweiser Skalarprodukte entsprechend (7.2):

$$\mathbf{Xc} = \begin{pmatrix} \mathbf{v}_1^T \\ \hline \vdots \\ \hline \mathbf{v}_n^T \end{pmatrix} \mathbf{c} = \begin{pmatrix} \mathbf{v}_1^T\mathbf{c} \\ \hline \vdots \\ \hline \mathbf{v}_n^T\mathbf{c} \end{pmatrix} \tag{7.16}$$

Im betrachteten Beispiel folgt unter anderem die zweite Komponente des Ergebnisvektors durch Skalarmultiplikation der zweiten Zeile $(3, 4, 2)$ der Matrix mit dem Konzentrations-Spaltenvektor $(2, 3, 1)^T$, was zu der zuvor schon erhaltenen Zahl 20 führt.

Nach diesen Vorbereitungen ist die Matrixmultiplikation leicht zu definieren. Es kann von vornherein nur dann ein Matrixprodukt $\mathbf{XC}$ ausgeführt werden, wenn die Zahl der Spalten von $\mathbf{X}$ mit der Zahl der Zeilen von $\mathbf{C}$ übereinstimmt, wenn also in der Ordnungssequenz $(n, m) \rightarrow (p, q)$ beider Matrizen $m = p$ zutrifft. Ist dieser Fall gegeben, so entsteht nach Multiplikation einer (n, m)- mit einer (m, q)-Matrix eine (n, q)-Matrix, also eine solche, deren Ordnung durch die äußeren Ordnungszahlen der beiden Faktoren festgelegt ist. Die Matrixmultiplikation selbst wird derart realisiert, daß sich die Spaltenvektoren der Ergebnismatrix sukzessive aus der Multiplikation von $\mathbf{X}$ mit den entsprechenden Spaltenvektoren von $\mathbf{C}$ ergeben:

$$\mathbf{XC} = \mathbf{X} \left(\mathbf{c}_1 \middle| \cdots \middle| \mathbf{c}_q \right) = \left(\mathbf{Xc}_1 \middle| \cdots \middle| \mathbf{Xc}_q \right) \tag{7.17}$$

Für ein Zahlenbeispiel sei nochmals auf die Situation der Diskretisierung von Spektren zurückgegriffen. Angenommen die drei reinen Komponenten liegen nicht nur in einer Mischung (wie oben im Konzentrationsverhältnis 2:3:1), sondern noch in einer zweiten Mischung mit dem Konzentrationsverhältnis 1:2:1 vor. Dann läßt sich der Intensitätenvektor für diese Mischung so wie oben durch Multiplikation der Matrix, die die Intensitätenvektoren der reinen Komponenten bei Einheitskonzentration in ihren Spalten enthält, mit dem neuen Konzentrationsvektor $(1, 2, 1)^T$ errechnen. Faßt man beide Konzentrationsvektoren zu einer Konzentrationsmatrix und auch die resultierenden Intensitätenvektoren beider Mischungen zu einer Matrix zusammen, so läßt sich die Gesamtrechnung durch das Matrixprodukt

$$\begin{pmatrix} 1 & 3 & 4 \\ 3 & 4 & 2 \\ 4 & 2 & 1 \\ 4 & 1 & 0 \end{pmatrix} \begin{pmatrix} 2 & 1 \\ 3 & 2 \\ 1 & 1 \end{pmatrix} = \begin{pmatrix} 15 & 11 \\ 20 & 13 \\ 15 & 9 \\ 11 & 6 \end{pmatrix}$$

beschreiben. Ganz allgemein stellt sich dann das sogenannte Lambert-Beersche Gesetz in multivariater Form als

$$\mathbf{XC} = \mathbf{Y}, \tag{7.18}$$

dar, wobei $\mathbf{X}$ eine (n, m)-Matrix ist, die die Intensitätenvektoren der m reinen Komponenten bei n Wellenlängen in Einheitskonzentration als Spalten enthält, $\mathbf{C}$ eine (m, q)-Matrix ist, die die Konzentrationen (verglichen mit der Einheitskonzentration) der m reinen Komponenten in den q Mischungen als Spalten enthält und $\mathbf{Y}$ eine (n, q)-Matrix ist, die die resultierenden Intensitätenvektoren der q Mischungen bei den n betrachteten Wellenlängen als Spalten enthält. Offenbar ist (7.18) eine Verallgemeinerung von (7.15) von einer auf mehrere Mischungen.

Alternativ kann man das Produkt $\mathbf{Y} = \mathbf{XC}$ auch über das allgemeine Element y_{ij} der Ergebnismatrix definieren: $y_{ij} = \mathbf{x}_i^T \mathbf{c}_j$, wobei $\mathbf{x}_i^T$ den i-ten Zeilenvektor von $\mathbf{X}$ und $\mathbf{c}_j$ den j-ten Spaltenvektor von $\mathbf{C}$ bezeichnet. Beide müssen nach der Ordnungsvoraussetzung eine gleiche Anzahl von Komponenten besitzen, so daß das auftretende Skalarprodukt korrekt ausführbar ist. So folgt in dem Zahlenbeispiel etwa das Element $y_{32} = 9$ in der Ergebnismatrix als Skalarprodukt der dritten Zeile der ersten Matrix mit der zweiten Spalte der zweiten Matrix.

Aus der oben genannten Ordnungsbedingung für die Multiplikation leitet man sofort ab, daß im Gegensatz zur gewöhnlichen Zahlenmultiplikation hier die Faktoren nicht vertauschbar sein müssen. So kann man wohl eine $(2, 3)$-mit einer $(3, 4)$-Matrix multiplizieren (Ordnungsbedingung erfüllt), nicht aber umgekehrt eine $(3, 4)$-mit einer $(2, 3)$-Matrix (Ordnungsbedingung verletzt). Aber selbst bei quadratischen Matrizen gleicher Ordnung, wo eine Vertauschung von der Ordnungsbedingung her kein Problem ist, muß das Produkt nicht kommutativ sein, wie man aus folgendem Beispiel ersieht:

$$\mathbf{X} = \begin{pmatrix} 1 & 1 \\ 2 & 2 \end{pmatrix}; \mathbf{Y} = \begin{pmatrix} 2 & 0 \\ 1 & 1 \end{pmatrix} \Rightarrow \mathbf{XY} = \begin{pmatrix} 3 & 1 \\ 6 & 2 \end{pmatrix}; \mathbf{YX} = \begin{pmatrix} 2 & 2 \\ 3 & 3 \end{pmatrix}$$

Daher ist es immer wichtig zu unterscheiden, ob eine Matrix von links oder von rechts an eine andere heranmultipliziert wird. Immerhin gilt für mehrfache Produkte die Assoziativität, d.h. Klammerbildung ist überflüssig. Weiterhin trifft auch das von gewöhnlichen Zahlen her bekannte Distributivgesetz („Ausmultiplizieren") bei der Verknüpfung von Addition und Multiplikation zu. Schließlich ergibt sich beim Transponieren eines Matrixproduktes der eigenartige Zusammenhang, daß man zum gleichen Ergebnis gelangt, indem man die Einzelfaktoren transponiert und dann in *umgekehrter* Reihenfolge multipliziert. Zusammenfassend gilt:

Assoziativität: $$(\mathbf{XY})\mathbf{Z} = \mathbf{X}(\mathbf{YZ}) = \mathbf{XYZ} \tag{7.19}$$

Distributivität: $$\mathbf{X}(\mathbf{Y}+\mathbf{Z}) = \mathbf{XY}+\mathbf{XZ}; \qquad (\mathbf{Y}+\mathbf{Z})\mathbf{X} = \mathbf{YX}+\mathbf{ZX} \tag{7.20}$$

Transposition: $$(\mathbf{XY})^T = \mathbf{Y}^T\mathbf{X}^T \tag{7.21}$$

Unter Ausnutzung des Assoziativgesetzes kann die Transpositionsregel sofort auf mehr als zwei Faktoren erweitert werden, wobei sich die Reihenfolge aller Faktoren umkehrt:

$$(\mathbf{XYZ})^T = ((\mathbf{XY})\mathbf{Z})^T = \mathbf{Z}^T(\mathbf{XY})^T = \mathbf{Z}^T\mathbf{Y}^T\mathbf{X}^T$$

Neben dem bisher betrachteten Matrixprodukt bildet das sogenannte Kronecker-Produkt eine multiplikative Verknüpfung zweier Matrizen, die besonders bei der Behandlung von mehrdimensionalen Datensätzen (vgl. Kap. 6) von Bedeutung ist. Im Unterschied zum Matrixprodukt stellt das Kronecker-Produkt keine Bedingungen an die Ordnung, d.h. es können beliebige Matrizen miteinander multipliziert werden. Gegeben seien zwei Matrizen $\mathbf{A}, \mathbf{B}$ der Ordnung (n, m) bzw. (p, q). Dann ergibt das mit dem Symbol „$\otimes$" versehene Kroneckerprodukt aus beiden eine „große" Matrix $\mathbf{C}$ der Ordnung (np, mq), die nach folgendem Prinzip aufgebaut ist:

$$\mathbf{C} = \mathbf{A} \otimes \mathbf{B} = \left(\begin{array}{c|c|c|c} b_{11}\mathbf{A} & b_{12}\mathbf{A} & \cdots & b_{1q}\mathbf{A} \\ \hline b_{21}\mathbf{A} & b_{22}\mathbf{A} & \cdots & b_{2q}\mathbf{A} \\ \hline \vdots & \vdots & \ddots & \vdots \\ \hline b_{p1}\mathbf{A} & b_{p2}\mathbf{A} & \cdots & b_{pq}\mathbf{A} \end{array}\right) \tag{7.22}$$

Dabei sind die b_{ij} die Elemente von $\mathbf{B}$. Die resultierende Matrix wird blockweise so gebildet, daß man zeilenweise die Elemente von $\mathbf{B}$ mit der gesamten Matrix $\mathbf{A}$ multipliziert und die entstehenden Matrizen als Blöcke ebenso anordnet wie die b_{ij} in $\mathbf{B}$ vorliegen. Letztendlich erhält $\mathbf{C}$ als Zeilen- bzw. Spaltenzahl das Produkt der Zeilen- bzw. Spaltenzahlen von $\mathbf{A}$ und $\mathbf{B}$.

Ein konkretes Zahlenbeispiel ist

$$\begin{pmatrix} 1 & 1 \\ 1 & 1 \end{pmatrix} \otimes \begin{pmatrix} 1 & 4 \\ 2 & 5 \\ 3 & 6 \end{pmatrix} = \begin{pmatrix} 1 & 1 & 4 & 4 \\ 1 & 1 & 4 & 4 \\ 2 & 2 & 5 & 5 \\ 2 & 2 & 5 & 5 \\ 3 & 3 & 6 & 6 \\ 3 & 3 & 6 & 6 \end{pmatrix}$$

Man beachte, daß die beiden Ausgangsmatrizen dieses Beispiels mit dem gewöhnlichen Matrixprodukt nicht verknüpft werden könnten.

Schon aus Gründen der resultierenden Ordnung ist zu erkennen, daß auch das Kroneckerprodukt nicht kommutativ ist, d.h. im allgemeinen ist $\mathbf{A} \otimes \mathbf{B} \neq \mathbf{B} \otimes \mathbf{A}$. Einige wichtige Rechenregeln sind:

$$\mathbf{A} \otimes 1 = \mathbf{A} \tag{7.23}$$

$$(\mathbf{A} \otimes \mathbf{B})(\mathbf{C} \otimes \mathbf{D}) = (\mathbf{AC}) \otimes (\mathbf{BD}) \tag{7.24}$$

$$(\mathbf{A} \otimes \mathbf{B})^T = \mathbf{A}^T \otimes \mathbf{B}^T \tag{7.25}$$

Besonders die Beziehung (7.24), die eine Relation zwischen Matrix- und Kroneckerprodukt herstellt, erweist sich im Kontext höherdimensionaler Datenfelder als effizientes Hilfsmittel.

7.6 Spezielle Matrizen

In diesem Abschnitt sollen unter den quadratischen Matrizen einige von besonderem Interesse besprochen werden. Im Hinblick auf die Matrixmultiplikation erfüllt die sogenannte Einheitsmatrix dieselbe Funktion wie die Zahl 1 bei der gewöhnlichen Multiplikation, d.h. durch sie wird ein Produkt nicht verändert. Die Einheitsmatrix der Ordnung n erhält das Symbol $\mathbf{I}_n$. Sie ist quadratisch mit je n Zeilen und Spalten und besteht in der Diagonale aus Einsen, außerhalb jedoch nur aus Nullen. Man hat also z.B.:

$$\mathbf{I}_1 = 1; \quad \mathbf{I}_2 = \begin{pmatrix} 1 & 0 \\ 0 & 1 \end{pmatrix} \quad \mathbf{I}_3 = \begin{pmatrix} 1 & 0 & 0 \\ 0 & 1 & 0 \\ 0 & 0 & 1 \end{pmatrix}$$

Es ist leicht überprüfbar, daß $\mathbf{I}_n$ tatsächlich die Rolle einer Eins übernimmt, d.h. es gilt $\mathbf{AI}_n = \mathbf{I}_n\mathbf{A} = \mathbf{A}$ für alle (n, n)-Matrizen $\mathbf{A}$ und $\mathbf{I}_n\mathbf{x} = \mathbf{x}$ für alle Vektoren $\mathbf{x}$ aus dem $\mathbf{R}^n$.

So wie man eine Zahl x reziprok zur Zahl a nennt und mit dem Symbol a^{-1} versieht, falls $ax = 1$, so wird eine Matrix $\mathbf{X}$ invers zu einer gegebenen quadratischen (n, n)-Matrix $\mathbf{A}$ genannt und mit dem Symbol $\mathbf{A}^{-1}$ versehen, sofern $\mathbf{AX} = \mathbf{I}_n$. Ein Zahlenbeispiel ist:

$$\mathbf{A} = \begin{pmatrix} 2 & 1 \\ 1 & 1 \end{pmatrix} \Rightarrow \mathbf{A}^{-1} = \begin{pmatrix} 1 & -1 \\ -1 & 2 \end{pmatrix}, \text{ da } \mathbf{AA}^{-1} = \begin{pmatrix} 1 & 0 \\ 0 & 1 \end{pmatrix}$$

Offenbar ist die Einheitsmatrix stets zu sich selbst invers, d.h. $\mathbf{I}_n^{-1} = \mathbf{I}_n$, da ja $\mathbf{I}_n\mathbf{I}_n = \mathbf{I}_n$. Ist $\mathbf{X}$ invers zu $\mathbf{A}$, so ist automatisch auch $\mathbf{A}$ invers zu $\mathbf{X}$, d.h. aus $\mathbf{AX} = \mathbf{I}_n$ folgt $\mathbf{XA} = \mathbf{I}_n$, was wegen der fehlenden Kommutativität des Matrixproduktes nicht selbstverständlich ist. Aus diesem Grunde ergibt zweifaches Invertieren wieder die Ausgangsmatrix. Nicht alle quadratischen Matrizen besitzen eine Inverse. Analog zur Zahl Null ist auch die Nullmatrix beliebiger Ordnung nicht invertierbar, denn Multiplikation mit der Nullmatrix ergibt natürlich stets wieder die Nullmatrix, aber nie $\mathbf{I}_n$. Allerdings gibt es für Matrizen eine wesentliche Komplikation im Vergleich zu Zahlen: Während alle von Null verschiedenen Zahlen ein Reziprokes besitzen, gibt es von der Nullmatrix verschiedene Matrizen, die dennoch nicht invertierbar sind, wie z.B.

$$\mathbf{A} = \begin{pmatrix} 1 & 2 \\ 2 & 4 \end{pmatrix}$$

(man überzeuge sich durch einen allgemeinen Ansatz für eine vermeintlich inverse Matrix $\mathbf{X}$, daß in diesem Beispiel $\mathbf{AX} = \mathbf{I}_2$ niemals erfüllbar ist). Die Ursache für dieses Phänomen liegt darin begründet, daß die Spalten und automatisch auch die Zeilen von $\mathbf{A}$ linear abhängig sind (vgl. Abschn. 7.4). Allgemein ist eine quadratische Matrix genau dann invertierbar, wenn ihre Spalten und automatisch ihre Zeilen eine linear unabhängige Menge von Vektoren bilden. Ist eine Matrix invertierbar, so nennt man sie regulär, andernfalls singulär. Das Produkt zweier regulärer (n, n)-Matrizen ist wieder regulär, denn es gilt

$$(\mathbf{AB})(\mathbf{B}^{-1}\mathbf{A}^{-1}) = \mathbf{ABB}^{-1}\mathbf{A}^{-1} = \mathbf{AI}_n\mathbf{A}^{-1} = \mathbf{AA}^{-1} = \mathbf{I}_n$$

Folglich ergibt sich das Inverse des Produktes als Produkt der Inversen in umgekehrter Reihenfolge, ganz ähnlich zur Transpositionsregel:

$$(\mathbf{AB})^{-1} = \mathbf{B}^{-1}\mathbf{A}^{-1}, \tag{7.26}$$

was sich ebenfalls sofort auf mehr als zwei Faktoren verallgemeinert. Bezüglich Transposition und Inversion besteht Vertauschbarkeit der Reihenfolge:

$$(\mathbf{A}^T)^{-1} = (\mathbf{A}^{-1})^T, \text{ denn } \mathbf{A}^T(\mathbf{A}^{-1})^T = (\mathbf{A}^{-1}\mathbf{A})^T = \mathbf{I}_n^T = \mathbf{I}_n \tag{7.27}$$

Mit Hilfe des Begriffes der inversen Matrix lassen sich Gleichungen der Form $\mathbf{Ax} = \mathbf{b}$ lösen, bei denen $\mathbf{A}$ eine gegebene (n, n)-Matrix, $\mathbf{b}$ ein gegebener Vektor mit n Komponenten und $\mathbf{x}$ ein gesuchter Vektor mit n Komponenten ist. Man nennt dies auch ein lineares Gleichungssystem mit Bezug auf die komponentenweise Ausschreibung dieser Gleichung. Falls die auftretende, sogenannte Koeffizientenmatrix $\mathbf{A}$ regulär ist, kann die gesuchte Lösung $\mathbf{x}$ sofort aus den gegebenen Größen dargestellt werden, indem man Gl. (7.27) von links (!) mit der inversen Matrix $\mathbf{A}^{-1}$ multipliziert:

$$\mathbf{Ax} = \mathbf{b} \Rightarrow \mathbf{A}^{-1}\mathbf{Ax} = \mathbf{A}^{-1}\mathbf{b} \Rightarrow \mathbf{I}_n\mathbf{x} = \mathbf{A}^{-1}\mathbf{b} \Rightarrow \mathbf{x} = \mathbf{A}^{-1}\mathbf{b} \tag{7.28}$$

Diese Operation ist offenbar analog zur Division bei Zahlen, wo die Gleichung $ax = b$ direkt nach $x = a^{-1}b$ aufgelöst wird.

Für die spezielle Klasse der sogenannten Diagonalmatrizen ähnelt das Matrixprodukt noch am ehesten der gewöhnlichen Zahlenmultiplikation. Unter einer Diagonalmatrix versteht man eine quadratische Matrix, bei der sämtliche Nicht-Diagonalelemente gleich Null sind (was nicht ausschließt, daß sich auch auf der Diagonale Nullen befinden). Die einfachsten Beispiele sind die Null- oder die Einheitsmatrix. Als wichtige Rechenregel gilt: Das Produkt zweier Diagonalmatrizen gleicher Ordnung ist wiederum eine Diagonalmatrix der nämlichen

Ordnung, deren Diagonalelemente sich einfach als Produkt der jeweiligen Diagonalelemente der Ausgangsmatrizen errechnen. Diesen Sachverhalt überprüft man leicht aus der Definition des Matrixprodukts. Beispielsweise gilt:

$$\begin{pmatrix} 1 & 0 \\ 0 & -2 \end{pmatrix} \cdot \begin{pmatrix} 3 & 0 \\ 0 & 2 \end{pmatrix} = \begin{pmatrix} 3 & 0 \\ 0 & -4 \end{pmatrix}$$

Eine wichtige Konsequenz hieraus ist, daß sich die Inverse zu einer Diagonalmatrix gerade als Diagonalmatrix errechnet, deren Diagonalelemente die Reziproken der jeweiligen Diagonalelemente der Ausgangsmatrix enthalten, denn das Produkt sich entsprechender Elemente beider Matrizen muß nach Definition der Inversen das zugehörige Diagonalelement der Einheitsmatrix, d.h. den Wert Eins ergeben. Matrixinversion ist in diesem Spezialfall also eine sehr leichte Angelegenheit, z.B.:

$$\begin{pmatrix} 2 & 0 \\ 0 & -1 \end{pmatrix}^{-1} = \begin{pmatrix} 1/2 & 0 \\ 0 & -1 \end{pmatrix}$$

Hieraus sieht man sofort, daß eine Diagonalmatrix genau dann invertierbar oder regulär ist, wenn alle ihre Diagonalelemente von Null verschieden sind. Aus positiven Diagonalmatrizen kann man sogar die Wurzel ziehen, indem dies wieder diagonalelementweise geschieht:

$$\begin{pmatrix} 4 & 0 \\ 0 & 9 \end{pmatrix}^{1/2} = \begin{pmatrix} 2 & 0 \\ 0 & 3 \end{pmatrix}$$

denn – wie bei Zahlen – ergibt das Produkt der Wurzel mit sich selbst wieder die Ausgangsmatrix. Ebenso könnte man auch die Potenz $-1/2$ bilden, indem man zu der Wurzel die Inverse, oder äquivalent zu der Inversen die Wurzel sucht.

Unter den regulären Matrizen nehmen die orthogonalen Matrizen eine Sonderstellung ein. Sie zeichnen sich dadurch aus, daß ihre Inverse mit der Transponierten übereinstimmt:

$$\mathbf{A}^{-1} = \mathbf{A}^T \quad \text{bzw.} \quad \mathbf{A}^T\mathbf{A} = \mathbf{A}\mathbf{A}^T = \mathbf{I}_n \tag{7.29}$$

Unter Ausnutzung der oben erwähnten Interpretation der Matrixmultiplikation mit Hilfe von Skalarprodukten aus Zeilen- bzw. Spaltenvektoren der beteiligten Matrixfaktoren folgt, daß sich das Element in der i-ten Zeile und j-ten Spalte der Einheitsmatrix als Skalarprodukt aus der i-ten Zeile von $\mathbf{A}^T$ und der j-ten Spalte von $\mathbf{A}$ darstellt. Da aber die i-te Zeile von $\mathbf{A}^T$ zugleich die i-te Spalte von $\mathbf{A}$ ist (Transposition), erhält man für orthogonale Matrizen die Beziehung

$$\mathbf{a}_i^T\mathbf{a}_j = \begin{cases} 1 & i = j \\ 0 & i \neq j \end{cases} \tag{7.30}$$

Dies bedeutet, daß verschiedene Spaltenvektoren orthogonaler Matrizen stets orthogonal sind (Skalarprodukt gleich Null) und daß jeder Spaltenvektor die Länge Eins besitzt (da $\|\mathbf{a}_i\| = \sqrt{\mathbf{a}_i^T\mathbf{a}_i} = 1$ nach (7.30)). Analoge Aussagen treffen wegen der Symmetrie in (7.29) auch auf die Zeilenvektoren von $\mathbf{A}$ zu. Natürlich ist die Einheitsmatrix selbst eine orthogonale Matrix, da $\mathbf{I}_n^T\mathbf{I}_n = \mathbf{I}_n\mathbf{I}_n = \mathbf{I}_n$ gilt. Als Beispiel für eine von der Einheitsmatrix verschiedene orthogonale Matrix kann man etwa

$$\mathbf{A} = \begin{pmatrix} \frac{1}{2} & -\frac{1}{2}\sqrt{3} \\ \frac{1}{2}\sqrt{3} & \frac{1}{2} \end{pmatrix}$$

nehmen. Eine wichtige Eigenschaft besteht darin, daß ein Vektor $\mathbf{x}$ nach Multiplikation mit einer orthogonalen Matrix $\mathbf{A}$ seine Länge beibehält, denn nach (7.21) und (7.29) folgt

$$\|\mathbf{Ax}\| = \sqrt{(\mathbf{Ax})^T(\mathbf{Ax})} = \sqrt{\mathbf{x}^T\mathbf{A}^T\mathbf{Ax}} = \sqrt{\mathbf{x}^T\mathbf{x}} = \|\mathbf{x}\| \tag{7.31}$$

Insbesondere werden Drehungen von Vektoren durch orthogonale Matrizen beschrieben. Eine Drehung in der Ebene um den Winkel ϕ entgegen dem Uhrzeigersinn wird durch die $(2, 2)$-Matrix

$$\mathbf{A}^{\phi} = \begin{pmatrix} \cos\phi & -\sin\phi \\ \sin\phi & \cos\phi \end{pmatrix} \tag{7.32}$$

definiert. Dies erkennt man beispielsweise daran, daß die beiden Einheitsvektoren $\mathbf{e}_1 = (1, 0)^T, \mathbf{e}_2 = (0, 1)^T$ in die jeweils um den Winkel ϕ gedrehten Vektoren

$$\mathbf{A}^{\phi}\mathbf{e}_1 = \begin{pmatrix} \cos\phi \\ \sin\phi \end{pmatrix} \quad \text{bzw.} \quad \begin{pmatrix} -\sin\phi \\ \cos\phi \end{pmatrix}$$

übergehen. Die Orthogonalität von $\mathbf{A}^{\phi}$ folgt unmittelbar aus der bekannten Winkelbeziehung $\cos^2\phi + \sin^2\phi = 1$.

Um für rechteckige Matrizen, etwa der Ordnung (n, m) eine sinnvolle Verallgemeinerung des Ortohgonalitätsbegriffes zu erhalten, führt man als sogenannte orthonormierte Matrizen solche ein, die der Bedingung $\mathbf{A}^T\mathbf{A} = \mathbf{I}_m$ genügen. Dann gelten für die Spalten von $\mathbf{A}$ dieselben Orthogonalitäts- und Normiertheitseigenschaften wie für orthogonale Matrizen (s. (7.30) und darunter). Allerdings darf man hieraus nun nicht mehr die Orthogonalität der Zeilen schließen, denn wegen der Rechtecksgestalt sind orthonormierte Matrizen für $n \neq m$ natürlich nicht invertierbar, und es darf auch nicht mehr eine gespiegelte Relation der Art $\mathbf{AA}^T = \mathbf{I}_n$ geschlußfolgert werden. Orthonormierte Matrizen spielen in der Datenanalyse vor allem bei der Auswahl einer nicht vollständigen Menge von normierten Eigenvektoren symmetrischer Matrizen eine Rolle (vgl. nachfolgende Abschnitte).

Von spezifischem Interesse in der Datenanalyse sind besonders die Kovarianz-, Korrelations- und Abstandsmatrix, die im folgenden mit $\mathbf{K}, \mathbf{R}$ und $\mathbf{D}$ abgekürzt werden. Darunter ist ganz einfach die Zusammenfassung der Kovarianzen bzw. Korrelationen aller Variablen und der Abstände aller Objekte in einem gegebenen Datensatz zu einer Matrix zu verstehen. Wird dieser Datensatz durch eine (n, m)-Matrix – also durch n Objekte und m Variablen – beschrieben, so sind $\mathbf{K}$ und $\mathbf{R}$ jeweils (m, m)-Matrizen, die in ihrer i-ten Zeile und j-ten Spalte die Kovarianz $cov(\mathbf{x}_i, \mathbf{x}_j)$ bzw. die Korrelation $corr(\mathbf{x}_i, \mathbf{x}_j)$ zwischen i-tem und j-tem Spaltenvektor der Datenmatrix $\mathbf{X}$ enthalten, während $\mathbf{D}$ eine (n, n)-Matrix ist, die an der entsprechenden Stelle den euklidischen Abstand zwischen i-tem und j-tem Zeilenvektor der Datenmatrix angibt. Die einzelnen Größen werden dabei nach den Formeln (7.3), (7.7) und (7.11) berechnet. Da diese Formeln alle symmetrisch gegenüber den jeweils eingehenden beiden Vektoren sind, müssen auch **K**, **R** und **D** symmetrische Matrizen sein. Bei der Korrelationsmatrix **R** steht auf der Diagonale immer das Element Eins, da in (7.11) $cov(\mathbf{x}_i, \mathbf{x}_i) = var(\mathbf{x}_i) = s(\mathbf{x}_i)^2$ wird, d.h. eine Variable hat zu sich selbst maximale (positive) Korrelation. Im Gegensatz dazu befindet sich in der Diagonale der Abstandsmatrix **D** immer die Zahl Null, da jeder Vektor zu sich selbst den Abstand Null hat (vgl. (7.3)). Für einen Beispieldatensatz **X** errechnet man etwa:

$$\mathbf{X} = \begin{pmatrix} 4 & 0 & 4 \\ 0 & 8 & 4 \\ 4 & 4 & 2 \\ 2 & 0 & 0 \\ 0 & 8 & 0 \end{pmatrix} \Rightarrow \mathbf{D} = \begin{pmatrix} 0.00 & 8.94 & 4.47 & 4.47 & 9.80 \\ 8.94 & 0.00 & 6.00 & 9.17 & 4.00 \\ 4.47 & 6.00 & 0.00 & 4.90 & 6.00 \\ 4.47 & 9.17 & 4.90 & 0.00 & 8.25 \\ 9.80 & 4.00 & 6.00 & 8.25 & 0.00 \end{pmatrix}$$

$$\mathbf{K} = \begin{pmatrix} 4 & -6 & 1 \\ -6 & 16 & 0 \\ 1 & 0 & 4 \end{pmatrix} \quad ; \quad \mathbf{R} = \begin{pmatrix} 1.00 & 0.75 & 0.25 \\ 0.75 & 1.00 & 0.00 \\ 0.25 & 0.00 & 1.00 \end{pmatrix}$$

Unter Nutzung der in Abschn. 7.3 eingeführten Methoden der Datenvorbehandlung, nämlich Zentrierung und Standardisierung eines Vektors, kann die Aufstellung der Kovarianz- bzw. Korrelationsmatrix auch als die folgende simple Matrixoperation beschrieben werden:

$$\mathbf{K} = \frac{\mathbf{X}^{zT}\mathbf{X}^{z}}{n-1}; \quad \mathbf{R} = \frac{\mathbf{X}^{sT}\mathbf{X}^{s}}{n-1}, \tag{7.33}$$

wobei $\mathbf{X}^z$ und $\mathbf{X}^s$ durch Zentrierung bzw. Standardisierung aller Spaltenvektoren des ursprünglichen Datensatzes **X** entstanden sind. Ausgehend von den Darlegungen über die Bildung eines Matrixprodukts entnimmt man den Formeln (7.7) und (7.11), daß das Element in der i-ten Zeile und j-ten Spalte der Matrizen $(n-1)^{-1}\mathbf{X}^{zT}\mathbf{X}^z$ und $(n-1)^{-1}\mathbf{X}^{sT}\mathbf{X}^s$ tatsächlich die Kovarianz bzw. Korrelation zwischen i-ter und j-ter Spalte des Datensatzes **X** repräsentiert (dazu ersetze man in diesen Formeln $\mathbf{x}^z, \mathbf{y}^z, \mathbf{x}^s, \mathbf{y}^s$ durch $\mathbf{x}_i^z, \mathbf{x}_j^z, \mathbf{x}_i^s, \mathbf{x}_j^s$).

In Abb. 7.3 ist die Bedeutung der Diagonal- (Streuung der Variablen) bzw. Nichtdiagonalelemente (Kovarianz zwischen den Variablen) der Kovarianzmatrix für die Objektverteilung an einem Beispiel mit zwei Variablen illustriert. Ähnlich liegt der Sachverhalt bei Korrelationsmatrizen.

Eine sehr nützliche Eigenschaft der Kovarianzmatrix ist, daß ausgehend von den Kovarianzen der Ausgangsvariablen (Spalten des Datensatzes) leicht Kovarianzen von Linearkombinationen dieser Variablen bestimmt werden können. Solche Linearkombinationen, die je nach Zielstellung unterschiedliche optimale Wichtungen der Ausgangsvariablen beschreiben, bilden die Grundlage der mei-

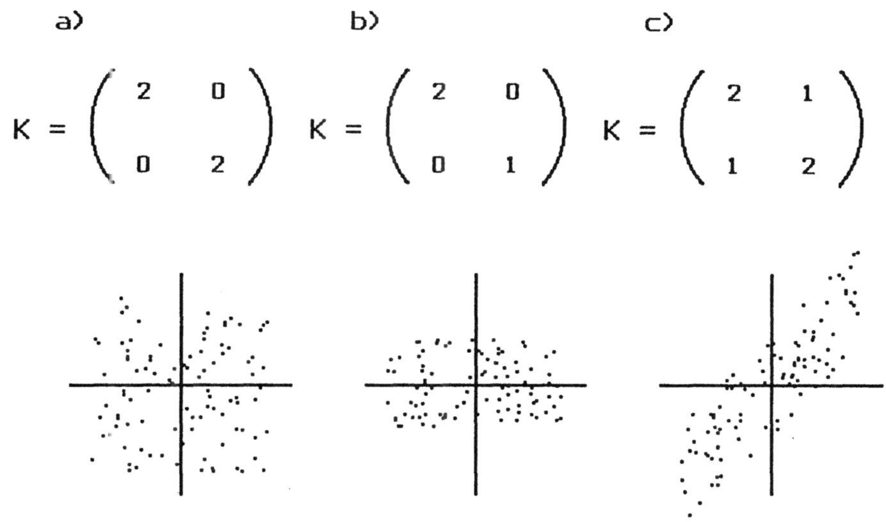

Abb. 7.3. Veranschaulichung der Beziehungen zwischen Kovarianzmatrix und Verteilung der Objekte bei zwei Variablen. a gleiche Streuung beider Variablen, keine Kovarianz, b unterschiedliche Streuung beider Variablen, keine Kovarianz, c gleiche Streuung beider Variablen, positive Kovarianz

sten Verfahren der multivariaten Datenanalyse. Es seien also etwa $\mathbf{y}_1, \mathbf{y}_2$ zwei Spaltenvektoren, die wie in (7.15) aus Linearkombinationen der Spalten von $\mathbf{X}$ entstehen: $\mathbf{y}_1 = \mathbf{X}\mathbf{c}_1, \mathbf{y}_2 = \mathbf{X}\mathbf{c}_2$. Dabei enthalten $\mathbf{c}_1, \mathbf{c}_2$ die jeweiligen Koeffizienten (Gewichte) dieser Linearkombinationen. Man kann $\mathbf{y}_1, \mathbf{y}_2$ als zwei neue Variablen auffassen, die durch Wichtung aus den Ausgangsvariablen $\mathbf{x}_j$ des Datensatzes hervorgegangen sind. Es läßt sich unschwer nachweisen, daß eine Linearkombination zentrierter Vektoren wiederum zentrierte Vektoren ergibt, daher hat man: $\mathbf{y}_1^z = \mathbf{X}^z\mathbf{c}_1, \mathbf{y}_2^z = \mathbf{X}^z\mathbf{c}_2$. Die Berechnung der Kovarianz zwischen $\mathbf{y}_1$ und $\mathbf{y}_2$ gemäß (7.7) liefert unter Nutzung von (7.33):

$$cov(\mathbf{y}_1, \mathbf{y}_2) = \frac{\mathbf{y}_1^{zT}\mathbf{y}_2^z}{n-1} = \frac{(\mathbf{X}^z\mathbf{c}_1)^T(\mathbf{X}^z\mathbf{c}_2)}{n-1} = \frac{\mathbf{c}_1^T\mathbf{X}^{zT}\mathbf{X}^z\mathbf{c}_2}{n-1} = \mathbf{c}_1\mathbf{K}\mathbf{c}_2 \quad (7.34)$$

Somit ist die Kovarianz der Linearkombinationen $\mathbf{y}_i$ direkt auf die Kovarianz der Ausgangsvariablen $\mathbf{x}_i$ zurückführbar. Im oben angegebenen Datenbeispiel $\mathbf{X}$ könnte man etwa die Linearkombinationen $\mathbf{y}_1 = \mathbf{x}_1 - 2\mathbf{x}_2 + \mathbf{x}_3$ sowie $\mathbf{y}_2 = -\mathbf{x}_1 + \mathbf{x}_2 + 2\mathbf{x}_3$ der drei Spalten des Datensatzes $\mathbf{X}$ betrachten. Dann sind die entsprechenden Gewichtsvektoren $\mathbf{c}_1 = (1, -2, 1)^T, \mathbf{c}_2 = (-1, 1, 2)^T$, und die Kovarianz beider Linearkombinationen ergibt sich gemäß (7.34) und der Vorschrift zur Matrixmultiplikation als

$$cov(\mathbf{y}_1, \mathbf{y}_2) =$$

$$(1, -2, 1)\begin{pmatrix} 4 & -6 & 1 \\ -6 & 16 & 0 \\ 1 & 0 & 4 \end{pmatrix}\begin{pmatrix} -1 \\ 1 \\ 2 \end{pmatrix} = (1, -2, 1)\begin{pmatrix} -8 \\ 22 \\ 7 \end{pmatrix} = -45$$

Analog lassen sich auch die Varianzen von $\mathbf{y}_1, \mathbf{y}_2$ als Kovarianzen dieser Vektoren mit sich selbst (vgl. (7.7) und daraus auch deren Standardabweichungen und Korrelation (über (7.11)) ermitteln. Im Beispiel folgt: $var(\mathbf{y}_1) = \mathbf{c}_1^T\mathbf{K}\mathbf{c}_1 = 98, var(\mathbf{y}_2) = \mathbf{c}_2^T\mathbf{K}\mathbf{c}_2 = 44$, also $s(\mathbf{y}_1) \approx 9.9, s(\mathbf{y}_2) \approx 6.6$ und $corr(\mathbf{y}_1, \mathbf{y}_2) \approx -45/(9.9 \cdot 6.6) \approx -0.69$.

Parallel zu (7.34) gilt mit der entsprechenden Begründung bezüglich der Korrelation von Linearkombinationen die Beziehung $corr(\mathbf{y}_1, \mathbf{y}_2) = \mathbf{c}_1^T\mathbf{R}\mathbf{c}_2$.

7.7 Cholesky-Zerlegung symmetrischer Matrizen mit positiven Eigenwerten

Ein lineares Gleichungssystem mit n Gleichungen in n Unbekannten besitzt in Matrixschreibweise die Gestalt

$$\mathbf{A}\mathbf{x} = \mathbf{b} \tag{7.35}$$

wobei $\mathbf{A}$ eine gegebene Koeffizientenmatrix der Ordnung (n, n), $\mathbf{b}$ ein ebenfalls gegebener Vektor mit n Komponenten und $\mathbf{x}$ der gesuchte Lösungsvektor mit n Komponenten sind. Im allgemeinen wird (7.35) mit Hilfe des Gaußschen Algorithmus gelöst (vgl. auch [257]). In dem in der multivariaten Datenanalyse häufig anzutreffenden Spezialfall, wo die Koeffizientenmatrix $\mathbf{A}$ symmetrisch ist und nur positive Eigenwerte besitzt, kann auf eine effektivere Methode, die sogenannte Cholesky-Zerlegung zurückgegriffen werden. Es läßt sich nämlich jede solche Matrix als Produkt

$$\mathbf{A} = \mathbf{L}\mathbf{L}^T \tag{7.36}$$

darstellen, wobei $\mathbf{L}$ eine linke untere Dreiecksmatrix der Ordnung (n, n) ist, d.h. von Null verschiedene Elemente befinden sich lediglich in der linken unteren Hälfte. Das zu (7.35) äquivalente Gleichungssystem

$$\mathbf{L}\mathbf{L}^T\mathbf{x} = \mathbf{b} \tag{7.37}$$

kann dann in zwei Teilschritten gelöst werden: Zunächst bestimmt man eine Lösung $\mathbf{y}$ von $\mathbf{L}\mathbf{y} = \mathbf{b}$, und danach fungiert dieses $\mathbf{y}$ als rechte Seite des Systems $\mathbf{L}^T\mathbf{x} = \mathbf{y}$, dessen Lösung $\mathbf{x}$ zugleich eine Lösung des Ausgangssystems (7.37) ist, wie man durch Einsetzen des zweiten in den ersten Teilschritt unschwer erkennt. Die Aufteilung in zwei Teilschritte scheint einen Mehraufwand zu bedeuten, indes lassen sich Lösungen von linearen Gleichungssystemen mit Koeffizientenmatrizen in Dreiecksgestalt (im Gegensatz zur vollbesetzten Koeffizientenmatrix $\mathbf{A}$ in (7.35)) stets leicht und direkt ablesen, wie man im Beispiel weiter unten erkennen kann. Aus Gründen der Anschaulichkeit seien im folgenden nur Matrizen der Ordnung drei betrachtet (für die allgemeine Ordnung n gelten die Herleitungen ganz analog mit etwas mehr schreibtechnischem Aufwand). Für die Zerlegung (7.36) erhält man dann ausführlich:

$$\begin{pmatrix} a_{11} & a_{12} & a_{13} \\ a_{21} & a_{22} & a_{23} \\ a_{31} & a_{32} & a_{33} \end{pmatrix} = \begin{pmatrix} l_{11} & 0 & 0 \\ l_{21} & l_{22} & 0 \\ l_{31} & l_{32} & l_{33} \end{pmatrix} \begin{pmatrix} l_{11} & l_{21} & l_{31} \\ 0 & l_{22} & l_{32} \\ 0 & 0 & l_{33} \end{pmatrix} =$$

$$\begin{pmatrix} l_{11}^2 & l_{21}l_{11} & l_{31}l_{11} \\ l_{11}l_{21} & l_{21}^2 + l_{22}^2 & l_{31}l_{21} + l_{32}l_{22} \\ l_{11}l_{31} & l_{21}l_{31} + l_{22}l_{32} & l_{31}^2 + l_{32}^2 + l_{33}^2 \end{pmatrix} \tag{7.38}$$

Die gesuchten Elemente l_{ij} der Zerlegungsmatrix $\mathbf{L}$ sind nun durch komponentenweisen Vergleich in (7.38) erhältlich. Dabei kann man sich wegen der Symmetrie von $\mathbf{A}$ auf die Einträge beispielsweise der linken unteren Hälften beschränken. Es ist zu erkennen, daß sämtliche Größen l_{ij} sukzessive abgeleitet werden können. Dies soll an einem Zahlenbeispiel aus Abschn. 4.4 illustriert werden. Dort war das folgende lineare Gleichungssystem in drei Unbekannten zu lösen:

$$\begin{pmatrix} 73.997 & 4.024 & -73.303 \\ 4.024 & 0.643 & -5.275 \\ -73.303 & -5.275 & 82.688 \end{pmatrix} \begin{pmatrix} x_1 \\ x_2 \\ x_3 \end{pmatrix} = \begin{pmatrix} 1.950 \\ -0.242 \\ 1.039 \end{pmatrix}$$

Der erste Schritt im Komponentenvergleich von (7.38) liefert nun die Beziehung $l_{11}^2 = 73.997$, also $l_{11} = 8.602$. Mit dieser Information geht man in den Vergleich der zweiten Komponente der ersten Spalte hinein und erhält $l_{11}l_{21} = 8.602 \cdot l_{21} = 4.024$, also $l_{21} = 0.468$. Nachdem auf diese Weise alle Komponenten der ersten Spalte von $\mathbf{L}$ bestimmt wurden, fährt man analog in der zweiten Spalte, allerdings nicht von oben sondern erst vom zweiten, dem Diagonalelement an fort (die Oberdiagonalelemente von $\mathbf{L}$ sind ja wegen der geforderten Dreiecksgestalt ohnehin gleich Null). Insgesamt resultiert im Zahlenbeispiel die Zerlegungsmatrix

$$\mathbf{L} = \begin{pmatrix} 8.602 & 0.000 & 0.000 \\ 0.468 & 0.651 & 0.000 \\ -8.521 & -1.979 & 2.481 \end{pmatrix}$$

Es folgt nun die oben besprochene zweistufige Lösung des Gleichungssystems. Das erste dieser beiden Systeme $\mathbf{Ly} = \mathbf{b}$ lautet in ausführlicher Schreibweise mit den konkreten Daten für $\mathbf{L}$ und $\mathbf{b}$:

$$\begin{aligned} 8.602 \cdot y_1 &= 1.950 \\ 0.468 \cdot y_1 + 0.651 \cdot y_2 &= -0.242 \\ -8.521 \cdot y_1 - 1.979 \cdot y_2 + 2.481 \cdot y_3 &= 1.039 \end{aligned}$$

Sukzessives Auflösen dieser Gleichungen von oben nach unten bei gleichzeitigem Einsetzen bereits errechneter y-Werte liefert die gesuchten Komponenten $y_1 = 0.227$, $y_2 = -0.534$, $y_3 = 0.771$. Im zweiten Schritt wird nun gewissermaßen das gespiegelte System $\mathbf{L}^T\mathbf{x} = \mathbf{y}$, nun aber mit dem Vektor $\mathbf{y}$ als rechter Seite gelöst:

$$\begin{aligned} 8.602 \cdot x_1 + 0.468 \cdot x_2 - 8.521 \cdot x_3 &= 0.227 \\ 0.651 \cdot x_2 - 1.979 \cdot x_3 &= -0.534 \\ 2.481 \cdot x_3 &= 0.771 \end{aligned}$$

Hier wird genauso verfahren wie zuvor, nun aber von unten beginnend und nach oben einsetzend. Als endgültigen Lösungsvektor des ursprünglich gegebenen linearen Gleichungssystems errechnet man: $x_1 = 0.327, x_2 = 0.124, x_3 = 0.311$.

Formal stellt sich die gesamte Prozedur zur Bestimmung von $\mathbf{x}$ in (7.35) folgendermaßen dar:

1. Zerlegung von $\mathbf{A}$ in $\mathbf{LL}^T$:

$$\left.\begin{array}{l} l_{jj} := \sqrt{a_{jj} - \sum_{k=1}^{j-1} l_{jk}^2} \\ l_{ij} := (a_{ij} - \sum_{k=1}^{j-1} l_{ik} l_{jk})/l_{jj} \\ l_{ji} := 0 \end{array}\right\} \begin{array}{l} j = 1, \ldots, n \\ i = j+1, \ldots, n \end{array}$$

2. Lösung von $\mathbf{Ly} = \mathbf{b}$:

$$y_j := \frac{b_j - \sum_{k=1}^{j-1} l_{jk} y_k}{l_{jj}} \qquad (1 \leq j \leq n)$$

3. Lösung von $\mathbf{L}^T\mathbf{x} = \mathbf{y}$:

$$x_{(n+1-j)} := \frac{y_{(n+1-j)} - \sum\limits_{k=n+2-j}^{n} l_{k,(n+1-j)} x_k}{l_{(n+1-j),(n+1-j)}} \qquad (1 \leq j \leq n)$$

Dabei ist zu beachten, daß entsprechende Anweisungen nur auszuführen sind, wenn der Startindex nicht größer als der Endindex ist.

Ausgehend von diesem Lösungsalgorithmus für (7.35) können auch ganz allgemein Matrixgleichungen der Gestalt $\mathbf{AX} = \mathbf{B}$ behandelt werden, indem man sukzessive die Spalten von $\mathbf{B}$ einzeln als Vektoren $\mathbf{b}$ im System (7.35) auffaßt. Die jeweils resultierenden Lösungsvektoren $\mathbf{x}$ werden schließlich als Spalten der gesuchten Matrix $\mathbf{X}$ nebeneinander geschrieben. Diese Vorgehensweise soll kurz am Problem der Matrixinversion beschrieben werden. Nach Abschn. 7.6 erhält man die Inverse einer Matrix $\mathbf{A}$ als Lösung $\mathbf{X}$ der Matrixgleichung $\mathbf{AX} = \mathbf{I}_n$. Für ein kleines Zahlenbeispiel

$$\mathbf{A} = \begin{pmatrix} 1 & 1 \\ 1 & 2 \end{pmatrix} \quad \text{folgt etwa} \quad \mathbf{L} = \begin{pmatrix} 1 & 0 \\ 1 & 1 \end{pmatrix}$$

Als Vektoren $\mathbf{b}$ der rechten Seite werden nun nacheinander die beiden Spalten der Einheitsmatrix $\mathbf{I}_2$ genommen. Für die erste Spalte $\mathbf{b} = (1, 0)^T$ liefert die berechnete Zerlegungsmatrix $\mathbf{L}$ mit dem oben beschriebenen Algorithmus den Lösungsvektor $\mathbf{x} = (2, -1)^T$, für die zweite Spalte $\mathbf{b} = (0, 1)^T$ dagegen $\mathbf{x} = (-1, 1)^T$, so daß die Aneinanderreihung beider Lösungen schließlich zur inversen Matrix

$$\mathbf{X} = \mathbf{A}^{-1} = \begin{pmatrix} 2 & -1 \\ -1 & 1 \end{pmatrix}$$

führt.

Es sei nochmals betont, daß die beschriebene Cholesky-Zerlegung nicht zur Lösung linearer Systeme mit beliebigen Koeffizientenmatrizen sondern nur mit den beschriebenen (beispielsweise Kovarianzmatrizen) geeignet ist.

7.8 Eigenwerte, Eigenvektoren und Spur quadratischer Matrizen

Zahlreiche Verfahren der multivariaten Datenanalyse beruhen auf der Lösung der sogenannten Eigenwertproblematik. Ist $\mathbf{X}$ eine (n, n)-Matrix, so nennt man Zahlen λ und Vektoren $\mathbf{v} \neq \mathbf{0}$, die die Gleichung

$$\mathbf{X}\mathbf{v} = \lambda\mathbf{v} \tag{7.39}$$

erfüllen, Eigenwerte bzw. Eigenvektoren der Matrix $\mathbf{X}$. Da (7.39) mit $\mathbf{v} = \mathbf{0}$ stets trivial erfüllbar wäre, wird von vornherein vorausgesetzt, daß nur vom Nullvektor verschiedene Vektoren in (7.39) gesucht werden. Die Eigenschaft, Eigenvektor einer Matrix zu sein, bedeutet offenbar, daß ein solcher nach Multiplikation mit dieser Matrix in ein Vielfaches von sich selbst übergeht. Das Vielfache ist gerade der zugehörige Eigenwert. Diese spezielle Eigenschaft ist sicherlich nicht von jedem beliebigen Vektor sondern nur von ganz speziellen, eben den Eigenvektoren zu erwarten. Schreibt man (7.39) mit Hilfe der Einheitsmatrix etwas umständlicher als $\mathbf{X}\mathbf{v} = \lambda\mathbf{I}_n\mathbf{v}$, so erhält man die äquivalente Formulierung

$$(\mathbf{X} - \lambda\mathbf{I}_n)\mathbf{v} = \mathbf{0} \tag{7.40}$$

oder kurz $\mathbf{A}\mathbf{v} = \mathbf{0}$, wenn man $\mathbf{A} = \mathbf{X} - \lambda\mathbf{I}_n$ setzt. Dies ist aber ein lineares Gleichungssystem, bei dem der Vektor $\mathbf{v}$ gesucht wird. Ist $\mathbf{A}$ regulär, so ergibt sich nach (7.28) die einzige Lösung als $\mathbf{v} = \mathbf{A}^{-1}\mathbf{0} = \mathbf{0}$, was aber entsprechend obiger Verabredung gerade kein Eigenvektor wäre. Daher interessiert umgekehrt genau der Fall, wo $\mathbf{A}$ nicht regulär ist, wo also die Spalten bzw. Zeilen von $\mathbf{A}$ linear abhängig sind. Die Eigenwerte λ sind folglich gerade so zu bestimmen, daß etwa die Zeilen der Matrix $\mathbf{X} - \lambda\mathbf{I}_n$ linear abhängig werden. Dieser Sachverhalt soll an der kleinen Beispielmatrix

$$\mathbf{X} = \begin{pmatrix} 2 & 1 \\ 1 & 2 \end{pmatrix}$$

illustriert werden. Man erhält zunächst

$$\mathbf{A} = \mathbf{X} - \lambda\mathbf{I}_2 = \begin{pmatrix} 2-\lambda & 1 \\ 1 & 2-\lambda \end{pmatrix}$$

Ein Augenblick der Überlegung zeigt, daß es genau zwei verschiedene Wahlen für λ gibt, um linear abhängige Zeilen zu erhalten, nämlich $\lambda_1 = 3$ und $\lambda_2 = 1$, denn die jeweils entstehenden Matrizen sind dann

$$\mathbf{A}_1 = \mathbf{X} - \lambda_1\mathbf{I}_2 = \begin{pmatrix} -1 & 1 \\ 1 & -1 \end{pmatrix}; \quad \mathbf{A}_2 = \mathbf{X} - \lambda_2\mathbf{I}_2 = \begin{pmatrix} 1 & 1 \\ 1 & 1 \end{pmatrix}$$

In beiden Fällen resultiert also lineare Abhängigkeit, während Einsetzen irgendeines anderen Wertes für λ zur linearen Unabhängigkeit der Zeilen führt. Sind die Eigenwerte erst gefunden, so lassen sich zugehörige Eigenvektoren entsprechend (7.40) durch Lösen der jeweiligen Gleichungssysteme $\mathbf{A}_1\mathbf{v}_1 = \mathbf{0}$ bzw. $\mathbf{A}_2\mathbf{v}_2 = \mathbf{0}$

berechnen. Für $\mathbf{A}_1$ kann man z.B. $\mathbf{v}_1 = (1, 1)^T$ und für $\mathbf{A}_2$ etwa $\mathbf{v}_2 = (1, -1)^T$ wählen. Allerdings besteht die Menge aller Eigenvektoren zu einem konkreten Eigenwert nicht bloß aus einem Element sondern bildet einen ganzen Unterraum (im Normalfall eine Gerade), denn mit jedem Vektor $\mathbf{v}$, der (7.39) erfüllt, trifft dies auch auf ein beliebiges Vielfaches $\alpha\mathbf{v}$ zu, da $\mathbf{X}(\alpha\mathbf{v}) = \alpha\mathbf{X}\mathbf{v} = \alpha\lambda\mathbf{v} = \lambda(\alpha\mathbf{v})$ gilt (Zahlen dürfen bei der Matrixmultiplikation nach vorn gezogen werden). Um Willkür bei der Angabe eines Eigenvektors zu einem bestimmten Eigenwert zu vermeiden, wird im allgemeinen ein normierter Eigenvektor angegeben. Im Beispiel erhält man $\mathbf{v}_1^* = (0.71, 0.71)^T$, $\mathbf{v}_2^* = (0.71, -0.71)^T$.

Im allgemeinen muß eine quadratische Matrix im Bereich der rellen Zahlen keine Eigenwerte bzw. -vektoren besitzen. Zumindest für symmetrische Matrizen, die wie Kovarianz-, Korrelations- und Abstandsmatrix den Standardfall in der Datenanalyse bilden, ist diese Eigenschaft jedoch garantiert, d.h. es existieren zu einer symmetrischen (n, n)-Matrix stets n, nicht notwendig verschiedene Eigenwerte, aus denen sich zugehörige Eigenvektoren bestimmen lassen. Man erhält dann n „Eigen-Paare" $(\lambda_i, \mathbf{v}_i)$, die die Gleichungen

$$\mathbf{X}\mathbf{v}_i = \lambda_i\mathbf{v}_i \quad (\mathbf{v}_i^T\mathbf{v}_i = 1) \tag{7.41}$$

erfüllen, wobei die Eigenvektoren, so wie in Klammern angegeben, die Länge Eins besitzen, also normiert sind. Gl. (7.41) läßt sich auch als Matrixprodukt schreiben, wenn die normierten Eigenvektoren als Spalten einer Eigenvektormatrix und die Eigenwerte als Diagonalelemente einer Eigenwert-Diagonalmatrix angeordnet werden:

$$\mathbf{X}\left(\mathbf{v}_1 \middle| \cdots \middle| \mathbf{v}_n\right) = \left(\mathbf{v}_1 \middle| \cdots \middle| \mathbf{v}_n\right)\begin{pmatrix} \lambda_1 & 0 & 0 \\ 0 & \ddots & 0 \\ 0 & 0 & \lambda_n \end{pmatrix} \tag{7.42}$$

In der Tat stimmt die i-te Spalte der auf der linken Seite von (7.42) resultierenden Matrix mit $\mathbf{X}\mathbf{v}_i$ überein, während die i-te Spalte der sich auf der rechten Seite ergebenden Matrix gleich $\lambda_i\mathbf{v}_i$ ist. Es ist üblich, die Eigenpaare nach fallenden Eigenwerten zu ordnen, so daß in (7.42) $\lambda_1 \geq \lambda_2 \geq \cdots \geq \lambda_n$ folgt.

Eine bemerkenswerte Eigenschaft symmetrischer Matrizen besteht darin, daß Eigenvektoren, die zu verschiedenen Eigenwerten gehören, orthogonal sind. Dies sieht man wie folgt: Angenommen, es sind zwei Eigenvektoren zu unterschiedlichen Eigenwerten gegeben, also

$$\mathbf{X}\mathbf{v}_i = \lambda_i\mathbf{v}_i \quad \text{und} \quad \mathbf{X}\mathbf{v}_j = \lambda_j\mathbf{v}_j$$

Multipliziert man die erste dieser Gleichungen von links mit $\mathbf{v}_j^T$, die zweite dagegen mit $\mathbf{v}_i^T$, so folgt nach Herausziehen der Eigenwerte:

$$\mathbf{v}_j^T\mathbf{X}\mathbf{v}_i = \lambda_i\mathbf{v}_j^T\mathbf{v}_i \quad \text{und} \quad \mathbf{v}_i^T\mathbf{X}\mathbf{v}_j = \lambda_j\mathbf{v}_i^T\mathbf{v}_j \tag{7.43}$$

Nun ergibt der Ausdruck $\mathbf{v}_j^T\mathbf{X}\mathbf{v}_i$ als sukzessives Produkt aus $(1, n)$-, (n, n)- und $(n, 1)$-Matrizen (Zeilenvektor mal quadratische Matrix mal Spaltenvektor) eine

(1, 1)-Matrix, also eine Zahl. Da Zahlen sich durch Transponieren nicht ändern, folgt mit der Transpositionsregel:

$$\mathbf{v}_j^T \mathbf{X} \mathbf{v}_i = (\mathbf{v}_j^T \mathbf{X} \mathbf{v}_i)^T = \mathbf{v}_i^T \mathbf{X}^T \mathbf{v}_j = \mathbf{v}_i^T \mathbf{X} \mathbf{v}_j$$

Hierbei wurde die Symmetrie von **X** ausgenutzt. Da auch das Skalarprodukt symmetrisch ist (vgl. (7.2)), also $\mathbf{v}_j^T \mathbf{v}_i = \mathbf{v}_i^T \mathbf{v}_j$, gelangt man nach Subtraktion der rechten von der linken Gleichung in (7.43) zu

$$0 = (\lambda_i - \lambda_j) \mathbf{v}_j^T \mathbf{v}_i$$

Weil die beiden Eigenwerte als verschieden angenommen wurden, kann man durch den Klammerausdruck dividieren, und erhält die behauptete Orthogonalität der beiden zugehörigen Eigenvektoren: $\mathbf{v}_i^T \mathbf{v}_j = 0$.

Zur Abkürzung werde nun in (7.42) die Eigenvektormatrix mit **V** und die Eigenwert-Diagonalmatrix mit $\mathbf{\Lambda}$ bezeichnet. Da das Skalarprodukt der Spalten von **V** mit sich selbst stets Eins, mit jeder anderen Spalte jedoch wie eben gezeigt Null ergibt, folgt nach (7.30), daß **V** eine orthogonale Matrix ist. Zusammenfassend kann man also sagen, daß zu jeder symmetrischen Matrix **X** eine orthogonale Matrix **V** und eine Diagonalmatrix $\mathbf{\Lambda}$ existieren, so daß die folgenden drei gleichwertigen Beziehungen erfüllt sind:

$$\mathbf{X}\mathbf{V} = \mathbf{V}\mathbf{\Lambda} \quad \text{bzw.} \quad \mathbf{V}^T\mathbf{X}\mathbf{V} = \mathbf{\Lambda} \quad \text{bzw.} \quad \mathbf{X} = \mathbf{V}\mathbf{\Lambda}\mathbf{V}^T \tag{7.44}$$

Dabei enthalten die Spalten von **V** die normierten Eigenvektoren zu den in der Diagonale von $\mathbf{\Lambda}$ befindlichen Eigenwerten von **X**. Die erste Beziehung ergibt sich dabei unmittelbar aus (7.42), die zweite folgt aus der ersten durch Linksmultiplikation und die dritte aus der ersten durch Rechtsmultiplikation mit $\mathbf{V}^T$, wobei die Orthogonaltät von **V** ausgenutzt wurde (vgl. (7.29)). Den Ausdruck $\mathbf{V}^T\mathbf{X}\mathbf{V}$ nennt man auch eine Ähnlichkeitstransformation von **X**. In diesem Sinne drückt die mittlere Beziehung aus, daß jede symmetrische Matrix durch eine Ähnlichkeitstransformation in Diagonalgestalt überführt werden kann, was für nicht-symmetrische Matrizen im allgemeinen nicht zutrifft.

Häufig benutzt man in der Datenanalyse nicht alle Eigenvektoren eines Problems sondern nur die zu den ersten größeren Eigenwerten gehörigen, da hierdurch im allgemeinen eine sinnvolle Datenreduktion erreicht wird. Dann ergibt die spaltenweise Zusammenfassung der ersten $m \leq n$ Eigenvektoren eine nicht mehr notwendig quadratische Matrix **V** der Ordnung (n, m). Insbesondere kann **V** im allgemeinen auch nicht mehr orthogonal sein, allerdings folgt aus der oben gezeigten Orthogonalität der zu verschiedenen Eigenwerten gehörigen, normierten Eigenvektoren zumindest noch die Orthonormiertheit von **V** (vgl. Abschn. 7.6). Damit behalten auch die ersten beiden Ausdrücke in (7.44) Gültigkeit (der dritte nicht mehr!), sofern $\mathbf{\Lambda}$ als die Einschränkung der ursprünglichen Eigenwertmatrix auf die ersten m Zeilen und Spalten verabredet wird.

Durch die oben angegebene Ähnlichkeitstransformation ändert sich der Rang einer Matrix nicht, man erhält also $rg\mathbf{X} = rg\mathbf{\Lambda}$. Aus der Diagonalgestalt von $\mathbf{\Lambda}$ (vgl. (7.42)) ist abzulesen, daß die darin enthaltenen Spaltenvektoren genau dann linear unabhängig sind, wenn die Eigenwerte als Diagonalelemente alle verschieden von Null sind, denn genau dann kann keine Spalte als Linearkombination einer anderen geschrieben werden (man beachte, daß der Nullvektor sich stets als Linearkombination anderer Vektoren mit den trivialen Koeffizienten $c_i = 0$ schreiben läßt). Daher wird die maximale Zahl linear unabhängiger Spalten von $\mathbf{\Lambda}$ durch die Anzahl der von Null verschiedenen Diagonalelemente gegeben. Folglich kann man feststellen, daß der Rang einer symmetrischen Matrix $\mathbf{X}$, gleich der Anzahl ihrer von Null verschiedenen Eigenwerte λ_i ist. Kenntnis der Eigenwerte impliziert also sofort auch Kenntnis des Rangs.

Eine wichtige Eigenschaft von Matrizen der Form $\mathbf{X}^T\mathbf{X}$, also speziell auch von Kovarianz- und Korrelationsmatrizen ist, daß all ihre Eigenwerte größer oder gleich Null sind. Es sei nämlich etwa $\mathbf{v}$ ein Eigenvektor zum Eigenwert λ einer solchen Matrix, d.h.: $\mathbf{X}^T\mathbf{X}\mathbf{v} = \lambda\mathbf{v}$. Dann gilt wegen der Nichtnegativität der Länge (Norm) eines Vektors:

$$\begin{aligned} \lambda\|\mathbf{v}\|^2 = \lambda\mathbf{v}^T\mathbf{v} = \mathbf{v}^T(\lambda\mathbf{v}) = \mathbf{v}^T\mathbf{X}^T\mathbf{X}\mathbf{v} &= (\mathbf{X}\mathbf{v})^T(\mathbf{X}\mathbf{v}) \\ &= \|\mathbf{X}\mathbf{v}\|^2 \geq 0 \end{aligned} \tag{7.45}$$

Da $\mathbf{v}$ als Eigenvektor und somit auch seine Norm von Null verschieden ist, kann man die erhaltene Beziehung $\lambda\|\mathbf{v}\|^2 \geq 0$ durch $\|\mathbf{v}\|^2$ dividieren, und erhält die behauptete Nichtnegativität des Eigenwertes.

Für die numerische Realisierung von Verfahren der multivariaten Datenanalyse ist die Anwendung geeigneter Methoden zur Bestimmung der Eigenwerte und -vektoren von herausragender Bedeutung. Die oben für das Beispiel einer $(2, 2)$-Matrix benutzte Methode zur Erkennung der Eigenwerte als solche Zahlen λ, die die Zeilen der Matrix $\mathbf{X} - \lambda\mathbf{I}_n$ linear abhängig werden lassen, diente lediglich illustrativen Zwecken. Ihre Anwendung auf reale Probleme mit Matrizen höherer Ordnung ist praktisch aussichtslos. Allerdings gibt es eine große Vielfalt numerischer Verfahren zur Lösung von Eigenwert/-vektor-Problemen. Grob kann man sie danach unterscheiden, ob sie alle n Paare von Eigenwerten und -vektoren simultan (Matrixdiagonalisierung) oder nur einige wenige dieser Paare, die mit den größten Eigenwerten assoziiert sind, separat (Vektoriteration) bestimmen. Einen guten Überblick kann man [257] entnehmen. Unter den Verfahren der Matrixdiagonalisierung dürfte das QR-Verfahren (vgl. [283]) gegenwärtig das effizienteste sein. Die wohl einfachste Variante der Eigenwert/-vektor-Berechnung ist die sogenannte Potenz-Methode („power method"). Ausgehend von irgendeinem Startvektor $\mathbf{v}^0 \neq \mathbf{0}$, z.B. vom ersten Einheitsvektor $\mathbf{e}_1$, multipliziert man die gegebene Matrix $\mathbf{X}$ von links mit diesem und erhält dabei einen Vektor, der nach Normierung den iterierten Vektor $\mathbf{v}^1$ liefert. Dann wird $\mathbf{X}$ mit $\mathbf{v}^1$ multipliziert, das Ergebnis normiert, und es entsteht $\mathbf{v}^2$ usw. Die Folge $\mathbf{v}^0, \mathbf{v}^1, \mathbf{v}^2, \ldots$ konvergiert gegen einen normierten Eigenvektor $\mathbf{v}^*$, der zum größten Eigenwert λ^* von $\mathbf{X}$ gehört. Für die zu Beginn dieses Abschnitts benutzte einfache $(2, 2)$-Matrix ergibt sich beispielsweise mit dem vorgeschlagenen Startvektor die folgende Sequenz normierter Vektoren, die bereits nach 4 Iterationen recht gut mit der oben gefundenen Lösung des ersten normierten Eigenvektors übereinstimmt:

$$\begin{pmatrix} 1 \\ 0 \end{pmatrix}, \begin{pmatrix} 0.89 \\ 0.45 \end{pmatrix}, \begin{pmatrix} 0.78 \\ 0.64 \end{pmatrix}, \begin{pmatrix} 0.73 \\ 0.68 \end{pmatrix}, \begin{pmatrix} 0.72 \\ 0.70 \end{pmatrix} \cdots \rightarrow \begin{pmatrix} 0.71 \\ 0.71 \end{pmatrix}$$

Der zugehörige größte Eigenwert selbst wird aus dem gefundenen Eigenvektor über die Beziehung $\mathbf{X}\mathbf{v}^* = \lambda^*\mathbf{v}^*$ mittels Komponentenvergleich gefunden:

$$\begin{pmatrix} 2 & 1 \\ 1 & 2 \end{pmatrix} \begin{pmatrix} 0.72 \\ 0.70 \end{pmatrix} = \begin{pmatrix} 2.14 \\ 2.12 \end{pmatrix}$$

Die jeweils ersten Komponenten der links und rechts vom Gleichheitszeichen auftretenden Vektoren stehen im Verhältnis 1:2.97 und die jeweils zweiten im Verhältnis 1:3.03, was im Rahmen der Ungenauigkeit nach Iterationsabbruch recht gut den oben gefundenen ersten Eigenwert $\lambda_1 = 3$ dieser Matrix wiedergibt. Nachdem auf diese Weise das erste Eigenpaar $(\lambda^*, \mathbf{v}^*)$ extrahiert wurde, bildet man die sogenannte Restmatrix

$$\mathbf{X}^* = \mathbf{X} - \lambda^*\mathbf{v}^*\mathbf{v}^{*T} \text{ (in Komponenten: } x_{ij}^* = x_{ij} - \lambda^* v_i^* v_j^*) \tag{7.46}$$

Mit dieser verfährt man genauso wie zuvor mit $\mathbf{X}$, um das nächste Eigenpaar zu bestimmen, denn der dann ermittelte größte Eigenwert von $\mathbf{X}^*$ ist zugleich der zweitgrößte Eigenwert von $\mathbf{X}$ und auch Eigenvektoren von $\mathbf{X}^*$ sind zugleich Eigenvektoren zum selben Eigenwert von $\mathbf{X}$, wie man leicht zeigen kann. Aus $\mathbf{X}^*$ wird mit dem neu berechneten Eigenpaar analog zu (7.46) eine neue Restmatrix $\mathbf{X}^{**}$ gebildet usw. Auf diese Weise lassen sich im Prinzip alle Eigenpaare schrittweise extrahieren. Der leichten Implementierbarkeit der Potenzmethode steht als entscheidender Nachteil gegenüber, daß die Konvergenz um so langsamer wird, je dichter zwei aufeinanderfolgende Eigenwerte liegen. Dieser Nachteil wird in fortgeschritteneren Methoden durch eine sogenannte shifting-Technik ausgeglichen.

Eine wichtige Maßzahl zur Charakterisierung quadratischer Matrizen ist deren Spur tr („trace"), worunter man die Summe aller Diagonalelemente versteht:

$$tr\mathbf{X} = \sum_{i=1}^{n} x_{ii} \tag{7.47}$$

Beispielsweise ist die Spur $tr\mathbf{K}$ einer Kovarianzmatrix gleich der Gesamtvarianz aller Variablen eines Datensatzes, da in der Diagonale sämtliche Einzelvarianzen (Kovarianzen der Variablen mit sich selbst) verzeichnet sind. Für Abstandsmatrizen gilt natürlich stets $tr\mathbf{D} = 0$, für Korrelationsmatrizen der Ordnung (m, m) dagegen $tr\mathbf{R} = m$, da sich in den jeweiligen Diagonalen ausschließlich Nullen bzw. Einsen befinden. Für eine (nicht unbedingt quadratische) (n, m)-Matrix $\mathbf{X}$, deren Zeilen mit $\mathbf{x}_i^T$ bezeichnet werden mögen, folgert man mit Hilfe von (7.47) und (7.2):

$$tr(\mathbf{X}\mathbf{X}^T) = \sum_{i=1}^{n} \mathbf{x}_i^T\mathbf{x}_i = \sum_{i=1}^{n}\sum_{j=1}^{m} x_{ij}^2 \tag{7.48}$$

(Aus der alternativen Deutung des Matrixproduktes mittels der Skalarprodukte von Zeilen und Spalten in Abschn. 7.5 erkennt man, daß die Diagonalelemente von $\mathbf{XX}^T$ tatsächlich durch $\mathbf{x}_i^T\mathbf{x}_i$ gegeben sind). Daher ergibt $tr\mathbf{XX}^T$ die Summe aller quadrierten Elemente von $\mathbf{X}$ so daß man in Analogie zum Skalarprodukt von Vektoren mit sich selbst die Wurzel dieser Größe gewissermaßen als „Länge" einer Matrix auffassen kann, die deren Abweichung von der Nullmatrix mißt.

Neben dem trivial überprüfbaren Rechengesetz $tr(\mathbf{X}+\mathbf{Y}) = tr\mathbf{X} + tr\mathbf{Y}$ für Matrizen gleicher Ordnung ist eine außerordentlich wichtige technische Eigenschaft der Spur die Vertauschbarkeit der Faktoren im Matrixprodukt, wann immer dies mit der Ordnungsbedingung verträglich ist:

$$tr(\mathbf{AB}) = \sum \mathbf{a}_i^T\mathbf{b}_i = \sum \mathbf{b}_i^T\mathbf{a}_i = tr(\mathbf{BA}), \tag{7.49}$$

wobei $\mathbf{a}_i^T$ die Zeilen von $\mathbf{A}$ und $\mathbf{b}_i$ die Spalten von $\mathbf{B}$ sind. Diese Vertauschbarkeit ist speziell bei quadratischen Matrizen mit der Ordnungsbedingung verträglich, aber auch wenn man eine beliebige (n, m)-Matrix mit ihrer Transponierten multipliziert (dann wird aus der Sequenz $(n, m)(m, n)$ die ebenfalls verträgliche Sequenz $(m, n)(n, m)$). Insbesondere folgt aus (7.49): $tr(\mathbf{X}^T\mathbf{X}) = tr(\mathbf{XX}^T)$. Das als Vektor bzw. Matrix. Zur Illustration seien zwei einfache Beispiele betrachtet. Als erstes suchen wir die Ableitung des Skalarprodukts $\mathbf{x}^T\mathbf{c}$ aus einem festen Vektor $\mathbf{c}$ und einem variablen Vektor $\mathbf{x}$ nach diesem variablen Vektor. Das Skalarprodukt kann hier als eine Zielfunktion aufgefaßt werden, die jedem Vektor $\mathbf{x}$ die Zahl (Bewertung) $\mathbf{x}^T\mathbf{c}$ zuordnet. Als partielle Ableitung nach irgendeiner Komponente x_i des variablen Vektors erhält man:

$$\frac{\partial \mathbf{x}^T\mathbf{c}}{\partial x_i} = \frac{\partial \sum_{k=1}^{n} c_k x_k}{\partial x_i} = \sum_{k=1}^{n} \frac{\partial c_k x_k}{\partial x_i} = c_i,$$

da alle Summanden mit $k \neq i$ verschwinden und für $k = i$ die gewöhnliche Ableitung zu bilden ist. Faßt man alle resultierenden partiellen Ableitungen in derselben Form zusammen, wie die Variable vorliegt, also als Spaltenvektor, so gelangt man zu der Ableitung des Skalarproduktes nach einem variablen Faktor:

$$\frac{\partial \mathbf{x}^T\mathbf{c}}{\partial \mathbf{x}} = \mathbf{c}$$

Als zweites Beispiel betrachte man die Zielfunktion, die einer (n, m)-Matrix $\mathbf{X}$ die Zahl $tr\mathbf{X}^T\mathbf{X}$ zuordnet. Mit (7.48) ergibt sich für die partielle Ableitung nach irgendeiner Komponente der variablen Matrix:

$$\frac{\partial tr(\mathbf{X}^T\mathbf{X})}{\partial x_{ij}} = \sum_{k=1}^{n}\sum_{l=1}^{m} \frac{\partial x_{kl}^2}{\partial x_{ij}} = 2x_{ij},$$

da alle Summanden außer in dem einzigen Fall $k = i, l = j$ den Wert Null liefern. Anordnung aller Komponenten in der Form der Variable $\mathbf{X}$ führt zu

$$\frac{\partial tr\,(\mathbf{X}^T\mathbf{X})}{\partial \mathbf{X}} = 2\mathbf{X} \tag{7.51}$$

Weitere wichtige Ableitungen, auf deren Herleitung hier verzichtet werden soll, sind (mit symmetrischer Matrix $\mathbf{A}$ der entsprechenden Ordnung bzw. mit einer (m, n)-Matrix $\mathbf{B}$):

$$\frac{\partial tr\,(\mathbf{X}^T\mathbf{A}\mathbf{X})}{\partial \mathbf{X}} = 2\mathbf{A}\mathbf{X} \tag{7.52}$$

$$\frac{\partial tr\,(\mathbf{A}\mathbf{X}^T\mathbf{X})}{\partial \mathbf{X}} = 2\mathbf{X}\mathbf{A} \tag{7.53}$$

$$\frac{\partial tr\,(\mathbf{X}\mathbf{B})}{\partial \mathbf{X}} = \mathbf{B}^T \tag{7.54}$$

Die Optimierung eines Kriteriums in Abhängigkeit von einem gesuchten Vektor bzw. einer gesuchten Matrix soll an dem Beispiel der Projektion eines Vektors auf einen Unterraum, das insbesondere für die lineare Regression bedeutsam ist, veranschaulicht werden. Es sei $\mathbf{x}_1, \ldots, \mathbf{x}_m$ eine gegebene Menge von Vektoren

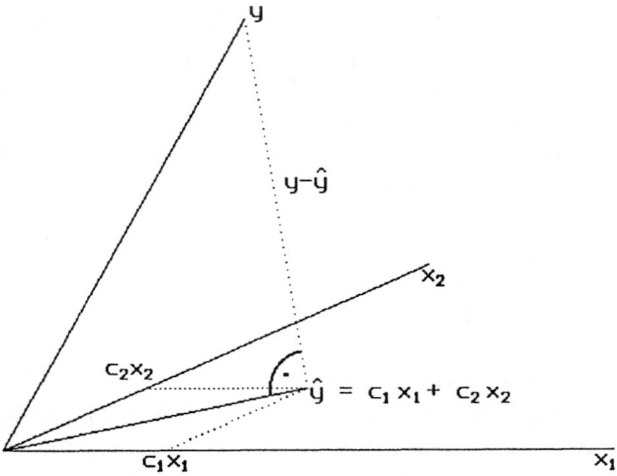

Abb. 7.4. Veranschaulichung der Projektion eines Vektors auf einen Unterraum

des $\mathbf{R}^n$ (also mit n Komponenten), die einen bestimmten Unterraum aufspannen (vgl. Abschn. 7.4). Jeder Vektor $\hat{\mathbf{y}}$ dieses Unterraums läßt sich dann als Linearkombination $\hat{\mathbf{y}} = c_1\mathbf{x}_1 + \cdots + c_m\mathbf{x}_m$ der $\mathbf{x}_i$ mit gewissen Koeffizienten c_i schreiben. Zusammenfassung der $\mathbf{x}_i$ als Spalten einer (n, m)-Matrix sowie der c_i als m Komponenten eines Vektors $\mathbf{c}$ liefert in Übereinstimmung mit (7.15) die effizientere Formulierung dieses Sachverhaltes in Matrixschreibweise: $\hat{\mathbf{y}} = \mathbf{Xc}$. Nun sei darüber hinaus $\mathbf{y}$ ein weiterer Vektor des $\mathbf{R}^n$, der aber nicht zu dem von den $\mathbf{x}_i$ aufgespannten Unterraum gehört. Gesucht wird die Projektion von $\mathbf{y}$ auf diesen Unterraum, d.h. dasjenige Element $\hat{\mathbf{y}}$ des Unterraumes, das den geringsten Abstand zu $\mathbf{y}$ besitzt. Folglich ist die Länge $\|\mathbf{y} - \hat{\mathbf{y}}\|$ zwischen beiden durch Variation von $\hat{\mathbf{y}}$ zu minimieren. Abb. 7.4 skizziert die Verhältnisse für eine durch zwei Vektoren $\mathbf{x}_1, \mathbf{x}_2$ aufgespannte Ebene als Unterraum sowie den herausragenden Vektor $\mathbf{y}$. Leider geht der Längenbegriff mit einer Wurzelbildung einher (vgl. (7.3)), was sich auf die erforderlichen Ableitungsberechnungen ungünstig auswirkt. Da jedoch die Minimierung der Länge gleichbedeutend mit der Minimierung der quadrierten Länge ist (wegen der Monotonie der quadratischen Funktion), kann man statt dessen den bequemeren Ausdruck

$$\|\mathbf{y} - \hat{\mathbf{y}}\|^2 = (\mathbf{y} - \hat{\mathbf{y}})^T(\mathbf{y} - \hat{\mathbf{y}}) = (\mathbf{y} - \mathbf{Xc})^T(\mathbf{y} - \mathbf{Xc}) \tag{7.55}$$

minimieren. Weil in diesem Ausdruck, der insgesamt als quadrierte Länge natürlich eine gewöhnliche Zahl darstellt, wie man auch durch Analyse der Ordnungssequenzen erkennt, sowohl $\mathbf{y}$ als auch $\mathbf{X}$ fest vorgegeben sind, spielt sich die Optimierung ausschließlich in der Variation des Koeffizientenvektors $\mathbf{c}$ ab, der die Lage des Projektionsvektors $\hat{\mathbf{y}}$ im Unterraum determiniert. Unter Ausnutzung der in Abschn. 7.2 beschriebenen Linearität des Skalarproduktes und der Transpositionsregel kann man den Term in (7.55) nach „Ausmultiplizieren“ folgendermaßen schreiben:

$$\mathbf{y}^T\mathbf{y} - \mathbf{c}^T\mathbf{X}^T\mathbf{y} - \mathbf{y}^T\mathbf{X}\mathbf{c} + \mathbf{c}^T\mathbf{X}^T\mathbf{X}\mathbf{c}$$

Der erste Term, der hier gar nicht von dem zu optimierenden Vektor $\mathbf{c}$ abhängt, kann ohne Einschränkung der Allgemeinheit fortgelassen werden. Da alle Terme, wie schon erwähnt, Zahlen darstellen, die ja durch Transposition unverändert bleiben, erkennt man nach Anwendung der Transpositionsregel sofort, daß der zweite und dritte Term einander gleichen. Folglich reduziert sich der zu minimierende Ausdruck auf

$$\mathbf{c}^T\mathbf{X}^T\mathbf{X}\mathbf{c} - 2\mathbf{c}^T\mathbf{X}^T\mathbf{y}$$

Die Ableitung dieses Ausdruckes nach dem variierenden Vektor $\mathbf{c}$ wird für den ersten Term nach (7.52) (mit $\mathbf{X} = \mathbf{c}$ und $\mathbf{A} = \mathbf{X}^T\mathbf{X}$) und für den zweiten Term gemäß der oben als Beispiel beschriebenen Ableitung eines Skalarproduktes nach einem variierenden Faktor durchgeführt. Man erhält insgesamt als Ableitung:

$$2\mathbf{X}^T\mathbf{X}\mathbf{c} - 2\mathbf{X}^T\mathbf{y}$$

Um ein Minimum zu identifizieren, muß diese Ableitung gleich Null gesetzt werden, wobei der gemeinsame Faktor 2 von vornherein gekürzt werden kann:

$$\mathbf{X}^T\mathbf{X}\mathbf{c} - \mathbf{X}^T\mathbf{y} = \mathbf{0} \text{ bzw. } \mathbf{c} = (\mathbf{X}^T\mathbf{X})^{-1}\mathbf{X}^T\mathbf{y} \tag{7.56}$$

Hierbei stellt die erste Beziehung ein lineares Gleichungssystem mit gegebener Matrix $\mathbf{X}^T\mathbf{X}$, gegebenem Vektor $\mathbf{X}^T\mathbf{y}$ der rechten Seite und gesuchtem Vektor $\mathbf{c}$ dar (vgl. Abschn. 7.6). Unter der im allgemeinen gültigen Annahme der Invertierbarkeit der auftretenden Matrix kann man analog zu (7.28) nach dem gesuchten Koeffizientenvektor auflösen, was die zweite Beziehung ergibt. Diese explizite Darstellung von $\mathbf{c}$ ermöglicht nun weitergehende Aussagen. Aus dem optimalen Koeffizientenvektor leitet sich nach der oben aufgestellten Relation unmittelbar der optimale Projektionsvektor ab:

$$\hat{\mathbf{y}} = \mathbf{X}\mathbf{c} = \mathbf{X}(\mathbf{X}^T\mathbf{X})^{-1}\mathbf{X}^T\mathbf{y} \tag{7.57}$$

Man kann also feststellen, daß der gesuchte Projektionsvektor aus dem gegebenen Vektor $\mathbf{y}$ durch Anwendung der sogenannten Projektionsmatrix $\mathbf{X}(\mathbf{X}^T\mathbf{X})^{-1}\mathbf{X}^T$ resultiert. Für den Spezialfall, daß die den Unterraum aufspannenden Vektoren $\mathbf{x}_i$ alle paarweise orthogonal sind und die Länge Eins besitzen, folgt $\mathbf{X}^T\mathbf{X} = \mathbf{I}_m$, d.h. die Orthonormiertheit von $\mathbf{X}$, und (7.57) vereinfacht sich zu

$$\hat{\mathbf{y}} = \mathbf{X}\mathbf{X}^T\mathbf{y} \tag{7.58}$$

Man beachte, daß $\mathbf{X}$ zwar orthonormiert, aber im allgemeinen nicht orthogonal (da nicht quadratisch) ist. Insbesondere muß nicht die vertauschte Beziehung $\mathbf{X}\mathbf{X}^T = \mathbf{I}_n$ gelten. Unter Nutzung der Transpositionsregel und der Regel (7.27) sowie durch Neutralisation zueinander inverser Matrizen gewinnt man aus (7.57) folgende wichtige Beziehung:

$$\begin{aligned}\hat{\mathbf{y}}^T\hat{\mathbf{y}} &= \mathbf{y}^T\mathbf{X}((\mathbf{X}^T\mathbf{X})^{-1})^T\mathbf{X}^T\mathbf{X}(\mathbf{X}^T\mathbf{X})^{-1}\mathbf{X}^T\mathbf{y} \\ &= \mathbf{y}^T\mathbf{X}(\mathbf{X}^T\mathbf{X})^{-1}\mathbf{X}^T\mathbf{y} = \mathbf{y}^T\hat{\mathbf{y}}\end{aligned}$$

Die Gleichheit der an den beiden Enden befindlichen Skalarprodukte impliziert aber, wieder wegen der schon mehrfach erwähnten Linearität, sofort

$$(\mathbf{y} - \hat{\mathbf{y}})^T\hat{\mathbf{y}} = \mathbf{y}^T\hat{\mathbf{y}} - \hat{\mathbf{y}}^T\hat{\mathbf{y}} = \mathbf{0} \tag{7.59}$$

Dies ergibt den aus Abb. 7.4 anschaulich offensichtlichen Fakt, daß der Projektionsvektor senkrecht zum Differenzenvektor der Projektion steht. Aus dem sich ergebenden rechtwinkligen Dreieck (vgl. Abb. 7.4) folgt, da die Länge der Hypothenuse nach dem Satz des Pythagoras stets größer als die Länge jeder der beiden Katheten ist, daß ein Vektor nach Projektion kleiner wird, falls er sich nicht von vornherein schon im Unterraum selbst befand und somit mit seiner Projektion übereinstimmt, also: $\|\mathbf{y}\| \geq \|\hat{\mathbf{y}}\|$ wobei das Gleichheitszeichen nur dann erscheint, falls $\mathbf{y} = \hat{\mathbf{y}}$. Diese Eigenschaft hat insbesondere in der multivariaten Datenanalyse Konsequenzen, wo häufig sogenannte Projektionsmethoden verwendet werden.

Mitunter treten bei Optimierungsaufgaben zusätzliche Beschränkungen der Variablen auf. Beispielsweise könnte man unter allen Paaren $\mathbf{A}, \mathbf{B}$ von quadratischen Matrizen, deren Summe die Einheitsmatrix ergibt, diejenigen suchen, für die die Summe sämtlicher quadrierter Elemente minimal wird. Nach den Bemerkungen über die Spur in Abschn. 7.8 lautet die Zielfunktion in Abhängigkeit von den Variablen $\mathbf{A}$ und $\mathbf{B}$ also $tr\mathbf{A}^T\mathbf{A} + tr\mathbf{B}^T\mathbf{B}$. Allerdings können beide Matrizen nicht völlig frei variieren, sondern müssen der oben genannten Bedingung $\mathbf{A}+\mathbf{B} = \mathbf{I}_n$ genügen, die sich in sogenannter Nullform als $\mathbf{A}+\mathbf{B}-\mathbf{I}_n = \mathbf{O}$ schreibt. Um ein Optimum zu ermitteln, kann man bei solchen restringierten Aufgaben im Gegensatz zu unrestringierten oder freien Aufgaben (wie die oben behandelte Projektion auf einen Unterraum) nicht einfach die Ableitung der Zielfunktion nach den Variablen Null setzen, um eine stationäre Lösung (z.B. Minimum oder Maximum) zu erhalten, denn dabei würde ja die Restriktion außer acht gelassen werden. Statt dessen wird eine erweiterte Zielfunktion, die sogenannte Lagrange-Funktion, aufgestellt, die von der ursprünglichen Zielfunktion noch einen Term abzieht, bei dem eine symmetrische, zunächst unbestimmte, Matrix $\mathbf{L}$ (Lagrange-Multiplikator) von links an die Restriktion in Nullform heranmultipliziert wird: $tr\mathbf{A}^T\mathbf{A} + tr\mathbf{B}^T\mathbf{B} - tr\mathbf{L}(\mathbf{A} + \mathbf{B} - \mathbf{I}_n)$.

Die Ableitung dieser Lagrangefunktion nach den Variablen $\mathbf{A}$ und $\mathbf{B}$ ergibt dann gemeinsam mit der Restriktionsgleichung die gesuchte Stationaritätsbedingung. Unter Berücksichtigung von (7.52) und (7.53) sowie der Symmetrie von $\mathbf{L}$ resultiert nach Nullsetzen beider Ableitungen: $2\mathbf{A} - \mathbf{L} = \mathbf{O}$ und $2\mathbf{B} - \mathbf{L} = \mathbf{O}$, woraus sofort $\mathbf{A} = \mathbf{B}$ folgt, was mit der Restriktion $\mathbf{A} + \mathbf{B} = \mathbf{I}_n$ zu der Lösung $\mathbf{A} = \mathbf{B} = 1/2\,\mathbf{I}_n$ führt, d.h. beide gesuchten Matrizen müssen in der Diagonale den Wert 1/2 und außerhalb den Wert Null besitzen.

Eine umfassende Darstellung der in diesem Abschnitt nur kurz angerissenen sogenannten „Matrix-Differentialrechnung" ist in [188] enthalten.

7.10 Alternative Abstandsmaße

In Gl. (7.3) aus Abschn. 7.2 war der euklidische Abstand zweier Vektoren als Wurzel aus der Summe aller quadrierten Komponentendifferenzen definiert worden. Dieses Maß, welches bei Einschränkung auf drei bzw. zwei Koordinaten unserer Anschauung vom Luftlinienabstand zweier Punkte im Raum bzw. in der Ebene entspricht, erscheint zunächst als das einzig vernünftige. Stellt man sich jedoch für ein illustratives Beispiel vor, daß man in einer Stadt mit ausschließlich rechtwinkligen Straßenzügen (etwa Manhattan) von einem Punkt A zu einem Punkt B zu Fuß gelangen will, so erfaßt der Luftlinienabstand nur ungenügend den erforderlichen Laufaufwand. Legt man ein Koordinatensystem so an, daß es parallel zu den Straßenzügen ist, dann ist die Summe der Betragsdifferenzen zwischen den beiden Koordinaten von A und B in diesem System sicherlich das geeignete Aufwandsmaß.

Dieser Gedanke überträgt sich auch auf die multivariate Datenanalyse. Zwar wird der euklidische Abstand in der Tat am häufigsten verwendet, doch kann in spezifischen Problemstellungen (z.B. in der Clusteranalyse oder in der überwachten Klassifikation) die Wahl eines alternativen Abstands vorteilhaft sein. Von Bedeutung sind insbesondere die sogenannten L^r-Abstände und der Mahalanobis-Abstand, die beide als unabhängige Verallgemeinerungen des euklidischen Abstands gelten können.

Für einen positiven, ganzzahligen Parameter r setzt man als Abstand zwischen zwei Vektoren $\mathbf{x}, \mathbf{y}$ mit je n Komponenten:

$$d_r(\mathbf{x}, \mathbf{y}) = \left(\sum_{j=1}^{n} |x_j - y_j|^r \right)^{1/r}$$

Für $r = 2$ geht dieser L_r-Abstand offensichtlich wieder in den euklidischen über. Für $r = 1$ erhält man dagegen den Manhattan-Abstand, der entsprechend dem gerade diskutierten Beispiel rechtwinkliger Straßenzüge in der Literatur auch Canberra-, City-block- oder „Taxifahrer"-Abstand genannt wird. Je größer r gewählt wird, um so stärker ist der Einfluß einzelner ausreißender Messungen.

Andererseits kann man unter Benutzung der Kovarianzmatrix $\mathbf{K}$ eines Datensatzes den Mahalanobisabstand

$$d_M(\mathbf{x}, \mathbf{y}) = \sqrt{(\mathbf{x} - \mathbf{y})^T \mathbf{K}^{-1} (\mathbf{x} - \mathbf{y})}$$

zweier Vektoren (im allgemeinen Objekte des gegebenen Datensatzes) festlegen. Im Spezialfall, daß die Kovarianzmatrix und somit automatisch auch deren Inverse gleich der Einheitsmatrix ist, entartet auch der Mahalanobisabstand wieder zum euklidischen Abstand

$$\sqrt{(\mathbf{x} - \mathbf{y})^T (\mathbf{x} - \mathbf{y})} = \|x - y\|$$

Abb. 7.5 zeigt zum Vergleich die geometrischen Orte, die vom Koordinatenursprung den euklidischen, Manhattan- und Mahalanobisabstand Eins besitzen (Kreis, Quadrat und Ellipse). Dabei ist die Lage und Exzentrizität der Ellipse von der konkreten Gestalt der Kovarianzmatrix abhängig.

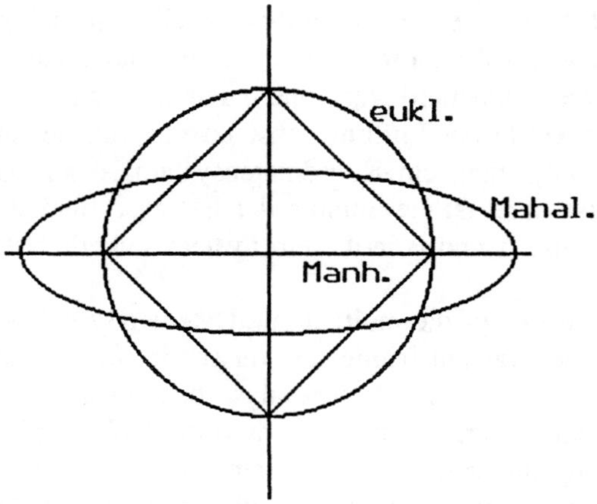

Abb. 7.5. Veranschaulichung der Punktmengen, die bei verschiedenen Maßen (euklidischer, Manhattan- und Mahalanobisabstand) den Abstand Eins zum Koordinatenursprung realisieren

Anhang: Datensätze

Tabelle A.1. Schwermetallkonzentrationen ($\mu g/l$) von Abwasserproben aus einer Großkläranlage

Probe	Zeit	Fe	Zn	Mn	Cu	Ni	Cr	Pb	Cd
1)	8 Uhr	9198	871	152	592	261	36	110	30
2)	10 Uhr	3024	872	96	588	266	40	102	28
3)	11 Uhr	1996	508	94	584	286	38	102	30
4)	12 Uhr	1806	1364	93	576	317	35	100	29
5)	13 Uhr	1786	1758	91	578	347	35	110	27
6)	14 Uhr	1928	480	95	578	463	33	93	27
7)	15 Uhr	1725	454	90	568	488	32	102	25
8)	16 Uhr	1583	506	87	565	504	32	110	25
9)	17 Uhr	1644	482	87	561	514	34	99	26
10)	18 Uhr	1583	538	87	561	514	30	100	26
11)	19 Uhr	2273	513	91	625	180	18	95	18
12)	20 Uhr	2070	491	89	595	170	17	102	17
13)	21 Uhr	1585	470	87	602	175	17	100	17
14)	22 Uhr	2252	434	96	673	221	21	78	19
15)	23 Uhr	1840	438	92	683	251	23	74	22
16)	0 Uhr	2460	456	79	232	59	16	78	10
17)	1 Uhr	1400	362	79	223	49	18	74	10
18)	2 Uhr	1380	429	72	220	45	17	65	10
19)	3 Uhr	1420	372	75	220	48	18	74	9
20)	4 Uhr	1342	372	73	212	48	16	76	10

Tabelle A.2. Prozentuale Anteile der Peakintensitäten von 12 Komponenten bei der kapillargaschromatographischen Analyse von je 5 Kraftstoffproben aus zehn verschiedenen Tankstellen (A..J).

	1)	2)	3)	4)	5)	6)	7)	8)	9)	10)	11)	12)
	6.5	19.5	14.5	7.9	11.1	6.1	2.1	11.3	5.2	1.7	9.5	4.7
	6.5	19.0	14.7	8.0	11.1	6.0	2.3	11.3	5.3	1.7	9.5	4.7
A	6.5	19.2	14.7	8.1	10.9	6.1	2.1	11.5	5.2	1.7	9.5	4.6
	6.4	19.1	14.9	8.0	11.1	6.0	2.3	11.3	5.2	1.7	9.4	4.6
	6.4	18.9	14.9	8.2	11.5	5.9	2.1	11.1	5.2	1.7	9.3	4.6
	6.5	21.4	14.9	8.3	10.4	8.8	2.4	6.2	2.8	1.2	12.8	4.3
	6.3	21.6	15.2	8.4	10.4	8.8	2.4	6.2	2.9	1.1	12.5	4.2
B	6.5	21.6	14.9	8.2	9.9	9.0	2.3	6.4	2.9	1.2	12.9	4.3
	6.3	21.4	15.3	8.5	10.5	8.7	2.4	6.2	2.9	1.1	12.5	4.2
	6.6	21.5	14.8	8.1	9.6	8.9	2.6	6.5	3.0	1.2	12.9	4.3
	6.3	19.7	15.3	8.3	11.3	6.2	2.0	11.3	4.3	1.5	9.6	4.4
	6.2	19.8	15.4	8.2	11.3	6.2	2.0	11.3	4.2	1.5	9.4	4.3
C	6.2	19.8	15.3	8.3	11.1	6.2	2.0	11.3	4.3	1.5	9.6	4.4
	6.2	19.6	15.5	8.4	11.3	6.1	2.1	11.2	4.3	1.5	9.4	4.4
	6.2	19.6	15.2	8.2	11.1	6.1	2.1	11.3	4.5	1.6	9.6	4.5
	6.6	21.6	14.8	8.2	9.8	9.1	2.3	6.3	2.8	1.1	13.0	4.3
	6.7	22.1	14.6	8.0	9.4	9.3	2.2	6.3	2.8	1.1	13.2	4.3
D	6.5	21.7	15.1	8.1	9.8	9.3	2.4	6.2	2.7	1.1	12.9	4.2
	6.8	22.1	14.5	7.6	9.3	9.4	2.2	6.3	2.8	1.2	13.3	4.3
	6.6	21.6	14.9	8.1	9.6	9.2	2.3	6.2	2.9	1.2	13.1	4.3
	5.1	25.4	15.6	8.3	9.2	9.6	3.1	3.4	1.6	0.8	14.2	3.7
	4.9	25.5	15.8	8.5	9.4	9.5	3.3	3.3	1.5	0.8	13.8	3.6
E	5.0	26.1	15.3	8.2	9.2	9.8	3.1	3.3	1.6	0.8	13.9	3.6
	5.0	25.4	15.7	8.5	9.4	9.6	3.2	3.3	1.5	0.8	13.9	3.6
	5.2	25.2	15.2	8.1	9.1	9.7	3.1	3.4	1.7	0.9	14.5	3.9
	6.9	23.0	12.9	7.0	9.5	6.8	2.2	8.7	5.3	1.4	10.8	5.4
	6.9	24.0	13.3	7.0	9.0	6.7	2.1	8.3	5.1	1.4	10.9	5.3
F	6.8	23.8	13.2	7.1	9.6	6.5	2.2	8.4	5.2	1.4	10.7	5.3
	6.9	24.2	13.0	7.0	9.3	6.6	2.2	8.4	5.0	1.3	10.8	5.3
	6.8	24.0	13.3	7.1	9.8	6.5	2.2	8.3	5.0	1.3	10.6	5.2
	7.2	18.6	15.1	8.3	12.0	5.4	2.4	11.2	6.1	1.8	7.4	4.4
	7.2	18.5	15.0	8.0	12.2	5.4	2.4	11.4	6.3	1.8	7.4	4.3
G	7.2	18.4	15.3	8.1	12.0	5.4	2.4	11.4	6.2	1.8	7.4	4.3
	7.0	18.5	15.4	8.2	12.5	5.4	2.5	11.3	6.0	1.8	7.2	4.3
	7.3	18.9	14.7	7.7	11.4	5.5	2.3	11.6	6.4	1.9	7.6	4.6

Tabelle A.2. Fortsetzung

	1)	2)	3)	4)	5)	6)	7)	8)	9)	10)	11)	12)
	6.4	19.2	15.0	8.3	12.2	5.9	2.4	11.4	4.8	1.6	8.7	4.1
	6.5	18.5	15.2	8.7	12.0	5.6	2.5	11.9	4.8	1.5	8.7	4.1
H	6.4	19.1	15.4	8.3	12.3	5.9	2.4	11.3	4.7	1.5	8.6	4.0
	6.4	19.1	15.4	8.3	12.7	5.9	2.4	11.2	4.6	1.5	8.5	4.0
	6.5	19.2	15.0	8.0	11.5	5.9	2.7	11.4	5.0	1.6	8.8	4.2
	6.6	19.1	14.8	7.9	11.5	6.2	2.6	11.4	5.0	1.6	9.3	4.2
	6.7	18.5	15.2	8.2	11.8	5.9	2.5	11.0	5.1	1.6	9.1	4.3
I	6.5	18.9	14.9	7.9	11.9	6.1	2.5	11.4	4.9	1.6	8.9	4.2
	6.5	18.7	15.2	7.6	11.7	6.2	2.4	11.5	5.1	1.6	9.1	4.3
	6.6	18.7	15.0	7.9	11.7	6.1	2.5	11.3	5.2	1.6	9.1	4.3
	6.5	21.5	15.3	8.4	10.3	9.1	2.4	6.0	2.6	1.1	12.8	4.0
	6.5	21.9	14.9	8.3	10.1	9.2	2.4	6.1	2.6	1.1	12.8	4.0
J	6.4	21.7	15.1	8.2	10.8	9.1	2.5	5.9	2.5	1.1	12.6	4.0
	6.6	22.0	14.9	8.0	10.3	9.3	2.4	6.1	2.5	1.1	12.7	4.0
	6.7	21.4	14.8	8.1	10.2	9.0	2.3	6.1	2.9	1.1	12.9	4.3

Tabelle A.3. Prozentuale Anteile der Peakflächen von vier Geschmackskomponenten bei der gaschromatographischen Analyse von vier Weinbrandsorten (A..D) mit je 15 Wiederholungsbestimmungen

Sorte	Messung Nr.	i-Butanol	n-Butanol	i-Amylalkohol	n-Hexanol
	1)	24.53	0.590	70.22	4.66
	2)	23.18	0.600	71.01	5.21
	3)	25.21	0.600	69.29	4.92
	4)	23.34	0.600	71.25	4.82
	5)	24.58	0.620	69.70	5.10
	6)	23.47	0.600	70.34	5.32
	7)	23.65	0.610	71.45	4.29
A	8)	23.94	0.570	70.86	4.63
	9)	22.86	0.580	71.63	4.93
	10)	24.74	0.660	69.42	5.18
	11)	24.36	0.520	69.87	5.25
	12)	20.99	0.630	73.25	5.13
	13)	21.27	0.540	72.61	5.58
	14)	21.53	0.580	72.86	5.02
	15)	21.17	0.540	72.59	5.69

Tabelle A.3. Fortsetzung

Sorte	Messung Nr.	i-Butanol	n-Butanol	i-Amylalkohol	n-Hexanol
	1)	27.44	0.240	70.41	1.92
	2)	28.09	0.140	69.73	2.03
	3)	28.21	0.096	69.61	2.08
	4)	27.80	0.200	69.79	2.20
	5)	28.86	0.160	69.14	1.84
	6)	31.81	0.596	65.50	2.08
	7)	27.02	0.180	70.72	2.07
B	8)	29.39	0.180	68.37	2.06
	9)	32.35	0.730	65.03	1.88
	10)	29.10	0.140	68.59	2.16
	11)	29.37	0.120	68.51	1.99
	12)	26.34	0.140	71.75	1.77
	13)	27.21	0.160	70.56	2.07
	14)	28.74	0.150	69.30	1.81
	15)	28.27	0.180	69.44	2.11
	1)	26.22	0.251	70.67	2.86
	2)	27.77	0.340	68.51	3.38
	3)	29.66	0.330	67.03	2.99
	4)	27.30	0.340	69.29	3.06
	5)	27.07	0.330	69.32	3.27
	6)	30.76	0.400	65.79	3.05
	7)	26.63	0.260	70.35	2.76
C	8)	27.73	0.320	68.95	3.01
	9)	29.55	0.560	67.12	2.77
	10)	27.23	0.370	69.57	2.82
	11)	28.59	0.300	68.03	3.07
	12)	30.04	0.336	66.51	3.12
	13)	26.38	0.170	70.41	3.04
	14)	28.61	0.200	68.12	3.07
	15)	25.78	0.230	71.09	2.89
	1)	26.24	0.350	70.41	3.00
	2)	25.74	1.610	69.48	3.17
	3)	25.44	1.640	70.20	2.72
	4)	22.78	1.620	72.65	2.95
	5)	26.07	1.930	68.91	3.09
	6)	25.88	1.590	69.99	2.54
	7)	25.17	1.620	70.10	3.11
D	8)	26.35	1.590	68.91	3.16
	9)	27.43	1.590	67.46	3.52
	10)	26.79	1.350	68.66	3.20
	11)	24.60	1.010	71.13	3.26
	12)	24.52	1.320	70.92	3.25
	13)	25.27	1.160	70.56	3.02
	14)	26.19	1.310	69.26	3.24
	15)	25.49	1.190	70.12	3.19

Tabelle A.4. Analytisch-chemische Parameter zur Charakterisierung von Rohmilchproben mit einem Fremdwassergehalt von 0% (Gruppe A), 5% (Gruppe B) und 10% (Gruppe C): Fett (F), Proteine (P), Lactose (L), Trockensubstanz (TS), Chlorid (Cl), Kalium (K), Natrium (Na). Die ersten vier Konzentrationen sind in %, die restlichen drei in mg/kg angegeben.

Gruppe	Probe Nr.	F	P	L	TS	Cl	K	Na
	1)	4.70	3.53	4.90	13.61	1012	1620	440
	2)	4.64	3.44	4.84	13.46	976	1560	440
	3)	4.42	3.07	4.98	13.00	1045	1491	399
	4)	4.40	3.74	4.50	13.24	1161	1438	395
	5)	4.67	3.20	4.85	13.26	993	1682	371
	6)	3.90	3.16	4.73	12.41	992	1594	368
	7)	3.74	3.11	4.74	12.21	1014	1580	380
	8)	4.63	3.20	4.79	13.14	992	1536	438
A	9)	4.43	3.32	4.87	13.11	975	1528	372
	10)	4.09	3.27	4.88	12.71	1063	1622	400
	11)	4.20	3.29	4.87	13.06	1072	1520	419
	12)	3.99	3.20	4.73	12.44	1045	1560	384
	13)	3.94	3.25	4.65	12.42	1019	1537	386
	14)	4.74	3.61	4.40	13.26	1134	1573	406
	15)	4.25	3.26	4.97	12.98	975	1592	405
	16)	4.30	3.39	4.79	13.03	1001	1592	456
	17)	3.82	3.25	4.77	12.34	998	1566	389
	18)	3.88	3.26	4.70	12.33	1007	1575	360
	1)	4.48	3.38	4.69	13.00	970	1560	420
	2)	4.43	3.30	4.65	12.91	926	1470	420
	3)	4.25	2.97	4.80	12.39	1000	1414	388
	4)	4.19	3.59	4.29	12.67	1116	1358	375
	5)	4.46	2.99	4.61	12.66	957	1601	360
	6)	3.69	2.97	4.52	11.82	953	1510	342
	7)	3.53	2.98	4.52	11.70	966	1500	360
	8)	4.42	3.05	4.58	12.57	948	1474	398
B	9)	4.07	3.22	4.62	12.61	939	1460	342
	10)	3.89	3.13	4.67	12.16	1019	1571	380
	11)	4.01	3.14	4.69	12.53	1027	1455	401
	12)	3.73	3.05	4.46	11.76	997	1477	364
	13)	3.71	3.12	4.42	11.90	983	1446	366
	14)	4.53	3.43	4.18	12.65	1081	1509	385
	15)	4.06	3.12	4.73	12.43	926	1510	372
	16)	4.03	3.24	4.57	12.43	957	1503	325
	17)	3.64	3.09	4.56	11.78	957	1491	368
	18)	3.67	3.13	4.48	11.82	963	1514	341
	1)	4.23	3.22	4.49	12.42	923	1480	400
	2)	4.21	3.14	4.44	12.32	881	1390	400
C	3)	4.00	2.82	4.55	11.90	956	1379	379
	4)	4.07	3.39	4.10	12.16	1061	1301	358
	5)	4.25	2.84	4.41	12.19	912	1528	342
	6)	3.58	2.89	4.32	11.31	912	1464	336

Tabelle A.5. Kalibrierdaten zur Analyse des Mehrkomponentensystems (Selen, Antimon, Arsen) mittels Hydrid-Atomabsorptionsspektrometrie. Tatsächliche (eckige Klammern) sowie aus einfacher separater Kalibrierung (senkrechte Striche) bestimmte Konzentrationen für 64 Kalibrier- und 20 zusätzliche Testproben (Angaben in ng).

Kalibrierproben						
Probe	[*Se*]	[Sb]	[As]	| Se |	| Sb |	| As |
1)	25	25	25	24.2	26.7	24.1
2)	25	25	50	23.0	24.3	51.2
3)	25	25	75	22.4	24.9	71.0
4)	25	25	100	22.7	23.9	98.4
5)	25	50	25	23.2	46.0	22.7
6)	25	50	50	23.1	46.1	50.4
7)	25	50	75	22.6	45.1	68.9
8)	25	50	100	22.8	45.9	96.5
9)	25	75	25	23.6	73.3	21.7
10)	25	75	50	23.1	73.9	46.6
11)	25	75	75	22.5	73.9	70.7
12)	25	75	100	22.7	73.1	95.7
13)	25	100	25	23.6	96.8	22.4
14)	25	100	50	21.5	95.7	47.3
15)	25	100	75	22.7	92.8	67.2
16)	25	100	100	21.6	93.8	92.7
17)	50	25	25	50.2	24.4	22.8
18)	50	25	50	50.0	23.1	46.9
19)	50	25	75	47.4	21.5	65.2
20)	50	25	100	46.6	23.0	91.1
21)	50	50	25	46.1	46.8	21.0
22)	50	50	50	48.6	46.4	46.0
23)	50	50	75	48.7	45.8	67.1
24)	50	50	100	44.5	46.3	93.3
25)	50	75	25	50.6	71.3	21.4
26)	50	75	50	48.2	71.4	46.6
27)	50	75	75	46.9	68.8	65.7
28)	50	75	100	47.3	70.9	90.6
29)	50	100	25	47.1	95.5	21.0
30)	50	100	50	47.2	95.2	45.8
31)	50	100	75	46.1	90.9	66.5
32)	50	100	100	43.1	92.6	91.9
33)	75	25	25	75.4	22.6	20.3
34)	75	25	50	69.5	23.1	44.1
35)	75	25	75	66.4	23.0	63.7
36)	75	25	100	66.2	22.6	89.5
37)	75	50	25	71.4	47.3	20.9
38)	75	50	50	67.1	46.5	43.7
39)	75	50	75	67.1	45.7	64.1
40)	75	50	100	66.8	44.5	87.9
41)	75	75	25	69.7	70.3	20.7
42)	75	75	50	67.6	69.0	44.3

Tabelle A.5. Fortsetzung

Kalibrierproben						
Probe	[*Se*]	[Sb]	[As]	| Se |	| Sb |	| As |
43)	75	75	75	64.7	69.8	62.2
44)	75	75	100	70.2	70.1	85.1
45)	75	100	25	69.1	94.3	20.3
46)	75	100	50	67.1	94.2	42.1
47)	75	100	75	66.3	94.7	62.9
48)	75	100	100	64.7	92.1	83.4
49)	100	25	25	89.9	23.5	20.3
50)	100	25	50	94.3	22.6	42.1
51)	100	25	75	88.8	22.5	60.9
52)	100	25	100	87.1	22.7	82.0
53)	100	50	25	95.4	43.8	19.3
54)	100	50	50	92.9	45.0	39.8
55)	100	50	75	94.2	44.3	57.5
56)	100	50	100	84.4	44.7	80.7
57)	100	75	25	95.8	68.0	18.8
58)	100	75	50	94.7	69.4	40.3
59)	100	75	75	92.4	68.7	56.8
60)	100	75	100	84.8	68.3	78.8
61)	100	100	25	94.4	95.0	18.6
62)	100	100	50	91.6	92.7	38.4
63)	100	100	75	90.5	90.2	58.7
64)	100	100	100	88.1	92.0	80.0
Testproben						
Probe	[Se]	[Sb]	[As]	| Se |	| *Sb* |	| *As* |
1)	60	100	35	58.9	96.7	28.9
2)	40	60	80	37.4	58.6	67.8
3)	90	35	70	86.5	33.3	63.0
4)	95	60	40	91.6	55.5	32.6
5)	70	35	95	63.5	33.3	85.5
6)	55	80	90	52.7	72.9	77.1
7)	35	50	70	33.9	49.0	64.2
8)	30	70	55	28.8	66.1	48.4
9)	80	90	45	75.6	79.8	38.4
10)	80	40	30	76.6	36.0	24.0
11)	75	70	30	71.9	65.1	23.8
12)	90	40	100	83.9	34.7	76.3
13)	70	25	80	66.0	22.6	68.5
14)	35	75	65	32.9	71.7	56.8
15)	100	35	25	96.9	32.0	21.6
16)	35	35	40	32.6	33.9	35.1
17)	55	85	50	51.1	79.9	44.4
18)	65	95	85	61.3	87.0	71.8
19)	25	40	60	23.1	38.4	54.9
20)	25	70	45	23.5	66.5	41.0

Tabelle A.6. Konzentrationen (in ppm) qualitätsbestimmender Spurenelemente in 13 Wolframpulverproben (Ausgangsprodukt) und den daraus hergestellten 13 Wolframdrähten (Endprodukt). Die Tabellen sind aus Platzgründen nach jeweils 7 Elementen gebrochen.

Wolframpulver							
	K	Ca	Mo	Fe	Al	Ti	Cu
1)	2372	17	32	36.0	108.0	3.24	4.10
2)	2354	24	33	37.1	105.0	2.58	1.35
3)	2274	15	50	33.0	81.0	2.20	1.26
4)	2326	20	37	29.7	118.0	2.12	1.57
5)	2086	16	78	60.0	85.0	2.74	2.44
6)	2326	18	32	26.8	87.9	2.00	1.74
7)	2274	8	45	29.0	98.0	2.56	2.15
8)	2256	11	82	35.1	98.4	3.24	1.41
9)	2266	11	67	29.0	74.0	3.40	1.45
10)	2453	18	104	25.5	90.0	2.95	2.07
11)	2268	17	49	34.0	93.0	2.32	1.14
12)	2420	17	32	58.0	95.0	1.80	2.54
13)	2378	15	48	56.0	94.0	1.71	1.96
	Mn	Mg	Ag	Si	Na	Cr	Ni
1)	1.33	1.28	0.30	1173	30.6	11.1	8.6
2)	1.10	1.22	1.34	1346	26.4	10.6	8.0
3)	0.94	1.73	0.31	1314	28.6	12.8	10.1
4)	0.91	1.57	0.19	1276	27.2	8.5	7.6
5)	1.57	1.43	0.39	1188	26.8	26.8	23.4
6)	0.67	0.66	0.29	1230	26.8	8.0	6.7
7)	1.08	0.94	0.11	1225	31.6	9.4	6.6
8)	1.41	1.91	0.05	1253	28.5	10.1	7.1
9)	0.75	1.05	0.37	1216	27.7	9.4	7.3
10)	1.20	0.64	0.10	1248	23.5	9.5	7.5
11)	0.89	0.75	0.12	1285	21.1	7.2	6.5
12)	1.39	1.93	0.83	2680	27.1	23.9	17.7
13)	1.35	1.31	0.23	1225	27.1	21.0	19.0

Tabelle A.6. Fortsetzung

Wolframdraht							
	K	Ca	Mo	Fe	Al	Ti	Cu
1)	54.5	11.00	62.0	48.3	21.1	2.49	0.74
2)	58.1	8.70	44.3	32.4	19.6	1.50	0.71
3)	63.2	11.10	65.4	35.4	17.2	1.87	0.59
4)	51.9	2.67	32.0	32.1	16.5	1.79	0.53
5)	55.9	6.50	77.5	55.5	22.3	3.04	0.50
6)	54.2	3.50	25.5	35.7	21.9	1.93	0.40
7)	56.0	6.30	41.7	47.0	29.3	2.97	0.55
8)	55.5	7.00	65.7	43.7	26.1	2.70	0.44
9)	51.6	9.70	65.0	45.0	24.0	2.93	0.57
10)	53.6	10.00	122.0	29.3	13.0	2.70	0.45
11)	51.1	6.30	57.0	32.3	17.3	2.40	0.58
12)	57.9	11.50	50.0	41.5	16.7	2.10	0.68
13)	53.7	5.30	51.3	48.0	21.0	2.30	0.49
	Mn	Mg	Ag	Si	Na	Cr	Ni
1)	0.32	0.57	0.51	4.8	5.7	8.6	6.2
2)	0.35	0.47	0.43	4.8	4.7	6.6	4.7
3)	0.32	0.46	0.54	4.1	6.0	7.9	5.4
4)	0.30	0.45	0.73	4.2	4.9	5.9	3.7
5)	0.49	0.56	0.22	5.4	6.0	17.0	8.5
6)	0.29	0.61	0.35	4.4	4.2	6.2	3.5
7)	0.32	0.63	0.50	5.0	6.6	6.7	4.3
8)	0.33	0.51	0.23	4.5	11.5	7.3	4.8
9)	0.35	0.36	0.37	4.8	7.6	6.0	4.2
10)	0.29	0.41	0.30	4.8	9.4	5.5	2.8
11)	0.25	0.61	0.23	4.7	7.5	4.7	3.8
12)	0.38	0.44	0.35	4.5	7.5	11.3	6.3
13)	0.44	0.69	0.22	6.0	5.0	12.3	7.1

Tabelle A.7. Entfalteter Dreiwege-Datensatz zur Orts/Zeit- Charakterisierung physikochemischer Parameter in einem Flußarm des Niger-Deltas. Die Spaltennumerierung entspricht den 10 Probenahmestationen. Die Numerierung der Zeilenblöcke kennzeichnet die 22 Probenahmezeiten. Kleinbuchstaben stehen für die zu jedem Zeipunkt gemessenen physiko-chemischen Parameter (nähere Angaben s. Text).

		Probenahmestationen									
		1	2	3	4	5	6	7	8	9	10
	a	1.0	0.2	1.0	0.8	0.8	1.0	0.4	1.0	0.8	1.0
	b	7.3	7.0	7.0	7.3	7.1	8.8	8.8	8.9	9.0	9.1
	c	40	39	40	41	40	34	35	35	37	35
	d	10761	10461	10514	11470	14160	10974	12550	12036	12921	12567
	e	5050	5620	5230	5160	5710	3400	4500	4340	4540	4560
1	f	87	76	85	86	83	70	79	75	75	85
	g	3.6	3.6	3.6	4.0	4.1	4.0	5.0	5.4	4.4	4.1
	h	2.5	2.8	3.0	3.2	3.0	2.5	3.0	2.8	3.0	2.8
	i	9.8	3.5	4.3	9.8	4.9	6.5	4.8	5.2	5.2	7.4
	j	2.4	1.3	0.2	1.5	0.1	1.7	1.5	1.3	1.3	3.8
	k	4.4	0.3	3.9	4.1	0.5	0.7	0.6	0.8	1.3	3.1
	l	0.7	0.5	0.7	0.4	0.9	0.6	0.6	0.8	0.6	0.5
	m	0.05	0.04	0.05	0.03	0.00	0.07	0.05	0.08	0.06	0.05
	a	1.0	0.4	1.0	1.0	1.0	0.8	0.6	0.6	0.8	1.0
	b	6.8	7.0	7.0	6.9	6.9	8.8	8.6	8.8	9.0	9.0
	c	36	36	36	37	36	32	33	34	32	35
	d	14332	15045	14903	14691	14284	11151	12921	12390	13452	13275
	e	5150	5020	5230	5160	4710	4200	4400	4300	4400	4500
2	f	77	76	85	76	73	70	77	75	73	76
	g	4.5	3.8	4.2	3.9	3.5	4.0	4.5	4.4	4.5	4.0
	h	3.3	3.5	3.8	2.2	3.5	2.2	3.5	2.6	2.5	2.1
	i	7.1	4.6	3.7	6.7	6.9	6.0	3.5	6.0	4.2	2.7
	j	1.0	0.2	0.2	2.3	0.4	1.0	1.0	1.0	1.0	2.2
	k	4.0	1.5	3.2	3.8	0.4	0.5	0.6	0.6	1.5	3.0
	l	0.7	0.5	0.6	0.5	0.8	0.5	0.4	0.6	0.5	0.5
	m	0.04	0.04	0.02	0.03	0.01	0.06	0.05	0.07	0.04	0.03

Tabelle A.7. Fortsetzung

		Probenahmestationen									
		1	2	3	4	5	6	7	8	9	10
	a	1.4	1.0	1.2	1.4	1.4	1.4	0.8	1.0	0.8	1.6
	b	7.0	7.1	7.1	7.0	7.0	6.4	6.0	6.5	6.8	6.5
	c	38	38	38	38	40	21	25	22	32	22
	d	13395	16496	14815	14302	15753	11240	10850	12178	11894	12602
	e	5040	5370	5000	5560	5380	4400	3530	4220	3780	3460
3	f	102	101	94	91	91	83	70	79	84	75
	g	4.9	5.7	5.6	4.2	5.8	6.0	7.0	5.0	5.2	4.6
	h	3.0	4.8	3.1	3.6	4.0	4.4	1.0	1.5	1.1	0.6
	i	12.1	1.5	30.9	4.8	9.5	1.6	6.0	16.4	11.2	2.7
	j	5.2	1.9	4.2	0.4	2.7	1.5	2.5	1.3	1.2	2.4
	k	3.4	1.5	3.9	4.1	0.4	3.1	1.6	1.6	3.0	2.8
	l	0.7	0.5	0.6	0.5	0.8	1.2	1.4	1.2	1.5	0.5
	m	0.05	0.05	0.04	0.03	0.02	0.09	0.11	0.08	0.05	0.05
	a	1.4	1.0	1.8	0.8	1.4	0.8	1.0	1.6	1.4	1.6
	b	7.1	7.2	7.3	7.4	7.5	6.8	6.7	7.0	7.0	7.3
	c	42	30	42	44	46	30	31	33	37	41
	d	15018	15780	16257	15886	15399	12479	12425	13800	13718	15045
	e	6660	7420	5130	5410	5010	4450	4250	4840	5280	5270
4	f	100	92	94	94	93	73	78	80	91	90
	g	5.6	7.0	6.2	6.6	5.8	8.1	7.9	7.5	7.0	7.3
	h	3.9	4.1	4.5	4.3	4.3	1.9	2.5	1.3	1.9	1.3
	i	70.8	86.8	60.8	84.3	40.8	1.5	8.1	14.5	6.3	3.1
	j	1.4	5.2	1.5	4.8	0.1	1.6	1.9	2.1	0.8	1.5
	k	4.4	0.6	3.9	4.1	0.6	1.2	3.8	3.9	4.0	4.0
	l	0.8	0.5	0.7	0.6	0.9	0.4	0.6	0.7	0.5	0.7
	m	0.05	0.04	0.05	0.03	0.01	0.08	0.05	0.04	0.03	0.05
	a	1.4	0.4	1.0	1.0	1.0	0.6	1.0	1.2	1.2	0.8
	b	7.3	7.7	7.3	7.6	7.3	6.5	6.8	6.8	7.0	7.0
	c	38	42	40	42	34	38	38	25	38	34
	d	16169	15585	15833	16000	13806	11744	12328	12390	13125	13496
	e	5520	5040	5750	5300	5350	3780	4090	4120	4340	4360
5	f	92	87	88	88	80	75	78	77	82	80
	g	5.8	4.3	5.2	6.4	6.6	7.4	6.8	6.4	4.8	5.4
	h	5.2	3.6	4.8	5.2	5.5	2.1	1.6	2.0	1.8	0.2
	i	17.5	20.0	17.5	18.5	21.5	14.0	11.0	8.0	14.0	12.0
	j	3.1	3.6	3.9	3.4	0.2	2.9	3.3	3.1	2.9	0.5
	k	4.4	0.5	4.0	4.2	0.6	1.7	4.0	3.9	4.0	4.0
	l	0.8	0.6	0.8	0.6	0.9	0.5	0.7	0.6	0.4	0.8
	m	0.05	0.03	0.05	0.03	0.02	0.08	0.03	0.04	0.03	0.05

Tabelle A.7. Fortsetzung

		Probenahmestationen									
		1	2	3	4	5	6	7	8	9	10
	a	1.2	0.8	0.8	1.0	0.6	0.8	0.6	0.6	0.6	1.0
	b	7.1	7.2	7.3	7.3	7.2	6.7	7.0	7.0	7.1	7.1
	c	34	34	33	37	31	36	36	36	37	40
	d	16983	12664	15656	16417	15477	13443	14010	13815	15355	14470
	e	5090	5390	5240	5200	5130	3210	3390	3250	4200	4550
6	f	31	34	32	32	32	72	74	78	82	78
	g	5.4	5.4	4.3	5.6	5.2	1.8	4.0	2.9	2.3	3.1
	h	2.5	4.5	3.7	2.9	1.9	0.8	2.1	1.3	0.6	0.6
	i	14.0	40.0	26.0	20.0	16.0	8.0	4.0	24.0	26.8	19.6
	j	3.1	2.1	3.3	0.3	1.1	0.6	0.2	1.5	0.3	0.1
	k	4.4	0.5	3.8	4.0	0.6	1.6	3.9	3.7	4.2	3.9
	l	0.8	0.6	0.7	0.6	0.9	0.5	0.7	0.8	0.5	0.8
	m	0.05	0.04	0.05	0.05	0.00	0.06	0.03	0.04	0.03	0.05
	a	1.0	1.2	1.0	1.0	0.8	0.6	0.6	0.8	1.0	1.0
	b	7.5	7.1	7.3	7.2	7.2	7.1	7.1	7.0	7.0	7.0
	c	35	32	34	34	35	29	29	29	24	34
	d	10213	14479	15718	15293	14806	11346	12125	12036	13187	13452
	e	5630	5610	4850	5360	4910	3100	3480	3050	3450	3230
7	f	107	120	122	124	122	28	24	22	24	25
	g	5.4	5.6	4.1	5.8	5.0	6.6	6.2	7.0	6.6	6.2
	h	5.0	5.0	3.2	5.4	4.1	1.6	3.2	2.5	0.8	0.7
	i	20.2	34.6	18.2	25.2	43.6	14.2	9.2	23.2	24.4	20.8
	j	1.3	0.3	2.5	0.3	0.2	1.3	0.4	0.3	1.4	0.1
	k	4.4	4.2	3.8	3.8	0.4	1.8	3.6	3.6	4.0	3.7
	l	0.8	0.8	0.7	0.7	0.6	0.6	0.7	0.9	0.8	0.8
	m	0.04	0.05	0.02	0.03	0.02	0.06	0.04	0.04	0.03	0.05
	a	1.0	0.6	1.0	0.6	1.0	0.4	0.8	0.8	1.0	1.2
	b	7.2	7.3	7.2	7.3	7.2	6.5	7.0	7.1	6.9	6.8
	c	20	22	30	21	26	24	28	27	21	25
	d	14886	14594	14815	15479	14939	11275	11594	12656	13063	14337
	e	5000	4780	4520	4530	4740	3020	3560	3800	4200	4300
8	f	91	91	87	88	91	63	66	70	81	84
	g	5.8	5.6	5.6	6.6	4.6	7.0	7.0	5.6	5.8	4.8
	h	5.4	4.8	3.2	6.0	3.5	1.4	1.2	0.8	1.0	0.2
	i	9.3	12.2	19.3	20.2	25.1	5.4	8.0	17.9	10.6	15.3
	j	0.3	0.9	2.0	0.9	2.1	5.0	1.7	6.0	1.7	0.1
	k	4.3	2.6	3.6	4.0	0.6	1.6	4.0	3.9	3.9	3.8
	l	0.8	0.9	0.7	0.6	0.6	0.5	0.7	0.9	0.5	0.8
	m	0.04	0.03	0.02	0.03	0.02	0.06	0.04	0.04	0.02	0.04

Tabelle A.7. Fortsetzung

		Probenahmestationen									
		1	2	3	4	5	6	7	8	9	10
	a	0.4	0.8	0.4	0.4	0.8	0.6	0.8	1.0	0.8	0.8
	b	7.0	7.1	7.1	7.1	7.1	6.5	6.6	6.6	7.0	7.2
	c	33	31	30	28	32	17	13	14	15	15
	d	12886	12691	13664	12939	12747	9523	11063	11540	14443	13895
	e	4050	4230	4010	4200	4500	3050	3330	3410	4160	4160
9	f	73	72	77	76	77	64	70	71	83	82
	g	6.0	6.0	7.9	4.8	6.0	6.0	5.4	5.4	5.2	5.2
	h	2.9	5.8	1.4	4.0	5.4	1.2	0.2	0.6	0.4	0.4
	i	21.5	29.6	28.6	17.1	30.0	6.8	3.6	12.3	13.4	12.4
	j	2.8	0.7	4.5	2.5	0.1	1.5	2.1	1.9	1.7	0.0
	k	3.9	3.1	3.3	3.6	0.6	1.6	4.0	3.6	4.0	3.7
	l	0.8	0.6	0.7	0.6	0.8	0.5	0.6	0.9	0.4	0.7
	m	0.04	0.03	0.04	0.03	0.01	0.08	0.03	0.04	0.02	0.05
	a	0.8	0.6	1.0	0.4	0.8	0.4	0.6	0.6	0.6	1.0
	b	7.0	7.0	7.0	7.0	7.0	6.0	6.4	6.9	7.2	7.4
	c	28	27	27	27	27	16	21	25	28	27
	d	10850	10832	10886	10655	10886	9505	8850	10036	12071	11470
	e	4030	4910	3740	4000	3630	2930	3170	3150	3980	3710
10	f	79	78	86	80	79	57	61	71	80	78
	g	5.2	5.3	4.1	4.5	4.1	5.4	5.2	6.6	5.6	5.8
	h	2.9	2.6	2.0	2.4	1.8	4.6	3.9	5.0	4.5	1.6
	i	9.1	12.7	9.1	13.4	19.9	15.5	11.1	13.4	14.6	23.1
	j	3.1	3.1	1.4	0.1	2.0	0.7	1.4	0.9	2.7	1.1
	k	3.9	2.8	3.2	3.6	0.7	1.6	3.5	3.3	3.3	3.2
	l	0.8	0.8	0.6	0.6	0.9	0.5	0.7	0.9	0.5	0.8
	m	0.04	0.04	0.02	0.03	0.01	0.07	0.03	0.04	0.03	0.04
	a	1.4	1.4	1.6	1.4	1.4	1.4	1.4	1.6	0.2	0.6
	b	7.0	7.0	7.0	7.0	7.0	7.0	7.0	7.0	7.0	7.0
	c	26	31	33	33	35	26	28	30	32	32
	d	12850	13346	12496	12886	11965	10107	10231	10567	10691	11222
	e	4490	3960	4050	4450	4260	3330	3400	3500	3820	3870
11	f	87	87	71	86	85	64	63	65	68	62
	g	5.6	8.3	5.6	8.3	5.0	6.4	3.7	5.8	4.1	5.6
	h	0.8	1.9	0.4	0.9	1.8	0.6	0.8	0.6	0.4	0.5
	i	7.3	9.5	12.3	19.3	26.0	17.6	22.0	17.1	29.6	22.0
	j	8.9	0.1	0.8	0.8	2.0	0.9	0.7	3.3	0.9	1.1
	k	0.9	0.8	3.0	1.8	0.6	0.8	3.9	3.6	4.3	4.3
	l	0.5	0.9	1.8	0.7	0.6	0.7	0.6	0.7	0.8	0.7
	m	0.03	0.03	0.06	0.04	0.02	0.05	0.02	0.04	0.04	0.04

Tabelle A.7. Fortsetzung

		Probenahmestationen									
		1	2	3	4	5	6	7	8	9	10
	a	1.0	0.4	1.2	0.6	0.8	1.8	0.4	0.6	0.6	0.8
	b	7.0	7.0	7.0	7.0	7.0	7.0	7.0	7.0	7.0	7.0
	c	34	35	37	38	37	24	24	22	30	30
	d	12053	12390	12089	11363	11735	7982	7431	7734	9416	10062
	e	4000	3840	4300	4380	4380	2910	2510	2590	3200	3240
12	f	58	60	57	58	56	61	55	56	70	56
	g	7.0	6.2	6.2	5.8	5.2	4.8	6.1	8.5	6.4	6.6
	h	4.8	5.8	5.0	2.4	2.8	0.7	0.1	0.9	1.0	0.8
	i	31.8	14.9	37.2	33.6	31.0	17.8	14.5	23.0	19.8	19.8
	j	0.4	0.2	0.5	0.2	0.2	1.3	0.1	0.5	0.1	0.1
	k	3.6	3.6	4.1	4.1	2.1	0.8	0.6	0.6	3.1	3.1
	l	1.8	1.4	1.8	1.4	1.8	0.8	1.0	1.2	1.1	1.8
	m	0.08	0.06	0.11	0.09	0.09	0.08	0.07	0.07	0.07	0.06
	a	1.2	1.2	1.6	0.6	1.0	1.2	0.6	1.2	0.6	1.2
	b	8.0	8.0	8.0	8.0	8.0	7.0	7.0	7.0	7.0	7.0
	c	16	16	16	14	16	21	24	23	26	27
	d	11098	12355	12018	11523	12125	7275	9062	9150	10558	10443
	e	4270	4220	3630	3930	4140	2610	3230	2920	3540	3010
13	f	100	80	85	75	87	56	53	53	51	73
	g	8.5	6.5	4.5	6.6	7.5	3.5	3.7	3.7	3.1	2.8
	h	2.9	0.4	0.5	3.5	1.9	2.5	3.5	3.0	3.1	2.8
	i	29.1	12.1	15.7	31.1	39.5	19.0	13.0	23.0	17.0	3.6
	j	2.4	0.1	1.1	1.4	0.4	0.1	1.3	0.3	0.6	0.6
	k	0.6	1.0	0.8	0.7	0.6	0.6	0.5	0.5	0.6	0.6
	l	0.9	0.8	0.6	0.6	0.6	0.8	0.5	0.8	0.7	0.8
	m	0.03	0.05	0.03	0.04	0.02	0.04	0.03	0.05	0.02	0.04
	a	1.6	1.1	1.4	1.4	1.1	1.2	1.0	1.6	1.4	1.2
	b	7.0	7.0	7.0	7.0	7.0	7.0	7.0	8.0	8.0	8.0
	c	25	30	31	28	16	22	24	25	27	27
	d	12160	11877	12549	12054	10992	7481	8071	7523	9611	10107
	e	4300	3920	3770	4350	3840	2590	2880	2820	3230	3170
14	f	88	32	45	57	76	12	11	12	12	13
	g	5.2	6.0	4.3	5.8	6.0	4.6	5.0	4.8	3.3	5.8
	h	2.1	2.5	1.4	2.5	3.2	4.2	4.2	4.2	2.0	3.5
	i	40.2	40.0	17.1	42.6	37.9	24.0	17.0	24.0	17.0	22.0
	j	0.4	4.5	0.1	9.8	0.1	1.5	0.1	0.1	0.2	0.2
	k	0.5	0.8	0.8	0.8	0.4	0.6	0.4	0.6	0.7	0.5
	l	0.8	0.7	0.8	0.7	0.6	0.7	0.5	0.7	0.7	0.6
	m	0.04	0.03	0.04	0.03	0.02	0.05	0.02	0.04	0.04	0.03

Tabelle A.7. Fortsetzung

		Probenahmestationen									
		1	2	3	4	5	6	7	8	9	10
	a	2.0	1.2	2.0	1.8	1.2	0.8	0.6	0.6	0.8	0.6
	b	7.6	8.0	8.0	8.0	8.0	7.0	7.0	7.0	7.0	7.0
	c	24	21	30	27	19	24	24	25	28	29
	d	11717	10620	10886	10691	10355	7965	8018	8142	9770	9647
	e	3670	3540	3630	3610	3500	2750	2750	2840	3280	3410
15	f	73	63	60	65	64	58	60	56	66	67
	g	5.4	4.8	5.4	6.2	6.8	7.5	7.2	7.9	6.8	6.6
	h	0.4	1.3	0.9	0.2	1.4	1.2	1.8	2.9	1.0	0.8
	i	22.8	28.0	38.2	22.2	21.8	13.6	6.9	18.0	16.0	26.7
	j	17.1	0.6	3.9	1.2	1.0	0.1	0.1	0.1	0.1	1.0
	k	3.5	0.8	3.5	0.6	0.6	1.9	1.9	1.9	3.5	3.5
	l	1.0	0.7	0.8	0.5	0.6	1.2	1.4	1.6	2.2	2.0
	m	0.11	0.05	0.05	0.02	0.02	0.08	0.07	0.07	0.06	0.11
	a	2.6	1.4	1.2	1.0	1.4	1.4	1.2	1.2	0.8	1.0
	b	8.0	8.0	8.0	8.0	8.0	8.0	8.0	8.0	8.0	8.0
	c	26	25	18	20	22	19	18	20	26	17
	d	11363	10673	11594	10691	9912	10195	10054	10726	13983	13983
	e	3920	3650	3770	3600	3330	2240	2300	2360	3130	3020
16	f	86	71	84	70	80	54	52	50	63	66
	g	6.8	8.5	5.8	7.2	5.4	1.0	3.5	5.4	7.4	4.6
	h	3.9	1.7	2.1	4.1	0.2	0.2	2.5	1.3	0.8	0.3
	i	17.2	27.5	20.2	23.5	11.1	5.8	12.9	9.8	27.1	12.6
	j	9.3	2.3	4.9	4.7	0.2	0.1	0.1	0.1	0.1	0.1
	k	1.3	3.0	3.0	2.5	2.1	1.7	1.5	1.1	1.5	2.0
	l	0.7	2.0	1.8	2.6	3.5	1.4	1.2	1.0	1.2	1.2
	m	0.05	0.08	0.05	0.06	0.03	0.05	0.06	0.04	0.03	0.06
	a	3.0	1.0	1.4	1.2	1.0	2.6	2.4	2.0	1.8	1.8
	b	7.6	8.0	8.0	8.0	8.0	8.0	8.0	8.0	8.0	8.0
	c	29	26	32	30	30	20	25	25	29	29
	d	11275	10036	10815	10266	10231	7133	7770	7859	9877	9664
	e	3260	3590	3630	3870	3570	2920	2850	2590	3250	3350
17	f	50	45	50	50	46	54	55	58	71	71
	g	6.6	10.1	7.2	6.2	8.1	5.6	5.0	6.0	5.8	5.8
	h	1.4	2.7	4.0	1.2	2.3	2.5	2.1	3.9	1.9	2.5
	i	4.6	13.4	16.2	16.0	14.6	7.7	13.8	16.3	19.4	16.0
	j	9.4	2.4	4.9	4.7	0.2	0.0	0.0	0.0	0.0	0.0
	k	3.5	3.5	2.5	2.0	2.0	2.5	2.5	1.5	1.0	1.5
	l	1.2	1.6	1.4	1.6	1.3	1.6	1.8	1.2	1.8	1.1
	m	0.06	0.06	0.03	0.03	0.01	0.08	0.06	0.05	0.08	0.07

Tabelle A.7. Fortsetzung

		Probenahmestationen									
		1	2	3	4	5	6	7	8	9	10
	a	1.4	1.2	0.6	1.0	1.0	1.2	1.2	1.4	1.8	2.0
	b	8.0	8.0	8.0	8.0	8.0	8.0	8.0	8.0	8.0	8.0
	c	29	30	30	30	25	17	16	20	25	27
	d	11169	10886	10992	10443	10443	6956	7009	7559	9894	10248
	e	3690	3710	3760	3750	3480	2660	2330	2620	3740	3340
18	f	46	52	52	51	50	33	37	39	52	46
	g	9.3	10.4	7.2	9.3	6.0	6.0	8.5	6.4	6.6	6.4
	h	4.5	3.7	3.1	5.6	0.8	0.8	1.9	1.2	1.0	1.0
	i	9.5	13.7	24.8	15.7	9.1	23.7	23.4	17.5	24.0	14.8
	j	2.6	7.6	4.0	7.5	6.3	11.5	6.0	16.9	0.1	0.1
	k	2.5	3.0	2.0	2.5	1.9	0.9	2.1	2.0	2.5	3.0
	l	1.2	1.2	1.2	1.2	1.8	2.0	3.4	1.8	2.5	3.0
	m	0.05	0.04	0.02	0.03	0.02	0.09	0.09	0.04	0.08	0.08
	a	0.8	0.8	1.0	0.8	1.2	1.2	1.0	1.2	1.8	2.0
	b	7.0	7.0	7.0	7.0	7.0	7.0	7.0	7.0	8.0	8.0
	c	31	32	27	28	30	17	18	21	22	22
	d	11558	10107	10903	10231	10992	6142	6673	6850	8673	8195
	e	3280	3420	3600	3540	3940	2300	2300	2500	3110	3190
19	f	64	87	93	68	74	52	56	58	60	62
	g	5.8	5.4	6.0	4.1	6.0	7.0	8.1	8.5	7.0	9.3
	h	2.5	0.9	0.5	0.7	3.3	2.0	2.5	4.6	2.1	4.5
	i	15.0	18.0	96.0	37.5	25.0	3.7	13.8	12.3	9.5	17.2
	j	2.2	1.6	2.1	0.2	1.3	0.0	0.0	0.0	0.0	0.0
	k	1.9	2.1	3.5	3.5	2.1	1.1	1.3	0.9	1.7	1.3
	l	0.7	1.6	1.6	1.6	1.6	2.4	1.0	1.0	1.8	1.6
	m	0.01	0.02	0.03	0.05	0.01	0.06	0.04	0.03	0.04	0.03
	a	1.5	0.6	2.0	1.6	1.2	1.2	1.0	1.2	1.2	1.4
	b	7.3	7.5	7.6	7.5	7.6	7.0	7.0	7.0	8.0	8.0
	c	31	31	28	32	32	18	19	20	20	20
	d	11682	8018	9080	10178	11310	6195	7434	7611	9884	10248
	e	2900	3370	3700	3560	3590	2240	2500	2550	3050	3150
20	f	128	120	107	119	95	55	58	60	65	68
	g	5.8	5.6	4.3	2.3	7.0	6.5	7.0	7.0	6.5	7.5
	h	3.0	1.7	2.0	0.6	3.1	1.8	2.2	3.5	1.6	2.0
	i	92.3	95.4	87.4	91.5	85.1	4.5	12.5	12.0	11.0	18.5
	j	3.0	0.7	0.8	8.8	0.1	0.0	0.0	0.0	0.0	0.0
	k	1.7	3.5	3.0	4.0	1.9	1.0	1.2	0.7	1.5	1.5
	l	0.6	0.4	1.2	0.3	0.7	2.0	1.0	1.8	1.4	1.3
	m	0.02	0.03	0.01	0.04	0.02	0.05	0.04	0.02	0.02	0.03

Tabelle A.7. Fortsetzung

		Probenahmestationen									
		1	2	3	4	5	6	7	8	9	10
	a	1.2	1.2	1.4	1.0	0.8	0.6	0.6	1.0	0.8	1.0
	b	7.4	7.4	7.4	7.3	7.4	7.0	7.0	7.0	7.0	7.0
	c	29	29	28	26	27	19	18	21	21	22
	d	12178	11328	11470	12479	11080	6230	6815	6815	7523	8142
	e	3950	3720	4450	3760	3630	2450	2520	2720	3330	3330
21	f	53	61	72	74	73	55	58	60	66	61
	g	6.0	5.4	6.4	6.6	4.1	6.5	7.5	8.3	6.3	8.5
	h	3.5	1.1	1.9	3.1	0.2	1.9	2.2	2.2	2.5	4.0
	i	63.7	34.1	31.7	22.1	26.9	3.5	12.5	10.5	10.0	14.4
	j	13.4	2.1	6.2	0.1	13.0	0.0	0.0	0.0	0.0	0.0
	k	1.4	1.4	1.0	0.5	0.6	1.0	1.0	0.4	1.3	1.1
	l	1.3	0.9	0.9	0.8	0.7	2.0	0.8	0.6	0.8	0.8
	m	0.04	0.01	0.04	0.02	0.02	0.04	0.04	0.02	0.03	0.02
	a	0.4	1.2	1.0	1.0	1.0	0.6	0.8	1.0	1.0	1.0
	b	7.4	7.6	7.7	7.6	7.6	7.1	7.0	7.0	7.1	7.1
	c	36	30	31	27	31	20	20	23	17	21
	d	12125	12195	12018	12018	11558	6372	7434	7915	8850	8850
	e	3930	3900	4450	4440	3750	2690	2810	3050	3280	3310
22	f	59	59	59	59	58	54	56	58	60	64
	g	5.2	6.4	6.6	6.8	6.6	6.3	7.0	7.5	5.0	8.0
	h	0.8	2.3	2.3	2.9	1.4	1.2	2.1	2.5	1.6	3.5
	i	27.5	13.5	13.3	12.3	7.8	3.0	10.5	8.6	16.5	12.3
	j	0.6	3.0	1.7	1.4	0.9	0.0	0.0	0.0	0.0	0.0
	k	3.9	3.5	2.5	2.5	2.5	0.7	1.2	0.6	1.0	1.0
	l	1.4	1.8	1.8	1.2	1.7	1.0	1.0	0.5	0.7	0.7
	m	0.06	0.09	0.04	0.11	0.05	0.08	0.03	0.02	0.02	0.04

Literatur

1 Abe, H., Kanaya, S., Komukai, T., Takahashi, Y. und Sasaki, S.: Systematization of semantic descriptions of odors. *Analytica Chimica Acta* **239** (1990), 73-85.

2 Ahrens, H. und Läuter, J.: *Mehrdimensionale Varianzanalyse*. Berlin, Akademie-Verlag (1981).

3 Aivazyan, S.A., Buchstaber, V.M., Yenyukov,I.S. und Meshalkin, L.D.: *Prikladnaja Statistika (Applied Statistics)*. Moscow, Finansy i statistika (1989).

4 Anderberg, M.R.: *Cluster Analysis for Applications*. New York, Academic Press (1973).

5 Anderson, T.W.: *An Introduction to Multivariate Statistical Analysis*. New York, Wiley (1984).

6 Andreev, G. und Simeonov, V.: Application of cluster analysis to the study of connection between sampling location and composition of sea water samples. *Fresenius Journal of Analytical Chemistry* **325** (1986), 146-149.

7 Appellof, C.J. und Davidson, E.R.: Strategies for Analyzing Data from Video Fluorometric Monitoring of Liquid Chromatographic Effluents. *Analytical Chemistry* **53** (1981), 2053-2056.

8 Armanino, C., Leardi, R., Roda, A. und Simoni, P.: Pattern Recognition Study of Biochemical Assays for Liver function. *Analytica Chimica Acta* **202** (1987), 175-186.

9 Armanino, C., Leardi, R. und Lanteri, S.: Chemometric Analysis of Tuscan Olive Oils. *Chemometrics and Intelligent Laboratory Systems* **5** (1989), 343-354.

10 Armanino, C., Forina, M., Castino, M., Piracci, A. und Ubigli, M.: Chemometrical Investigation on Four Red Wines from a Single Cultivar Grown in the Piemont Region. *Analyst* **115** (1990), 907-910.

11 Arndt, A.: Untersuchungen zu Interferenzen in der FAES - Ionisationsstörung am Beispiel der Alkalimetalle. Fachschulabschlußarbeit, Staatliche Technikerschule Berlin (1992).

12 Auf der Heyde, T.P.E.: Analyzing Chemical Data in More Than Two Dimensions. A Tutorial on Factor and Cluster Analysis. *Journal of Chemical Education* **67** (1990), 461-469.

13 Backhaus, R., Erichson B., Plinke, W., Schuchard-Ficher, C. und Weiber, R.: *Multivariate Analysenmethoden*. Berlin, Springer (1986).

14 Barnett, S.: *Matrices. Methods and Applications*. Oxford, Oxford University Press (1990).

15 Bates, D.M.: *Nonlinear Regression Analysis and its Applications*. New York, Wiley (1988).

16 Baum, E.J.: The Use of Pattern Recognition to Characterize Air Pollution Regimes. *Chemometrics and Intelligent Laboratory Systems* **3** (1988), 91-98.

17 Baxter, D.C. und Öhman, J.: Multi-component standard additions and partial least squares modelling - a multivariate calibration approach to the resolution of spectral interferences. *Spectrochimica Acta* **45 B** (1990), 481-491.

18 Baxter, D.C., Frech, W. und Berglund, I.: Use of Partial Least Squares Modelling to Compensate for Spectral Interferences in Electrothermal Atomic Absorption Spectrometry with Continuum Source Background Correction. Part 1. Determination of Arsenic in Marine Sediments. *Journal of Analytical Atomic Spectrometry* **6** (1991), 109-114.

19 Benzécri, J.P.: *Analyse des Données*. Paris, Dunod (1973).

20 Bezdek, J.C., Ehrlich, R. und Full, W.: FCM: The Fuzzy c-Means Clustering Algortihm. *Computers & Geosciences* **10** (1984), 191-203.

21 Bezdek, J.C.: *Pattern Recognition with fuzzy objective function algorithms*. New York, Plenum (1981).

22 Bonate, P.L.: Concepts in Calibration Theory. *LC-GC* **10** (1992), 310-314 (Part I), 378-379 (Part II), 448-450 (Part III), 531-532 (Part IV).

23 Borrego, C. und Pio, C.A.: Statistical Methods to Apportion the Sources of Particles in the Industrial Region of Estarreja - Portugal. *Environmental Monitoring and Assessment* **17** (1991), 79-87.

24 Borszeki, J., Koltay, L., Inczedy, J. und Gegus, E.: Untersuchung der Mineralstoffzusammensetzung von Weinen aus Transdanubien und ihre Klassifikation nach Weingegenden. *Zeitschrift für Lebensmitteluntersuchung- und Forschung* **177** (1983), 15-18.

25 Borszeki, J., Kepes, J. Koltay, L. und Sarudi, I.: Classification of Paprika Quality Using Pattern Recognition Methods Based on Elemental Composition. *Acta Alimentaria* **15** (1986), 93-100.

26 Bratchell, N.: Cluster Analysis. *Chemometrics and Intelligent Laboratory Systems* **6** (1989), 105-125.

27 Cahn, F. und Compton, S.: Multivariate Calibration of Infrared Spectra for Quantitative Analysis Using Designed Experiments. *Applied Spectroscopy* **42** (1988), 865-872.

28 Cailliez, F. und Pagès, J.P.: *Introduction á l'Analyse des Données*. Paris, SMASH (1976).

29 Carey, W.P., Beebe, K.R., Sanchez, E., Geladi, P. und Kowalski, B.: Chemometric Analysis of Multisensor Arrays. *Sensors and Actuators* **9** (1986), 223-234.

30 Carey, W.P., Beebe, K.R. und Kowalski, B.R.: Multicomponent Analysis Using an Array of Piezoelectric Crystal Sensors. *Analytical Chemistry* **59** (1987), 1529-1534.

31 Carroll, J.D. und Chang, J.J.: Analysis of individual differences in multidimensional scaling via an N-way generalization of „Eckart-Young" decomposition. *Psychometrika* **35** (1970), 283-319.

32 Cattell, R.B.: The scree test for the number of factors. *Multivariate Behavioral Research* **1** (1966), 245.

33 Chastrette, M., Rajzmann, M., Chanon, M. und Purcell, K.F.: Approach to a General Classification of Solvents Using a Multivariate Statistical Treatment of Quantitative Solvent Parameters. *Journal of the American Chemical Society* **107** (1985), 1-11.

34 Chatterjee, S. und Price, B.: *Regression Analysis by Example*. New York, Wiley (1991).

35 Cheaib, T. und Haf, C.M.: *Multivariate Statistik in den Natur- und Verhaltenswissenschaften mit Pascal-Programmen*. Vieweg, Braunschweig (1989).

36 Chu, A.H. und Lopatin, W.: Application of Pattern-Recognition Techniques in Wavelength Selection for Instrumentally Read Reagent Strips. *Clinical Chemistry* **32** (1986), 1666-1671.

37 Cooley, W.W. und Lohnes, P.R.: *Multivariate Data Analysis*. New York, Wiley (1971).

38 Coomans, D. und Massart, D.L.: Potential Methods in Pattern Recognition. Part 2. CLUPOT - an Unsupervised Pattern Recognition Technique. *Analytica Chimica Acta* **133** (1981), 225-239.

39 Coomans, D., Derde, M.P., Massart, D.L. und Broeckaert, I.: Potential Methods in Pattern Recognition. Part 3. Feature Selection with ALLOC. *Analytica Chimica Acta* **133** (1981), 241-250.

40 Coomans, D., Massart, D.L. und Broeckaert, I.: Potential Methods in Pattern Recognition. Part 4. A combination of ALLOC and Statistical Linear Discriminant Analysis. *Analytica Chimica Acta* **132** (1981), 69-74.

41 Coomans, D. und Massart, D.L.: Potential Methods in Pattern Recognition. Part 5. ALLOC, Action-oriented Decision Making. *Analytica Chimica Acta* **134** (1982), 139-151.

42 Coomans, D., Massart, D.L.: Alternative k-Nearest Neighbour Rules in Supervised Pattern Recognigtion. Part 1. K-Nearest Neighbour Classification by using Alternative Voting Rules. *Analytica Chimica Acta* **136** (1982), 15-27.

43 Coomans, D. und Broeckaert, I.: *Potential Pattern Recognition in Chemical and Medical Decision Making*. New York, Wiley (1986).

44 Cotroneo, A., Dugo, G., Favretto, L. und Favretto, L.G.: Variations in Essential Oils of Mandarine Related to Processing and Ripening. *Journal of Chemometrics* **4** (1990) 379-385.

45 Cowe, I.A., Koester, S., Paul, C., McNicol, J.W. und Cuthbertson, D.C.: Principal Component Analysis of Near Infrared Spectra of Whole and Ground Oilseed Rape (Brassica napus L.) Samples. *Chemometrics and Intelligent Laboratory Systems* **3** (1988), 233-242.

46 Danzer, K., Singer, R., Maeurer, F., Florian, K. und Zimmer, K.: Multidimensional Variance and Discriminance Analysis of Spectrographical Data of Glass Bead Findings. *Fresenius Journal of Analytical Chemistry* **318** (1984), 517-521.
47 Danzer, K. und Singer, R.: Application of Pattern Recognition Methods for the Investigation of Chemical Homogeneity of Solids. *Mikrochimica Acta* **I** (1985), 219-226.
48 Danzer, K.: Problems of calibration in trace, in situ-micro and surface analysis. *Fresenius Journal of Analytical Chemistry* **337** (1990), 794-801.
49 Danzer, K. und Wagner, M.: Multisignal calibration in optical emission spectroscopy. *Fresenius Journal of Analytical Chemistry* **346** (1993), 520-524.
50 De Ligny, C., Spanjer, M., van Houwelingen, J. und Weesie, H.: Three-mode factor analysis of data on retention in normal-phase high-performance liquid chromatography. *Journal of Chromatography* **301** (1984), 311-324.
51 Derde, M.P., Coomans, D. und Massart, D.L.: Effect of Scaling on Class Modeling with the SIMCA Method. *Analytica Chimica Acta* **141** (1982), 187-192.
52 Derde, M.P., Coomans, D. und Massart, D.L.: SIMCA (Soft Independent Modeling of Class Analogy). *J. Assoc. Off. Anal. Chem.* **67** (1984), 721-727.
53 Derde, M.P. und Massart, D.L.: Supervised Pattern Recognition: The Ideal Method? *Analytica Chimica Acta* **191** (1986), 1-16.
54 Derde, M.P. und Massart, D.L.: UNEQ: A Class Modelling Supervised Pattern Recognition Technique. *Mikrochimica Acta* **II** (1986), 139-152.
55 Detaevernier, M.R., Platbrood, G., Derde, M.P. und Massart, D.L.: Correlation of fouling characteristics with origin and ash constitution of coals using multivariate analysis techniques. *Journal of the Institute of Energy* **24** (1985), 24-30.
56 Deveaux, M.F., Bertrand, D., Robert, P. und Morat, J.L.: Extraction of Near Infrared Spectral Information by Fast Fourier Transform and Principal Component Analysis. *Journal of Chemometrics* **1** (1987) 103-110.
57 Dielman, T.E.: *Applied Regression Analysis for Business and Economics*. Boston, PWS-Kent (1991).
58 Dillon, W.R. und Goldstein, M.: *Multivariate Analysis. Methods and Applications*. New York, Wiley (1984).
59 Doerffel, K., Eckschlager, K., Henrion, G.: *Chemometrische Strategien in der Analytik*. Leipzig, Deutscher Verlag für Grundstoffindustrie (1990).
60 Donath-Jobaggy, A., Frank, I. und Hollo, J.: Pattern recognition applied to brandy quality control. *Die Nahrung* **26** (1982), 903-908.
61 Dröge, J.B. und Van't Kloster, H.A.: An Evaluation of SIMCA. Part 1 - The Reliability of the SIMCA Pattern Recognition Method for a Varying Number of Objects and Features. *Journal of Chemometrics* **1** (1987), 221-230.
62 Dröge, J.B., Rinsma, W.J., Van't Kloster, H.A., Tas, A.C. und Van der Greef, J.: An Evaluation of SIMCA. Part 2 - Classification of Pyrolysis Mass Spectra of Pseudomonasand Serratia Bacteria by Pattern Recognition Using the SIMCA Classifier. *Journal of Chemometrics* **1** (1987), 231-241.
63 Duflou, H., Maenhaut, W. und De Reuck, J.: Application of principal component and cluster analysis to the study of the distribution of minor and trace elements in normal human brain. *Chemometrics and Intelligent Laboratory Systems* **9** (1990), 273-286.
64 Dunn, W.J. und Wold, S.: Relationships between Chemical Structure and Biological Activity Modeled by SIMCA Pattern Recognition. *Bioorganic Chemistry* **9** (1980), 505-523.
65 Dunn, W.J., Stalling, D.L., Schwartz, T.R., Hogan, J.W., Petty, J.D., Johansson, E. und Wold, S.: Pattern Recognition for Classification and Determination of Polychlorinated Biphenyls in Environmental Samples. *Analytical Chemistry* **56** (1984), 1308-1313.
66 Dunn, W.J., Wold, S., Edlund, U., Hellberg, S. und Gasteiger, J.: Multivariate Structure-Activity Relationships Between Data from a Battery of Biological Tests and an Ensemble of Structure Descriptors: The PLS Method. *Quantitative Structure-Activity Relationships* **3** (1984), 131-137.
67 Dunn, W.J., Koehler, M.G. und Emery, S.L.: Application of Pattern Recognition to Mass Spectral Data of Toxic Organic Compounds in Ambient Air. *Chemometrics and Intelligent Laboratory Systems* **1** (1987), 321-334.

68 Eckart, C. und Young, G.: The Approximation of One Matrix by Another of Lower Rank. *Psychometrika* **1** (1936), 211-218.

69 Einax, J., Oswald, K. und Danzer, K.: Analytical investigations and chemometrical characterizationof polluted soils. *Fresenius Journal of Analytical Chemistry* **336** (1990), 394-399.

70 Erikksson, L., Jonsson, J., Hellberg, S., Lindgren, F., Skagerberg, B., Sjöström, M., Wold, S. und Berglind, R.: A Strategy for Ranking Environmentally Occuring Chemicals. Part III: Multivariate Quantitative Structure-Activity Relationships for Halogenated Aliphatics. *Environmental Toxicology and Chemistry* **9** (1990), 1339-1351.

71 Esbensen, K., Lindqvist, L., Lundholm, I., Nisca, D. und Wold, S.: Multivariate Modelling of Geochemical and Geophysical Data. *Chemometrics and Intelligent Laboratory Systems* **2** (1987), 161-175.

72 Esbensen, K.H., Geladi, P. und Grahn, H.F.: Strategies for multivariate image regression. *Chemometrics and Intelligent Laboratory Systems* **14** (1992), 357-374.

73 Espinosa-Mansilla, A., Munoz de la Pena, A. und Salinas, F.: Simultaneous determination of 2-furfuraldehyde, 5-hydroxymethylfurfuraldehyde and malonaldehyde in mixtures by derivative spectrophotometry and partial least-squares analysis. *Analytica Chimica Acta* **276** (1993), 141-149.

74 Ewald, A.: Untersuchungen zum Einfluß eines Fremdwasserzusatzes vor und nach der Rahmgewinnung auf ausgewählte analytische Kennwerte des Rahms. Diplomarbeit, Humboldt-Universität, Berlin (1989).

75 Exner, O. und Budesinsky, M.: Correlation of Carbon-13 Substituent-Induced Chemical Shifts Revisited: meta- and para- Sub stituted Benzonitriles. *Magnetic Resonance in Chemistry* **27** (1989), 27-36.

76 Fahrmeir, L. und Hamerle, A. (Herausgeber): *Multivariate statistische Verfahren*. Berlin, De Gruyter (1984).

77 Favretto, L.G., Marletta, G.P., Bogoni, P. und Favretto, L.: Chemometric Studies of some trace elements in cow's milk. *Zeitschrift für Lebensmitteluntersuchung und -forschung* **189** (1989), 123-127.

78 Favretto, L., Favretto, L.G., Marletta, G.P. und Saitta, M.: Principal Component Analysis: A Chemometric Aid for Classification of Polluted and Unpolluted Mussels. *Analytica Chimica Acta* **220** (1989), 135-144.

79 Fay, M.J., Proctor, A., Hoffmann, D.P. und Hercules, D.M.: Improved Principal Component Analysis of Noisy Data. *Analytical Chemistry* **63** (1991) 1058-1063.

80 Fernandez, J.L.P., Cabezas, A.J.Q. und Andres, J.R.: Comparacion de metodos de mineralizacion de muestras de tabaco por analisis cluster. *Anales De Quimica* **83 B** (1987) 329-334.

81 Fisher, R.A.: The Use of Multiple Measurements in Taxonomic Problems. *Annals of Eugenics* **7** (1936) 179-188.

82 Fix, E. und Hodges, J.: Discriminatory analysis, nonparametric discrimination: consistency properties. *USAF School of Aviation Medicine* **Report no. 4** (1951), Randolph Field, Texas.

83 Flury, B. und Riedwyl, H.: *Angewandte multivariate Statistik*. Stuttgart, Fischer (1983).

84 Forbes, R.A., Tews, E.C. und Freiser, B.S.: Application of Pattern Recognition to Metal Ion Chemical Ionization Mass Spectra. *Analytical Chemistry* **58** (1986), 684-689.

85 Forgy, E.W.: Cluster analysis of multivariate data: Efficiency versus interpretability of classifications. *Biometrics* **21** (1965), 768-769.

86 Forina, M. und Tiscornia, E.: Pattern Recognition Methods in the Prediction of Italic Olive Oil Origin by their Fatty Acid Content. *Annali di Chimica* **72** (1982), 143-155.

87 Forina, M., Armanino, C., Lanteri, S., Calcagno, C. und Tiscornia, E.: Correlation of Olive Oil Chemical Features with the Production Year through Multivariate Methods of Classification. *La Rivisita Italiana Delle Sostanze Grasse* **LX** (1983), 607-613.

88 Forina, M., Drava, G., Contarini, G.: Feature selection and validation of SIMCA models: A case study with a typical Italian cheese. *Analusis* **21** (1993), 133-147.

89 Franco, M.A., Seeber, R. und Sferlazzo, G.: Classification and prediction ability of pattern recognition methods applied to sea-water fish. *Analytica Chimica Acta* **233** (1990), 143-147.

90 Frank I.E.: Beyond linear least squares regression. *Trends in Analytical Chemistry* **6** (1987), 271-275.

91 Frank, I.E.: DASCO - a New Classification Method. *Chemometrics and Intelligent Laboratory Systems* **4** (1988), 215-222.

92 Fukunaga, K.: *Statistical Pattern Recognition*. Boston, Academic Press (1990).

93 Gabriel, K.R.: The biplot graphic display of matrices with application to principal component analysis. *Biometrika* **58** (1971), 453-467.

94 Gantmacher, F.R.: *Matrizenrechnung*. Berlin, Verlag der Wissenschaften (1970).

95 Gartland, K.P.R., Beddell, C.R., Lindon, J.C. und Nicholson, J.K.: Application of Pattern Recognition Methods to the Analysis and Classification of Toxicological Data Derived from Proton Nuclear Magnetic Spectroscopy Urine. *Molecular Pharmacology* **39** (1991), 629-642.

96 Geladi, P., McDougall, D. und Martens, H.: Linearization and scatter-correction for near-infrared reflectance spectra of meat. *Applied Spectroscopy* **39** (1985), 491-500.

97 Geladi, P. und Kowalski, B.R.: Partial Least Squares Regression: A Tutorial. *Analytica Chimica Acta* **185** (1986), 1-17.

98 Geladi, P. Isaksson, H., Lindqvist, L., Wold, S. und Esbensen K.: Principal Component Analysis of Multivariate Images. *Chemometrics and Intelligent Laboratory Systems* **5** (1989) 209-220.

99 Geladi, P.: Analysis of multi-way (multi-mode) data. *Chemometrics and Intelligent Laboratory Systems* **7** (1989), 11-30.

100 Geladi, P. und Esbensen, K.: Can image analysis provide information useful in chemistry? *Journal of Chemometrics* **3** (1989), 419-429.

101 Geladi, P.: Analysis of Multi-way (Multi-mode) Data, an Overview. *Analytical Proceedings* **27** (1990), 306-308.

102 Gemperline, P.J. und Salt, A.: Principal components regression for routine multicomponent UV determinations. A validation protocol. *Journal of Chemometrics* **3** (1989), 343-357.

103 Gemperline, P.J. und Hamilton, J.C.: Conditions for Detecting Overlapped Peaks with Principal Component Analysis in Hyphenated Chromatographic Methods. *Analytical Chemistry* **61** (1989), 2240-2243.

104 Gemperline, P.J.: Developments in nonlinear multivariate calibration. *Chemometrics and Intelligent Laboratory Systems* **15** (1992), 115-126.

105 Gifi, A.: *Nonlinear Multivariate Analysis*. New York, Wiley (1990).

106 Glick, D.C. und Davis, A.: Variability in the inorganic element content of U.S. coals including results of cluster analysis. *Organic Geochemistry* **11** (1987), 331-342.

107 Glick, M., Brushwyler, K.R. und Hieftje, G.M.: Multivariate Calibration of a Photodiode Array Spectrometer for Atomic Emission Spectroscopy. *Applied Spectroscopy* **45** (1991), 328-333.

108 Glick, M. und Hieftje, G.M.: Stereoscopic data visualization: pattern recognition in three dimensions. *Analytica Chimica Acta* **259** (1992), 79-87.

109 Gnanadesikan, R.: *Methods for Statistical Data Analysis of Multivariate Observations*. New York, Wiley (1977).

110 Golub, G. und VanLoan, C.: *Matrix Computations*. Oxford, The John Hopkins University Press (1983).

111 Gonzalez, M.J., Fernandez, M., Jiminez, B. und Hernandez, L.M.: Application of Multivariate Analysis to the Determination of PCBs in Fly Ash from Municipal Incinerators. *Chemosphere* **18** (1989), 2213-2227.

112 Goux, W.J.: NMR Pattern Recognition of Peracetylated Mono- and Oligosacchardie Structures. Classification of Residues Using Principal Component Analysis, K-Nearest Neighbor Analysis, and SIMCA Class Modeling. *Journal of Magnetic Resonance* **85** (1989), 457-469.

113 Gower, J.C.: Some distance properties of latent root and vector methods used in multivariate analysis. *Biometrika* **53** (1966), 325-338.

114 Grahn, H., Szeverenyi, N., Roggenbuck, M. und Geladi, P.: Tissue discrimination in magnetic resonance imaging: a predictive multivariate approach. *Chemometrics and Intelligent Laboratory Systems* **7** (1989), 87-93.

115 Green, P.E.: *Mathematical Tools for Applied Multivariate Analysis*. London, Academic Press (1976).

116 Gunst, R.F. und Mason, R.L.: *Regression Analysis and its Application.* New York, Dekker (1980).

117 Haaland, D.M. und Thomas, E.V.: Partial Least Squares Methods for Spectral Analyses. 1. Relation to Other Quantitative Calibration Methods and the Extraction of Qualitative Information. *Analytical Chemistry* **60** (1988), 1193-1202.

118 Haaland, D.M., Higgins, K.L. und Tallant, D.R.: Multivariate calibration of carbon Raman spectra for quantitative determination of peak temperature history. *Vibrational Spectroscopy* **1** (1990), 35-40.

119 Hämäläinen, M.D. und Theander, O.: Multivariate calibration in the determination of acetylated aldoses by g.l.c. *Carbohydrate Research* **207** (1990), 167-175.

120 Harrington, P.B., Street, T.E., Voorhees, K.J., Bronzolo, F.R. und Odom, R.W.: Rule-Building Expert System for Classification of Mass Spectra. *Analytical Chemistry* **61**, 715-719.

121 Harris, R.J.: *A Primer of Multivariate Statistics.* New York, Academic Press (1975).

122 Hartung, J. und Elpelt, B.: *Multivariate Statistik.* München, Oldenbourg (1986).

123 Heimler, D. und Boddi, V.: Cluster analysis in the comparison of two-dimensional chromatograms. *Journal of Chromatography* **466** (1989), 371-378.

124 Heininger, P., Henrion A. und Henrion G.: Multivariate analytische Bewertung von Schwermetalleinleitungen in die Kanalisation. *Chemische Technik* **38** (1986), 400-402.

125 Hemel, J.B. und Van der Voet, H.: The CLAS Program for Classification and Evaluation. *Analytica Chimica Acta* **191** (1986), 33-45.

126 Henrion, G., Henrion, A. und Henrion, R.: *Beispiele zur Datenanalyse mit BASIC-Programmen.* Berlin, Deutscher Verlag der Wissenschaften (1988).

127 Henrion, R., Henrion, G., Michael, G. und Petereit, D.: Mehrdimensionale Varianz- und Diskriminanzanalyse sowie Klassifizierungsmethoden zur Auswertung gaschromatographischer Ergebnisse. *Zeitschrift für Chemie* **28** (1988), 315-324.

128 Henrion, R., Rassmann, U. und Henrion, G.: Chemometric analysis of the behaviour of trace element concentrations in tungsten wire production. *Analytica Chimica Acta* **241** (1990), 147-151.

129 Henrion, G., Henrion, R. und Martin, L.: Herkunftsnachweise an Obsidianartefakten mittels multivariater Klassifizierung von Spurenelementanalysen. *Baghdader Mitteilungen* **21** (1990), 73-90.

130 Henrion, A., Henrion, R., Henrion, G. und Scholz, F.: Application of Partial Least Squares Regression for Signal Resolution in Differential Pulse Anodic Stripping Voltammetry of Thallium and Lead. *Electroanalysis* **2** (1990), 309-312.

131 Henrion, R., Henrion, G., Heininger, P. und Steppuhn, G.: Statistical Analysis of Complex Round Robin Tests. *Acta hydrochimica et hydrobiologica* **19** (1991), 603-614.

132 Henrion, G., Henrion, R., Hebisch, R. und Boeden, B.: Multivariate correction of chemical interferences in hydride generation atomic absorption spectrometry. *Analytica Chimica Acta* **268** (1992), 115-122.

133 Henrion, R, Henrion, G. und Onuoha, G.C.: Multi-way principal components analysis of a complex data array resulting from physico-chemical characterizations of natural waters. *Chemometrics and Intelligent Laboratory Systems* **16** (1992), 87-94.

134 Henrion, R.: Body Diagonalization of Core Matrices in Three- Way Principal Components Analysis: Theoretical Bounds and Simulation. *Journal of Chemometrics* **7** (1993), 477-494.

135 Henrion, R.: N-way Principal Component Analysis - Theory, Algorithms and Applications. *Chemometrics and Intelligent Laboratory Systems* **25** (1994), 1-23.

136 Hermans, J. und Habbema, J.D.F.: *Manual for the ALLOC- discriminant analysis program,* University of Leiden, Niederlande (1976).

137 Hirschfeld, T., Callis, J.B. und Kowalski, B.R.: Chemical Sensing in Process Analysis. *Science* **226** (1984), 312-318.

138 Höskuldsson, A.: Quadratic PLS Regression. *Journal of Chemometrics* **6** (1992), 307-334.

139 Hopke, P.K., Martin, R.C. und Evins, M.A.: The Interpretation of Multielement INAA Data Using Pattern Recognition Methods. *Journal of Radioanalytical and Nuclear Chemistry* **112** (1987), 215-222.

140 Hotelling, H.: Analysis of a complex of statistical variables into principal components. *Journal of Educational Psychology* **24** (1933), 417-441, 498-520.
141 Ismail, S.S., Grass, F. und Varmuza, K.: Pattern Recognition Techniques as a Tool for Identifying Sources of Contamination in Environmental Sample Analysis. *Journal of Trace and Microprobe Techniques* **6** (1988), 563-573.
142 Jackson, J.E.: *A user's guide to principal components*. New York, Wiley (1991).
143 Jambu, M. und Lebeaux, M.O.: *Classification automatique pour l'analyse des données*. Paris, Dunod (1978).
144 Jerman-Blazic, B., Fabic-Petrac, I. und Randic, M.: Evaluation of the Molecular Similarity and Property Prediction for QSAR Purposes. *Chemometrics and Intelligent Laboratory Systems* **6** (1989), 49-63.
145 Jobson, J.D.: *Applied multivariate data analysis*. New York, Springer (1991).
146 Johnson, R.A. und Wichern, D.W.: *Applied Multivariate Statistical Analysis*. New Jersey, Prentice Hall (1982).
147 Joliffe, J.: *Principal Component Analysis*. Berlin, Springer (1986).
148 Juricskay, I. und Veress, G.E.: PRIMA: A New Pattern Recognition Method. *Analytica Chimica Acta* **171** (1985), 61-76.
149 Kaiser, H.F. und Dickman, K.W. Analytic determination of common factors. *American Psychologist* **14** (1959), 425.
150 Kaltenbach, T.F. und Small, G.W.: Development and Optimization of Piecewise Linear Discriminants for the Automated Detection of Chemical Species. *Analytical Chemistry* **63** (1991), 936-944.
151 Kapteyn, A., Neudecker, H. und Wansbeek, T.: An Approach to n-Mode Components Analysis. *Psychometrika* **51** (1986), 269-275.
152 Karadjov, M. und Simeonov, V.: Interpretation of Geochemical Data by the Use of Multivariate Data Analysis. *Mikrochimica Acta* **III** (1990), 191-199.
153 Kendall, M.G.: *Multivariate Analysis*. London, Griffin (1975).
154 Ketterer, M.E. und Biddle, D.A.: Multivariate Calibration in Inductively Coupled Plasma Mass Spectrometry. 2. Effect of Changes in Abundances of Interfering Polyatomic Ions. *Analytical Chemistry* **64** (1992), 1819-1823.
155 Kiers, H.A.L: TUCKALS core rotations and constrained TUCKALS modelling. *Statistica Applicata* **4** (1992), 659-668.
156 Kim, D.S., Hopke, P.K., Massart, D.L., Kaufman, L. und Casuccio, G.S.: Multivariate Analysis of CCSEM Auto Emission Data. *The Science of the Total Environment* **59** (1987), 141-155.
157 Klappa, S.A. und Long, G.R.: Computer assisted determination of the biological activity of polychlorinated biphenyls using gas chromatographic retention indices as molecular descriptors. *Analytica Chimica Acta* **259** (1992), 89-93.
158 Klein, P.: Prediction of protein structural class by discriminant analysis. *Biochimica et Biophysica Acta* **874** (1986), 205-215.
159 Kosmus, W., Pietsch, R. und Irgolic, K.J.: Cluster Analysis of the Elemental Composition of Five Austrian Peats. *Analytica Chimica Acta* **191** (1986), 487-493.
160 Kowalski, K.G.: On the Predictive Performance of Biased Regression Methods and Multiple Linear Regression. *Chemometrics and Intelligent Laboratory Systems*. **9** (1990), 177-184.
161 Kowalski, B.R. und Seasholtz, M.B.: Recent Developments in Multivariate Calibration. *Journal of Chemometrics* **5** (1991), 129-145.
162 Kroonenberg, P.M. und De Leeuw, J.: Principal Component Analysis of three-mode data by means of alternating least squares algorithms. *Psychometrika* **45** (1980) 69-97.
163 Kroonenberg, P.M.: *Three-Mode Principal Component Analysis: Theory and Applications*. Leiden, DSWO Press (1983).
164 Kshirsagar, A.N.: *Multivariate Analysis*. New York, Dekker (1978).
165 Kuleff, I., Djingova, R. und Djingov, G.: Provenience Study of Medial Bulgarian Glasses by NAA and Cluster Analysis. *Archaeometry* **27** (1985), 185-193.
166 Kvalheim, O.M. und Naes, N.T.: Visualizing information in Multivariate Data: Applications to Petroleum Geochemistry. Part 1. Projection Methods. *Analytica Chimica Acta* **191** (1986), 87-96.

167 Kvalheim, O.M.: Scaling of Analytical Data. *Analytica Chimica Acta* **177** (1985), 71-79.
168 Lachenbruch, P.A.: An almost unbiased method of obtaining confidence intervals for the probability of misclassification in discriminant analysis. *Biometrics* **23** (1967) 639-649.
169 Lachenbruch, P.A.: *Discriminant Analysis*. New York, Haffner (1975).
170 Lamparczyk, H. und Wesolowski, M.: Application of Principal Component Analysis and Thermoanalytical Methods in Evaluation of Edible Fish Oils. *Thermochimica Acta* **155** (1989), 327-337.
171 Lance, G.H. und Williams, W.T.: A General Theory of Classificatory Sorting Strategies. I. Hierarchical Systems. *Computer Journal* **9** (1966), 373-380.
172 Larechi, M.S., Franques, M.R., Ferre, M. und Rius, F.X.: Structure Modelling and Discrimination of Catalan White Wines. *Journal of Chemometrics* **3** (1988), 261-274.
173 Lavine, B.K., Ward, A.J., Han, J.H., Smith, R.K. und Taylor, O.R.: Taxonomy Based on Chemical Constitution: Differentiation of Heavily Africanized from Moderately Africanized Honeybees. *Chemometrics and Intelligent Laboratory Systems* **814** (1990), 239-243.
174 Law, H.G., Snyder, C.W., Hattie, J.A. und McDonald, R.P. (Hrg.): *Research Methods for Multimode Data Analysis*. New York, Praeger, 1984.
175 Lebart L., Morineau, A. und Fénelon, J.P.: *Traitement des données statistiques. Méthodes et programmes*. Paris, BORDAS (1982).
176 Leegwater, D.C. und Leegwater, J.A.: A Linear Learning Machine Program for a Microcomputer. *Analytica Chimica Acta* **160** (1984), 283-287.
177 Leggett, D.J.: Numerical Analysis of Multicomponent Spectra. *Analytical Chemistry* **49** (1977), 276-281.
178 Librando, V.: Chemometric evaluation of surface water quality at regional level. *Fresenius Journal of Analytical Chemistry* **339** (1991), 613-619.
179 Lindberg, W., Persson, J.A. und Wold, S.: Partial Least Squares Method for spectrofluorimetric analysis of mixtures of humic acid and ligninsulfonate. *Analytical Chemistry* **55** (1983), 643-648.
180 Long, J.R., Mayfield, H.T., Henley, M.V. und Kromann, P.R.: Pattern Recognition of Jet Fuel Chromatographic Data by Artificial Neural Networks with Back-Propagation of Error. *Analytical Chemistry* **63** (1991), 1256-1261.
181 Lorber, A. und Kowalski, B.R.: Alternatives to Cross-Validatory Estimation of the Number of Factors in Multivariate Calibration. *Applied Spectroscopy* **44** (1990), 1464-1470.
182 Lukasová, A. und Šarmanová, J.: *Metody shlukové analýzy*. Prague, SNTL (1985).
183 Lukkari, I. und Lindberg, W.: Multicomponent Determinations in Flow Systems by Partial Least Squares Modeling. *Analytica Chimica Acta* **211** (1988), 1-10.
184 MacLaurin, P., Worsfold, P.J., Crane, M. und Norman, P.: Multicomponent Analysis by Ultraviolet/Visible Spectrophotometry with Multivariate Calibration. *Analytical Proceedings* **29** (1992), 65-68.
185 MacLaurin, P., Worsfold, P.J., Norman, P. und Crane, M.: Partial Least Squares Resolution of Multianalyte Flow Injection Data. *Analyst* **118** (1993), 617-622.
186 Mac Queen, J.: Some Methods for Classification and Analysis of Multivariate Observations. In: Lecam, L.M. und Neyman, J. (Hrg.): *Proc. 5th Berkely Symp. Math. Stat. Prob. 1965/66*, Berkely **1** (1967), 281-297.
187 Mager, H.: *Moderne Regressionsanalyse*. Frankfurt, Salle und Sauerländer (1982).
188 Magnus, J.R. und Neudecker, H.: *Matrix Differential Calculus with Applications in Statistics and Econometrics*, Chichester, Wiley (1988).
189 Malinowski, E.R. und Howery, D.G.: *Factor Analysis in Chemistry*. New York, Wiley (1980).
190 Mallows, C.L.: Some Comments on C_p. *Technometrics* **15** (1973), 661-675.
191 Manninen, P.K.G. und Häsänen, E.: Multivariate Data Analysis of some Finish water courses. *Fresenius Journal of Analytical Chemistry* **339** (1991), 620-623.
192 Marbach, R. und Heise, H.M.: Calibration Modeling by Partial Least-Squares and Principal Component Regression and its Optimization Using an Improved Leverage Correction for Prediction Testing. *Chemometrics and Intelligent Laboratory Systems* **9** (1990), 45-63.
193 Mardia, K.V., Kent, J.T. und Bibby, J.M.: *Multivariate Analysis*. New York, Academic Press (1979).

194 Marengo, E., Gennaro, M.C. und Abrigo, C.: Experimental Design and Partial Least Squares for Optimization of Reversed-Phase Ion-Interaction Liquid Chromatographic Separation of Nitrite, Nitrate and Phenylenediamine Isomers. *Analytical Chemistry* **64** (1992), 1885-1893.

195 Marengo, E., Carpignano, R., Savarmo, P. und Viscardi, G.: Comparative study of different structural descriptors and variable selection approaches using partial least squares in quantitative structure-activity relationships. *Chemometrics and Intelligent Laboratory Systems* **14** (1992), 225-233.

196 Marinell, G.: *Multivariate Verfahren*. München, Oldenbourg (1979).

197 Mark, H.: Chemometrics in Near-Infrared Spectroscopy. *Analytica Chimica Acta* **223** (1989), 75-93.

198 Martens, H. und Naes, T.: *Multivariate Calibration*. Wiley, Chichester (1989).

199 Martens, M. und Martens, H.: Near infrared reflectance determination of sensory quality of peas. *Applied Spectroscopy* **40** (1986), 303-310.

200 Massart, D.L., Vandeginste, B.G.M., Deming, S.N., Michotte, Y. und Kaufman, L.: *Chemometrics: A textbook*. Amsterdam, Elsevier (1988).

201 Miller, J.N.: Basic Statistical Methods for Analytical Chemistry. Part 2. Calibration and Regression Methods. *Analyst* **116** (1991), 3-14.

202 Mirti, P., Aruga, R., Zelano, V., Appolonia, L. und Aceto, M.: Investigation of Roman Terra Sigillata by atomic absorption and emission spectroscopy and multivariate analysis of data. *Fresenius Journal of Analytical Chemistry* **336**, 215-221.

203 Morrison, D.F.: *Multivariate Statistical Methods*. New York, McGraw Hill (1976).

204 Myers, R.H.: *Classical and Modern Regression With Applications*. Boston, PWS-Kent (1989).

205 Naes, T.: The Design of Calibration in Near Infra-Red Reflectance Analysis by Clustering. *Journal of Chemometrics* **1** (1987), 121-134.

206 Naes, T. und Martens, H.: Principal component regression in NIR analysis. *Journal of Chemometrics* **2** (1988), 155-167.

207 Norinder, U.: Analysis of reversed-phase liquid chromatographic separations using the data reduction methods PCR and PLS. *Analytica Chimica Acta* **259** (1992), 105-108.

208 Noy-Meir, I.: Data Transformations in Ecological Ordination. I. Some advantages of non-centering. *Journal of Ecology* **61** (1973), 329-341.

209 Öhman, J., Lindberg, W. und Wold, S.: Data Reduction of Bilinear Matrices Prior to Calibration. *Analytical Chemistry* **60** (1988), 2756-2760.

210 Oniščik, A.L. und Sulanke, R.: *Algebra und Geometrie*. Berlin, Verlag der Wissenschaften (1977).

211 Onuska, F.I. und Davies, S.: Multivariate Observations of the Distribution of Polychlorinated Biphenyls in Environmental Compartments of two Harbours. *International Journal of Environmental Analytical Chemistry* **43** (1990), 137-150.

212 Parolari, G., Virgili, R., Bolzoni, L., Careri, M. und Mangia, A.: Analysis of sensory and instrumental data on apricot purees with pattern recognition methods. *Analytica Chimica Acta* **259** (1992), 257-265.

213 Pearson, K.: On lines and planes of closest fit to systems of points in space. *The Philosophical Magazine* **2** (1901), 559-572.

214 Piepponen, S. und Lindström, R.: Data Analysis of Heavy Metal Pollution in the Sea by Using Principal Component Analysis and Partial Least Squares Regression. *Chemometrics and Intelligent Laboratory Systems* **7** (1989), 163-170.

215 Pizarro, C., Sarabia, L.A. und Lopez-Palacios, J.: Multivariate Calibration in UV-VIS Spectroscopy. *Journal of Chemometrics* **3** (1988) 241-247.

216 Platbrood, G. und Barten, H.: Infrared Analysis of Low Temperature Ashed Coal Ashes and Their Classification by Application of Clustering Theory. *Analytical Chemistry* **57** (1985), 2504-2510.

217 Poulton, D.J.: Statistical Zonation of Sediment Samples Using Ratio Matching and Cluster Analysis. *Environmental Monitoring and Assessment* **12** (1989), 379-404.

218 Procop, M. und Weber, E.H.: Improvement of the AES Detection Limit for Phosphorousin Silicon by Principal Component Analysis or Spline Smoothing. *Surface and Interface Analysis* **15** (1990), 583-584.

219 Ramsey, M.H. und Thompson, M.: A Cautionary Tale of Principal Component Analysis: An Example from Inductively-Coupled Plasma/Atomic Emission Spectrometry. *Analytica Chimica Acta* **206** (1988), 203-214.
220 Rauret, G., Casassas, E., Baucells, M., Larechi, M.S. und Rius, F.X.: Assigning the Origin of Catalan Medieval Stained Glasses by Pattern Recognition Methods of X-Ray Fluorescence Data. *Journal of Chemometrics* **3** (1988), 163-174.
221 Rechenberg, W.: Zur Statistik der Kalibriergeraden. *GIT Fachzeitschrift für das Laboratorium* **34** (1990), 1087-1097.
222 Reich, G.: Recognizing Chromatographic Peaks With Pattern Recognition Methods. Part 2. Evaluation of Different Distance Measures. *Analytica Chimica Acta* **201** (1987), 171-183.
223 Rentzsch, J. und Wagenknecht, R.: Geochemische Multielement- Kartierung auf der Basis der multivariaten Statistik. *Zeitschrift für angewandte Geologie* **35** (1989), 78-81.
224 Ridder, C. und Norgaard, L.: Simultaneous determination of cobalt and nickel by flow injection analysis and partial least squares regression with outlier detection. *Chemometrics and Intelligent Laboratory Systems* **14** (1992), 297-303.
225 Righezza, M. und Chretien, J.R.: Factor Analysis and experimental design in high-performance liquid chromatography. XI. Factor Analysis maps and chromatographic information. *Journal of Chromatography* **556** (1991), 169-180.
226 Röhr M.: *Kanonische Korrelationsanalyse*. Berlin, Akademie-Verlag (1987).
227 Roelofs, G.J.H., Pijpers, F.W. und Jakobs, G.A.P.E.: Description of Air Pollution by Means of Pattern Recognition. Part 2. *Analyst* **111** (1986), 1077-1083.
228 Rubin, J.: Optimal Classification into Groups: An Approach for Solving the Taxonomy Problem. *Journal of Theoretical Biology* **15** (1967), 103-144.
229 Ruspini, E.H.: Numerical Methods for Fuzzy Clustering. *Information Sciences* **2** (1970), 319-350.
230 Russell, M.D. und Gouterman, M.: Excitation-Emission-Lifetime Analysis of Multicomponent Systems. I. Principal Component Factor Analysis. *Spectrochimica Acta* **44 A** (1988), 857-861.
231 Sääksjärvi, E., Khalighi, M. und Minkkinen, P.: Waste Water Polution Modelling in the Southern Area of Lake Saimaa, Finland, by the SIMCA Pattern Recognition Method. *Chemometrics and Intelligent Laboratory Systems* **7** (1989), 171-180.
232 Saenz, G. und Pingitore, N.E.: Characterization of Hydrocarbon Contaminated Areas by Multivariate Statistical Analysis: Case Studies. *Environmental Monitoring and Assessment* **17** (1991), 281-302.
233 Saha, A.K.: Temporal variations in major-element geochemistry of the precambrian granitic rocks of the eastern Indian shield. *Indian Minerals* **43** (1989), 279-290.
234 Sammon, J.W.: A Nonlinear Mapping for Data Structure Analysis. *IEEE Transactions on Computers* **C-18** (1969), 401-409.
235 Saucy, D.A., Anderson, J.R. und Buseck, P.R.: Cluster analysis applied to atmospheric aerosol samples from the Norwegian Arctic. *Atmospheric Environment* **21** (1987), 1649-1657.
236 Scarponi, G., Moret, I., Capodaglio, G. und Romanazzi, M.: Cross-validation, Influential Observations and Selection of Variables in Chemometric Study of Wines by Principal Components Analysis. *Journal of Chemometrics* **4** (1990), 217-240.
237 Scherze, I.: Untersuchung der Wirkung von Plasmin und Chemosyn im Modellansatz und im Gouda-Käse. *Dissertation*, Technische Universität Berlin (1993).
238 Seber, G.A.F.: *Multivariate Observations*. New York, Wiley (1984).
239 Sen, A. und Srivastava, M.: *Regression Analysis. Theory, Methods and Applications*. New York, Springer (1990).
240 Senn, P.: Cluster Analysis for Chemists. *Tetrahedron Computer Methodology* **2** (1989), 133-140.
241 Shah, N.K. und Gemperline, P.J.: Combination of the Mahalanobis Distance and Residual Variance Pattern Recognition Techniques for Classification of Near-Infrared Reflectance Spectra. *Analytical Chemistry* **62** (1990), 465-470.
242 Sharaf, M.A., Illmann, D.L. und Kowalski, B.R.: *Chemometrics*. New York, Wiley (1986).

243 Shattuck, T.W., Germani, M.S. und Buseck, P.R.: Multivariate Statistics for Large Data Sets: Applications to Individual Aerosol Particles. *Analytical Chemistry* **63** (1991), 2646-2656.
244 Sjöström, M. und Wold, S.: A Multivariate Study of the Relationship between the Genetic Code and the Physical-Chemical Properties of Amino Acids. *Journal of Molecular Evolution* **22** (1985), 272-277.
245 Small, G.W., Carpenter, S.E., Kaltenbach, T.F. und Kroutil, R.T.: Discriminant analysis techniques for the identification of atmospheric pollutants from passive Fourier transform infrared interferograms. *Analytica Chimica Acta* **246** (1991), 85-102.
246 Smeyers-Verbeke, J. Van Peteghem, C. Ooghe, W., De Roose, J. und Massart, D.L.: Principal Components Analysis as a Tool for the Optimization of Experimental Conditions. *Archives Internationales de Physiologie et de Biochimie* **91** (1983), 433-441.
247 Smeyers-Verbeke, J., Den Hartog, J.C., Dekker, W.H. und Massart, D.L.: Clustering applied to an organic air pollutants data set. *Analusis* **12** (1984) 486-489.
248 Smilde, A.K.: Three-way analyses. Problems and Prospects. *Chemometrics and Intelligent Laboratory Systems* **15** (1992), 143-157.
249 Smilde, A.K. und Doornbos, D.A.: Three-Way Methods for the Calibration of Chromatographic Systems: Comparing PARAFAC and Three-Way PLS. *Journal of Chemometrics* **5** (1991), 345-360.
250 Späth, H.: *Cluster-Analyse-Algorithmen zur Objektklassifizierung und Datenreduktion.* München, Oldenbourg (1975).
251 Spickermann, W. und Stork, G.: Studies on sediments of the river Lahn. 2. Chemometric evaluation. *Fresenius Journal of Analytical Chemistry* **323** (1986), 38-43.
252 Ståhle, L.: Relating multivariate time-series by linear three-way decomposition (LTD) and partial least squares (PLS) analysis. *Journal of Pharmaceutical and Biomedical Analysis* **9** (1991), 671-678.
253 Stalling, D.L., Schwartz, T.R., Dunn, W,J, und Petty, J.D.: Soft Independent Method of Class Analogy. Use in Characterizing Complex Mixtures and Environmental Residues of Polychlorinated Biphenyls. *ACS Symposium Series* **292** (1985), 1-15.
254 Stalling, D.L., Schwartz, T.R., Dunn, W.J. und Wold, S.: Classification of Polychlorinated Biphenyl Resdiues: Isomers vs. Homologue Concentrations in Modeling Aroclors and Polychlorinated Biphenyl Residues. *Analytical Chemistry* **59** (1987), 1853-1859.
255 Steinhausen, D. und Langer, K.: *Clusteranalyse. Einführung in Methoden und Verfahren der automatischen Klassifikation.* Berlin, de Gruyter (1977).
256 Steinhorst, R.K. und Williams, R.E.: Discrimination of Groundwater Sources Using Cluster Analysis, MANOVA, Canonical Analysis and Discriminant Analysis. *Water Resources Research* **21** (1985), 1149-1156.
257 Stoer, J. und Bulirsch, R.: *Einführung in die numerische Mathematik.* Berlin, Springer (1990).
258 Stone, M. und Brooks, R.J.: Continuum Regression: Cross-validated Sequentially Constructed Prediction Embracing Ordinary Least Squares, Partial Least Squares and Principal Components Regression. *Journal of the Royal Statistical Society* **52B** (1990), 237-269.
259 Stout, S.A.: Principal Component Analysis of Quantitative Pyrolysis-Gas Chromatography and Organic Petrographic Data of Kerogens. *Journal of Analytical and Applied Pyrolysis* **18** (1991), 277-292.
260 Subrahmaniam, K. und Subrahmaniam, K.: *Multivariate Analysis. A Selected and Abstracted Bibliography 1957-1972.* New York, Dekker (1973).
261 Sutter, J.M., Kalivas, J.H. und Lang, P.M.: Which Principal Components to Utilize for Principal Component Regression. *Journal of Chemometrics* **6** (1992), 217-225.
262 Swerts, J. und Van Espen, P.: Partial Least Squares Techniques in the Energy-Dispersive X-ray Fluorescence Determination of Sulfur- Graphite Mixtures. *Analytical Chemistry* **65** (1993), 1181-1185.
263 Taavitsainen, V.M.: Nonlinear data analysis with latent variables. *Chemometrics and Intelligent Laboratory Systems* **14** (1992), 185-194.

264 Tapper. U.A., Loevestam, N.E., Swietlicki, E., Malmqvist, K.G. und Salford, L.G.: Pattern Recognition by the Use of Multivariate Statistical Evaluation of Macro- and Micro PIXE Results. *Nuclear Instruments and Methods in Physics Research* **B54** (1991), 191-196.

265 Thielemans, A., Massart, D.L. und De Brabander, H.: The Use of Multivariate Display Techniques for the Identificationof Animal Fat Species on the Basis of their Fatty Acid Composition. *Belgian Journal of Food Chemistry and Biotechnology* **44** (1989), 42-54.

266 Thomas, E.V. und Haaland, D.M.: Comparison of Multivariate Calibration Methods for Quantitative Spectral Analysis. *Analytical Chemistry* **62** (1990), 1091-1099.

267 Thrane, K.E. und Gunderson, R.W.: Source Allocation of Organic Air Pollutants by Application of Fuzzy c-Varieties Pattern Recognition. *Analytica Chimica Acta* **191** (1986), 309-317.

268 Todeschini, R.: K-Nearest Neighbour Method: The Influence of Data Transformations and Metrics. *Chemometrics and Intelligent Laboratory Systems* **6** (1989), 213-220.

269 Torell, J.M., Evans, J.O., Valcarce, R.V. und Smith, G.G.: Chemical Characterization of Leafy Spurge (Euphorbia Esula L.) by Curie-Point Pyrolysis-Gas Chromatography-Pattern Recognition. *Journal of Analytical and Applied Pyrolysis* **14** (1989), 223-236.

270 Tucker, L.R.: The extension of factor analysis to three- dimensional matrices. In Frederiksen, N. und Gulliksen, H. (Hrg.): *Contributions to mathematical psychology*. New York, Holt, Rinehart and Winston (1964), 109-127.

271 Tucker, L.R.: Some Mathematical Notes on Three-Mode Factor Analysis. *Psychometrika* **31** (1966), 279-311.

272 Van de Waterbeemd, H., Tayar, N.E., Carrupt, P.A. und Testa, B.: Pattern recognition study of QSAR substituent descriptors. *Journal of Computer-Aided Molecular Design* **3** (1989), 111-132.

273 Varmuza, K., Werther, W., Henneberg, D. und Weimann, B.: Computer-aided Interpretation of Mass Spectra by a Combination of Library Search with Principal Component Analysis. *Rapid Communications in Mass Spectrometry* **4** (1990), 159-162.

274 Vogt, N.B., Brakstad, F., Thrane, K., Nordenson, S., Krane, J. und Aamot, E.: Polycyclic Aromatic Hydrocarbons in Soil and Air: Statistical Analysis and Classification by the SIMCA Method. *Environmental Science and Technology* **21** (1987), 35-44.

275 Vogt, N.B.: Polynomial Principal Component Regression: an Approach to Analysis and Interpretation of Complex Mixture Relationships in Multivariate Environmental Data. *Chemometrics and Intelligent Laboratory Systems* **7** (1989), 119-130.

276 Vong, R.J. und Larson, T.V.: A Multivariate Chemical Classification of Rainwater Samples. *Chemometrics and Intelligent Laboratory Systems* **3** (1988), 99-109.

277 Vong, R.J., Frank, I.E., Charlson, R.J. und Kowalski, B.R.: Exploratory Data Analysis of Rainwater Composition. *Environmental Applications of Chemometrics* **292** (1985), 34-52.

278 Wang, Y., Zhao, X. und Kowalski, B.R.: X-Ray Fluorescence Calibration with Partial Least-Squares. *Applied Spectroscopy* **44** (1990), 998-1002.

279 Watkins, D.S.: *Fundamentals of Matrix Computations*. New York, Wiley (1991).

280 Wentzell, P.D., Lee, O. und Wade, A.P.: Comparison of Pattern Recognition Descriptors for Chemical Acoustic Emission Analysis. *Journal of Chemometrics* **5** (1991), 389-403.

281 Wienke, D., Danzer, K., Gitter, M., Aures, J., Münch, U., Byhahn, H.G. und Pohl, H.J.: The Integrated Multivariate Approach in Materials Science. *Analytica Chimica Acta* **223** (1989), 247-255.

282 Wienke, D. und Kateman, G.: Multiresponse calibration with canonical variates in atomic emission spectroscopy of powders. *Fresenius Journal of Analytical Chemistry* **343** (1992), 797-808.

283 Wilkinson, J.H. und Reinsch, C.: *Handbook for Automatic Computation. Linear Algebra*. Berlin, Springer (1971).

284 Wirsz, D.F. und Blades, M.W.: Application of Pattern Recognition and Factor Analysis to Inductively Coupled Plasma Optical Emission Spectra. *Analytical Chemistry* **58** (1986), 51-57.

285 Wittenberg, R.: *Computer-unterstützte Datenanalyse*. Fischer, Stuttgart (1991).

286 Wold, S.: Pattern Recognition by Means of Disjoint Principal Components Model. *Pattern Recognition* **8** (1976), 127-139.

287 Wold, S. und Sjöström, M.: SIMCA: A method for analyzing chemical data in terms of similarity and analogy. *ACS Symposium Series* **52** (1977), 243-282.

288 Wold, S.: Cross-Validatory Estimation of the Number of Components in Factor and Principal Components Models. *Technometrics* **20** (1978), 397-405.

289 Wold, S., Martens, H. und Wold, H.: The multivariate calibration problem in chemistry solved by the PLS method. In: Ruhe, A. und Kagström , B. (Hrg.): *Matrix Pencils*, Lecture Notes in Mathematics. Heidelberg, Springer, 1983, 286-293.

290 Wold, S. und Dunn, W.J.: Multivariate Quantitative Structure-Activity Relationships (QSAR): Conditions for their Applicability. *Journal of Chemical Information and Computer Science* **23** (1983), 6-13.

291 Wold, S. Albano, C., Dunn, W.J., Esbensen, K., Hellberg, S., Johansson, E., Lindberg, W. und Sjöström, M.: Modelling data tables by principal components and PLS: class patterns and quantitative predictive relations. *Analusis* **12** (1984), 477-485.

292 Wold, S., Esbensen, K. und Geladi, P.: Principal Component Analysis. *Chemometrics and Intelligent Laboratory Systems* **2** (1987), 37-52.

293 Wold, S., Geladi, P., Esbensen, K. und Öhman, J.: Multi-way principal components and PLS analysis. *Journal of Chemometrics* **1** (1987), 41-56.

294 Wold, S., Kettaneh-Wold, N. und Skagerberg, B.: Nonlinear PLS Modeling. *Chemometrics and Intelligent Laboratory Systems* **7** (1989), 53-65.

295 Wold, S.: Nonlinear partial least squares modelling II. Spline inner relation. *Chemometrics and Intelligent Laboratory Systems* **14** (1992), 71-84.

296 Xu, L. und Cai, S.: Multivariate classification based on metal contents in human senile cataract lenses. *Analytica Chimica Acta* **242** (1991), 11-15.

297 Youden, W.J.: The Sample, the Procedure and the Laboratory. *Report for Analytical Chemists* **32** (1960), 23A-37A.

298 Zeng, Y. und Hopke, P.K.: Methodological study applying three-mode factor analysis to three-way chemical data sets. *Chemometrics and Intelligent Laboratory Systems* **7** (1990), 237-250.

299 Zitko, V.: Classification of byzantine glass samples by principal component analysis. *Fresenius Journal of Analytical Chemistry* **331** (1988), 614-615.

300 Zupan, J. und Gasteiger, J.: Neural Networks: A new method for solving chemical problems or just a passing phase? *Analytica Chimica Acta* **248** (1991), 1-30.

Sachverzeichnis

Für den Haupteintrag des Stichwortes ist die Seitenzahl fett gedruckt.

Springer-Verlag und Umwelt

Als internationaler wissenschaftlicher Verlag sind wir uns unserer besonderen Verpflichtung der Umwelt gegenüber bewußt und beziehen umweltorientierte Grundsätze in Unternehmensentscheidungen mit ein.

Von unseren Geschäftspartnern (Druckereien, Papierfabriken, Verpackungsherstellern usw.) verlangen wir, daß sie sowohl beim Herstellungsprozeß selbst als auch beim Einsatz der zur Verwendung kommenden Materialien ökologische Gesichtspunkte berücksichtigen.

Das für dieses Buch verwendete Papier ist aus chlorfrei bzw. chlorarm hergestelltem Zellstoff gefertigt und im pH-Wert neutral.

Druck: Mercedesdruck, Berlin
Verarbeitung: Buchbinderei Lüderitz & Bauer, Berlin

GPSR Compliance

The European Union's (EU) General Product Safety Regulation (GPSR) is a set of rules that requires consumer products to be safe and our obligations to ensure this.

If you have any concerns about our products, you can contact us on ProductSafety@springernature.com

In case Publisher is established outside the EU, the EU authorized representative is:

Springer Nature Customer Service Center GmbH
Europaplatz 3
69115 Heidelberg, Germany

Batch number: 10704713

Printed by Printforce, the Netherlands